Gmelin Handbuch der Anorganischen Chemie

Achte, völlig neu bearbeitete Auflage
8th Edition

Volumes on "Fluorine" (Syst.-No. 5) and "Carbon" (Syst.-No. 14)

The perfluorohalogenoorgano compounds of main group elements are described in the following volumes and are a part of Syst.-No. 5 "Fluorine".

On account of the close connection to carbon, the volumes of Syst.-No. 14 "Carbon", are also listed.

F Fluorine

Perfluorhalogenorgano-Verbindungen der Hauptgruppenelemente
Tl. 1 (Erg.-Werk, Bd. 9): Verbindungen von Schwefel — 1973

Tl. 2 (Erg.-Werk, Bd. 12): Verbindungen mit Schwefel (Fortsetzung), Selen, Tellur — 1973

Tl. 3 (Erg.-Werk, Bd. 24): Verbindungen von Phosphor, Arsen, Antimon und Wismut — 1975

Tl. 4 (Erg.-Werk, Bd. 25): Verbindungen mit Elementen der 1. bis 4. Hauptgruppe (außer Kohlenstoff) — 1975

Tl. 5: Verbindungen mit Stickstoff (Heterocyclische Verbindungen) — 1978

Tl. 6: Verbindungen mit Stickstoff (Heterocyclische Verbindungen) (Fortsetzung). Formelregister für Tl. 5 und 6 — 1978

Tl. 7: Aliphatische und aromatische Stickstoff-Verbindungen — 1979 (vorliegender Band)

„Fluor" Hauptband — 1926

„Fluor" Ergänzungsband 1 — 1959

C Carbon

Tl. B 1: Isotope. Atom. Molekel. Einstoffsystem. Dampf. Diamant — 1967

Tl. B 2: Graphit — 1968

Tl. B 3: Chemisches Verhalten von Graphit Graphitverbindungen. Kolloider Kohlenstoff — 1968

Tl. C 1: Verbindungen mit Edelgasen, Wasserstoff und Sauerstoff — 1970

Tl. C 2: Chemisches Verhalten von CO und CO_2 — 1972

Tl. C 3: Gleichgewicht CO_2/CO. Wasserhaltige Lösungen von Kohlensäure. Carbonat-Ionen. Peroxokohlensäuren — 1973

Tl. C 4: Ausgewählte C-H-O-Radikale. HCOOH. CH_3COOH. $H_2C_2O_4$ — 1975

Tl. D 1: Kohlenstoff-Stickstoff-Verbindungen — 1971

Tl. D 2 und D 3: Kohlenstoff-Halogen-Verbindungen — 1974 bzw. 1976

Tl. D 4 und D 5: Kohlenstoff-Schwefel-Verbindungen — 1977

Tl. D 6: Kohlenstoff-Schwefel-Verbindungen (Fortsetzung). Kohlenstoff-Selen- und Kohlenstoff-Tellur-Verbindungen — 1978

Gmelin Handbuch der Anorganischen Chemie

BEGRÜNDET VON Leopold Gmelin

Achte völlig neu bearbeitete Auflage

ACHTE AUFLAGE begonnen im Auftrage der Deutschen Chemischen Gesellschaft
von R.J. Meyer
E.H.E. Pietsch und A. Kotowski

fortgeführt von
Margot Becke-Goehring

HERAUSGEGEBEN VOM Gmelin-Institut für Anorganische Chemie
der Max-Planck-Gesellschaft zur Förderung der Wissenschaften

Springer-Verlag
Berlin · Heidelberg · New York 1979

Gmelin-Institut für Anorganische Chemie
der Max-Planck-Gesellschaft zur Förderung der Wissenschaften

Gmelin Handbuch der Anorganischen Chemie

Achte völlig neu bearbeitete Auflage
8th Edition

F
Perfluorhalogenorgano-Verbindungen der Hauptgruppenelemente

Teil 7 Aliphatische und aromatische Stickstoff-Verbindungen

Mit 3 Figuren

von **Alois Haas**

BEARBEITER DIESES BANDES (AUTHOR) Alois Haas, Ruhr-Universität, Bochum

REDAKTEUR DIESES BANDES (EDITOR) Dieter Koschel, Gmelin-Institut, Frankfurt am Main

System-Nummer 5

Springer-Verlag
Berlin · Heidelberg · New York 1979

ENGLISCHE FASSUNG DER STICHWÖRTER NEBEN DEM TEXT:
ENGLISH HEADINGS ON THE MARGINS OF THE TEXT:
H.J. KANDINER, SUMMIT, N.J.

DIE LITERATUR IST VOLLSTÄNDIG BIS ENDE 1975 AUSGEWERTET, IN VIELEN FÄLLEN DARÜBER HINAUS
LITERATURE CLOSING DATE: COMPLETELY UP TO THE END OF 1975, IN MANY INSTANCES MORE RECENT DATA HAVE BEEN CONSIDERED

Die vierte bis siebente Auflage dieses Werkes erschien im Verlag von Carl Winter's Universitätsbuchhandlung in Heidelberg

Library of Congress Catalog Card Number: Agr 25-1383

ISBN 3-540-93397-2 Springer-Verlag, Berlin·Heidelberg·New York
ISBN 0-387-93397-2 Springer-Verlag, New York·Heidelberg·Berlin

Gesamtherstellung Universitätsdruckerei H. Stürtz AG, Würzburg

Foreword

This volume (Part 7) in the series on perfluorohalogenoorgano compounds of the main group elements (for the volumes already published see the second page of the title pages) starts the treatment of the aliphatic and aromatic perfluorohalogenoorganic compounds of nitrogen. The concept and the limitations to the material are the same as those for the preceding volumes. The chemical nomenclature, abbreviations, and definitions are explained in the forewords to Part 1 and Part 3, which are given in part on the next pages.

Probably two more volumes will be required to complete the treatment of these compounds. The empirical formula index will be in the last volume. Altogether there will probably be nine volumes in this series. Then in a supplement volume, on which work is already in progress, the treatment of all classes of compounds in this series will be brought up-to-date and given the same literature closing date. Further supplement volumes are planned for the future.

Many colleagues assisted me by making available reprints of original publications. Particular thanks are due to R.E. Banks, A. Fokin, R.N. Haszeldine, E. Klauke, C.G. Krespan, E. Kühle, W.J. Middleton, R.A. Mitsch, P.H. Ogden, and J.M. Shreeve.

Bochum, July 1979 Alois Haas

Part of the Foreword of Volume 24 (Part 3)

In the New Supplement Series to the 8th Edition of Gmelin, two further volumes are published in the series of perfluorohalogenoorgano compounds of the Main Group elements. Volume 24 contains chemistry and physics of the perfluorohalogenoorgano compounds of the elements P, As, Sb, and Bi and Volume 25 that of the elements of the Main Group 1 to 4 (sine C). The conception as well as the limitations of the included material are analogous to those of Volumes 9 and 12 of the Gmelin New Supplement Series. A Formula Index for both Volumes 24 and 25 is included in Volume 25. On matters concerning chemical nomenclature, abbreviations and definitions used in the text one is referred to the Foreword to Volume 9 (see, in part, below). The following abbreviations are employed for the description of molecular vibrations: ν=stretching vibration, δ=deformation vibration, ρ=rocking vibration, and τ=torsion vibration. The designation of the coupling constant is not uniform in the volumes: beside the accurate indication of the coupling nuclei, the abbreviation $^{z}J(A-B)$ is also used; the exponential z indicates, that the coupling of the nuclei A and B extends over z bonds. For the characterization of the splittings the following abbreviations are employed: d=doublet, tr=triplet, qu=quartet, qui=quintet, sext=sextet, sept=septet, oct=octet, and dec=decimal splitting.

Part of the Foreword of Volume 9 (Part 1)

Rapid development of perfluoroorgano chemistry began in 1948 and continues to this day. A new branch of chemistry was thus created – uniting the structural and mechanistic concepts of organic chemistry with the procedural methods of inorganic chemistry. Rapid growth of the subject area makes it necessary now to provide a summarizing review of this entire field. However, definite limits must be established with respect to both organic and inorganic chemistry, in view of the many close associations with these fields. This will be done by planning to cover "Preparation", "Physical Properties", and "Chemical Reactions" for the perfluoroorgano- and perfluorohalogenoorgano-element compounds only. Perfluorohalogenoorgano groups are those which contain at least one fluorine atom, with the remaining valences being satisfied by the other halogens. The main group elements – excluding carbon, oxygen, and the halogens – are to be considered first. The fluorohalogen compounds of methane as such are to be described in Carbon D 2. Perfluorohalogenoorganic compounds of sulfur, selenium, and tellurium are being covered in the first two volumes of this series. The corresponding compounds of polonium have not been synthesized. The remaining main group elements (except for C, O, and halogens) will be covered in later volumes.

The nomenclature employed in these volumes is based heavily on IUPAC guidelines. It is, however, not entirely consistent, since pertinent considerations do give rise to specific exceptions. Aromatic and heterocyclic rings, as well as partly or completely hydrogenated rings, are illustrated without H atoms, in accordance with modern organic chemical notation. The voluminous subject matter is arranged on the basis of the Gmelin classification system.

The first volume concludes with the perfluorohalogenoorganodisulfanes, and covers aliphatic and cyclic perfluorohalogenoorganosulfur compounds (with oxidation state II) but excludes the sulfur compounds of boron, phosphorus, arsenic, antimony, silicon, and germanium, as well as the perfluorohalogenoorganosulfanes and the perfluoroorganomercaptometal compounds. The excluded compounds will be covered in the second volume, together with compounds of sulfur with oxidation states IV and VI, and the perfluorohalogenoorgano compounds of selenium and tellurium. An Index will also be included in the second volume.

With relatively few exceptions, only primary reactions of the perfluorohalogenoorganoelement compounds are covered under "Chemical Reactions". The arrangement of the chemical reactions is not entirely consistent, and is based either on type of reaction or class of compound involved. Physical properties of the reaction products are given under "Chemical Reactions". Physical data are not presented for compounds which consist of perfluorohalogenoorganoelement-transition metal complexes. Intensity data are based on English abbreviations, as follows: s=strong, m=medium, w=weak, v=very, br=broad, and sh=shoulder. In regard to chemical shift in NMR spectra, the positive sign denotes a shift toward higher fields, if not otherwise specified.

Vorwort

Mit dem vorliegenden Band (Teil 7) in der Serie „Perfluorhalogenorgano-Verbindungen der Hauptgruppenelemente" (zu den bisher erschienenen Bänden s. zweite Seite der Titelei) beginnt die Bearbeitung der aliphatischen und aromatischen Perfluorhalogenorgano-Verbindungen des Stickstoffs. Konzept und Stoffabgrenzung sind denen der vorangegangenen Bände analog. Aufbau, chemische Nomenklatur, im Text verwendete Abkürzungen und Festlegungen sind im folgenden, auszugsweise abgedruckten Vorwort von Teil 1 und Teil 3 erklärt.

Über diese Verbindungsklasse erscheinen voraussichtlich noch zwei weitere Bände; der letzte Band enthält ein Summenformelregister dieser Verbindungen. Damit liegen dann in dieser Serie voraussichtlich neun Bände vor. Zur Aktualisierung werden alle in diesen Bänden behandelten Verbindungsklassen in einem Ergänzungsband, an dem bereits gearbeitet wird, auf gleichen Literaturschlußtermin gebracht. Für die Zukunft ist geplant, weitere Ergänzungsbände über diese Verbindungen herauszugeben.

Viele Kollegen unterstützten mich durch Zusenden von Sonderdrucken und Patenten. Mein besonderer Dank gilt daher R.E. Banks, A. Fokin, R.N. Haszeldine, E. Klauke, C.G. Krespan, E. Kühle, W.J. Middleton, R.A. Mitsch, P.H. Ogden und J.M. Shreeve.

Bochum, im Juli 1979 — Alois Haas

Auszug aus dem Vorwort zu Band 24 (Teil 3)

Im Ergänzungswerk zur 8. Auflage des Gmelin erscheinen in der Serie Perfluorhalogenorgano-Verbindungen der Hauptgruppenelemente zwei weitere Bände. Band 24 umfaßt Chemie und Physik der Perfluorhalogenorgano-Verbindungen der Elemente P, As, Sb und Bi, Band 25 die der Elemente der 1. bis 4. Hauptgruppe (mit Ausnahme von C). Konzeption und Stoffabgrenzung sind denen der Bände 9 und 12 des Gmelin-Ergänzungswerkes analog. Auf den Textteil des Bandes 25 folgt ein Summenformelregister für die Bände 24 und 25. Bezüglich Aufbau, chemischer Nomenklatur, im Text verwendeter Abkürzungen und Festlegungen wird auf das Vorwort des Bandes 9 (im folgenden auszugsweise abgedruckt) verwiesen. Für die Beschreibung von Molekülschwingungen werden nachfolgende Abkürzungen benutzt: Es stehen ν für Valenzschwingung, δ für Deformationsschwingung, ρ für Schaukelschwingung und τ für Torsionsschwingung. Die Bezeichnung der Kopplungskonstanten ist in den Bänden nicht einheitlich, da neben der genauen Angabe der miteinander koppelnden Kerne auch noch die vekürzte Schreibweise $^{z}J(A-B)$ benutzt wird. Der vorgestellte Exponent z weist darauf hin, daß die Kerne A und B über z-Bindungen koppeln. Zur Charakterisierung der Aufspaltungsmuster werden die Abkürzungen d für Dublett, tr für Triplett, qu für Quartett, qui für Quintett, sext für Sextett, sept für Septett, oct für Oktett und dez für Dezett genommen.

Auszug aus dem Vorwort zu Band 9 (Teil 1)

Eine rasche Entwicklung der Perfluororgano-Elementchemie setzte nach 1948 ein, die bis heute noch nicht abgeschlossen ist. Dadurch entstand bald ein neuer Zweig der Chemie, der die strukturellen und mechanistischen Vorstellungen der organischen Chemie mit Arbeitsmethoden der anorganischen Chemie vereinigte. Das schnelle Anwachsen dieses Stoffes machte es notwendig, ihn zusammenfassend darzustellen. Da sowohl zur anorganischen als auch zur organischen Chemie fließende Übergänge bestehen, mußte zu beiden Zweigen der Chemie eine Abgrenzung vorgenommen werden. Dies wurde dadurch erreicht, daß nur perfluorierte und perfluorhalogenierte Organoelement-Verbindungen mit Darstellung, physikalischen Eigenschaften und chemischem Verhalten abgehandelt werden. Perfluorhalogenorgano-Reste sind solche, die mindestens ein Fluoratom enthalten, wobei die restlichen Valenzen durch die übrigen Halogene abgesättigt werden. Zunächst sind die Hauptgruppenelemente mit Ausnahme des Kohlenstoffs, Sauerstoffs und der Halogene berücksichtigt worden. Fluorhalogenverbindungen des Methans werden in „Kohlenstoff" D 2 beschrieben. In den ersten beiden Bänden dieser Serie werden die Perfluorhalogenorgano-Elementverbindungen des Schwefels, Selens und Tellurs (vom Polonium sind derartige Stoffe nicht synthetisiert worden), in weiteren Bänden die restlichen Hauptgruppenelemente (ohne C, O und Halogene) abgehandelt.

Die in den Bänden benutzte Nomenklatur lehnt sich an die Richtlinien der IUPAC an. Sie ist jedoch nicht einheitlich, da sachliche Erwägungen zu Abweichungen Anlaß gaben. Aromatische Cyclen und Heterocyclen sowie teilweise oder vollständig hydrierte Ringe sind entsprechend der modernen Schreibweise der organischen Chemie ohne H-Atome dargestellt. Die Gliederung des umfangreichen Stoffes erfolgte in Anlehnung an die Systemnummern des Gmelin.

Der erste Band schließt mit den Perfluorhalogenorganodisulfanen ab und enthält die aliphatische und cyclische Perfluorhalogenorgano-Chemie des Schwefels der Oxidationsstufe II mit Ausnahme von Schwefelverbindungen des Bors, Phosphors, Arsens, Antimons, Siliciums, Germaniums, der Perfluorhalogenorganosulfane und Perfluororganomercaptometall-Verbindungen. Im zweiten Band werden die oben erwähnten Ausnahmen und die Verbindungen des Schwefels der Oxidationsstufe IV und VI einschließlich der Perfluorhalogenorgano-Verbindungen des Selens und Tellurs abgehandelt. Dem zweiten Band wird ein Register beigebunden.

Im chemischen Verhalten werden, von wenigen Ausnahmen abgesehen, nur Primärreaktionen der Perfluorhalogenorgano-Elementverbindungen berücksichtigt. Die Anordnung der chemischen Reaktionen ist nicht einheitlich und erfolgt entweder nach Reaktionstypen oder nach Titelverbindungen. Die physikalischen Eigenschaften der Reaktionsprodukte werden in den Kapiteln „Chemisches Verhalten" angegeben. Nicht aufgeführt werden physikalische Daten der Verbindungen, die aus Perfluorhalogenorgano-Elementverbindungen und Übergangsmetallkomplexen entstehen. Intensitätsangaben erfolgen in Anlehnung an die im Angelsächsischen gebräuchlichen Abkürzungen. Es bedeuten s=strong=stark, m=medium=mittel, w=weak=schwach, v=very=sehr, br=broad=breit, sh=shoulder=Schulter. Das Vorzeichen der chemischen Verschiebung im NMR-Spektrum ist, wenn nichts anders erwähnt, so gewählt, daß positives Vorzeichen Verschiebung nach höherem Feld bedeutet.

Table of Contents

(Inhaltsverzeichnis s.S. IV)

Inhaltsverzeichnis

(Table of Contents see page I)

Seite

Seite

Allgemeine Literatur:

J.C. Montermoso, Fluorine Containing Elastomers, Rubber Chem. Technol. **34** [1961] 1521/52.

M.C. Henry, C.B. Griffis, E.C. Stump, Syntheses, Compounding and Properties of Nitroso Rubbers, Fluorine Chem. Rev. **1** [1967] 1/75.

H.J. Eméleus, The Bis(trifluormethyl)nitroxide Radical, Record Chem. Progr. **32** [1971] 135/44.

D.P. Babb, J.M. Shreeve, Chemistry of Bis(trifluormethyl)nitroxide, N,N-Bis(trifluormethyl)hydroxylamine and Mercury(II) bis(trifluormethyl)nitroxide. Intra-Sci. Chem. Rept. **5** Nr. 1 [1971] 55/67; C. A. **75** [1971] Nr. 19639.

H.G. Ang, V.C. Syn, The Chemistry of Bis(trifluormethyl)amino Compounds, Advan. Inorg. Chem. Radiochem. **16** [1974] 1/61.

Aliphatische und aromatische Perfluorhalogenorgano-Stickstoff-Verbindungen

Aliphatic and Aromatic Perfluoro-halogeno-organo-Nitrogen Compounds

1 Perfluorhalogenorgano-Stickstoff-Wasserstoff-Verbindungen

Perfluoro-halogeno-organo Nitrogen-Hydrogen Compounds

1.1 Introduction

General in English

Except for $(CF_3)_2CFNH_2$ and CF_3NH_2, primary perfluorohalogenoamines with one or two fluorine atoms on the α-carbon, have not been isolated as stable compounds since they easily split out HF to form imines and nitriles:

$$R_fCF_2NH_2 \xrightarrow[-\,HF]{} R_fCF(NH) \xrightarrow[-\,HF]{} R_fCN$$

$(CF_3)_2CFNH_2$ is stable at 20 °C [1], while CF_3NH_2 melts with decomposition at −21 °C [2].

If another substitutent, like H, Cl, O, S, or R_f, occupies the α-position, the amine is more stable. The perfluorohalogenoarylamines are also stable since the α-carbon has no fluorine substitutent. Interestingly, the secondary perfluorohalogenoamines, such as $(CF_3)_2NH$, have been synthesized and extensively investigated.

Allgemeines

General in German

Primäre Perfluorhalogenorganoamine mit einem oder zwei F-Atomen in α-Stellung sind bis heute – mit Ausnahme von $(CF_3)_2CFNH_2$ (beständig bei 20 °C [1]) und CF_3NH_2 (eine bei −21 °C unter Zersetzung schmelzende Substanz [2]) – als stabile Verbindungen nicht isoliert worden, da sie leicht HF abspalten und in entsprechende Imine oder in Nitrile übergehen gemäß:

$$R_fCF_2NH_2 \xrightarrow[-\,HF]{} R_fCF(NH) \xrightarrow[-\,HF]{} R_fCN$$

Sobald aber die α-Position durch andere Substituenten (beispielsweise H, Cl, O, S, R_f) besetzt ist, werden die Amine stabiler. Beständig sind auch primäre Perfluorhalogenarylamine, da hier das α-C-Atom nicht F-substituiert ist. Auffällig ist, daß sekundäre Perfluorhalogenorganoamine wie z.B. $(CF_3)_2NH$ synthetisiert und genau untersucht werden konnten.

1.2 Bildung und Darstellung

Formation. Preparation

1.2.1 Primäre Amine

Primary Amines

1.2.1.1 Alkyl- und Alkenyl-Amine

Alkyl and Alkenyl Amines

Zu $(NF_2)_2CFN{=}NC(NF)NH_2$ s. "Perfluorhalogenorgano-Verbindungen", Teil 8.

Heptafluorisopropylamin $(CF_3)_2CFNH_2$

Nonafluor-tert-butylamin $(CF_3)_3CNH_2$, **-hydrochlorid** $(CF_3)_3CNH_2 \cdot HCl$

Hexafluor-2,2-propandiamin $(CF_3)_2C(NH_2)_2$

1,3-Dichlor-tetrafluorpropan-2,2-diamin $(CF_2Cl)_2C(NH_2)_2$

Formation and Preparation of Alkyl and Alkenyl Amines

Die Synthese von $(CF_3)_2CFNH_2$ erfolgt entweder aus $(CF_3)_2C(NH_2)_2$ und SF_4 in Gegenwart von CsF bei 20 °C (60 h, ≈50% Ausbeute) oder durch Stehenlassen von $(CF_3)_3C(NH_2)N{=}SF_2$ über CsF bei 20 °C (60 h, 79% Ausbeute) [1] gemäß:

$$(CF_3)_2C(NH_2)_2 + SF_4 \xrightarrow{CsF} (CF_3)_2C(NH_2)N{=}SF_2 \xrightarrow{CsF} (CF_3)_2CFNH_2 + NSF$$

Bei 0 °C addiert $(CF_3)_2C{=}NH$ (in einer Polyäthylenflasche) HF und liefert $(CF_3)_2CFNH_2$, das nur ^{19}F-NMR-spektroskopisch identifiziert werden konnte [3]. $(CF_3)_3CNHOH$ wird von 57%igem HJ in Anwesenheit von rotem Phosphor in einem V_2A-Autoklav mit Tefloneinsatz bei 150 bis 160 °C (15 h schütteln) zu $(CF_3)_3CNH_2$ reduziert [4]. Auch Hydrolyse von $(CF_3)_3CNCO$ in Diglyme bei 20 °C (4 h) führt zu $(CF_3)_3CNH_2$ (54%) [5]. Leitet man in eine Lösung von $(CF_3)_3CNH_2$ in Äther HCl bis zur Sättigung ein, so fällt $(CF_3)_3CNH_2 \cdot HCl$ aus [4, 5].

Eine äquimolare Menge NH_3 wird von $(CF_3)_2C{=}NH$ bei 0 °C (10 bis 12 h) zu 86% $(CF_3)_2C(NH_2)_2$ addiert [6]. Bei zweifachem NH_3-Überschuß wird nur 5 min im Rückfluß erwärmt, und man erhält 96% $(CF_3)_2C(NH_2)_2$ [3, 7]. Die Reduktion von Bis(trifluormethyl)-diazirin mit überschüssigem $LiAlH_4$ führt zu $(CF_3)_2C(NH_2)_2$ [8]. Setzt man $(CF_2Cl)_2C{=}NH$ mit NH_3 bei Rückflußtemperatur (2 h) um, so bildet sich $(CF_2Cl)_2C(NH_2)_2$ in 89% Ausbeute [3, 7].

2-Amino-1-chlorpentafluor-2-propanol $(CF_3)(CF_2Cl)C(OH)NH_2$

2-Amino-1,3-dichlortetrafluor-2-propanol $(CF_2Cl)_2C(OH)NH_2$

2-Amino-2-trifluormethyl-trifluorpropionamid $(CF_3)_2C(NH_2)C(O)NH_2$

N-(1-Amino-2,2,2-trifluor-1-trifluormethyl-äthyl)-schwefeldifluoridimid $(CF_3)_2C(NH_2)N{=}SF_2$

N-(1-Aminotrifluoräthylidenyl)-fluorschwefelsäureamid $CF_3C(NH_2){=}NSO_2F$

N-(1-Aminopentafluorpropylidenyl)-fluorschwefelsäureamid $C_2F_5C(NH_2){=}NSO_2F$

2-Azido- und **2-Isocyanato-hexafluor-2-propanamin** $(CF_3)_2C(N_3)NH_2$ und $(CF_3)_2C(NCO)NH_2$

2-Hydrazino-hexafluor-2-propanamin $(CF_3)_2C(NHNH_2)NH_2$

1-Amino-2,2,2-trifluor-1-trifluormethyl-äthylcyanid $(CF_3)_2C(CN)NH_2$

Unterhalb 0 °C addiert $(CF_2Cl)_2CO$ (gelöst in Pentan) NH_3 zu $(CF_2Cl)_2C(OH)NH_2$ [9]. Beim Einleiten von NH_3 in eine Lösung von $CF_3(CF_2Cl)CO$ in Pentan bildet sich $CF_3(CF_2Cl)C(OH)NH_2$ [10]. Wasserfreies NH_3 reagiert beim Einleiten in eine Lösung von Perfluorisobutylenoxid in Äther bei −10 °C (2 h) zu 64.5% $(CF_3)_2C(NH_2)C(O)NH_2$ [11]. In Gegenwart von konzentriertem H_2SO_4 hydrolysiert $(CF_3)_2C(NH_2)CN$ bei 20 °C (3 d) zu 56% $(CF_3)_2C(NH_2)C(O)NH_2$ [12]. Durch Kondensation von $(CF_3)_2C(NH_2)_2$ mit SF_4 in Gegenwart von NaF bzw. CsF erhält man $(CF_3)_2C(NH_2)N{=}SF_2$ in 28 bzw. 78% Ausbeute [13].

$CF_3C(NH_2){=}NSO_2F$ wird in 20.6% Ausbeute dargestellt durch Reaktion von $CF_3CCl{=}NSO_2F$ in trockenem Äther mit Ammoniak (−80 °C, 20 min) [38], analog wird $C_2F_5C(NH_2){=}NSO_2F$ durch Umsetzung von $CF_3CCl{=}NSO_2F$ mit NH_3 erhalten [39]. Beim Zutropfen von HNCO (1 ml/0.5 h) zu siedendem $(CF_3)_2C{=}NH$ (12 h) entsteht $(CF_3)_2C(NCO)NH_2$ in 43% Ausbeute. Zu einer auf 0 °C gekühlten Lösung von HN_3 in CH_2Cl_2 destilliert man bei −10 °C $(CF_3)_2C{=}NH$ hinzu, erwärmt im Rückfluß (18 h) und isoliert dann 52% $(CF_3)_2C(N_3)NH_2$. Bei 0 °C addiert $(CF_3)_2C{=}NH$ Hydrazin zu 85%

Literatur s. S. 76

$(CF_3)_2C(NHNH_2)NH_2$ [3, 7]. In Gegenwart einiger Tropfen Piperidin addiert $(CF_3)_2C{=}NH$ bei 20 °C (12 h) HCN zu 75% $(CF_3)_2C(CN)NH_2$ [6].

Formation and Preparation

2-Amino-tetrafluor-1-propenylcyanid $CF_3C(NH_2){=}CFCN$

2-Amino-1-chlor-trifluor-1-propenylcyanid $CF_3C(NH_2){=}CClCN$

Kondensation von NH_3 (unter Rühren) zu in Äther gelöstem, auf −35 bis −40 °C gekühltem $CF_3CF{=}CFCF_3$ (3.5 h) und anschließendes Erwärmen auf 20 °C (12 h) ergibt ein Gemisch, aus dem 5% $CF_3C(NH_2){=}CFCN$ isoliert werden. Analog erhält man in einem Bombenrohr aus $CF_3CCl{=}CClCF_3$ und NH_3 bei 50 °C (10 h) 61% $CF_3C(NH_2){=}CClCN$. Nach diesem Verfahren können weitere Derivate der Formel $XCF_2C(NH_2){=}CYCN$ synthetisiert werden, beispielsweise Derivate mit Y=F und $X{=}CF_3$, C_3F_7, $CF_2Cl(CF_2)_3$, C_2F_5 sowie mit Y=Cl und $X{=}CF_3$, Cl (keine näheren Angaben) [14].

1.2.1.2 Amidine und Diamidine

Amidines and Diamidines

Trifluoracetamidin und **Ag-Salz** $CF_3C(NH)NHM$ (M=H, Ag)

Difluornitroacetamidin, Ag-Salz und **-hydrotrifluoracetat** $O_2NCF_2C(NH)NHM$ (M=H, Ag) und $O_2NCF_2C(NH)NH_2 \cdot CF_3COOH$

Fluordinitroacetamidin-hydrochlorid $(NO_2)_2CFC(NH)NH_2 \cdot HCl$

Pentafluorpropionamidin, Ag- bzw. **Hg-Salz** $C_2F_5C(NH)NHM'$ (M'=H, Ag, 1/2 Hg)

Pentafluorpropionamidin-hydrochlorid $C_2F_5C(NH)NH_2 \cdot HCl$

2,3-Dichlortrifluorpropionamidin $ClCF_2CFClC(NH)NH_2$

3-Trifluormethoxy-tetrafluorpropionamidin $CF_3OCF_2CF_2C(NH)NH_2$

Heptafluorbutyramidin, Ag- bzw. **Hg-Salz** $C_3F_7C(NH)NHM'$ (M'=H, Ag, 1/2 Hg)

Heptafluorbutyramidin-hydrochlorid $C_3F_7C(NH)NH_2 \cdot HCl$

Trifluoracetamidin-hydroperfluorbutyrat $CF_3C(NH)NH_2 \cdot C_3F_7COOH$

Heptafluorbutyramidin-hydrotrifluoracetat ($R{=}CF_3$) und **-hydroperfluorbutyrat** ($R{=}C_3F_7$) $C_3F_7C(NH)NH_2 \cdot RCOOH$

4-Halogenhexafluorbutyramidin $X(CF_2)_3C(NH)NH_2$ (X=Br, J)

Bis(difluoramino)-fluoracetamidin $(NF_2)_2CFC(NH)NH_2$

Undecafluorhexanamidin $CF_3(CF_2)_4C(NH)NH_2$, **-hydrochlorid** $CF_3(CF_2)_4C(NH)NH_2 \cdot HCl$

Undecafluorhexanamidin-hydroperfluorbutyrat $CF_3(CF_2)_4C(NH)NH_2 \cdot C_3F_7COOH$

Perfluoroctanamidin $CF_3(CF_2)_6C(NH)NH_2$

Perfluordecanamidin $CF_3(CF_2)_8C(NH)NH_2$

1-N-Pentafluorphenylbiguanid-hydrochlorid $C_6F_5NHC(NH)NHC(NH)NH_2 \cdot HCl$

N'-(Difluornitroacetylimino)-difluornitroacetamidin $O_2NCF_2C(NH)N{=}C(NH_2)CF_2NO_2$ und **Cu-Chelat**

Perfluorhalogenorganoamidine lassen sich ganz allgemein durch Umsetzung von R_fCN mit NH_3 [15] synthetisieren gemäß:

$$R_fCN + NH_3 \rightarrow R_fC(NH)NH_2$$

Literatur s. S. 76

Formation and Preparation of Amidines and Diamidines

Nachfolgend werden R_f, Reaktionsbedingungen und Ausbeuten aufgeführt:

$R_f=NO_2CF_2$, Äthylendichlorid-Aufschlämmung (1 h), 63%; NO_2CF_2, Rückfluß, 760 Torr (oder 1:1-Verhältnis von R_fCN/NH_3 bei 0 °C), 15 bis 20% [16]; $R_f=(NO_2)_2CF$, −70 °C (1 h, in Äther), 45.5% als Hydrochlorid [208]; $R_f=CF_2ClCFCl$, 0 °C, dann 20 °C (8 h) in Äther, gaschromatographische Reinigung [17]; $R_f=C_2F_5$, 20 °C (24 h), –; $R_f=C_3F_7$, 20 °C (14 d), hohe Ausbeute; $R_f=X(CF_2)_3$ (X=Br, J), −78 bis −70 °C, 100% [18], $R_f=CF_3(CF_2)_4$, 20 °C (einige Minuten), –; $R_f=CF_3(CF_2)_6$, 20 °C (einige Minuten), 100%; $R_f=CF_3(CF_2)_8$, 20 °C (einige Minuten), 100%. Die in Äther gelösten Amidine reagieren mit HCl zu den entsprechenden Hydrochloriden [15].

$O_2NCF_2C(NH)NH_2$ bildet bei 20 °C (1 h) mit CF_3COOH das Trifluoracetat [16]. Kondensiert man wasserfreies NH_3 im großen Überschuß auf R_fCN und läßt das Reaktionsgemisch durch Entfernen des Aceton-Trockeneis-Bades im Rückfluß (1 h) reagieren, so erhält man für $R_f=CF_3$ 90%, für $R_f=C_2F_5$ 95% und für $R_f=C_3F_7$ 75% Ausbeute. In H_2O-freiem Äther reagieren die aciden Amidine mit Ag_2O unter Wärmeentwicklung zu $R_fC(NH)NHAg$ mit $R_f=CF_3$ [19], NO_2CF_2 [16], C_2F_5, C_3F_7; dagegen setzen sich $C_2F_5C(NH)NH_2$ bzw. $C_3F_7C(NH)NH_2$ mit HgO erst im geschmolzenen Zustand bei 110 °C zu $[R_f'C(NH)NH]_2Hg$, $R_f'=C_2F_5$, C_3F_7, um [19].

Gegenüber Carbonsäuren zeigen Perfluoramidine auch basische Eigenschaften und liefern mit $R_f'COOH$ 1:1-Addukte der Formel $R_fC(NH)NH_2 \cdot R_f'COOH$ in Ausbeuten von 75 bis 85%, $R_f=CF_3$, $R_f'=C_3F_7$; $R_f=C_3F_7$, $R_f'=CF_3$, C_3F_7. Die Salze sublimieren, ohne zu schmelzen (keine weiteren physikalischen Angaben) [19]. Auf Zugabe von C_3F_7COOH zu einer ätherischen Lösung von $CF_3(CF_2)_4C(NH)NH_2$ fällt $CF_3(CF_2)_4C(NH)NH_2 \cdot C_3F_7COOH$ aus [15]. Ammonolyse von $C_3F_7C(NH)OCH_3$ (gelöst in CH_3OH) bei 0 °C und dann bei 20 °C (12 h, rühren) führt zu 92% $C_3F_7C(NH)NH_2$ [20]. In CH_2Cl_2 addiert $C_3F_7C(NH)NH_2$ in 10 min HCl zu 91.5% $C_3F_7C(NH)NH_2 \cdot HCl$ [21]. Sättigt man eine Lösung von $R_fC(NH)NH_2$ in Äther mit HCl, so entsteht $R_fC(NH)NH_2 \cdot HCl$, $R_f=C_2F_5$, C_3F_7, $CF_3(CF_2)_4$ [15].

Bis(difluoramino)-fluoracetonitril (gelöst in einem Gemisch aus CH_3OCH_3 und $CFCl_3$) addiert beim Aufwärmen von −110 °C auf 0 °C (15 h) NH_3 zu $(NF_2)_2CF(NH)NH_2$ [22]. Erhitzt man ein Gemisch aus $C_6F_5NH_2 \cdot HCl$ mit $NH_2C(NH)NHCN$, bis sich eine klare Schmelze bildet, und hält diese Temperatur (1 h), so bildet sich 1-N-(Pentafluorphenyl)-biguanidhydrochlorid (keine physikalischen Daten) [23].

$O_2NCF_2C(NH)NH_2$ reagiert mit O_2NCF_2CN bei 0 °C (18 h) zu 56% $O_2NCF_3C(NH)N{=}C(NH_2)CF_2NO_2$, das auch aus O_2NCF_2CN und NH_3 bei 0 °C (18 bis 24 h) in 86% Ausbeute synthetisiert werden kann. Mit $Cu(NO_3)_2 \cdot 3H_2O$ bildet es in Wasser ein Cu-Chelat [16].

$CF_3O(CF_2)_2C(NH)N{=}C(NH_2)(CF_2)_2OCF_3$ reagiert mit NH_3 bei 20 °C (2 h) zu 79% $CF_3O(CF_2)_2C(NH)NH_2$ (Schmelzpunkt 41 °C) [24].

Perfluorglutardiamidin n=3
Perfluoradipindiamidin n=4

$$H_2N{-}C({=}NH){-}(CF_2)_n{-}C({=}NH){-}NH_2$$

Perfluorglutaramidamidin n=3
Perfluoradipinamidamidin n=4

$$H_2N{-}C({=}O){-}(CF_2)_n{-}C({=}NH){-}NH_2$$

Literatur s. S. 76

2,4-Diamidino-perfluor-3-oxabutan $H_2N(NH)CCF(CF_3)O(CF_2)_n(OCF_2)_mC(NH)NH_2$ mit $n=1$, $m=0$

und weitere Diamidine mit $n=2$ oder 3, 5 und $m=0$ oder 1

Formation and Preparation

Mit perfluorierten Dinitrilen reagiert flüssiges NH_3 beim Erhitzen im Rückfluß (1 h) zu entsprechenden Diamidinen gemäß:

$$NC(CF_2)_nCN + 2NH_3 \rightarrow H_2N(NH)C\text{-}(CF_2)_n\text{-}C(NH)NH_2 \quad (n=3, 4)$$

Die Verbindung mit $n=3$ schmilzt im Bereich von 147 bis 157 °C, die mit $n=4$ bei 125 bis 135 °C unter NH_3-Abgabe und Polymerisation (keine weiteren physikalischen Angaben) [25].

Die beiden Amidamidine werden durch Ammonolyse von $C_2H_5OC(O)(CF_2)_nCN$ ($n=3$, 4) in Äther bei −50 °C und anschließendes Erwärmen auf 20 °C synthetisiert [26]. Kondensiert man $NCCF(CF_3)O(CF_2)_n(OCF_2)_mCN$ ($n=1$; $m=0$ bzw. $n=2$, 3, 5; $m=0$, 1) mit NH_3 in ein Bombenrohr bei −40 °C und erwärmt auf 20 °C (2 h), so bilden sich die entsprechenden Diamidine (keine physikalischen Daten) [27].

1.2.1.3 Amidoxime, Amidrazone, Aminoguanidine

Amidoximes, Amidrazones, Aminoguanidines

Perfluoralkanamidoxime $R_fC(NOH)NH_2$, $R_f=CF_3$, C_2F_5, C_3F_7, C_7F_{15}

Hexafluorpentan-1,5-diamidoxim $H_2N(NOH)C(CF_2)_3C(NOH)NH_2$

Octafluorhexan-1,6-diamidoxim $H_2N(NOH)C(CF_2)_4C(NOH)NH_2$

Hexadecafluordecan-1,10-diamidoxim $H_2N(NOH)C(CF_2)_8C(NOH)NH_2$

O-Perfluoracetyl-perfluoracetamidoxim $CF_3C(NH_2)=NOC(O)CF_3$

O-Perfluorpropionyl-perfluorpropionamidoxim $C_2F_5C(NH_2)=NOC(O)C_2F_5$

O-Perfluorbutyryl-perfluorbutyramidoxim $C_3F_7C(NH_2)=NOC(O)C_3F_7$

O-Perfluoroctanoyl-perfluoroctanamidoxim $C_7F_{15}C(NH_2)=NOC(O)C_7F_{15}$

O-Chlorformyl-perfluorbutyramidoxim $C_3F_7C(NH_2)=NOC(O)Cl$

O,O′-Oxalyl-bis(perfluorbutyramidoxim) $C_3F_7C(NH_2)=NOC(O)C(O)ON=C(NH_2)C_3F_7$

O,O′-Hexafluorglutaryl-bis(perfluor-n-octanamidoxim)
$C_7F_{15}C(NH_2)NOC(O)\text{-}(CF_2)_3\text{-}C(O)ONC(NH_2)C_7F_{15}$

O,O′-Bis-perfluorbutyryl-perfluorglutardiamidoxim ($n=3$), **-perfluoradipindiamidoxim** ($n=4$), **-perfluorsebacindiamidoxim** ($n=8$)
$C_3F_7C(O)ON=C(NH_2)\text{-}(CF_2)_n\text{-}C(NH_2)=NOC(O)C_3F_7$

3-(5′-Perfluorbutyl-1′,2′,4′-oxadiazolyl)-perfluorglutaramidoxim $R(CF_2)_3C(NOH)NH_2$

4-(5′-Perfluorbutyl-1′,2′,4′-oxadiazolyl)-perfluoradipinamidoxim $R(CF_2)_4C(NOH)NH_2$

R = (1,2,4-Oxadiazol-3-yl-Ring: N—O, N=C, C_4F_9)

Perfluoralkanamidoxime werden generell durch Addition von NH_2OH an R_fCN bei 20 °C (1 h) in alkoholischer Lösung in Ausbeuten von 60 bis 97% synthetisiert gemäß:

$$R_fCN + NH_2OH \rightarrow R_fC(NOH)NH_2$$

$R_f=CF_3$, 65%; C_2F_5, 76%; C_3F_7, 80% [28]

$R_f=C_7F_{15}$, 70% [28], 93% [29]

Literatur s. S. 76

Formation and Preparation of Amidoximes, Amidrazones, Aminoguanidines

Dinitrile addieren 2 mol NH_2OH zu entsprechenden Diamidoximen gemäß:

$NC(CF_2)_nCN + 2\,NH_2OH \rightarrow H_2N(NOH)(CF_2)_nC(NOH)NH_2$ n=3, 97% [22], 82% [30]; n=4, 92%; n=8, 95% [30]

In absolutem CH_3OH reagiert $NH_2OH \cdot HCl$ in Gegenwart von CH_3ONa mit $C_3F_7C(NH)OCH_3$ bei 20 °C (24 h) und liefert 35% $C_3F_7C(NOH)NH_2$ [20]. Beim Einleiten von NH_3 in eine Lösung von $CF_3C(Cl)=NOH$ in Äther bildet sich $CF_3C(NH_2)=NOH$ [31].

Mit Perfluoracylchloriden kondensieren Perfluoralkanamidoxime in Äther oder Tetrahydrofuran bei 0 °C, dann 20 °C (1 h) nahezu quantitativ [28] gemäß:

$$R_fC(O)Cl + R'_fC(NOH)NH_2 \rightarrow R_fC(O)ON{=}C(NH_2)R'_f$$

$R_f = R'_f = CF_3$ (instabil, keine physikalischen Daten angegeben), C_2F_5, C_3F_7, C_7F_{15}, $R_f = Cl$, $R'_f = C_3F_7$. Mit Oxalylchlorid setzt sich $C_3F_7C(NOH)NH_2$ in $C_2H_5OC_2H_5$ bei 20 °C (0.5 h rühren) zu 75% $C_3F_7C(NH_2)NOC(O)C(O)ONC(NH_2)C_3F_7$ um [28]. In Pyridin gelöstes $C_7F_{15}C(NH)NH_2$ reagiert unter Feuchtigkeitsausschluß in einer N_2-Atmosphäre mit in $(CH_3)_2NC(O)H$ gelöstem $ClC(O)(CF_2)_3C(O)Cl$ bei 20 °C (16 h rühren) zu 16.5% $C_7F_{15}C(NH_2)NOC(O)(CF_2)_3C(O)ONC(NH_2)C_7F_{15}$ [29].

Eine zweifache Kondensation mit 2 mol $R_fC(O)Cl$ erfolgt gemäß:

$$(HON{=})(H_2N)C{-}(CF_2)_n{-}C(NH_2)({=}NOH) + R_fC(O)Cl \longrightarrow (R_fC(O){-}O{-}N{=})(H_2N)C{-}(CF_2)_n{-}C(NH_2)({=}N{-}O{-}C(O)R_f)$$

Die Umsetzungen erfolgen in Äther in Gegenwart von $(C_2H_5)_3N$ bei 10 bis 20 °C (2 bis 3 h). Für $R_f = C_3F_7$ betragen die Ausbeuten für n=3 62%, für n=4 60%. Für n=8 wird keine Ausbeute angegeben (keine physikalischen Daten). Zusätzlich wird in den Umsetzungen mit $R_f = C_3F_7$ und n=3 und 4 ein partieller Ringschluß beobachtet, sodaß in ≈20% Ausbeute sowohl 5-Perfluorbutyl-1,2,4-oxadiazolyl-perfluorglutoramidoxim als auch -perfluoradipinamidoxim isoliert werden können [30].

Perfluoralkanamidrazone $R_fC(NH_2)=NNHX$

mit X=H und $R_f = CF_3$, C_3F_7, C_4F_9, C_5F_{11}, C_7F_{15}, $(CF_2)_3C(NH_2)=NNH_2$ sowie $(CF_2)_4C(NH_2)=NNH_2$

mit $X = CF_3C(O)$, $R_f = CF_3$, $X = C_2F_5C(O)$, $R_f = C_2F_5$ sowie mit $X = C_3F_7C(O)$, $R_f = C_3F_7$

Perfluoracylaminoguanidine $R_f = CF_3$, C_2F_5, C_3F_7, $CF_3OCF_2CF_2$

Perfluorglutaryl-bis(aminoguanidin)

$R_f = -(CF_2)_3C(O)NHNHC(NH)NH_2$

Perfluoradipinyl-bis(aminoguanidin)

$R_f = -(CF_2)_4C(O)NHNHC(NH)NH_2$

$$R_f{-}C(O){-}N(H){-}N(H){-}C(NH){-}NH_2$$

Die Synthese der Amidrazone (zur Tautomerie s. [18]) erfolgt aus R_fCN und $N_2H_4 \cdot H_2O$ bei 0 °C, dann bei 20 °C (2 h) gemäß:

$$R_fCN + N_2H_4 \cdot H_2O \rightarrow R_fC(NH_2)=NNH_2$$

Nachfolgend werden R_f und Ausbeute angegeben: C_3F_7, 97% [32], 87% [33, 34], 40% [35]; C_4F_9, 44%; C_5F_{11}, 90%; C_7F_{15}, 97%; $(CF_2)_3C(NH_2)=NNH_2$, 98%; $(CF_2)_4C(NH_2)=NNH_2$, 100% [32]. In wasserfreiem CH_3OH setzt sich $R_fC(NH)OCH_3$

mit 96% N_2H_4 bei 0 °C (2 h) zu $R_fC(NH_2)=NNH_2$ um. Für $R_f=CF_3$ beträgt die Ausbeute 93% und für $R_f=C_3F_7$ 90% [20].

Formation and Preparation

Mit $[R_fC(O)]_2O$ kondensiert $R_fC(NH_2)=NNH_2$ bei 0 °C in Gegenwart von R_fCOOH zu $R_fC(O)NHN=C(NH_2)R_f$. Die Ausbeuten betragen für $R_f=CF_3$ 75%, für $R_f=C_2F_5$ 95% und für $R_f=C_3F_7$ 93%. Ammonolyse von 2,5-Bis(perfluorpropyl)-1,3,4-oxadiazol in einem Bombenrohr bei 20 °C (2 h) führt in 93% Ausbeute zu $C_3F_7C(O)NHN=C(NH_2)C_3F_7$ [36], das auch aus $C_3F_7C(NNH_2)NH_2$ und $C_3F_7C(O)Cl$ in Gegenwart von 15% KOH in wäßriger Lösung erhalten werden kann [35].

Ein Gemisch aus $R_fC(O)NHNH_2$ und $CH_3SC(NH)NH_2$ werden bei 0 °C unter Rühren zu 1 n NaOH zugefügt, auf 20 °C erwärmt (3 bis 4 d) und anschließend auf 50 bis 55 °C erhitzt (3 bis 4 h). Hierbei entstehen Perfluoracylaminoguanidine [37] gemäß:

$$R_fC(O)NHNH_2 + CH_3SC(NH)NH_2 \rightarrow R_fC(O)NHNHC(NH)NH_2 + CH_3SH$$

Nachfolgend werden R_f und Ausbeuten angegeben: CF_3, 60%; C_2F_5, 76%; C_3F_7, 81%; $CF_3O(CF_2)_2$, 75%; $(CF_2)_3C(O)NHNHC(NH)NH_2$, 95%; $(CF_2)_4C(O)NHNHC(NH)NH_2$, 90% [37].

1.2.1.4 N′-Alkanimidoyl-Alkanamidine

N′-Alkaneimidoyl-Alkaneamidines

Die Synthese der N′-Perfluorhalogenalkanimidoyl-perfluorhalogenalkanamidine

$$R_fC(NH)N=C(NH_2)R_f'$$

mit $R_f'=R_f=CF_3$, C_2F_5, $CF_2ClCFCl$, C_3F_7, $Br(CF_2)_3$, $J(CF_2)_3$, $CF_2ClCFClCF_2CFClCF_2$, C_6F_{13}, $CF_3O(CF_2)_2$, $C_2F_5O(CF_2)_2$
mit $R_f'=C_3F_7$, $R_f=CF_3$, C_2F_5, C_7F_{15} und $R_f'=CF_3O(CF_2)_2$, $R_f=C_2F_5$, C_3F_7, C_6F_{13}
erfolgt entweder durch Addition von R_fCN an $R_f'C(NH)NH_2$ in quantitativer Ausbeute oder für Verbindungen mit $R_f=R_f'$ durch Ammonolyse eines Überschusses von R_fCN gemäß:

$$R_fCN + R_f'C(NH)NH_2 \xrightarrow{B} R_fC(NH)N=C(NH_2)R_f' \xleftarrow{A} 2\,R_fCN + NH_3$$

R_f, R_f', Reaktionstemperatur in °C, -zeit und Ausbeuten für Reaktion A:
$R_f'=R_f=CF_3$, −78 °C (0.5 h), −24 °C (1 h), 100%;
$R_f'=R_f=C_2F_5$, −78 °C (1 h), 0 °C (23 h), 100%;
$R_f'=R_f=C_3F_7$, −78 °C (1 h), 0 °C (23 h), 100%

Analog für Reaktion B:
$R_f=CF_3$, $R_f'=C_3F_7$, 0 °C (8 h), –; $R_f=C_2F_5$, $R_f'=C_3F_7$, 0 °C (48 h), 81%; $R_f=C_7F_{15}$, $R_f'=C_3F_7$, 30 °C (3 h, in CH_2Cl_2 gelöst), nur als Cu-Chelat isoliert [40];
$R_f'=R_f=CF_2ClCFCl$, 20 °C (3 h), 72% [17];
$R_f'=R_f=CF_2ClCFClCF_2CFClCF_2$, 70 °C (6 h), 97% (keine physikalischen Daten) [41];
$R_f'=R_f=CF_3O(CF_2)_2$, 20 °C (2 h), 97%; analog wurden dargestellt die Amidine mit $R_f=C_2F_5$, $R_f'=CF_3O(CF_2)_2$; $R_f=C_3F_7$, $R_f'=CF_3O(CF_2)_2$; $R_f'=R_f=C_2F_5O(CF_2)_2$; $R_f=R_f'=C_6F_{13}$; $R_f=C_6F_{13}$, $R_f'=CF_3O(CF_2)_2$ [24].

In CCl_4 gelöstes $CF_3O(CF_2)_2C(=NH)-N=C(NH_2)(CF_2)_2OCF_3$ reagiert mit 5%iger $Cu(CH_3COO)_2$-Lösung zu 81% des entsprechenden Cu^{++}-Chelats (Schmelzpunkt 77 bis 78 °C). Auf Zugabe von $CF_3O(CF_2)_2C(O)OH$ zu einer ätherischen Lösung des Imidoylamidins bildet sich das Säurederivat (Schmelzpunkt 196 bis 198 °C) [24]. Analog reagieren $CF_2ClCFClC(NH)-N=C(NH_2)CFClCF_2Cl$ mit $CF_2ClCFClC(O)OH$ zum entsprechenden Salz (82.3%, Schmelzpunkt 200 bis 202 °C) [17]. Mischt man $X(CF_2)_3C(NH)NH_2$ mit $X(CF_2)_3CN$ bei 0 °C und läßt das Gemisch bei 20 bis 25 °C (3 bis 4 h) stehen, so bilden sich für X=Br 87% und für X=J 85% $X(CF_2)_3C(NH)N=C(NH_2)(CF_2)_3X$ [18].

Literatur s. S. 76

Formation and Preparation

Alicyclic Amines

1.2.1.5 Alicyclische Amine

1-Trifluormethyl-2-amino-5-iminotetrafluorcyclopenten

1-Amino-heptafluor-3-iminocyclohexen X=NH
1-Amino-heptafluorcyclohexen-3-on X=O

In Äther gelöstes 1-Trifluormethylheptafluorcyclopenten reagiert mit wasserfreiem NH_3 bei 0 °C (15 min) und liefert nahezu quantitativ 1-Trifluormethyl-2-amino-5-iminotetrafluorcyclopenten [42]. Analog wird 1-Aminoheptafluor-3-iminocyclohexen aus Decafluorcyclohexen (3.5 h) bzw. Undecafluorcyclohexan (6 h) und NH_3 synthetisiert. Diese Verbindung wird durch 2 normales HCl bei 15 °C (2 h) zu 1-Amino-heptafluorcyclohexen-3-on hydrolysiert [43].

Aromatic Amines

1.2.1.6 Aromatische Amine

Aminobenzenes and Derivatives

1.2.1.6.1. Aminobenzole und Derivate

Pentafluoranilin $C_6F_5NH_2$, **-hydrochlorid** $C_6F_5NH_2 \cdot HCl$

Hydroxytetrafluoraniline 2-, 3- **und** 4-OH-$C_6F_4NH_2$

Zu weiteren Synthesen für $C_6F_5NH_2$ s. S. 9, 12, 57. — Die in flüssigem NH_3 durchgeführte Substitution von C_6F_6 mit $NaNH_2$ führt zu $C_6F_5NH_2$ [44], das auch durch Erhitzen von C_6F_6 (in C_2H_5OH) und NH_4OH (D=0.88 g/cm^3) auf 167 °C (18 h) erhalten werden kann (in 60% Ausbeute) [45]. Eine Ausbeutesteigerung auf 85% erzielt man bei Verwendung einer 30%igen wäßrigen Lösung von NH_4OH bei 150 °C (3 h) [46]. In einem mit Ag ausgekleideten Autoklav werden C_6F_6 und 28%iges NH_4OH bei 235 °C (2 h, schütteln) zu 86% $C_6F_5NH_2$ umgesetzt [290]. In Gegenwart von $CuCl_2$ reagiert C_6F_5SCl mit 31%igem NH_4OH bei 200 bis 220 °C (6 h) zu $C_6F_5NH_2$ [47].

Rühren einer Lösung von 2,2-Dimethyl-3-pentafluor-phenyliminobutan in CH_3OH mit 25%igem H_2SO_4 bei 25 °C (72 h) führt zur Bildung von $C_6F_5NH_2$ [48]. Das Amin entsteht ebenfalls beim Erhitzen von $C_6F_5NHNHC_6F_5$ auf 170 °C (1 h) [49], in Spuren (1.4%) bei der Umsetzung von C_6F_6 und $LiNH_2$ bei 65 °C (3 h) [50], in 25% Ausbeute bei der Hydrolyse von C_6F_5-N=N-(4-C_5F_4N) bei 160 °C (24 h) [51] und in 42% Ausbeute bei der Pyrolyse von $C_6F_5NHNH_2$ bei 180 bis 190 °C (4 h) [288]. Mit 55%igem HJ läßt sich 4-NH_2-C_6F_4N=N-C_6F_5 zum entsprechenden Diamin und 71% $C_6F_5NH_2$ reduzieren [52]. Analog wird $C_6F_5N(O)NC_6F_5$, Tetrafluor-2- und Tetrafluor-4-(pentafluorphenylazoxy)-anilin von 55%igem HJ beim Erhitzen im Rückfluß (6.5, 1 und 1.5 h) zu 33, 80 und 38% $C_6F_5NH_2$ reduziert. Unter diesen Bedingungen werden auch 7- bzw. 5-Amino-trifluor-1-pentafluor-phenylanilinobenzotriazol zu 60 bzw. 77% $C_6F_5NH_2$ umgewandelt [53].

Elektrolytische Reduktion von 1-Aminoheptafluorcyclohexen-3-on bei −1.40 V in einem Standardelektrolyt bei pH=7.8 führt zu 3-OH-$C_6F_4NH_2$ (keine physikalischen Daten) [54]. Durch eine reduktive Spaltung von 4-Dimethylamino-2,3,4,5,6-pentafluorazobenzol mit Sn-Granulat und 10 normalem HCl bei 100 °C (15 min) erhält man $C_6F_5NH_2$, das in ätherischer Lösung mit HCl zu $C_6F_5NH_2 \cdot HCl$ reagiert. Die analog durchgeführte Reduktion des 4'-Dimethylamino-2,3,4,5-tetrafluor-4-hydroxyazobenzol führt zu 4-OH-$C_6F_4NH_2$ [55]. Auch 4-NO_2-C_6F_4OH läßt sich in Gegenwart eines PtO_2-Katalysators in 78% Ausbeute zu 4-OH-$C_6F_4NH_2$ hydrieren [56]. Beim Erhitzen im Rückfluß (1 h) reduziert 55%iges HJ 4-CH_3O-C_6F_4N=NC_6F_4-OCH_3-4' zu 98% 4-OH-$C_6F_4NH_2$, das auch analog aus 4-OH-C_6F_4N=NC_6F_5 in 80% Ausbeute entsteht. Zusätzlich fallen noch 47% $C_6F_5NH_2$ an [52]. *Formation and Preparation*

Konzentriertes HCl und Sn dienen zur Reduktion von 2-NO_2-C_6F_4OH bei 0 °C (1 h); anschließendes Erhitzen auf dem Wasserbad führt zu 92% 2-OH-$C_6F_4NH_2$, das (in CH_3OH gelöst) mit einem Überschuß an konzentriertem HCl 2-OH-$C_6F_4NH_2 \cdot HCl$ bildet. Analog entsteht aus 4-NO_2-C_6F_4OH mit HCl und Sn 84% 4-OH-$C_6F_4NH_2$ [64].

3-Hydrazino-tetrafluoranilin 3-$NHNH_2$-$C_6F_4NH_2$

Nitrotetrafluoraniline 2- **und** 4-NO_2-$C_6F_4NH_2$

4-Chlortetrafluoranilin 4-Cl-$C_6F_4NH_2$

2,4-Dichlortrifluoranilin 2,4-Cl_2-$C_6F_3NH_2$

Tetrachlorfluoraniline 2,3,4,5-, 2,3,5,6- **und** 2,3,4,6-Cl_4-C_6FNH_2

Bromtetrafluoraniline 2- **und** 4-Br-$C_6F_4NH_2$

4-Jodtetrafluoranilin 4-J-$C_6F_4NH_2$

3-NH_2NH-$C_6F_4NH_2$ wird dargestellt durch Umsetzung von $C_6F_5NH_2$ mit 95%igem nichtwäßrigem N_2H_4 in 1,4-Dioxan (26 h, Rückfluß). Die Ausbeute kann von 24 auf 78% gesteigert werden, wenn die Menge an 1,4-Dioxan auf $^1/_6$ reduziert wird [57]. Beim Einleiten von NH_3 in eine ätherische Lösung von $C_6F_5NO_2$ bei 20 °C (24 h) bildet sich ein Isomerengemisch, das chromatographisch in 2- und 4-NO_2-$C_6F_4NH_2$ aufgetrennt wird [58, 59, 60]. Das Isomerengemisch steht im Gewichtsverhältnis 48:52 [61]. Hydrolyse von 2-Nitro-3,4,5,6-tetrafluoracetanilid mit siedendem 30- bis 50%igem H_2SO_4 (1 h) führt zu 2-NO_2-$C_6F_4NH_2$ [62, 63]. C_6F_5Cl bzw. 1,3-Cl_2-C_6F_4 (gelöst in C_2H_5OH) reagiert mit NH_3 bei 200 °C (6 h) bzw. 180 °C (12 h) zu 4-Cl-$C_6F_4NH_2$ bzw. 2,4-Cl_2-$C_6F_3NH_2$ [65]. Die mit Fe-Spänen und wäßriger NH_4Cl-Lösung durchgeführte Reduktion von 6-NO_2-5-F-C_6Cl_4 bzw. 6-NO_2-3-F-CCl_4 bei 100 °C (4 h bzw. 1 h) liefert 84% 6-F-$C_6Cl_4NH_2$ bzw. 96% 4-F-CCl_4NH_2. Die Hydrolyse von Tetrachlor-5-fluoracetanilid mit konzentriertem H_2SO_4 führt zu 92% 5-F-CCl_4NH_2 [66]. In siedendem 30%igem H_2SO_4 (1 h) hydrolysiert 2-Brom-tetrafluoracetanilid zu 2-Br-$C_6F_4NH_2$ [62]. Die Bromierung von 4-H-Tetrafluoranilin in Eisessig bei 20 °C (2 h) liefert 70.5% 4-Br-$C_6F_4NH_2$ [67]. In einem Autoklav werden C_6F_5Br bzw. C_6F_5J mit 28- bzw. 8%igem NH_4OH bei 200 °C (2 h) bzw. 165 °C (2 h) unter Schütteln zu 77% 4-Br-$C_6F_4NH_2$ bzw. 46.7% 4-J-$C_6F_4NH_2$ umgesetzt [290].

Aminotetrafluorbenzoesäuren 2- und 4-NH_2-C_6F_4COOH

Aminotetrafluorbenzamide 2- und 4-NH_2-$C_6F_4C(O)NH_2$

Beim Erhitzen von 2-NH_2-C_6F_4CN mit 36normalem H_2SO_4 bei 100 °C (1 h) bildet sich 2-NH_2-$C_6F_5C(O)NH_2$, das von siedendem 10%igem NaOH (2 h) zu 2-NH_2-C_6F_4COOH hydrolysiert wird. Metalliert man 2,3,4,5-Tetrafluoranilin mit C_4H_9Li und leitet in diese Lösung CO_2, so bildet sich 2-NH_2-C_6F_4COOH [62]. Eine ammoniakalische NH_3-Lösung aminiert $C_6F_5C(O)NH_2$ in einem Bombenrohr bei 100 °C (8 h) zu 23% 4-NH_2-$C_6F_4C(O)NH_2$ [67]. Von einer Lösung von Br_2 in NaOH wird Tetrafluorphthal-

Literatur s. S. 76

Formation and Preparation of Aminobenzenes and Derivatives

imid bei 80 °C (1 min) und anschließendem Abkühlen auf 15 °C zu $2\text{-}NH_2\text{-}C_6H_4COOH$ oxidiert [68]. Ein Gemisch aus $4\text{-}C_6H_5CH{=}N\text{-}NH\text{-}C_6F_4COOH$, Zn-Pulver und Eisessig liefert beim Erhitzen im Rückfluß (12 h) $4\text{-}NH_2\text{-}C_6F_4COOH$ [69]. Die Hydrolyse von $4\text{-}NH_2\text{-}C_6F_4COOCH_3$ mit methanolischem KOH in der Siedehitze führt zu 96% $4\text{-}NH_2\text{-}C_6F_4COOH$, das in 43% Ausbeute auch durch Umsetzung von Tetrafluorphthalsäure mit NaN_3 in 18.5%igem Oleum und $CHCl_3$ bei 45 °C (3 h) zugänglich ist [70]. Das in [71] angegebene Verfahren wird wie folgt abgewandelt: Ein Gemisch aus $4\text{-}NH_2\text{-}C_6F_4C(O)NH_2$ und 20%igem NaOH werden 10 h im Rückfluß erhitzt. Aus der angesäuerten Lösung fallen 64% $4\text{-}NH_2\text{-}C_6F_4COOH$ aus [67, 291, 292].

Cyanotetrafluoraniline 2- und $4\text{-}CN\text{-}C_6F_4NH_2$

Die bei −30 °C durchgeführte Ammonolyse von C_6F_5CN mit wasserfreiem NH_3 ergab $4\text{-}CN\text{-}C_6F_4NH_2$ sowie in geringen Mengen (<10%) das 2- und das 3-Cyanoisomer [72]. Erhitzt man das Gemisch aus $2\text{-}Br\text{-}C_6F_4NH_2$, CuCN und $(CH_3)_2NC(O)H$ im Rückfluß (2 h), fügt dann $FeCl_3$ (gelöst in 3 normalem HCl) hinzu, so erhält man nach Wasserdampfdestillation $2\text{-}CN\text{-}C_6F_4NH_2$ [62, 73].

4-Trifluormethyltetrafluoranilin $4\text{-}CF_3\text{-}C_6F_4NH_2$

4-Pentafluoräthyltetrafluoranilin $4\text{-}C_2F_5\text{-}C_6F_4NH_2$

2,5-Bis(trifluormethyl)-trifluoranilin $2{,}5\text{-}(CF_3)_2\text{-}C_6F_3NH_2$

3,4-Bis(trifluormethyl)-trifluoranilin $3{,}4\text{-}(CF_3)_2\text{-}C_6F_3NH_2$

2,4,6-Tris(trifluormethyl)-difluoranilin $2{,}4{,}6\text{-}(CF_3)_3\text{-}C_6F_2NH_2$

Octafluortoluol reagiert mit NH_4OH (D = 0.88 g/cm^3) in einem Bombenrohr bei 132 °C (22 h) zu $4\text{-}CF_3\text{-}C_6F_4NH_2$, das auch durch Reduktion von $C_6H_5CH{=}N\text{-}N(H)\text{-}(4\text{-}CF_3\text{-}C_6F_4)$ mit Zn-Pulver in Eisessig in der Siedehitze (3 h) darstellbar ist [74]. Versuche, $4\text{-}CF_3\text{-}C_6F_4NH_2$ aus $C_6F_5CF_3$ und $(CH_3)_3CNH_2$ durch Erhitzen im Rückfluß (2 h) zu synthetisieren, führten nur zu geringen Mengen eines Produktes, das nicht mit Sicherheit als $4\text{-}CF_3\text{-}C_6F_4NH_2$ identifiziert werden konnte [75]. In einem Bombenrohr reagieren $4\text{-}C_2F_5\text{-}C_6F_5$ mit NH_3 bei 130 °C (20 h) zu $4\text{-}C_2F_5\text{-}C_6F_4NH_2$, das auch durch Reduktion von $4\text{-}C_2F_5\text{-}C_6F_4\text{-}N(H)N{=}CHC_6H_5$ mit Zn in siedendem Eisessig (4.5 h) darstellbar ist [76]. Setzt man $1{,}4\text{-}(CF_3)_2\text{-}C_6F_4$ mit NH_4OH (D = 0.88 g/cm^3) in C_2H_5OH bei 145 bis 150 °C (16 h) in einem Schüttelautoklav um, so bildet sich $2{,}4\text{-}(CF_3)_2\text{-}C_6F_3NH_2$. Analog wird $3{,}4\text{-}(CF_3)_2\text{-}C_6F_3NH_2$ aus $1{,}2\text{-}(CF_3)_2\text{-}C_6F_4$ synthetisiert [77]. Beim Durchleiten von NH_3 durch eine ätherische Lösung von Perfluormesitylen (1 h) entstehen 70% $2{,}4{,}6\text{-}(CF_3)_3\text{-}C_6F_2NH_2$ und geringe Mengen $2{,}4{,}6\text{-}(CF_3)_3\text{-}1{,}3\text{-}(NH_2)_2\text{-}C_6F$ [78].

5-Aminononafluorindan

5-Aminoundecafluortetralin

Literatur s. S. 76

Formation and Preparation of Aminobenzenes and Derivatives

Heptafluor-1-naphthylamin

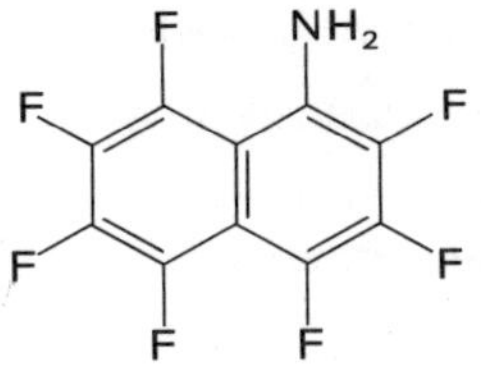

4-Aminononafluorbiphenyl 4-$NH_2C_6F_4$-C_6F_5

2,4-Bis(pentafluorphenyl)-trifluoranilin 2,4-$(C_6F_5)_2$-$C_6F_3NH_2$

Amino-nonafluorazobenzole 2- und 4-NH_2-$C_6F_4N{=}NC_6F_5$

2- und 4-(Pentafluorphenylazoxy)-tetrafluoraniline
X=NH_2, Y=F und Y=NH_2, X=F

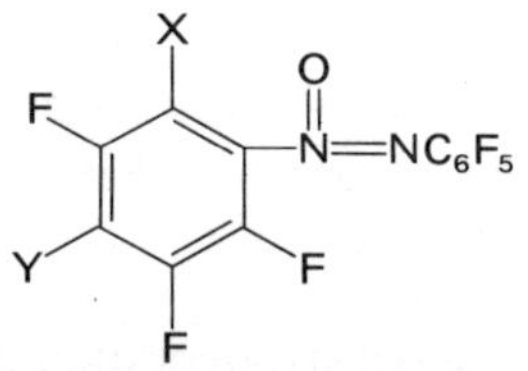

Setzt man Perfluorindan bzw. Perfluortetralin mit 30%igem NH_4OH in CH_3CN bei 50 °C (7 h) im Autoklav um, so erhält man 5-Amino-nonafluorindan bzw. 6-Amino-undecafluortetralin [79]. In C_2H_5OH gelöstes Heptafluor-1-nitronaphthalin wird zu einer Suspension von Fe-Spänen in einer Lösung von NH_4Cl in 73% C_2H_5OH und 37% H_2O in der Siedehitze zugetropft. Nach 3 h zusätzlichem Erhitzen im Rückfluß werden 65% Heptafluor-1-naphthylamin isoliert [80]. Eine in C_2H_5OH in Gegenwart von Raney-Nickel vorgenommene Hydrierung von 2,4-Bis(pentafluorphenyl)-3,5,6-trifluornitrobenzol bei 20 °C (18 h, 1 atm) führt zu 2,4-Bis-(pentafluorphenyl)-3,5,6-trifluoranilin. Analog wird aus 4-NO_2-C_6F_4-C_6F_5 4-Amino-nonafluordiphenyl synthetisiert [81].

In Gegenwart von Pd-Aktivkohle wird 4-NO_2-C_6F_4-C_6F_5 in C_2H_5OH zu 4-NH_2-C_6F_4-C_6F_5 hydriert, das auch beim Erhitzen von 4-NH_2NH-$C_6F_4C_6F_5$ mit 34%igem HJ im Rückfluß (4 h) erhalten werden kann [82]. Decafluorazobenzol geht beim Erhitzen im Rückfluß (3 h) mit einer ammoniakalischen NH_3-Lösung in 68% 4-NH_2-$C_6F_4N{=}NC_6F_5$ über. Zusätzlich fallen hierbei 7% 2-NH_2-$C_6F_4N{=}NC_6F_5$ an [52]. Portionsweise Zugabe von NH_4OH (D=0.88 g/cm^3) zu einer im Rückfluß erhitzten Lösung von $C_6F_5N(O)NC_6F_5$ in C_2H_5OH führt nach 4 h zu einem Gemisch, das chromatographisch in 65% Tetrafluor-2- und 33% Tetrafluor-4-(pentafluorphenylazoxy)anilin aufgetrennt werden konnte [53].

1.2.1.6.2 Di- und Triaminobenzole sowie Derivate

Di- and Triaminobenzenes and Derivatives

Diaminotetrafluorbenzole 1,2-, 1,3- und 1,4-$(NH_2)_2$-C_6F_4

1,3-Diamino-2-nitrotrifluorbenzol 1,3-$(NH_2)_2$-2-NO_2-C_6F_3

1,3-Diamino-6-nitrotrifluorbenzol 1,3-$(NH_2)_2$-6-NO_2-C_6F_3

1,3,5-Triamino-6-nitrodifluorbenzol 1,3,5-$(NH_2)_3$-6-NO_2-C_6F_2

1,3-Diamino-2-trifluormethyltrifluorbenzol 1,3-$(NH_2)_2$-2-CF_3-C_6F_3

2,4,6-Tris(trifluormethyl)-1,3-diaminofluorbenzol 1,3-$(NH_2)_2$-2,4,6-$(CF_3)_3$-C_6F

Diamino-octafluorbiphenyle 2-NH_2-C_6F_4-C_6F_4-NH_2-2′ und 4-NH_2-C_6F_4-C_6F_4-NH_2-4′

Literatur s. S. 76

Formation and Preparation of Di- and Triamino benzenes and Derivatives

4,4′-Diamino-octafluordiphenyläther Y = Y′ = NH_2, X = X′ = F

3,3′-Diamino-4,4′-dinitro-hexafluordiphenyläther
Y = Y′ = NH_2, X = X′ = NO_2

3,3′,4,4′-Tetraaminohexafluordiphenyläther
Y = Y′ = X = X′ = NH_2

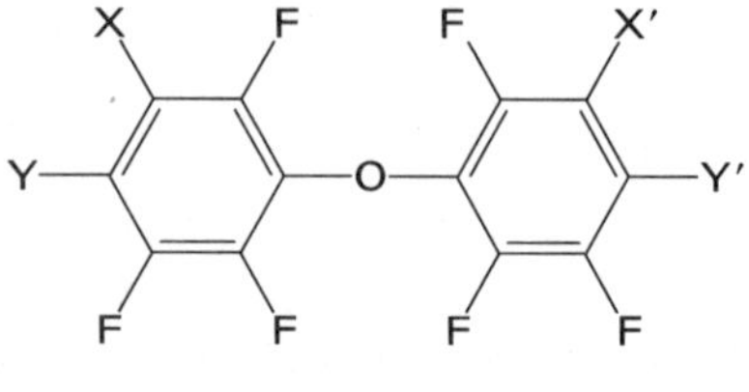

2-Amino-nonafluordiphenylketon X = F

2,4,4′-Triamino-heptafluordiphenylketon X = NH_2

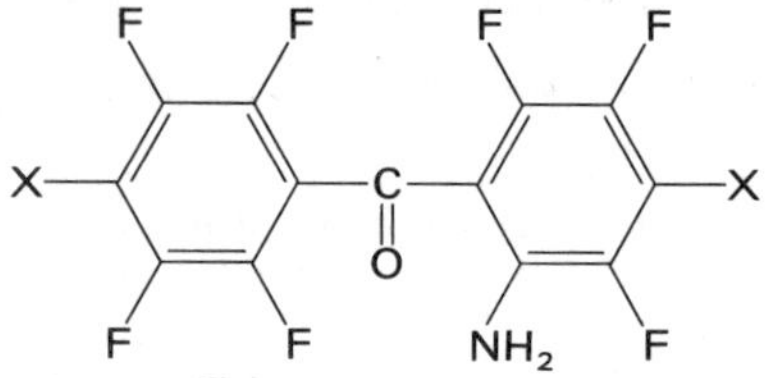

2,2′-Diaminooctafluorazobenzol 2-NH_2-C_6F_4N=N-C_6F_4-NH_2-2′

1,2,4-Triaminotrifluorbenzol 1,2,4-$(NH_2)_3$-C_6F_3

Beim Schütteln einer äthanolischen Lösung von 2-NO_2-$C_6F_4NH_2$ mit H_2 in Gegenwart von Raney-Nickel bei 20 °C (18 h, Normaldruck) bildet sich 1,2-$(NH_2)_2$-C_6F_4 [58, 62]. In C_2H_5OH gelöstes $C_6F_5NH_2$ reagiert mit NH_4OH (D = 0.88 g/cm^3) in einem Cariusrohr bei 223 °C (24 h) zu 25% 1,3-$(NH_2)_2$-C_6F_4 [45], das auch durch katalytische Reduktion von 1-Amino-3-iminoheptafluorcyclohexen (gelöst in C_2H_5OH) mit H_2 in Gegenwart von Raney-Nickel zugänglich ist [43]. Setzt man C_6F_6 mit 30%igem NH_4OH bei 200 °C (6 h) um, so erhält man 85 bis 90% eines Gemisches von Tetrafluorbenzoldiaminen, das chromatographisch aufgetrennt werden konnte. Es besteht aus 90% 1,3-$(NH_2)_2$-C_6F_4 und 10% 1,4-$(NH_2)_2$-C_6F_4 [46]. Erhitzt man 4-NH_2-C_6F_4N=NC_6F_5 mit 55%igem HJ im Rückfluß (2 h), so bilden sich neben $C_6F_5NH_2$ auch noch 63% 1,4-$(NH_2)_2$-C_6F_4 [83]. Die analog durchgeführte Reduktion von Tetrafluor-2- bzw. Tetrafluor-4-pentafluorphenylazoxy-anilin liefert nach 1 bzw. 1.5 h 55% 1,2- bzw. 66% 1,4-$(NH_2)_2$-C_6F_4 [84]. Bei der Umsetzung von $C_6F_5NH_2$ mit NH_4OH (D = 0.88 g/cm^3; Verhältnis ≈1:1) in C_2H_5OH bei 225 °C bildet sich 1,3- und 1,4-$(NH_2)_2$-C_6F_4 im Verhältnis 6.6:1 [85]. 1,4-Diphthalimido-tetrafluorbenzol läßt sich mit einem N_2H_4-H_2O-Gemisch bei 60 bis 70 °C (1.25 h) und anschließender Zugabe von HCl (erneut 0.5 h rühren bei 60 bis 70 °C) zu 1,4-$(NH_2)_2$-C_6F_4 reduzieren [86]. Hydrierung von 4-NO_2-$C_6F_4NH_2$ mit H_2 in Gegenwart von Raney-Nickel bei 20 °C (18 h, Normaldruck) führt zu 1,4-$(NH_2)_2$-C_6F_4 [58]. Versetzt man ein Gemisch aus Tetrafluorphthalsäure, 18.5%igem Oleum und $CHCl_3$ portionsweise mit NaN_3 und rührt bei 45 °C (5 h), so bilden sich 40% 1,4-$(NH_2)_2$-C_6F_4 [70].

Kathodische Reduktion von 1-Amino-3-iminoheptafluorcyclohex-1-en bzw. 1-Amino-2-trifluormethyl-3-iminohexafluorcyclohex-1-en bei einer Kathodenspannung von −1.50 V (gegen eine Standard-Calomel-Elektrode) in einer Standardlösung bei pH = 9.8 bzw. 8.5 führt zu 1,3-$(NH_2)_2$-C_6F_5 bzw. 1,3-$(NH_2)_2$-2-CF_3-C_6F_5 (keine physikalischen Daten) [54].

Im Bombenrohr setzt sich 4-NH_2-$C_6F_4NO_2$ mit NH_4OH (D = 0.88 g/cm^3) in C_2H_5OH bei 110 °C (4 h) zu 1,3,5-$(NH_2)_3$-6-NO_2-C_6F_2 um. Es bildet sich auch aus 6-NO_2-$C_6F_4NH_2$ und äthanolischem NH_3 bei 20 °C (12 h) sowie aus 2-NO_2- bzw. 6-NO_2-1,3-$(NH_2)_2$-C_6F_3 und NH_4OH (D = 0.88 g/cm^3) bei 135 °C (7.75 h) [58]. Durch in Äther gelöstes $C_6F_5NO_2$ wird bei 20 °C (6 h) NH_3 durchgeleitet und die Lösung

Formation and Preparation

18 h aufbewahrt. Chromatographische Trennung des Gemisches liefert 1,3-$(NH_2)_2$-2-NO_2-C_6F_3 und 1,3-$(NH_2)_2$-6-NO_2-C_6F_3 [58, 59]. Die beiden Isomeren stehen im Gewichtsverhältnis 44:56 [61]. Bei der Umsetzung von 1,3,5-$(CF_3)_3$-C_6F_3 mit gasförmigem NH_3 (1 h) entsteht auch etwas 1,3-$(NH_2)_2$-2,4,6-$(CF_3)_3$-C_6F [78].

Hydrierung von 2,2'-Dinitro-octafluorbiphenyl bei 20 °C mit H_2 (Raney-Nickel) führt zu 2,2'-Diamino-octafluorbiphenyl [62]. Setzt man in einem Cariusrohr 4-Amino-nonafluorbiphenyl mit NH_4OH (D=0.88 g/cm³) bei 157 °C (16 h) um, so erhält man 4,4'-Diamino-octafluorbiphenyl [81]. 4-Amino-nonafluordiphenyläther liefert mit 30%igem NH_4OH im Autoklav bei 120 °C (8 h) in 50% Ausbeute 4,4'-Diaminooctafluordiphenyläther. Beim Einleiten von gasförmigem NH_3 in eine ätherische Lösung von 4,4'-Dinitrooctafluordiphenyläther bei 20 °C (3 h) bilden sich 90% 3,3'-Diamino-4,4'-dinitrodiphenyläther, das in wäßrigem C_2H_5OH von NH_4Cl und Fe-Spänen bei 100 °C (3 h) zu 95% 3,3',4,4'-Tetraaminohexafluordiphenyläther reduziert wird [87]. Hydrierung von 2-Nitro-nonafluordiphenylketon in C_2H_5OH an einem Pd-Aktivkohle-Katalysator (10% Pd) führt zu 2-Amino-nonafluordiphenylketon [88]. Erhitzt man $(C_6F_5)_3COH$ mit NH_4OH auf 80 °C (12 h), so fällt in 79% Ausbeute 2,4,4'-Triamino-heptafluordiphenylketon an. In 65% Ausbeute entsteht es bei der Umsetzung von $C_6F_5C(O)C_6F_5$ bzw. 4-NH_2-$C_6F_4C(O)C_6F_5$ mit NH_3 bei 80 °C (12 h) [89]. Hydrierung von 1,3-$(NH_2)_2$-6-NO_2-C_6F_3 mit H_2 bei 20 °C (18 h, Normaldruck, Raney-Nickel) ergibt 1,2,4-Triaminotrifluorbenzol [58]. Darstellung und Eigenschaften von 2,2'-Diaminooctafluorazobenzol s. „Perfluorhalogenorgano-Verbindungen" Teil 8.

1.2.2 Sekundäre Amine

Secondary Amines

1.2.2.1 Aliphatische Amine

Aliphatic Amines

Bis(trifluormethyl)-amin $(CF_3)_2NH$

Trifluormethyl-halogendifluormethylamin $CF_2XN(H)CF_3$, X=Cl, Br

Trifluormethyl-chlorbromfluormethylamin $CF_3N(H)CFClBr$

Pentafluoräthyl-trifluormethylamin $C_2F_5N(H)CF_3$

Trifluormethylaminodifluormethyl-nitrat und -**hydrogensulfat** $CF_3N(H)CF_2OX$, X=NO_2, SO_3H

Bis(perfluoräthyl)-amin $(C_2F_5)_2NH$

Heptafluorisopropyl-trifluormethylamin $(CF_3)N(H)CF(CF_3)_2$

N-Bis(difluormethyl)-O-(trifluormethylamino-difluormethyl)-hydroxylamin $(CF_3)_2NOCF_2N(H)CF_3$

Heptafluorisopropyl-pentafluoräthylamin $(CF_3)_2CFN(H)C_2F_5$

N,N'-Bis(trifluormethyl)-tetrafluoräthan-1,2-diamin $CF_3N(H)$-CF_2CF_2-$N(H)CF_3$

Erstmalig wurde $(CF_3)_2NH$ 1940 von Ruff und Willenberg [90] aus JF_5 und JCN in Gegenwart von Feuchtigkeit synthetisiert und charakterisiert. – Bei 150 °C (15 h) addiert $CF_3N{=}CF_2$ in einem Autoklav HF und liefert 89% $(CF_3)_2NH$ [91], analog reagieren $CF_3N{=}CF_2$ und HF (wasserfrei) bei 100 °C (15 h) im Autoklav zu 94% $(CF_3)_2NH$ [92]; diese Additionsreaktion ist für das Auftreten von $(CF_3)_2NH$ als Nebenprodukt in vielen Umsetzungen verantwortlich. – Bei der Solvolyse von $CF_3NHC(O)OC_2H_5$ mit C_2H_5OH bei 20 °C (40 min) fallen 51% $(CF_3)_2NH$ an [93]. Partielle Hydrolyse von $CF_3N{=}CF_2$ mit $CuF_2 \cdot 2H_2O$ führt gemäß $3\,CF_3N{=}CF_2 + H_2O \rightarrow CF_3NCO + 2(CF_3)_2NH$ bei 50 °C (3 h)

Literatur s. S. 76

Formation and Preparation

und dann bei 100 °C (15 h) zu $(CF_3)_2NH$ [94]. In einem Autoklav wird ClCN mit HF bei 250 °C (6 h, rühren) zu $(CF_3)_2NH$ fluoriert. Eine Ausbeutesteigerung erfolgt durch stufenweise Erhöhung der Temperatur. Beim Erhitzen auf 75 °C (1 h) und 150 bis 160 °C (1 h) entstehen 30 bis 35% $(CF_3)_2NH$. Erwärmt man auf 75 °C (1 h), dann auf 150 °C (1 h), 250 °C (2 h) und 325 °C (2 h), so steigt die Ausbeute auf 40 bis 45% [95, 96]. Geringe Ausbeuten sowie unreine Produkte erhält man beim Fluorieren von FCN, BrCN, $NaCN+Cl_2$, $(ClCN)_3$, NaSCN, $(CN)_2$ und $(FCN)_3$ mit HF unter ähnlichen Bedingungen [95]. Direkte Fluorierung von 2-Fluorpyridin führt zu einem Gemisch, das auch $(CF_3)_2NH$ enthält [97]. Ferner wird $(CF_3)_2NH$ erhalten bei der Umsetzung von $[(CF_3)_2N]_2C{=}C{=}CHN(CF_3)_2$ und $(CF_3)_2NBr$ (98% Ausbeute) [98] oder beim Mahlen eines Gemisches aus „Nitroso rubber" und Ruß [99].

Durch Addition von HX an $CF_3N{=}CF_2$ lassen sich neben $(CF_3)_2NH$ für X=F auch halogensubstituierte Amine mit X=Cl, Br synthetisieren [100] gemäß:

$$CF_3N{=}CF_2+HX \rightarrow CF_3N(H)CF_2X$$

Nachfolgend werden X, Reaktionsbedingungen und Ausbeute angegeben: F, −70 °C (2 h), −; Cl, 20 °C (24 h, 12 atm), 85%; Br, 120 °C (20 h, 10 atm), 31%. Analog addieren $CF_3N{=}CFCl$ bzw. $C_2F_5N{=}CF_2$ bei 100 °C (15 h, 10 atm) HBr bzw. bei 20 °C (3 h) HF und liefern 27% $CF_3N(H)CFClBr$ bzw. 59% $CF_3N(H)C_2F_5$. Tropft man HNO_3 (D=1.51 g/cm^3) bzw. H_2SO_4 (D=1.83 g/cm^3) bei −78 °C zu $CF_3N{=}CF_2$, so erhält man 60% $CF_3N(H)CF_2ONO_2$ bzw. 15.4% $CF_3(CF_2OSO_3H)NH$ [100]. Bei der Umsetzung von $(C_2F_5)_2NCl$ bzw. $(CF_3)_2CFN(Cl)C_2F_5$ mit HCl bei 25 °C (8 h) entstehen 97% $(C_2F_5)_2NH$ bzw. 93% $(CF_3)_2CFN(H)C_2F_5$ [101]. Analog wird $(CF_3)_2CFN(Cl)CF_3$ mittels HCl bei 25 °C (12 h) unter Cl_2-Abspaltung zu 89% $(CF_3)_2CFN(H)CF_3$ umgewandelt [102]. Zur Synthese von $(CF_3)_2NOCF_2N(H)CF_3$ [103] s. S. 96. Die Umsetzung von $Cl_2C{=}NCCl_2CCl_2CN{=}CCl_2$ mit HF bei 50 °C führt in 80% Ausbeute [104, 105] bzw. bei 70 °C (2 h) zu $CF_3N(H)CF_2CF_2N(H)CF_3$ [106].

Aromatic Amines

1.2.2.2 Aromatische Amine

Bis(pentafluorphenyl)-amin $(C_6F_5)_2NH$

Substituierte Tetrafluorphenyl-pentafluorphenylamine $(4\text{-}X\text{-}C_6F_4)(C_6F_5)NH$
X=Br, CF_3, NO_2, CN, COOH

3- und 5-Brom-6-nitro-trifluorphenyl-pentafluorphenylamine
$(3\text{-}Br\text{-}6\text{-}NO_2\text{-}C_6F_3)NH(C_6F_5)$, $(5\text{-}Br\text{-}6\text{-}NO_2\text{-}C_6F_3)(C_6F_5)NH$

2-Amino-3- und 5-brom-trifluorphenyl-pentafluorphenylamine
$(2\text{-}NH_2\text{-}3\text{-}Br\text{-}C_6F_3)(C_6F_5)NH$, $(2\text{-}NH_2\text{-}5\text{-}Br\text{-}C_6F_3)(C_6F_5)NH$

Symmetrisch 4-substituierte Bis(tetrafluorphenyl)-amine $(4\text{-}Y\text{-}C_6F_4)_2NH$
Y=CF_3, NO_2, CN

Unsymmetrisch 4,4′-substituierte Bis(tetrafluorphenyl)-amine
$(4\text{-}X'\text{-}C_6F_4)(4'\text{-}Y'\text{-}C_6F_4)NH$ mit X′=CF_3, Y′=NO_2; X′=Cl, Y′=CN; X′=CF_3, Y′=CN; X′=NO_2, Y′=CN

3,4-Dicyanotrifluorphenyl-4′-cyanotetrafluorphenylamin
$(3,4\text{-}(CN)_2\text{-}C_6F_3)(4'\text{-}CN\text{-}C_6F_4)NH$

4-Cyanotetrafluorphenyl-2′,4′,6′-trichlordifluorphenyl-amin
$(4\text{-}CN\text{-}C_6F_4)(2',4',6'\text{-}Cl_3\text{-}C_6F_2)NH$

4-Cyano-tetrafluorphenyl-4′-nitrotetrachlorphenyl-amin
$(4\text{-}CN\text{-}C_6F_4)(4'\text{-}NO_2\text{-}C_6Cl_4)NH$

Formation and Preparation of Aromatic Amines

4-Nitrotetrafluorphenyl-4′-cyanotetrachlorphenyl-amin
$(4\text{-}NO_2\text{-}C_6F_4)(4'\text{-}CN\text{-}C_6Cl_4)NH$

4-Cyanotetrafluorphenyl-4′-cyanotetrachlorphenyl-amin
$(4\text{-}CN\text{-}C_6F_4)(4'\text{-}CN\text{-}C_6Cl_4)NH$

4-Cyanotetrafluorphenyl-4-tetrachlorpyridyl-amin

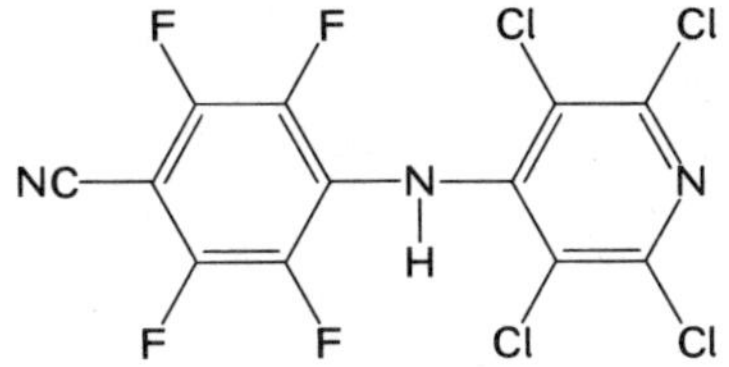

Pentafluorphenyl-4′-trichlorpyrimidyl-amin X = F

4-Cyanotetrafluorphenyl-4′-trichlorpyrimidyl-amin X = CN

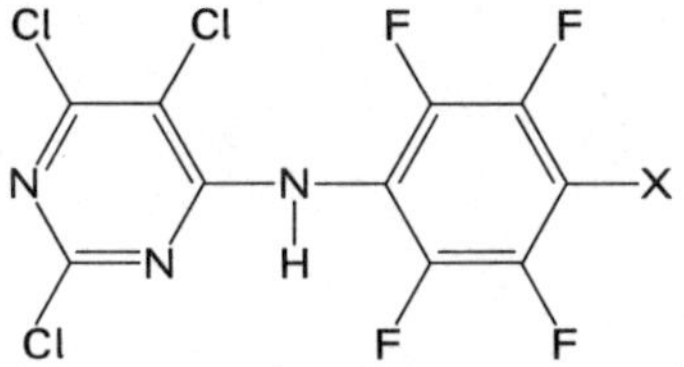

4-Nitrotetrafluorphenyl-4′-trichlorpyrimidyl-amin X = NO_2

2-Heptafluornaphthyl-4′-trichlorpyrimidyl-amin

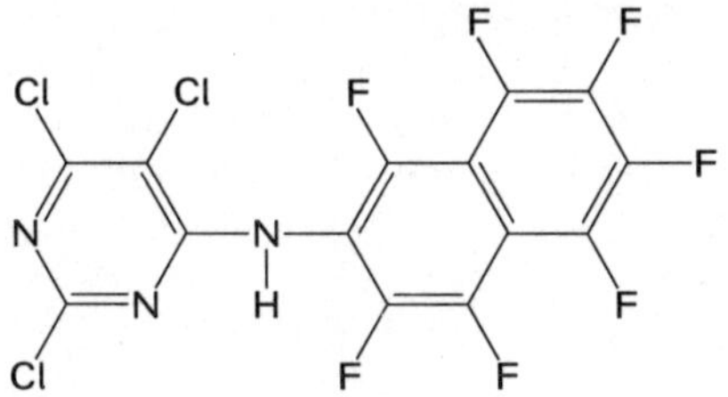

In geringen Mengen fällt $(C_6F_5)_2NH$ bei der Reaktion von $NaNH_2$ mit C_6F_6 in flüssigem NH_3 an [45]. Besser eignet sich die Umsetzung von in Äther gelöstem $C_6F_5NH_2$ mit C_6F_6 in Gegenwart von NaH. Tropft man $C_6F_5NH_2$ in eine siedende Suspension von C_6F_6 und NaH, so bildet sich $(C_6F_5)_2NH$ in 64% Ausbeute. Bei Verwendung von $4\text{-}Br\text{-}C_6F_4NH_2$ entstehen 36% $(4\text{-}Br\text{-}C_6F_4)(C_6F_5)NH$ [107]. Durch Zugabe von $C_6F_5NH_2$ zu einer Lösung von Na in flüssigem NH_3 beobachtet man eine Farbänderung von Violett nach Orange. Setzt man dann C_6F_6 zu und läßt NH_3 unter gleichzeitigem Zusatz von Äther abdampfen (1 h), so erhält man nach zusätzlichem einstündigem Erwärmen im Rückfluß $(C_6F_5)_2NH$ [108]. Die aus $n\text{-}C_4H_9Li$ und $C_6F_5NH_2$ hergestellte Zwischenverbindung reagiert in Äther mit $1\text{-}Br\text{-}4\text{-}NO_2\text{-}C_6F_4$ bzw. $1\text{-}Br\text{-}6\text{-}NO_2\text{-}C_6F_4$ im Rückfluß (20 h bzw. 16 h) zu $(3\text{-}Br\text{-}6\text{-}NO_2\text{-}C_6F_3)(C_6F_5)NH$ bzw. $(5\text{-}Br\text{-}6\text{-}NO_2\text{-}C_6F_3)(C_6F_5)NH$, die, in C_2H_5OH/H_2SO_4 bzw. C_2H_5OH/HCl gelöst, mit $SnCl_2 \cdot 2H_2O$ bei 45 °C (2.5 h) bzw. 20 °C (12 h) zu $(2\text{-}NH_2\text{-}5\text{-}Br\text{-}C_6F_3)(C_6F_5)NH$ bzw. $(2\text{-}NH_2\text{-}3\text{-}Br\text{-}C_6F_3)\text{-}(C_6F_5)NH$ reagieren [109].

Das Amin $(4\text{-}CN\text{-}C_6F_4)_2NH$ entsteht, wenn zu einer Lösung von $4\text{-}CN\text{-}C_6F_4\text{-}NH_2$ in $(CH_3)_2NC(O)H$ unter N_2 eine Suspension von NaH in $(CH_3)_2NC(O)H$ bei 0 bis 5 °C unter Rühren zugesetzt und dann C_6F_5CN, gelöst in $(CH_3)_2NC(O)H$, bei 18 °C (0.5 h) zugetropft wird. Analog werden folgende Diphenylamine dargestellt [110]:

Formation and Preparation of Aromatic Amines

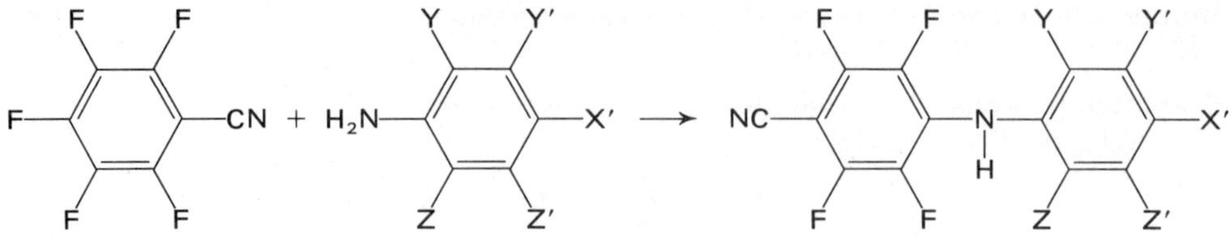

$X' = CN$, $Y = Z = Y' = Z' = F$
$X' = CN$, $Y = Z = Y' = Z' = Cl$
$X' = CF_3$, $Y = Z = Y' = Z' = F$
$X' = NO_2$, $Y = Z = = Y' = Z' = F$
$X' = NO_2$, $Y = Z = Y' = Z' = Cl$
$X' = Cl$, $Y = Z = Y' = Z' = F$
$X' = Z' = CN$, $Y = Z = Y' = F$
$X' = Y = Z = Cl$, $Y' = Z' = F$

Aus $C_6F_5NO_2$ und 4-CN-$C_6Cl_4NH_2$ bildet sich 4-NO_2-C_6F_4NH-C_6Cl_4-CN-4'. Durch Variation der Ausgangsverbindungen werden analog weitere Amine erhalten [110] gemäß:

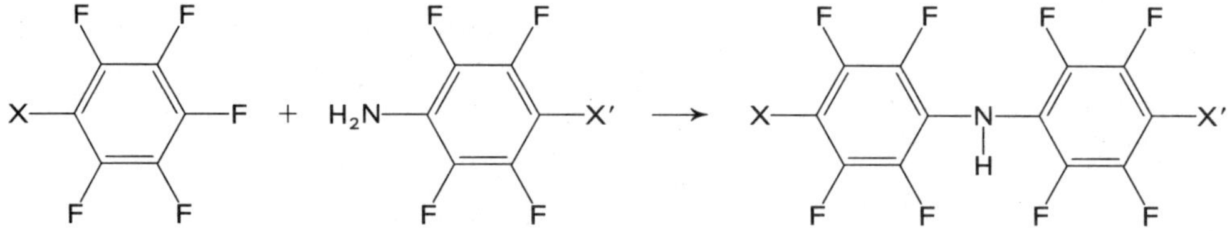

$X = CF_3$, $X' = NO_2$; $X = CF_3$, $X' = F$; $X = X' = NO_2$; $X = X' = CF_3$; $X = NO_2$, $X' = F$; $X = CN$, $X' = F$

Verseift man (4-CN-C_6F_4)(C_6F_5)NH mit konzentriertem H_2SO_4 bei 55 °C (5 h rühren) und anschließend bei 15 bis 20 °C (16 h), so erhält man (4-HOC(O)-C_6F_4)(C_6F_5)NH [110]. 4-Amino-2,5,6-trichlorpyrimidin kondensiert mit 4-C_6F_5X bzw. Octafluornaphthalin in $(CH_3)_2NC(O)H$ in Gegenwart von NaH bei 0 bis 5 °C, dann 18 °C (1 h) [111] zu:

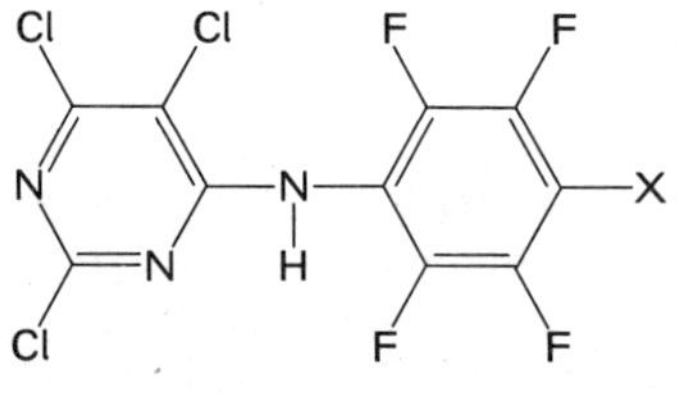

bzw.

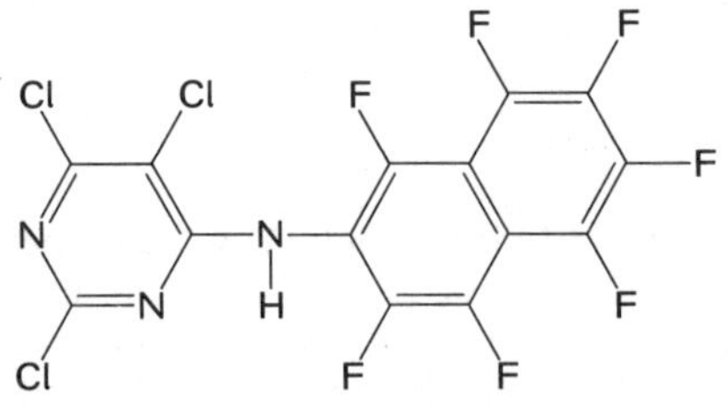

(X = CN, F, NO_2)

Analog erhält man aus 4-NH_2-C_5Cl_4N und C_6F_5CN in guter Ausbeute (4-CN-C_6F_4)(4'-C_5Cl_4N)NH [112].

Other Amines

1.2.2.3 Weitere Amine

N-Trifluormethylhydroxylamin $CF_3N(H)OH$

N-Pentafluoräthylhydroxylamin $C_2F_5N(H)OH$

N-Heptafluorisopropyl-fluoramin $(CF_3)_2CFN(H)F$

N-Nonafluor-tert-butyl-hydroxylamin $(CF_3)_3CN(H)OH$

N-Trifluormethyl-O-trihalogensiloxamin $CF_3N(H)OSiX_3$, X = F, Cl

Trifluormethyl-fluorsulfonylamin $CF_3N(H)SO_2F$

Fluorsulfonyl-perfluoräthylamin $C_2F_5N(H)SO_2F$

Trifluormethyl-aminoschwefelpentafluorid $CF_3N(H)SF_5$

Formation and Preparation

Von HJ, H_2S, PH_3 und C_2H_5SH wird CF_3NO in Äther langsam zu $CF_3N(H)OH$ reduziert, wobei das Hydroxylaminderivat als Monoätherat recht stabil ist [113]. Reduktion von C_2F_5NO mit Zn-Pulver in NH_4Cl-Lösung bei −5 °C (rühren) führt zu $C_2F_5N(H)OH$ (keine physikalischen Daten) [114]. In gut getrocknetem $CHCl_3$ reagiert $(CF_3)_2C{=}NH$ bei 20 °C (24 h) mit $CF_2(OF)_2$ zu $(CF_3)_2CFN(H)F$, das im Reaktionsgemisch ^{19}F-NMR-spektroskopisch nachgewiesen wird [243]. Die Hydrierung von $(CF_3)_3CNO$ in Gegenwart von Pd-Aktivkohle führt zu $(CF_3)_3CN(H)OH$ [115]. – Bei der Bestrahlung von CF_3NO und Cl_3SiH bzw. F_3SiH in einem Einschlußrohr aus Quarz bei 20 °C (15 h) entstehen 17.3% $CF_3N(H)OSiCl_3$ bzw. 80% $CF_3N(H)OSiF_3$ [116].

Wasserfreies HF fluoriert $ClSO_2N{=}CCl_2$ bei 80 °C (2 h) zu $FSO_2N(H)CF_3$ [197] und $CF_3C(Cl){=}NSO_2F$ bei 20 °C (12 h) sowie anschließend bei 40 bis 50 °C zu 70% $C_2F_5N(H)SO_2F$ [39]. Analog wird $CF_3N(H)SF_5$ aus $Cl_2C{=}NSF_5$ und HF bei 70 bis 80 °C (1 h) in 68% Ausbeute hergestellt [198].

Hexafluor-2-halogenisopropylamino-dihalogenboran $(CF_3)_2CXN(H)BX_2$, X=Cl, Br

Pentafluoranilino-dibromboran $C_6F_5N(H)BBr_2$

Pentafluoranilino-dichlorboran $C_6F_5N(H)BCl_2$

Bis(pentafluoranilino)-chlorboran $[C_6F_5N(H)]_2BCl$

Tris(pentafluoranilino)-boran $[C_6F_5N(H)]_3B$

N,N′-Hexafluorpropyldicarbonyl-bis(phosphoramidindichlorid) und -diphosphoramidinsäure $C_3F_6[C(O)NHP(O)X_2]_2$, X=Cl, OH

Beim Aufwärmen eines Gemisches aus $(CF_3)_2C{=}NH$ und BX_3 von −15 auf +20 °C bildet sich nahezu quantitativ $(CF_3)_2CXN(H)BX_2$ (X=Cl, Br) [117]. Ähnlich reagiert $C_6F_5NH_2$ mit BBr_3 bei 25 °C und anschließend bei 50 °C unter HBr-Entwicklung zu $C_6F_5N(H)BBr_2$ [118]. In CH_2Cl_2 gelöstes BCl_3 wird bei −80 °C zu einer Lösung von $C_6F_5NH_2$ in CH_2Cl_2 unter Rühren hinzugefügt. Nach drei Wochen bei 20 °C bildet sich eine flüssige und eine feste Phase. Die Flüssigphase bestand aus $C_6F_5N(H)BCl_2$. Aus dem festen Rückstand konnten $(C_6F_5NH)_2BCl$ und $(C_6F_5NH)_3B$ isoliert werden. Letzteres bildet sich auch aus $[C_6F_5N(H)]_2BCl$ und $C_6F_5NH_2$ in C_6H_6 beim Erhitzen im Rückfluß (5 h). Das Produkt ist jedoch nicht analysenrein [119].

Beim Behandeln von $C_3F_6[C(O)N{=}PCl_3]_2$ mit HCOOH oder CH_3COOH in C_6H_6 bei 0 °C entstehen 67 bis 80% $C_3F_6[C(O)NHP(O)Cl_2]_2$, das mit H_2O oder CH_3COOH zu $C_3F_6[C(O)NHP(O)(OH)_2]_2$ hydrolysiert [120].

1.2.3 Carbonsäure- und Kohlensäureamide

Carboxylic Acid Amides and Carbonic Acid Amides

1.2.3.1 Carbon-, Dicarbon- und Thiocarbonsäureamide

Carboxylic Dicarboxylic and Thiocarboxylic Acid Amides

Perfluorhalogenacetamide $R_fC(O)NH_2$
R_f = CF_3, CF_2Cl, CF_2Br, CF_2J, $CFCl_2$, $CFBr_2$, CFClBr

N-Bromtrifluoracetamid $CF_3C(O)NHBr$

Nitrodifluoracetamid $O_2NCF_2C(O)NH_2$, **Dinitrofluoracetamid** $(NO_2)_2CFC(O)NH_2$

Bis(trifluormethyl)-amino-difluoracetamid $(CF_3)_2NCF_2C(O)NH_2$

Literatur s. S. 76

Formation and Preparation of Carboxylic Dicarboxylic and Thiocarboxylic Acid Amides

Perfluorhalogenpropionamide $R_f'C(O)NH_2$, $R_f' = C_2F_5$, $CF_2ClCFCl$, CF_2ClCCl_2, $CF_2BrCFBr$

N-Bromperfluorpropionamid $C_2F_5C(O)NHBr$

2-Nitrotetrafluorpropionamid $CF_3CF(NO_2)C(O)NH_2$

2-Chlor-2-nitrotrifluorpropionamid $CF_3CCl(NO_2)C(O)NH_2$

3-Trifluormethoxytetrafluorpropionamid $CF_3OCF_2CF_2C(O)NH_2$

3-Nitrosotetrafluorpropionamid $ONCF_2CF_2C(O)NH_2$

Perfluoracrylamid $CF_2{=}CFC(O)NH_2$

Perfluorhalogenbutyramide $R_fC(O)NH_2$, $R_f = C_3F_7$, $CF_2ClCFClCF_2$, $CCl_3CF_2CF_2$, $CF_2BrCF_2CF_2$, $CF_2JCF_2CF_2$

Perfluor-(2-methylbutyramid) $CF_3CF_2CF(CF_3)C(O)NH_2$

N-Halogen-heptafluorbutyramide $C_3F_7C(O)NHX$, $X = Br, J$

Natrium-N-bromheptafluorbutyramid $Na[C_3F_7C(O)NBr]$

Silber-heptafluorbutyramid $Ag[C_3F_7C(O)NH]$

2-Chlorhexafluorisobutyramid $(CF_3)_2CClC(O)NH_2$

4-Nitro-tetrafluorcrotonamid $NO_2CF_2CF{=}CFC(O)NH_2$

5,5,5-Trichlorhexafluorvalerylamid $CCl_3CF_2CF_2CF_2C(O)NH_2$

N-Bromperfluorvalerylamid $C_4F_9C(O)NHBr$

Perfluorpivalamid $(CF_3)_3CC(O)NH_2$

Perfluorcarbonsäureamide $C_5F_{11}C(O)NH_2$, $C_6F_{13}C(O)NH_2$, $C_7F_{15}C(O)NH_2$, $C_9F_{19}C(O)NH_2$

Perfluorthiocarbonamide $R_fC(S)NH_2$, $R_f = CF_3$, C_2F_5, C_3F_7

6-Heptafluorisopropoxy-perfluorhexanoylamid $(CF_3)_2CFO(CF_2)_5C(O)NH_2$

12-Heptafluorisopropoxy-perfluordodecanoylamid $(CF_3)_2CFO(CF_2)_{11}CO(NH_2)$

Perfluormalonsäurediamid $H_2NC(O)CF_2C(O)NH_2$

Perfluorsuccinsäuremonamid und **Ammoniumsalz** $MOC(O)(CF_2)_2C(O)NH_2$, $M = H, NH_4$

Perfluorsuccinsäurediamid $H_2NC(O)(CF_2)_2C(O)NH_2$

Perfluorglutarsäuremonoamid und **Ammoniumsalz** $MOC(O)(CF_2)_3C(O)NH_2$, $M = H, NH_4$

Perfluorglutarsäurediamid $H_2NC(O)(CF_2)_3C(O)NH_2$

2-Oxa- und 2-Thiaperfluorglutaramid $H_2NC(O)CF_2XCF_2C(O)NH_2$, $X = O, S$

Perfluoradipinsäurediamid $H_2NC(O)(CF_2)_4C(O)NH_2$

Perfluor-(3-methyladipinsäurediamid) $H_2NC(O)CF_2CF_2CF(CF_3)CF_2C(O)NH_2$

Tris(3-carbamoylhexafluorpropyl)-hydroxylamin $[H_2NC(O)(CF_2)_3]_2NO(CF_2)_3C(O)NH_2$

2,4-Dicarbamoyl-perfluor-3-oxabutan $H_2NC(O)CF(CF_3)OCF_2C(O)NH_2$

2,7-Dicarbamoyl-perfluor-3-oxaheptan $H_2NC(O)CF(CF_3)O(CF_2)_3C(O)NH_2$

Literatur s. S. 76

2,7-Dicarbamoyl-perfluor-3,6-dioxaoctan $H_2NC(O)CF(CF_3)O(CF_2)_2OCF_2C(O)NH_2$

2,10-Dicarbamoyl-perfluor-3,9-dioxa-undecan
$H_2NC(O)CF(CF_3)O(CF_2)_5OCF_2C(O)NH_2$

Perfluorcyclohexylcarbonsäureamid $C_6F_{11}C(O)NH_2$

Perfluorcyclohexylacetamid $C_6F_{11}CF_2C(O)NH_2$

Perfluorbenzamid $C_6F_5C(O)NH_2$

4-Nitrotetrafluorbenzamid $4\text{-}NO_2\text{-}C_6F_4C(O)NH_2$

6-Nitro-2,3,4,5-tetrafluorbenzamid $6\text{-}NO_2\text{-}C_6F_4C(O)NH_2$

6-Brom-2,3,4,5-tetrafluorbenzamid $6\text{-}Br\text{-}C_6F_4C(O)NH_2$

Octafluor-2,2′-diphenamid $2,2'\text{-}[C(O)NH_2]_2\text{-}C_6F_4C_6F_4$

Tetrafluorphthalamide $C_6F_4\text{-}1,2\text{-}[C(O)NH_2]_2$

Das Amid $(CF_3)_2C(NH_2)C(O)NH_2$ wird auf S. 2, $ONCF_2CF_2C(O)NH_2$ auf S. 177 aufgeführt. Perfluorthioamide sind in „Perfluorhalogenorgano-Verbindungen der Hauptgruppenelemente" 1, Erg.-Werk, Bd. 9, S. 11, abgehandelt.

Die Darstellung der Carbonsäureamide erfolgt im wesentlichen nach vier Verfahren (**A** bis **D**), weitere Synthesen sind im Abschnitt **E** zu finden.

A) Ammonolyse von Perfluorhalogencarbonsäureestern in H_2O oder organischem Lösungsmittel gemäß:

$$R_fC(O)OR + NH_3 \rightarrow R_fC(O)NH_2 + ROH$$

So stellt man $CF_3C(O)NH_2$ durch Umsetzung von $CF_3C(O)OC_2H_5$ mit einer wäßrigen NH_4OH-Lösung bei 20 °C [121] bzw. mit einer ätherischen bzw. methanolischen NH_3-Lösung bei 0 °C her. Die Ausbeuten liegen im H_2O am niedrigsten und betragen in CH_3OH 90% bzw. in $C_2H_5OC_2H_5$ 99% [122]. Anschließend werden für die Darstellung weiterer Carbonsäureamide R_f, Reaktionsbedingungen, Lösungsmittel und Ausbeute α (in %) aufgeführt:

R_f	R	t/τ	α	Lit.
CF_2Cl	C_2H_5	20 °C/2d, C_2H_5OH	–	[128]
$CFCl_2$	C_2H_5	20 °C, Äther	–	[123, 124]
CF_2Br	C_2H_5	20 °C, Äther	89	[125, 126]
CF_2J	C_2H_5	20 °C/2.5 h, Äther	97	[125]
$CFClBr$	C_2H_5	–, –	–	[127]
$CFBr_2$	C_2H_5	–, –	–	[126, 129]
C_2F_5	C_2H_5	0 °C, Äther	88	[130]
C_2F_5	CH_3	−78 °C, –	94	[131]
$ClCF_2CFCl$	C_2H_5	–, –	68	[132]
CF_3CClNO_2	CH_3	−30 °C, Äther [a)]	–	[133]
$CF_3CF_2C(CF_3)F$	CH_3	0 °C, Äther	92	[134]
C_3F_7	C_2H_5	−10 bis −11 °C/5 h, Äther	84	[33]
C_3F_7	CH_3	0 °C, Äther	98	[135]
C_3F_7	CH_3	20 °C/1 h, Äther	90.2	[136]
$ClCF_2CFClCF_2$	C_2H_5	0 °C, C_2H_5OH	98	[137, 138]

Formation and Preparation of Carboxylic Dicarboxylic and Thiocarboxylic Acid Amides

R_f	R	t/τ	α	Lit.
$BrCF_2CF_2CF_2$	C_2H_5	0 °C/3 h, Äther	99	[18]
$JCF_2CF_2CF_2$	C_2H_5	0 °C/3 h, Äther	99	[18]
$(CF_3)_2CFO(CF_2)_5$	C_2H_5	0 °C/4 h, Äther	95	[139]
$(CF_3)_2CFO(CF_2)_{11}$	C_2H_5	0 °C/4 h, Äther	–	[139]
ON_2CF_2	CH_3	–, –	–	[140]
ON_2CF_2	C_2H_5	–, –	–	[140]
$CF_3C(NO_2)F$	C_2H_5	–, –	–	[141]
$(CF_2)_2NCF_2$	CH_3	20 °C, –	82	[142]

[a] Heftige Zersetzung bei 20 °C.

Beim Einleiten von NH_3 in eine auf 0 °C gekühlte Lösung von $[CH_3OC(O)(CF_2)_3]_2$-$NO(CF_2)_3C(O)OCH_3$ in Äther bis zur Sättigung bilden sich 70% $[H_2NC(O)(CF_2)_3]_2$-$NO(CF_2)_3C(O)NH_2$ [143].

Dicarbonsäureamide werden analog synthetisiert nach:

$$R'_f[C(O)OR]_2 + 2\,NH_3 \rightarrow R'_f[C(O)NH_2]_2 + 2\,ROH$$

Nachfolgend wird R'_f, Reaktionsbedingungen, Lösungsmittel und Ausbeuten α aufgeführt:

R'_f	R	t/τ	α	Lit.
CF_2	CH_3	0 °C, Äther	100	[144, 145]
CF_2CF_2	C_2H_5	0 °C/2.5 h, Äther	98	[146]
		20 °C, C_2H_5OH + NH_4OH	–	[147]
$CF_2CF_2CF_2$	C_2H_5	0 bis 10 °C, Äther	96	[148, 149, 150]
		0 °C/2.5 h, Äther	100	[146]
CF_2OCF_2	C_2H_5	0 °C/4 h, Äther	93	[152]
CF_2SCF_2	C_2H_5	0 °C/3 h, Äther	98.5	[152]
$CF_2CF_2CF_2CF_2$	C_2H_5	0 bis 10 °C, Äther	98	[148, 150, 153]
$CF_2CF_2CF(CF_3)CF_2$	C_2H_5	20 °C/16 h, Äther	70	[154]
$CF(CF_3)OCF_2$	C_2H_5	20 °C, Äther	–	[27]
$CF(CF_3)OCF_2CF_2CF_2$	C_2H_5	0 °C/4 h, Äther	–	[27]
$CF(CF_3)O(CF_2)_2OCF_2$	C_2H_5	20 °C/Äther	–	[27]
$CF(CF_3)O(CF_2)_5OCF_2$	C_2H_5	20 °C/Äther	85	[27]

Analog sind Gemische der allgemeinen Zusammensetzung $H_2NC(O)$-$CF_2O(CF_2CF_2O)_n$-$(CF_2)_5$-$(OCF_2CF_2)_mOCF_2C(O)NH_2$ mit n, m=1,2,3 (Mittelwert von n+m ist 2) und $H_2NC(O)(CF_2)_4$-$(OCF_2CF_2)_p$-$OCF_2C(O)NH_2$ mit p=2 im Durchschnitt (keine physikalischen Daten) erhältlich [27].

B) Ammonolyse von Perfluorhalogenacylhalogeniden mit NH_3 gemäß:

$$R_fC(O)X + 2\,NH_3 \rightarrow R_fC(O)NH_2 + NH_4X$$

Anschließend werden R_f, X, Reaktionsbedingungen, Lösungsmittel, Ausbeuten α angegeben:

Formation and Preparation

R_f	X	t/τ	α	Lit.
$CF_2ClCFCl$	Cl	20 °C/10 h	91.6	[155]
		10 °C/8 bis 10 h, Äther	–	[156]
CF_2ClCCl_2	Cl	20 °C, Äther	–	[156 bis 159]
$(CF_3)_2CCl$	Cl	–78 °C, Äther	70	[233]
$CCl_3CF_2CF_2$	Cl	–	–	[160]
$CCl_3CF_2CF_2CF_2$	Cl	–	–	[160]
C_3F_7	F	10 °C, H_2O	–	[161]
$NO_2CF_2CF{=}CF$	Cl	–50 °C, Äther	65	[161]
C_5F_{11}	F	10 °C, H_2O	–	[162]
$(CF_3)_3C$	F	20 °C, H_2O	85	[162]
C_7F_{15}	F	10 °C, H_2O	–	[163]
C_7F_{15}	Cl	20 °C/2 h, H_2O	75	[136, 164]
C_9F_{19}	F	10 °C, H_2O	–	[163]
C_6F_{11}	F	10 °C, H_2O	–	[163]
		10 bis 12 °C/4 h, Äther	60.1	[165]
$C_6F_{11}CF_2$	F	10 °C, H_2O	–	[163]
C_6F_5		0 °C, Äther	87	[166]

C) Ammonolyse von Perfluorcarbonsäureanhydriden

Diese Umsetzungen verlaufen nach:

$$(CF_2)_n\begin{matrix}C(O)\\ \\C(O)\end{matrix}\!\!>O + 2\,NH_3 \longrightarrow (CF_2)_n\begin{matrix}C(O)ONH_4\\ \\C(O)NH_2\end{matrix} \xrightarrow{HCl} (CF_2)_n\begin{matrix}C(O)OH\\ \\C(O)NH_2\end{matrix}$$

NH_3 wird bei 5 °C durch eine Lösung des Anhydrids in C_6H_6 geleitet. Es fallen primär die Ammoniumsalze für n = 3 in 97.8% und für n = 2 in 98.9% Ausbeute aus. Nach Aussäuern mit HCl lassen sich die Monoamide mit n = 3 (95%) und n = 2 (94.5%) isolieren [167].

D) Hydrolysereaktionen

An feuchter Luft hydrolysiert $C_4F_9NHC(O)F$ bei 20 °C (12 h) zu $C_3F_7C(O)NH_2$ [168]. Die Hydrolyse des Triazins $(n\text{-}C_7F_{15}C{=}N\text{-})_3$ bei 235 °C führt zu $n\text{-}C_7F_{15}C(O)NH_2$ (59.9% Ausbeute) [169], die Hydrolyse von $CF_3O(CF_2)_2C(NH)N{=}C(NH_2)(CF_2)_2OCF_3$ bei 50 bis 60 °C zu $CF_3O(CF_2)_2C(O)NH_2$ (Schmelzpunkt 82 °C) [24], die Hydrolyse von $BrCF_2CF_2CF_2C(O)NCO$ zu $BrCF_2CF_2CF_2C(O)NH_2$ [170]. Beim Erhitzen von $BrCF_2CFBrCN$ mit 85%igem H_2SO_4 bei 150 °C bildet sich $BrCF_2CFBrC(O)NH_2$ in 90% Ausbeute [132]. Die mit der stöchiometrischen Menge H_2O vorgenommene Hydrolyse einer mit HCl gesättigten Lösung von $(NO_2)_2CFCN$ in Äther bei 20 °C (1 h) führt zu 96% $(NO_2)_2CFC(O)NH_2$ [171].

An feuchter Luft hydrolysiert $CN(CF_2)_3C(O)OC_2H_5$ langsam zu $HOC(O)(CF_2)_3$-$C(O)NH_2$ [26]. Tetrafluorsuccinimid reagiert mit H_2O bei 20 °C (12 h) vollständig zu $H_2NC(O)(CF_2)_2COOH$ [172]. Mit 2 n NaOH setzt sich Hexafluorglutaramidin unter Abspaltung von $2\,NH_3$ zu $H_2NC(O)(CF_2)_3COOH$ um [149] gemäß:

Formation and Preparation

H_2N, N, NH (Ring mit F_2, F_2, F_2) $\xrightarrow{NaOH}$ $H_2NC(O)(CF_2)_3COONa$ $\xrightarrow{HCl}$ $H_2NC(O)(CF_2)_3COOH$

Die mit 36 n H_2SO_4 vorgenommene Verseifung von 2-Br- bzw. 2-NO_2-C_6F_4CN bei 100 °C (1 h) führt zu 2-Brom- [62] bzw. 2-Nitro-3,4,5,6-tetrafluorbenzamid [62, 73]. Die analog durchgeführte Hydrolyse des 2,2′-Dicyanoctafluorbiphenyls liefert bei 90 °C (1 h) Octafluor-2,2′-diphenamid [62].

E) Weitere Synthesen

Behandelt man $CF_3C(O)NH_2$ mit Ag_2O und Br_2 in CF_3COOH bei 20 °C, so erhält man $CF_3C(O)NHBr$ in 63% Ausbeute [83]. Analog sind auch $C_2F_5C(O)NHBr$, n-$C_3F_7C(O)NHBr$ und n-$C_4H_9C(O)NHBr$ synthetisiert worden [173]. Als Bromierungsmittel eignet sich für $CF_3C(O)NH_2$ auch Dibromisocyanursäure. Man arbeitet in CCl_4 (Rückfluß, 0.5 h) und erhält 70 bis 80% $CF_3C(O)NHBr$ [84]. In siedendem Äther (48 h) reagiert $C_3F_7C(O)NH_2$ mit Ag_2O in 98% Ausbeute zu $C_3F_7C(O)NHAg$, das (in CF_3COOH gelöst) mit Br_2 bei 20 °C (2 h, rühren) sich zu 75% $C_3F_7C(O)NHBr$ umsetzt [174, 175] und mit J_2 im Mörser verrührt $C_3F_7C(O)NHJ$ liefert. Die Neutralisation von $C_3F_7C(O)NHBr$ mit 1n NaOH bei 5 bis 10 °C liefert 99% $[C_3F_7C(O)NBr]Na$ (keine physikalischen Daten) [174]. Versuche, $C_3F_7C(O)NHJ$ durch Sublimation oder Kristallisation zu reinigen, scheiterten [175].

Wasserfreies NH_3 wandelt $CF_3C(O)CF_2NO_2$ bei −30 °C in Äther [180] bzw. im Bombenrohr fast quantitativ in $CF_3C(O)NH_2$ um [181]. Ein Gemisch aus 1,2-X_2-cyclo-C_4F_6 mit X = NO_2, ONO reagiert mit NH_3 zu $[CF_2C(O)NH_2]_2$ [182]. – Bei der Umsetzung von $C_3F_7C(O)Cl$ mit NaN_3 entstehen auch 10% $C_2F_5C(O)NH_2$ [176]. – Die Enthalogenierung von $BrCF_2CFBrC(O)NH_2$ mit Zn und einer geringen Menge $ZnCl_2$ in Aceton führt in der Siedehitze (2 h) zu $CF_2{=}CFC(O)NH_2$ (65% Ausbeute) [132]. – Chlorierung von $(CF_3)_2CHC(O)NH_2$ mit $C_6H_5SO_2N(Na)Cl$ in H_2O bei 80 °C (1 h) führt zu 80% $(CF_3)_2CClC(O)NH_2$ [177]. – $(NO_2)_2CFC(O)NH_2$ entsteht auch durch Umlagerung von $(NO_2)_2CFCH{=}NOH$ bei 20 °C in einigen Wochen [179].

Ein Gemisch aus 98% HC(O)OH und 90% H_2O_2 oxidiert bei 20 °C (1 h) eine Lösung von 4-H_2N-$C_6F_4C(O)NH_2$ bei erneuter Zugabe von H_2O_2, Erhitzen im Rückfluß (2.5 h) zu 31% 4-O_2N-$C_6F_4C(O)NH_2$ [67]. Eine mit BF_3 bei 0 °C gesättigte Lösung von rauchendem HNO_3 in Tetramethylensulfon nitriert bei 30 °C (150 h) in Tetramethylensulfon aufgeschlämmtes 3,4,5,6-Tetrafluorbenzamid zu Dinitrotetrafluorbenzamid [178]. Methanolische NH_3-Lösung wandelt 1,2-$(CH_3COO)_2C_6F_4$ bei 60 °C (2 h) zu 80% 1,2-$[H_2NC(O)]_2C_6F_4$ um [70].

Carbonic Acid Amides. N-Substituted Carboxylic Acid Amides

1.2.3.2 Kohlensäureamide, N-substituierte Carbonsäureamide

Carbamidsäurefluorid $FC(O)NH_2$

N-Heptafluorpropylcarbamidsäure $C_3F_7NHCOOH$

N-Perfluoralkylcarbamidsäurefluoride $R_fNHC(O)F$, $R_f = CF_3$, C_4F_9

N,N′-Bis(trifluormethyl)-harnstoff $CF_3NHC(O)NHCF_3$

N,N′-Bis(trifluormethyl)-2-hydroxyoxamid $CF_3N(OH)C(O)C(O)NHCF_3$

N,N′-Bis(trifluormethyl)-oxamid $CF_3NHC(O)C(O)NHCF_3$

N-Trifluormethyl-2,2-dihydroxy-3,3,3-trifluorpropionamid $CF_3NHC(O)C(OH)_2CF_3$

Bis(fluorcarbonyl)-amin $[FC(O)]_2NH$

Trifluoracetyl-fluorcarbonylamin $CF_3C(O)NHC(O)F$

Trifluormethyloxamidsäure $CF_3N(H)C(O)C(O)OH$

Formation and Preparation

$FC(O)NH_2$ ist in „Kohlenstoff" D 3, S. 130, abgehandelt.

N-Chloramine reagieren mit einem 1.2- bis 2.0fachen HCl-Überschuß unter Cl_2-Abspaltung bei −78 (0.5 h) bzw. +25 °C (0.25 h) in einem Cariusrohr zu Cl_2 und entsprechenden Aminen gemäß:

$$R_fN(Cl)C(O)F + HCl \rightarrow R_fNHC(O)F$$

Für $R_f = CF_3$ beträgt die Ausbeute bei −78 °C (0.5 h) 65% und für $R_f = CF_3C(O)$ bzw. FC(O) bei 25 °C (0.25 h) 60 bis 70%. In allen drei Fällen entsteht zusätzlich R_fNCO [183]. Die Hydrolyse von $C_3F_7NHC(O)OC_2H_5$ in einem Bombenrohr bei 20 °C (0.5 h) liefert farblose Kristalle, vermutlich $C_3F_7NHCOOH$ (nur IR-spektroskopisch charakterisiert) [93]. Setzt man C_3F_7CN mit COF_2 und HF in einem Autoklav bei 300 °C (3 h), dann bei 350 °C (12 h) um, so erhält man $C_4F_9NHC(O)F$ (IR- und ^{19}F-NMR-spektroskopisch charakterisiert, jedoch keine Angaben) [168].

Erhitzt man C_3F_7CN mit COF_2 und HF unter Eigendruck auf 300 °C (3 h) sowie anschließend auf 350 °C (12 h), so bildet sich C_4F_9NCO und als Nebenprodukt $C_4F_9NHC(O)F$ (keine physikalischen Daten), das sich beim Aufbewahren in einem Glasgefäß über Nacht zu $C_3F_7C(O)NH_2$ umwandelt [168].

Die Hydrolyse von $CF_3N{=}C{=}NCF_3$ in einem Aceton-Wasser-Gemisch bei 20 °C (1 h schütteln) führt zu $CF_3NHC(O)NHCF_3$ (81%), das analog auch aus $CF_2{=}NCF_2N{=}CF_2$ synthetisiert wird (in 40% Ausbeute) [184, 185]. Unter denselben Bedingungen hydrolysiert $CF_3N{=}CFCF{=}NCF_3$ zu $CF_3NHC(O)C(O)NHCF_3$ (82%), mit $CF_2{=}NCF_2CF_2N{=}CF_2$ fällt das Oxamid in 30% Ausbeute an. Bei der Hydrolyse von Perfluor-(2,5-diazahexa-1,5-dien) in Abwesenheit von Aceton bildet sich ebenfalls das Oxamid [184]. Die Hydrolyse von $CF_3N[OP(O)Cl_2]CF_2CF{=}NCF_3$ bei 0 bis 5 °C (24 h) führt zu $CF_3N(OH)C(O)C(O)NHCF_3$ [289]. In 60% Ausbeute entsteht $CF_3NHC(O)C(OH)_2CF_3$ bei der Umsetzung von $CF_3N{=}CFC(CF_3){=}NCF_3$ mit H_2O [184] gemäß:

$$CF_3N{=}CFC(CF_3){=}NCF_3 \xrightarrow{H_2O} CF_3NHC(O)C(O)CF_3 \xrightarrow{H_2O} CF_3NHC(O)C(OH)_2CF_3$$

Die Reduktion von Perfluor-(2-methyl-1,2-oxazetidin) mit HJ führt zu $CF_3N(H)C(O)C(O)OH$ [190, 191].

N-Pentafluorphenyl-trifluoracetamid $C_6F_5NHC(O)CF_3$

N-(Pentafluorphenyl)-pentafluorbenzamid $C_6F_5NHC(O)C_6F_5$

N-(2- und 4-Nitrotetrafluorphenyl)-trifluoracetamid $(2\text{-}NO_2\text{-}C_6F_4)NHC(O)CF_3$, $(4\text{-}NO_2\text{-}C_6F_4)NHC(O)CF_3$

N-(4-Trifluormethyltetrafluorphenyl)-trifluoracetamid $(4\text{-}CF_3\text{-}C_6F_4)NHC(O)CF_3$

1,3-Bis(trifluoracetamido)-tetrafluorbenzol $1,3\text{-}[CF_3C(O)NH]_2\text{-}C_6F_4$

N-(4-Nonafluorbiphenyl)-trifluoracetamid $4\text{-}C_6F_5\text{-}C_6F_4NHC(O)CF_3$

N-(2-Nitrotetrachlorphenyl)-pentafluorpropionamid $(2\text{-}NO_2\text{-}C_6Cl_4)NHC(O)C_2F_5$

Literatur s. S. 76

Formation and Preparation of Carbonic Acid Amides and N-substituted Carboxylic Acid Amides

N,N'-Bis(pentafluorphenyl)-harnstoff $C_6F_5NHC(O)NHC_6F_5$

Pentafluorphenylharnstoff $C_6F_5NHC(O)NH_2$

Pentafluorbenzoylharnstoff $C_6F_5C(O)NHC(O)NH_2$

Pentafluorphenylthioharnstoff $C_6F_5NHC(S)NH_2$

Mit $C_6F_5C(O)Cl$ kondensiert $C_6F_5NH_2$, gelöst in Benzol, beim Erhitzen im Rückfluß (18 h) in Gegenwart von $C_6H_5N(C_2H_5)_2$ zu 72.2% $C_6F_5C(O)NHC_6F_5$ [186]. Perfluoressigsäureanhydrid kondensiert mit 4-X-$C_6F_4NH_2$ in guten Ausbeuten zu (4-X-C_6F_4)$NHC(O)CF_3$; X=F (Rückfluß, 10 min, 95%) [44, 55]; X=NO_2 [58]; X=CF_3 (Rückfluß, 0.5 h, 71%) [74]; X=C_6F_5 [81]. Aus 2-NO_2-$C_6F_4NH_2$ und $[CF_3C(O)]_2O$ bilden sich (2-NO_2-C_6F_4)$NHC(O)CF_3$ [81]. Analog liefert 1,3-$(NH_2)_2$-C_6F_4 mit dem Anhydrid in Äther 1,3-$[CF_3C(O)NH]_2$-C_6F_4 [43]. Erhitzt man 2-NO_2-$C_6Cl_4NH_2$ mit $[C_2F_5C(O)]_2O$ im Rückfluß (4 h), so erhält man auf Zugabe von Hexan (2-NO_2-C_6Cl_4)$NHC(O)C_2F_5$ (keine physikalischen Daten) [87]. Pyrolyse von $C_6F_5NHC(O)H$ über P_2O_5 bei 250 °C führt zu flüchtigen Produkten, die beim Überleiten über HgO bei 120 °C $C_6F_5N(H)C(O)NHC_6F_5$ liefern, das auch aus C_6F_5NCO und $C_6F_5NH_2$ entsteht [188]. $C_6F_5NH_2$ in CH_3COOH reagiert mit einer wäßrigen Lösung von KOCN bei 50 bis 60 °C (2 h, rühren) zu $C_6F_5NHC(O)NH_2$. Eine Lösung von $C_6F_5NH_2 \cdot HCl$ in konzentriertem HCl reagiert mit NH_4SCN bei 100 °C (3 h) zu $C_6F_5NHC(S)NH_2$. Das in C_6H_6 suspendierte $NH_2C(O)NH_2$ setzt sich mit $C_6F_5C(O)Cl$, gelöst in C_6H_6, bei 90 °C (5 h) zu $C_6F_5C(O)NHC(O)NH_2$ um [189].

Bis(trifluoracetyl)-amin $[CF_3C(O)]_2NH$

Bis(perfluorbutyryl)-amin $[C_3F_7C(O)]_2NH$

Bis(perfluordecanoyl)-amin $[C_9F_{19}C(O)]_2NH$

Bis(5,5,5-trichlorhexafluorvaleryl)-amin $[CCl_3(CF_2)_3C(O)]_2NH$

In Gegenwart einiger Tropfen konzentriertem H_2SO_4 kondensiert $CCl_3(CF_2)_3CN$ mit $CCl_3(CF_2)_3COOH$ bei 150 °C (4 h) unter Ausschluß von Feuchtigkeit zu $[CCl_3(CF_2)_3C(O)]_2NH$ [192]. Die Synthese von $[R_fC(O)]_2NH$ kann entweder durch Umsetzung von $R_fC(O)NH_2$ mit $[R_f'C(O)]_2O$ beim Erhitzen im Rückfluß (16 h) gemäß

$$R_fC(O)NH_2 + [R_f'C(O)]_2O \rightarrow R_fC(O)NHC(O)R_f' + R_f'COOH,$$

$R_f = R_f' = CF_3$ [193, 194], C_9F_{19} [193], oder durch Erhitzen von $R_f''C(O)ONa$ mit $(PNCl_2)_3$ in Gegenwart von C_6H_5-C_4H_9 bei 135 bis 155 °C (16 h) mit $R_f'' = C_3F_7$ erfolgen [193]. Die Darstellung von $[CF_3C(O)]_2NH$ erfolgt durch die Reaktion $CF_3CN + CF_3COOH \rightleftharpoons [CF_3C(O)]_2NH$ (150 °C, 1.5 h, 16%; 7.9 h, 51%, 20 h, 84%). Die Reaktion wird katalysiert durch 5% H_2SO_4 (0.75 h, 77%; 3 h, 93%) bzw. 5% CF_3COOK (2 h, 79%; 4.25 h, 91%) [195]. Setzt man einen Überschuß an $[CF_3C(O)]_2O$ mit HNCO bei 20 °C (4 d) um, so erhält man 90% $[CF_3C(O)]_2NH$, bezogen auf eingesetztes HNCO [196]. An feuchter Luft hydrolysiert bei 20 °C (24 h) $CF_3C(Cl)=NSO_2F$ zu 57% $CF_3C(O)NHC(O)CF_3$ [38].

Perfluoracylsulfonylamine $R_fC(O)NHSO_2F$, $R_f = CF_3$, C_2F_5

3,3,3-Trifluor-2-hydroxy-2-trifluormethyl-N-fluorsulfonylpropionsäureamid $(CF_3)_2C(OH)C(O)NHSO_2F$

N'-Perfluoracylphosphoramidindichloride $R_fC(O)NHP(O)Cl_2$, $R_f = CF_3$, C_3F_7

Literatur s. S. 76

Bei 90 bis 100 °C (60 h) reagiert $FSO_2N{=}PCl_3$ mit CF_3COOH bzw. bei 110 °C (48 h) mit C_2F_5COOH zu 80% $CF_3C(O)NHSO_2F$ [38] bzw. 35% $C_2F_5C(O)NHSO_2F$ [39]. Die in Äther zunächst bei 0 °C vorgenommene Methanolyse des 2-Fluor-5,5-bis(trifluormethyl)-1,2,3-oxathiazol-4-on-2-oxid wird bei 20 °C (1 h rühren) fortgesetzt und führt in 47% Ausbeute zu $(CF_3)_2C(OH)C(O)NHSO_2F$ [199]. Erhitzt man $R_fC(O)NH_2$ und PCl_5, gelöst in Benzol, im Rückfluß (6 h) so bildet sich $R_fC(O)NHP(O)Cl_2$. Für $R_f{=}CF_3$ beträgt die Ausbeute 74% und für $R_f{=}C_3F_7$ nur 66% [200].

Formation and Preparation

1.2.4 Imine

Imines

Difluormethylenimin $F_2C{=}NH$, **Chlorfluormethylenimin** $ClFC{=}NH$

Perfluorisopropylidenimin $(CF_3)_2C{=}NH$

Chlorpentafluorisopropylidenimin $CF_3(CF_2Cl)C{=}NH$

1,3-Dichlortetrafluorisopropylidenimin $(CF_2Cl)_2C{=}NH$

1-(Perfluoräthyl)-pentafluorpropylidenimin $(C_2F_5)_2C{=}NH$

1-Iminotrifluoräthylcyanid $CF_3C(NH)CN$

1-Iminopentafluorpropylcyanid $C_2F_5C(NH)CN$

1-Iminoheptafluorbutylcyanid $CF_3CF_2CF_2C(NH)CN$

Mit C_6H_5OH reagiert $C_6H_5N{=}NNHCF_3$ bei 50 bis 60 °C zu $F_2C{=}NH$ nach

$$C_6H_5N{=}NNHCF_3 + C_6H_5OH \rightarrow C_6H_5N{=}NC_6H_4OH + [CF_3NH_2] \rightarrow HF + F_2C{=}NH$$

[201, 202]. Die Existenz von $ClFC{=}NH$ als intermediär auftretendes HF-Anlagerungsprodukt von HF an ClCN wird in [203] diskutiert.

Das Imin $(CF_3)_2C{=}NH$ wird, wie folgt, erhalten: In Gegenwart von Pyridin werden zunächst $CF_3C(O)CF_3$ und NH_3 zusammenkondensiert und durch Erwärmen von −25 bis −30 °C auf +25 °C umgesetzt. Dazu tropft man $POCl_3$ so zu, daß ein leichter Rückfluß (0.5 h) erhalten bleibt. Erhitzen auf 100 °C (0.5 h) führt zu 70% $(CF_3)_2C{=}NH$ [3, 204]. Acidolyse von $(CF_3)_2C(NH_2)_2$ mit CH_3COOH liefert bei 100 °C (1 h) das Imin in 80% Ausbeute. N-monosubstituierte Derivate $(CF_3)_2C(NH_2)NHR$ reagieren mit $[CH_3C(O)]_2O$ bei 20 °C (24 h) zum Imin gemäß:

$$(CF_3)_2C(NH_2)NHR \xrightarrow{[CH_3C(O)]_2O} (CF_3)_2C{=}NH + CH_3C(O)NHR$$

Für $R{=}C_6H_5$ beträgt die Ausbeute 72% und für $R{=}(CH_3)_2CHCH_2$ 85%. Ist $R{=}C_6H_5$, so kann anstelle des Anhydrids auch HCl oder $C_6H_5C(O)Cl + (C_2H_5)_3N$ verwendet werden. Die bei 180 °C vorgenommene Pyrolyse des C_6H_5-Derivats liefert ebenfalls das Imin [205]. Es entsteht auch durch Zutropfen von $(CF_3)_2CS$ zu einer Lösung von HN_3 in $CHCl_3$ bei −15 °C und Erwärmen auf 50 °C [7, 9]. Das so erhaltene Produkt weist 6% $CHCl_3$ auf. Bei Verwendung von C_6H_5Cl oder $CHCl_2CHCl_2$ anstelle von $CHCl_3$ erhält man ein reines Imin. Analog werden $RR'C{=}NH$ aus $RR'C{=}S$ und HN_3 synthetisiert ($R{=}CF_3$, $R'{=}C_2F_5$; C_3F_7, C_5F_{11}; $ClCF_2CF_2$, CF_3; CF_2Cl, CF_2Cl; C_7F_{15}, C_7F_{15}; keine physikalischen Daten). In Pyridin reagiert $(CF_2Cl)_2C(OH)NH_2$ mit $POCl_3$ unter Rühren bei 20 °C (0.5 h) zu $(CF_2Cl)_2C{=}NH$ [9]. Die partielle Hydrolyse von $(CF_3)_2CFNCO$, gelöst in CH_3CN, mit $(CF_3)_2C(O) \cdot H_2O$ in Gegenwart von KF bei 25 °C (3 h) führt zu $(CF_3)_2C{=}NH$. Analog wird auch $CF_3(CF_2Cl)C{=}NH$ aus dem entsprechenden Isocyanat synthetisiert [206].

Ein allgemein anwendbares Verfahren zur Darstellung von $R_fR'_fC{=}NH$ ist die Kondensation entsprechender Ketone mit NH_3 in Gegenwart von Pyridin und anschließendem Erwärmen mit $POCl_3$ gemäß:

$$R_fR'_fCO + NH_3 \xrightarrow{C_6H_5N} \langle R_fR'_fC(OH)NH_2 \rangle \xrightarrow{POCl_3} R_fR'_fC{=}NH$$

Die Addition von NH_3 erfolgt durch Aufwärmen von −78 auf +20 °C, die Reaktion mit $POCl_3$ wird im leichten Rückfluß durchgeführt. Für $R_f{=}CF_3$, $R'_f{=}CF_2Cl$ werden 60% [3] bzw. 89% [10], für $R_f{=}R'_f{=}CF_2Cl$ 75% und für $R_f{=}R'_f{=}C_2F_5$ nur 42% Ausbeute erzielt [3].

Eine weitere Synthese von $R_fC({=}NH)CN$ ist die Reaktion von R_fCN und HCN in Gegenwart eines basischen Katalysators in einem Autoklav. Anschließend werden R_f, Reaktionsbedingungen, Katalysator und Ausbeute angegeben: CF_3, 50 °C (8 h), Morpholin, 53% (bei Verwendung von $(C_2H_5)_3N$ sinkt die Ausbeute unter analogen Bedingungen); C_2F_5, 50 °C (8 h), Morpholin, 53%; C_3F_7, 50 °C (8 h), Morpholin, 36% [273].

Physical Properties

1.3 Physikalische Eigenschaften

Die physikalischen Eigenschaften der Perfluorhalogenorgano-Stickstoff-Wasserstoff-Verbindungen sind in Tabelle 1 (S. 28) zusammengestellt. Darüber hinausgehende Untersuchungen werden nachfolgend angegeben:

Structure and Spectra of $(CF_3)_2$-C=NH

Struktur und Spektren von $(CF_3)_2C{=}NH$

Mittels Elektronenbeugung in der Gasphase werden folgende Kernabstände r, Bindungswinkel α, Torsionswinkel τ und mittlere Schwingungsamplituden l, σ' ermittelt (s. **Fig. 1**) [216]:

r(C-F) = 1.324 ± 0.003 Å	l(C-C) = 0.051 ± 0.008 Å
r(C-C) = 1.549 ± 0.007 Å	l(C-F) = 0.052 ± 0.004 Å
r(C=N) = 1.294 ± 0.029 Å	l(C-N) = 0.051 ± 0.024 Å
r(N-H) = 1.02 ± 0.05 Å	l(N-H) = 0.050 ± 0.034 Å
α(F-C-C) = 110.0° ± 0.4°	l(C···F) = 0.068 ± 0.005 Å
α(C-C-C) = 121.6° ± 0.4°	l(C···F) = 0.063 ± 0.004 Å
α(C-N-H) = 110.0° ± 9°	σ' = 0.02684 Å
τ = 35.1° ± 1.0°	

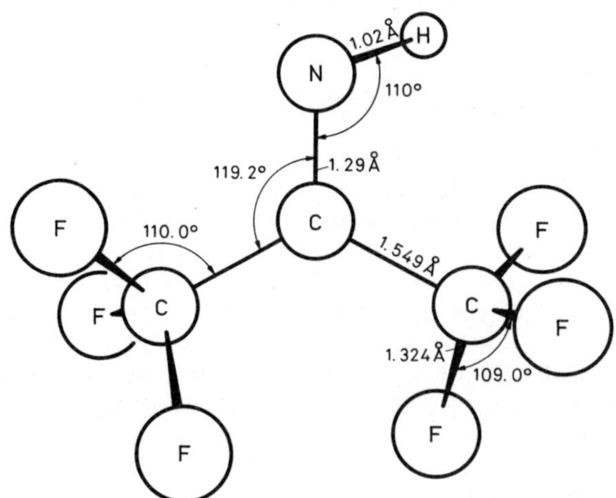

Fig. 1

Struktur von $(CF_3)_2C{=}NH$.

Literatur s. S. 76

Die IR- und Raman-Spektren von $(CF_3)_2C{=}NH$ werden (zusammen mit denen von $(CF_3)_2C{=}C{=}O$ und $(CF_3)_2C{=}N{=}N$) in [135] aufgenommen (Banden und Abbildung des IR-Spektrums s. Original). Es wird eine Analyse der Spektren mit angenäherter Zuordnung der Banden in den Fundamentalschwingungen des Moleküls durchgeführt [217].

Physical Properties

^{19}F- und ^{1}H-NMR-Spektrum von $CF_3C(O)NH_2$

^{19}F and ^{1}H NMR Spectra of CF_3-$C(O)NH_2$

Untersuchungen der Temperaturabhängigkeit der chemischen Verschiebung $\delta(F)$ und $\delta(H)$ des in Tetrahydrofuran oder $(CD_3)_2CO$ gelösten Amids (0.64 molar) zwischen −80 und +60 °C ergeben, daß bei Raumtemperatur die Rotation um die C-N-Achse behindert ist. Hierauf deutet die Aufspaltung des ^{1}H-NMR-Singuletts in ein Dublett bei Temperaturerniedrigung unter 34 °C an. Analog wird im ^{19}F-NMR-Spektrum oberhalb 34 °C ein Triplett (J = 0.7 Hz) infolge F-H-Kopplung gefunden (2 äquivalente H-Atome), für t <34 °C tritt ein Dublett (J = 1.8 Hz) infolge Kopplung von F mit einem H-Atom auf, das zweite Dublett wird nicht beobachtet [218]. Das ^{1}H-NMR-Spektrum von $CF_3C(O)^{15}NH_2$, gemessen in Dioxan (ferner in Methylpropylketon) zwischen 15 und 80 °C, besteht bei 33 °C aus einem Dublett von scharfen Singuletts (Kopplung H^A-^{15}N, J = 91.1 Hz) und einem Dublett von Quartetts ($J(H^B\text{-}^{15}N) = 90.5$ Hz, $J(H^B\text{-}F) = 1.9$ Hz).

F_3C—C(=O)—N(H^A)(H^B)

Ferner wird erhalten $J(H^A\text{-}F) \approx 0$ Hz, $\delta(H^A) - \delta(H^B) = 19.5$ ppm. Für die Potentialschwelle der Rotation um die C-N-Bindung ergeben sich 76.5 ± 2.9 (in Dioxan) und 77.8 ± 2.5 kJ/mol (in Methylpropylketon) [219], s. auch [220, 221].

$C_6F_5NH_2$: Spektren, Dissoziationskonstante, dielektrische Dispersion und Grenzflächenverhalten

$C_6F_5NH_2$: Spectra. Dissociation Constant. Dielectric Dispersion. Interfacial Properties

Das IR-Spektrum von $C_6F_5NH_2$ ist in der Gas- und Flüssigphase sowie in CCl_4 (Bereich 4000 bis 40 cm^{-1}), das Raman-Spektrum im festen Zustand und in CS_2 bzw. CCl_4 aufgenommen worden. Auf Grund von Depolarisationsmessungen wird C_s-Symmetrie angenommen. Spektren sind in [214] abgebildet und beobachtete Banden tabellarisch aufgeführt. Die für das C_6F_5N-Skelett zu erwartenden 30 Normalschwingungen ν_1 bis ν_{30} werden in Tabelle 1 (S. 35) angegeben [214]. IR-Banden von $C_6F_5NH_2$ werden tabellarisch aufgeführt und im Vergleich mit Absorptionen ähnlicher Moleküle wird eine versuchsweise Zuordnung der Schwingungen vorgenommen. Einzelne Gruppenfrequenzen werden gesondert aufgeführt [222].

NMR-Spektren: Chemische Verschiebung im ^{19}F-NMR-Spektrum s. Tabelle 1, S. 35. – Die von verschiedenen Autoren gemessenen Spin-Spin-Kopplungskonstanten J(F-F) in Hz werden nachfolgend tabellarisch aufgeführt:

$J(F^2\text{-}F^3)$	$J(F^2\text{-}F^4)$	$J(F^2\text{-}F^5)$	$J(F^3\text{-}F^4)$	$J(F^2\text{-}F^6)$	$J(F^3\text{-}F^5)$	Lit.
20.4	6.9	4.9	20.8	4.6	2.6	[209]
±20 b)	−8.2	±4	21.6	+6	−3	[210, 223]
−20.8	−7.1	+5.3	−20.8	+4.1	−2.2	[211]
−20.6	−7.1	+5.3	−20.6	+4.2	−2.2	[212]
−20.55	−7.05	+5.26	−20.71	+4.18	−2.25	[213]

 [Textfortsetzung auf S. 53]

Physical Properties

Tabelle 1: Physikalische Eigenschaften der Perfluorhalogenorgano-Stickstoff-Wasserstoff-Verbindungen. Siedepunkt (Sdp.) in °C/Druck in Torr, Schmelzpunkt (Schmp.) in °C, Dampfdruck p, Verdampfungsenthalpie ΔH_v, Trouton Konstante $\Delta H_v/T_s$, Brechungsindex n_D, Dichte D in g/cm^3, chemische Verschiebung δ und Spin-Spin-Kopplungskonstante J im NMR-Spektrum (s=Singulett, d=Dublett, tr=Triplett, qu=Quartett, qui=Quintett, sept=Septett, m=Multiplett, br=breit), IR-Spektrum (in cm^{-1}), Wellenlängen λ_{max} und Extinktionskoeffizienten ε der UV-Absorptionsmaxima, Massenspektrum MS (m/e, Bruchstück, relative Intensität):

Verbindung	Sdp./Torr (Schmp.) in °C	^{19}F- und ^{1}H-NMR (δ in ppm) IR- und UV-Spektrum Massenspektrum, n_D, D
$(CF_3)_2CFNH_2$ [1]	38.5, 38.6/742[1)] (-94 ± 1)	^{1}H-NMR[2)]: $\delta(NH_2)=-2.88$; ^{19}F-NMR[3)]: $\delta(CF_3)=82.8$ (d), $\delta(CF)=121.9$ (sept), $J(CF_3\text{-}CF)=4.4$ Hz IR (Gas): $\nu(NH_2)=3488$ (s), 3410 (s); $\delta(NH_2)=1638$ (s), 1388 (m); $\nu(CF_3$ und $CF)=$ 1256 (vs), 1234 (sh), 1211 (sh), 1198 (s); $\nu(C\text{-}C)=1033$ (m); $\nu(C\text{-}N)=924$ (m), $\delta(CF)=$ 709 (m); 595 (m), 520 (s) MS: m/e=185, M^+ (0.2); 184, $(CF_3)_2CFNH^+$ (5.0); 166, $(CF_3)_2CNH_2^+$ (0.8); 165, $(CF_3)_2CNH^+$ (0.7); 147, $CF_3(CF_2)CNH_2^+$ (1.6); 146, $CF_3(CF_2)CNH^+$ (5.5); 97, $CF_3CNH_2^+$ (7.1); 96, CF_3CNH^+ (87.3); 77, CF_2CNH^+ (5.1); 76, CF_2CN^+ (1.4); 69, CF_3^+ (100); 51, C_3NH (55.5); 50, CF_2^+ (14.3); 31, CF (6.0); 28, CNH_2^+, N_2^+ (1.1)
$(CF_3)_3CNH_2$	56.5 bis 57 [4], 56 bis 57 [5]	$n_D^{20}=1.2975$, $D_4^{20}=1.6782$ [4], $n_D^{21.5}=1.2815$ [5]
$(CF_3)_3CNH_2\cdot HCl$	76 bis 77 [4], 71 bis 75 [5]	—
$(CF_3)_2C(NH_2)_2$	91 bis 92 [6], 91 bis 91.5 [3, 7]; (12 bis 14) [6] (20.5) [3, 7]	^{1}H-NMR[40)]: $\delta(NH_2)=-2.25$ (br); ^{19}F-NMR[4)]: $\delta(CF_3)=15.7$ [3] IR: $\nu(NH_2)=3425$, 3333 [3] $n_D^{20}=1.3320$ [6], $n_D^{25}=1.3229$ [3, 7], $D_4^{20}=1.5152$ [6] MS: $M-CF_3$ (100); NH_2^+ (4); Strichdiagramm in [207]
$(CF_2Cl)_2C(NH_2)_2$ [3]	44.5 bis 45/10	^{1}H-NMR[40)]: $\delta(NH_2)=-2.25$; ^{19}F-NMR[4)]: $\delta(CF_2)=-3.80$; $n_D^{25}=1.4105$
$CF_3C(NH_2)=CFCN$ [14]	54/5	IR: $\nu(NH_2)=3472$, 3333, 3215; $\nu(C\equiv N)=2217$, $\nu(C=C)=1678$, $\delta(NH_2)=1618$, $\nu(C\text{-}F)=1250$ bis 1111

Literatur s. S. 76

Tabelle 1 [Fortsetzung]

Physical Properties

Verbindung	Sdp./Torr (Schmp.) in °C	^{19}F- und ^{1}H-NMR (δ in ppm) IR- und UV-Spektrum Massenspektrum, n_D, D
$CF_3C(NH_2)=CClCN$ [14]	62/0.5	IR: $\nu(NH_2)=3472$, 3333, 3195; $\nu(C\equiv N)=2212$, $\nu(C=C)=1650$, $\delta(NH_2)=1613$ (sh), $\delta(CF_3)=1250$ bis 1111, $\nu(C-Cl)=829$
$CF_3(CF_2Cl)C(OH)NH_2$ [10]	(70 bis 72)	–
$(CF_2Cl)_2C(OH)NH_2$ [9]	(67 bis 68)	–
$(CF_3)_2C(NH_2)C(O)NH_2$	(65) [11] (58 bis 59) [12]	^{1}H-NMR[40] [in $CD_3C(O)CD_3$]: $\delta(NH_2)=-7.37$, $\delta(NH_2)=-2.96$; ^{19}F-NMR[20] (in Aceton): $\delta(CF_3)=75.0$ [12] IR: 3530 (s), 3415 (s), 3370 (m), 3350 (m), 3280 (m), 1730 (vs), 1690 (vs), 1620 (s), 1470 (m), 1410 (m), 1380 (m), 1340 (m) [11]
$(CF_3)_2C(NH_2)N=SF_2$ [13]	97.3/750[5] (-61.5 ± 1)	^{1}H-NMR[2]: $\delta(NH_2)=-2.7$; ^{19}F-NMR[3]: $\delta(CF_3)=81.2$ (tr), $\delta(SF_2)=-63.4$ (sept), $J(CF_3-SF_2)=3$ Hz IR (Gas): 3464 (m), 3390 (w), 1630 (m), 1405 (s), 1372 (s), $\nu(S=N)=1325$ (s); 1282 (m), 1250 (vs), 1192 (s), 1160 (vs), 978 (m), 922 (m), 772 (m), $\nu(S-F)=736$ (s), 671 (s); 651 (m), 585 (w) MS: m/e=250, M^+ (0.1); 249, M^+-H (1.0); 234, $(CF_3)_2CNSF_2^+$ (2.0); 181, $C_2F_3NH_2NSF_2^+$ (8.5); 166, $C_3F_6NH_2^+$ (13.2); 146, $C_2F_3NSF^+$ und C_3F_5NH (10.2); 96, $CNSF_2^+$ und $C_2F_3NH^+$ (95.0); 69, CF_3^+ (10.0); 51, SF^+ (43.2); 46, NS^+ (9.6)
$CF_3C(NH_2)=NSO_2F$ [38]	65/0.01[6] (66 bis 67)	^{1}H-NMR[2]: $\delta(H)=-8.34$; ^{19}F-NMR[3]: $\delta(SO_2F)=-51.6$, $\delta(CF_3)=76.6$ IR: ≈3390 (s), ≈3260 (m), 1663 (s), 1596 (m), 1382 (s), 1198 (vs), 1123 (w), 865 (s), 811 (vs), 754 (w), 712 (m), 604 (s), 565 (vs), 554 (m)
$C_2F_5C(NH_2)=NSO_2F$ [39]	30/0.01[6] (65 bis 66)	^{1}H-NMR[2] (in CH_3CN): $\delta(H)=-8.5$; ^{19}F-NMR[3] (in CH_3CN): $\delta(SF)=-50.3$ (tr), $\delta(CF_3)=83.8$ (tr), $\delta(CF_2)=121.7$ (d von qu), $J(CF_3-CF_2)=1.2$ Hz, $\delta(SF-CF_2)=0.6$ Hz IR: ≈3390 (m), ≈3280 (m), $\nu(C=N)=1660$ (vs); 1588 (s), 1371 (vs), 1334 (m), 1192 (vs), 1110 (m), 1030 (vs), 850 (vs), 782 (vs), 757 (w), 732 (w), 700 (w), 617 (m), 582 (s), 537 (m), 509 (w), 478 (w)

Literatur s. S. 76

Physical Properties

Tabelle 1 [Fortsetzung]

Verbindung	Sdp./Torr (Schmp.) in °C	^{19}F- und ^{1}H-NMR (δ in ppm) IR- und UV-Spektrum Massenspektrum, n_D, D
$(CF_3)_2C(N_3)NH_2$ [3]	84 bis 85	^{1}H-NMR[40]: $\delta(NH_2)=-2.37$; ^{19}F-NMR[4]: $\delta(CF_3)=13.56$ IR: 3460, 3390, 2141 $n_D^{25}=1.3378$
$(CF_3)_2C(NHNH_2)NH_2$ [3]	73 bis 74/45	^{1}H-NMR[40]: $\delta(NH)=-4.4$ (br), $\delta(NH_2)=-3.5$ (br) und -2.5 (br); ^{19}F-NMR[4]: $\delta(CF_3)=11.25$ $n_D^{25}=1.3565$
$(CF_3)_2C(NCO)NH_2$ [3]	86	^{19}F-NMR[4]: $\delta(CF_3)=14.9$ IR: $\nu(NCO)=2273$ $n_D^{25}=1.3248$
$(CF_3)_2C(CN)NH_2$ [6]	45 bis 46/100	$n_D^{20}=1.3130$, $D_4^{20}=1.5112$
$CF_3C(NH)NH_2$ [19]	35 bis 36/11	$n_D^{25}=1.3801$, $D^{25}=1.4940$
$CF_3C(NH)NHAg$ [19]	(200)[7]	–
$O_2NCF_2C(NH)NH_2$ [16]	80 bis 90/5 bis 10	IR (Film): $\nu_{as}(NH_2)=3509$ (m); $\nu_s(NH_2)=3425$ (m); $\nu(NH)=3333$ (m); 3175 (m); $\nu_{as}(NC{=}N)=1667$ (s); $\nu_{as}(NO_2)=1587$ (s); $\nu_s(NO_2)=1449$ (m), 1351 (m), $\nu(CF)=1220$ (s); 1147 (m), 1042 (m), 1005 (m), 839 (m), 813 (m) $n_D^{25}=1.4491$, $D^{25}=1.623$
$O_2NCF_2C(NH)NHAg$ [16]	>200	–
$O_2NCF_2C(NH)NH_2\cdot CF_3C(O)OH$ [16]	(173 bis 174)[7]	–
$(NO_2)_2CFC(NH)NH_2\cdot HCl$ [208]	(130)[7]	–
$C_2F_5C(NH)NH_2$ [15]	(49.5 bis 50)	–
$C_2F_5C(NH)NH_2\cdot HCl$ [15]	siehe [8]	–
$C_2F_5C(NH)NHAg$ [19]	(240)[7]	–
$[C_2F_5C(NH)NH]_2Hg$ [19]	(159)	–
$C_3F_7C(NH)NH_2$	52 [15] 51 bis 52 [20]	IR: $\nu(NH)=3400$; $\delta(NH_2)=1600$ [15] UV (in CH_3OH): $\lambda_{max}<220$ nm [40]

Literatur s. S. 76

Tabelle 1 [Fortsetzung]

Physical Properties

Verbindung	Sdp./Torr (Schmp.) in °C	^{19}F- und ^{1}H-NMR (δ in ppm) IR- und UV-Spektrum Massenspektrum, n_D, D
$C_3F_7C(NH)NH_2 \cdot HCl$	(128 bis 129) [9)] [15] (158) [21]	–
$C_3F_7C(NH)NHAg$ [19]	(277) [7)]	–
$[C_3F_7C(NH)NH]_2Hg$ [19]	(178) [7)]	–
$ClCF_2CFClC(NH)NH_2$ [17]	–	IR: ν(N-H) = 3510 (m), 3279 (w); ν(=NH) = 3360 (m); ν(NH)[11)] = 3128 (m); ν(C=N) = 1684 (s), 1648 (m); δ(NH) = 1600 (w); 1208 (m), 1160 (s), 1118 (s), 1071 (s), 1048 (m); 975 (mw), 875 (mw), 836 (s)
$Br(CF_2)_3C(NH)NH_2$ [18]	(84.5)	IR (Vaselinölverreibung): ν(NH) = 3370 (m), 3160 (m); ν(C=N) = 1668 (vs); $\delta(NH_2)$ = 1630 (s)
$J(CF_2)_3C(NH)NH_2$	(108 bis 110)	
$(NF_2)_2CFC(NH)NH_2$ [22]	25/1	^{19}F-NMR[3)]: δ(CF) = 156, $\delta(NF_2) = -23.7$ IR: ν(C=N) = 1686; $\nu(NF_2)$ = 928, 888
$CF_3(CF_2)_4C(NH)NH_2$ [15]	(66)	–
$CF_3(CF_2)_4C(NH)NH_2 \cdot HCl$ [15]	210 [6)]	–
$CF_3(CF_2)_4C(NH)NH_2 \cdot C_3F_7COOH$ [15]	140 [6)]	–
$CF_3(CF_2)_6C(NH)NH_2$ [15]	(86 bis 88)	–
$CF_3(CF_2)_8C(NH)NH_2$ [15]	(116 bis 130)	–
$O_2NCF_2C(=NH)N{=}C(NH_2)CF_2NO_2$ [16]	100 bis 110/5 bis 10	IR (Film): ν(NH) = 3390 (s); ν(NH) = 3268 (m); 3125 (sh); 2874 (w); 2632 (w); ν_{as}(NC=N) = 1642 (s); $\nu_{as}(NO_2)$ = 1587 (s); $\nu_s(NO_2)$ = 1370 (sh), 1340 (s); ν(C-F) = 1220 (s); 1143 (w), 1040 (s), 997 (m), 863 (m), 839 (m), 813 (s), 782 (m), 730 (w), 709 (w) n_D^{25} = 1.4480, D^{25} = 1.630
$H_2NC(O)(CF_2)_3C(NH)NH_2$ [26]	(131)	–
$H_2NC(O)(CF_2)_4C(NH)NH_2$ [26]	(170)	–

Physical Properties

Tabelle 1 [Fortsetzung]

Verbindung	Sdp./Torr (Schmp.) in °C	^{19}F- und ^{1}H-NMR (δ in ppm) IR- und UV-Spektrum Massenspektrum, n_D, D
$CF_3C(NOH)NH_2$	(27.5 bis 29) [28] 62/10 [31]	IR: $\nu_{as}(NH_2)=3448$ (s); $\nu_s(NH_2)=3333$ (s); $\nu(OH)$[11] $=2924$ (w); $\nu(C{=}N)=1675$ (s); $\delta(NH_2)=1580$ [28]; $\nu(OH)=3480$; $\nu(NH_2)=3350$; $\nu(C{=}N)=1695$ $n_D^{20}=1.3950$, $D_4^{20}=1.5640$ [31]
$C_2F_5C(NOH)NH_2$[10] [28]	(55.0 bis 56.0)	IR: $\nu_{as}(NH_2)=3509$ (m); $\nu_s(NH_2)=3390$ (s); $\nu(OH)$[11] $=2941$ (w); $\nu(C{=}N)=1686$ (s); $\delta(NH_2)=1603, 1587$ (s)
$C_3F_7C(NOH)NH_2$	(78 bis 79) [28], (78) [20]	IR: $\nu_{as}(NH_2)=3509$ (m); $\nu_s(NH_2)=3390$ (s); $\nu(OH)$[11] $=2941$ (w); $\delta(C{=}N)=1689$ (s); $\delta(NH_2)=1605, 1587$ [28]
$C_7F_{15}C(NOH)NH_2$	(121 bis 122.5) [28] (122 bis 123.5) [29]	–
$H_2NC(=NOH)(CF_2)_nC(=NOH)NH_2$ n=3	(212 bis 213) [28] (210 bis 212) [30]	–
n=4 [30]	(222 bis 223)	–
n=8 [30]	(226 bis 228)	–
$R_fC(NH_2){=}NOC(O)R'_f$		
$R_f=R'_f=C_2F_5$ [28]	(57.0 bis 58.0)	–
$R_f=R'_f=C_3F_7$	(86.2 bis 87.6)	IR: $\nu(NH)=3610$ (w), 3448 (s); $\nu(C{=}O)=1792$ (s); $\nu(C{=}N)=1647$ (s)
$R_f=R'_f=C_7F_{15}$	(90.0) [6]	–
$R_f=C_3F_7$, $R'_f=C(O)Cl$	(68 bis 69)	IR: $\nu(NH)=3704$ (m), 3509 (s); $\nu(C{=}O)=1799$ (s), $\nu(C{=}N)=1667$ (s)
$R_f=C_3F_7$ $R'_f=C(O)C(O)O$-$N{=}C(NH_2)C_3F_7$	(195 bis 196) [7]	IR: $\nu(NH)=3546$ (m), 3367 (s); $\nu(C{=}O)=1761$ (s), $\nu(C{=}N)=1639$ (s)
$[R_fC(NH_2){=}NOC(O)]_2(CF_2)_n$		
n=3, $R_f=C_7F_{15}$ [29]	(131 bis 132)	–
n=3, $R_f=C_3F_7$ [30]	(167 bis 168)	–

Literatur s. S. 76

Tabelle 1 [Fortsetzung]

Physical Properties

Verbindung	Sdp./Torr (Schmp.) in °C	^{19}F- und ^{1}H-NMR (δ in ppm) IR- und UV-Spektrum Massenspektrum, n_D, D
n=4, $R_f=C_3F_7$ [30]	(188 bis 189)	–
n=3	(63 bis 64)	–
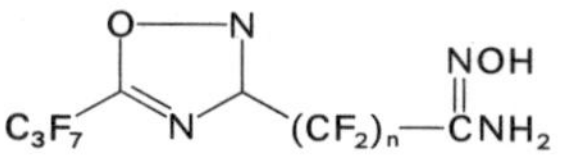 O—N, NOH, C_3F_7, N, $(CF_2)_n$—CNH_2		
n=4 [30]	(78 bis 80)	–
$CF_3C(NNH_2)NH_2$ [20]	–	IR: 3717, 3205, 1681, 1418; $n_D^{25}=1.4230$
$C_3F_7C(NNH_2)NH_2$ [12)]	(69.5 bis 70) [32] (71.5 bis 72.5) [15, 33, 35] (70.5 bis 71.5) [20]	IR: $\nu(NH_2$ und $NH)=3430$ (m), 3295 (ms), 3140 (s); $\nu(C{=}N)=1690$ (s); $\delta(NH_2)=1655$ (s); $\delta(NH)=1590$ (w) [32]
$C_4F_9C(NNH_2)NH_2$ [32]	(88.5 bis 90)	IR: $\nu(NH_2$ und $NH)=3485$ (m), 3335 (s), 3155 (s); $\nu(C{=}N)=1690$ (s); $\delta(NH_2)=1660$ (s); $\delta(NH)=1590$ (w)
$C_5F_{11}C(NNH_2)NH_2$ [13)] [32]	(102 bis 104.5)	IR: $\nu(NH_2$ und $NH)=3480$ (s), 3360 (s), 3175 (s); $\nu(C{=}N)=1690$ (s), $\delta(NH_2)=1655$ (s), $\delta(NH)=1587$ (w)
$C_7F_{15}C(NNH_2)NH_2$ [32]	(128 bis 130)	IR: $\nu(NH_2$ und $NH)=3475$ (m), 3330 (s), 3160 (s); $\nu(C{=}N)=1694$ (s); $\delta(NH_2)=1655$ (s); $\delta(NH)=1592$ (w)
$(CF_2)_n[C(NNH_2)NH_2]$		
n=3 [32]	(123) [7)]	–
n=4	(131) [7)]	–
$R_fC(NH_2){=}NNHC(O)R_f$		
$R_f=CF_3$ [36]	(147 bis 147.5)	–
$R_f=C_2F_5$ [36]	(156.0 bis 156.5)	–
$R_f=C_3F_7$	(148 bis 149) [36] (136 bis 137) [35]	IR: $\nu(NH)=3571$, 3390, 3226; $\nu(C{=}O)=1709$, $\nu(C{=}N)$ und $\delta(NH)=1653$, 1626, 1538 [36]

Physical Properties

Tabelle 1 [Fortsetzung]

Verbindung	Sdp./Torr (Schmp.) in °C	^{19}F- und ^{1}H-NMR (δ in ppm) IR- und UV-Spektrum Massenspektrum, n_D, D
$R_fC(O)NHNHC(NH)NH_2$		
$R_f=CF_3$ [37]	(193 bis 194)	–
$R_f=C_2F_5$ [37]	(196 bis 196.5)	–
$R_f=C_3F_7$ [37]	(179 bis 180)	–
$R_f=CF_3O(CF_2)_2$ [37]	(165 bis 166)	–
$(CF_2)_n(C(O)NHNHC(NH)NH_2)_2$		
n=3	(201 bis 202)	–
n=4 [37]	(230 bis 231)	–
$R_fC(NH)N=C(NH_2)R'_f$		
$R_f=R'_f=CF_3$ [40]	(38 bis 42)[7)]	–
$R_f=R'_f=C_2F_5$	35.9 bis 36.1/6.8 [40], 36/8 [24]	$n_D^{25}=1.3438$, $D^{25}=1.613$ [22], $n_D^{20}=1.3458$, $D_4^{20}=1.6192$ [24]
$R_f=R'_f=C_3F_7$[14)]	44.3 bis 44.7/1.5 [40], 40 bis 41/1 [24]	IR (Film): ν(NH)=3497 (m), 3333 (w), 3125 (w, br), ν(C=N)=1587 (s); ν(C=NH)=1631 (s); δ(NH)=1515 (w) UV (in CH_3OH): $\lambda_{max}=262$ nm (ε=8511) $n_D^{25}=1.3386$, $D^{25}=1.685$ [40], $n_D^{20}=1.3390$, $D_4^{20}=1.7000$ [24]
$R_f=CF_3$, $R'_f=C_3F_7$ [40]	50.0 bis 50.8/13.0	$n_D^{25}=1.3508$, $D^{25}=1.652$
$R_f=C_2F_5$, $R'_f=C_3F_7$ [40]	39.2 bis 40.0/3.8	$n_D^{25}=1.3398$, $D^{25}=1.656$
$R_f=R'_f=Br(CF_2)_3$ [18]	–	$n_D^{20}=1.4072$, $D_4^{20}=2.0278$ IR[48)]: 3255 (s), 3130 (s), 1660 (vs), 1603 (s), 1560 (s)
$R_f=R'_f=J(CF_2)_3$ [18]	–	$n_D^{20}=1.4520$, $D_4^{20}=2.2693$
$R_f=R'_f=CF_2ClCFCl$ [17]	112 bis 115/11	IR: ν(NH)=3484 (m); ν(=NH)=3331 (m); ν(N-H)[11)]=3125 (w); ν(C=N)=1650 (s), 1600 (ms); δ(NH)=1509 (m); 1352 (m), 1219 (ms), 1175 (s), 1056 (s), 1018 (m), 877 (m), 834 (s), 975 (m)

Literatur s. S. 76

Physical Properties

Tabelle 1 [Fortsetzung]

Verbindung	Sdp./Torr (Schmp.) in °C	^{19}F- und ^{1}H-NMR (δ in ppm) IR- und UV-Spektrum Massenspektrum, n_D, D
$R_f=C_2F_5$, $R'_f=CF_3O(CF_2)_2$ [24]	35/4	$n_D^{20}=1.3387$, $D_4^{20}=1.6482$
$R_f=C_3F_7$, $R'_f=CF_3O(CF_2)_2$ [24]	36/2	$n_D^{20}=1.3352$, $D_4^{20}=1.6905$
$R_f=R'_f=CF_3O(CF_2)_2$ [24]	49/3	$n_D^{20}=1.3310$, $D_4^{20}=1.6850$
$R_f=R'_f=C_2F_5O(CF_2)_2$ [24]	68/5	$n_D^{20}=1.3200$, $D_4^{20}=1.6840$
$R_f=R'_f=C_6F_{13}$ [24]	(49)	–
$R_f=C_6F_{13}$, $R'_f=CF_3O(CF_2)_2$ [24]	76/2	$n_D^{20}=1.3320$, $D_4^{20}=1.7581$
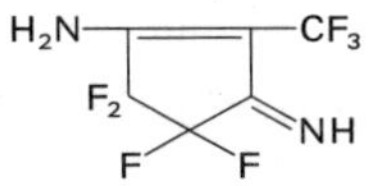 H_2N, CF_3, F_2, NH, F, F [42]	(153 bis 154)	^{19}F-NMR[15]: $\delta(CF_3)=59.2$, $\delta(CF_2)=122.1$
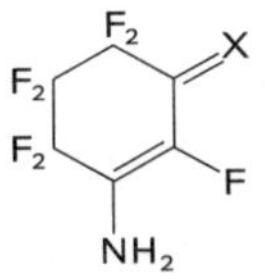 F_2, F_2, F_2, X, F, NH_2; X=NH [43]	(95 bis 96)	^{1}H-NMR[40] (in Aceton): −6.8 bis −7.5 (br) IR[16]: $\nu(C{=}C)=1665$; $\delta(NH_2)=1615$; UV (in C_2H_5OH): $\lambda_{max}=291.0$ nm ($\varepsilon=27500$)
X=O [43]	(100)	^{1}H-NMR[40] (in Aceton): −6.8 bis −7.5 (br) IR[16]: $\nu(C{=}O)=1710$; $\nu(C{=}C)=1660$; $\delta(NH_2)=1630$; UV (in C_2H_5OH): $\lambda_{max}=$ 301.0 nm ($\varepsilon=28000$)
$C_6F_5NH_2$[21]	153 bis 154 [44], 156 bis 157 [45], 153 [47], (34) [44], (33.5 bis 35) [45], (36) [47], (34 bis 35) [46] (31 bis 33) [50]	^{19}F-NMR[20]: $\delta(F^2,F^6)$[17] $=163.6$, $\delta(F^3,F^5)=165.7$, $\delta(F^4)=174.1$ [209], $\delta(F^2,F^6)=164.23$, $\delta(F^3,F^5)=166.87$, $\delta(F^4)=175.43$ [213]; ^{19}F-NMR[18]: $\delta(F^2,F^6)=86.9$, $\delta(F^3,F^5)=90.7$, $\delta(F^4)=101.8$ [210]; ^{19}F-NMR[19]: $\delta(F^2,F^6)=84.2$, $\delta(F^3,F^5)=86.0$, $\delta(F^4)$ $=94.2$ [211]; ^{19}F-NMR[15]: $\delta(F^2,F^6)=163.7$, $\delta(F^3,F^5)=165.8$, $\delta(F^4)=174.0$ [212]; J-Werte s. S. 27, ferner ^{13}C-NMR s. S. 53 IR: In Rasse A_1 1672, 1526, 1480, 1315, 1135, 955, 637, 560, 436, 322, 285, 620; in Rasse A_2 389, 722, 612; in Rasse B_1 352, 268, 198, 150, 1672, 1526, 1271, 1180; in Rasse B_2 1020 und 1004, 722, 477, 322, 268, 217 [214], s. S. 27 MS: m/e $=C_6F_5NH_2^+$ (39.3), $C_6F_5NH^+$ (2.5), $C_6F_4NH_2^+$ (1.1), $C_6F_4NH^+$ (2.7), $C_6F_4N^+$ (0.7),

Physical Properties

Tabelle 1 [Fortsetzung]

Verbindung	Sdp./Torr (Schmp.) in °C	^{19}F- und ^{1}H-NMR (δ in ppm) IR- und UV-Spektrum Massenspektrum, n_D, D
		$C_5F_5H^+$ (2.0), $C_5F_5^+$ (5.7), $C_5F_4NH_2^+$ (2.0), $C_6F_3NH^+$ (1.1), $C_5F_4H^+$ (2.6), $C_5F_4^+$ (7.3), $C_5F_3^+$ (3.4), $C_5F_2NH^+$ (2.9), $C_5F_2N^+$ (0.3), $C_4F_3H^+$ (2.5), $C_3F_3^+$ (1.9), $C_3F_2H^+$ (2.06), $C_4F_2^+$ (1.1), CF_3^+ (1.1), CF^+ (2.1), $C_6F_5NH_2^{++}$ (2.5) [215], Fragmentierungsmuster und Zerfallsschemata s. Original
$C_6F_5NH_2 \cdot HCl$ [55]	(129 bis 131) [22]	–
2-OH-$C_6F_4NH_2$ [64]	80/0.1 (97.5 bis 99)	^{19}F-NMR [39]: $\delta(F^3)=88.8$, $\delta(F^4)=97.8$, $\delta(F^5)=102.6$, $\delta(F^6)=92.0$, $J(F^3\text{-}F^4)=$ 22.2 Hz, $J(F^4\text{-}F^5)=23.3$ Hz, $J(F^5\text{-}F^6)=22.7$ Hz
2-OH-$C_6F_4NH_2 \cdot HCl$ [64]	(181) [7]	–
4-OH-$C_6F_4NH_2$	130/0.25 [8] (177.5 bis 178) [7] [55], (180 bis 181) [7] [52], 140/5 [8] (180 bis 181.5) [56]	^{19}F-NMR [39]: $\delta(F^2,F^6)=87.9$, $\delta(F^3,F^5)=86.9$ [55] IR: $\nu(OH)=3590$; $\nu(NH_2)=3500$, 3400; ν(Ring)$=1615$, 1540, 1520 [56]
3-NH_2NH-$C_6F_4NH_2$ [57]	(108.5 bis 110)	–
2-NO_2-$C_6F_4NH_2$	(42.5 bis 43.5) [58], (43 bis 44) [23] [62], (43) [63]	^{19}F-NMR [24] (3 molar in Aceton): $\delta(CF)=70.3$, 73.5, 83.3, 99.0 [58], $\delta(F^3)=71.5$, $\delta(F^4)=100.4$, $\delta(F^5)=74.7$, $\delta(F^6)=84.2$ [210], J-Werte s. [210, 223]
4-NO_2-$C_6F_4NH_2$	(106.5 bis 108) [58]	^{19}F-NMR [24] (2.5 molar in Aceton): $\delta(CF)=$ 72.3, 85.8 [58], $\delta(F^2, F^6)=86.6$, $\delta(F^3, F^5)=73.4$ [144], J-Werte s. [210, 223]
4-Cl-$C_6F_4NH_2$ [65]	(39)	–
2,4-Cl_2-$C_6F_3NH_2$ [65]	118 bis 120/9	–
2,3,4,5-Cl_4-C_6FNH_2 [66]	(186.5 bis 187)	–
2,3,5,6-Cl_4-C_6FNH_2 [66]	(157 bis 157.5)	–

Literatur s. S. 76

Physical Properties

Tabelle 1 [Fortsetzung]

Verbindung	Sdp./Torr (Schmp.) in °C	^{19}F- und ^{1}H-NMR (δ in ppm) IR- und UV-Spektrum Massenspektrum, n_D, D
2,3,4,6-Cl_4-C_6FNH_2 [66]	(150)	–
2-Br-$C_6F_4NH_2$ [62]	(160 bis 161.5)	–
4-Br-$C_6F_4NH_2$ [290]	(61)	–
4-J-$C_6F_4NH_2$ [290]	(77)	–
2-NH_2-C_6F_4COOH	(143 bis 144) [62], (141 bis 142) [68]	IR: ν(NH) = 3620, 3400; ν(OH) = 3000; ν(C=O) = 1675 [68]
4-NH_2-C_6F_4COOH	(182 bis 182.5) [70]; (178 bis 180) [69]	–
2-NH_2-$C_6F_4C(O)NH_2$ [62]	(140 bis 141)	–
4-NH_2-$C_6F_4C(O)NH_2$ [291, 292]	(176 bis 177)	pK_a = 3.65
2-NH_2-$C_6F_4C(O)C_6F_5$ [88]	(103.5 bis 104.5)	^{19}F-NMR[20)] (in CCl_4): δ(F) = 140.2 (d), 143.6 (m), 146.6 (d von tr), 153.6 (tr), 161.0 (m), 162.8 (m), 175.8 (d von tr); Intensitäten = 1:2:1:1:2:1:1
4-CN-$C_6F_4NH_2$ [72]	(96 bis 97)	–
2-CN-$C_6F_4NH_2$ [62]	115/14 (89 bis 90)	IR (KBr): $\nu(NH_2)$ = 3410, 3300; ν(C≡N) = 2260, ν(Ring) = 1510
4-CF_3-$C_6F_4NH_2$ [74]	186	–
4-CF_3CF_2-$C_6F_4NH_2$ [76]	58 bis 60/12 78 bis 80/15	–
3,4-$(CF_3)_2$-$C_6F_3NH_2$ [77]	208 bis 209	IR: $\nu(NH_2)$ = 3500, 3400; ν(Ring) = 1600, 1520, 1490
2,5-$(CF_3)_2$-$C_6F_3NH_2$ [77]	44 bis 47/0.1	IR: $\nu(NH_2)$ = 3500, 3400; ν(Ring) = 1600, 1520, 1490
2,4,6-$(CF_3)_3$-$C_6F_2NH_2$ [78]	176 bis 177/750	^{1}H-NMR[25)]: δ(H) = −5.6 IR: $\nu(NH_2)$ = 3580, 3487, ν(Ring) = 1650, 1600, 1505, 1493; UV (in C_2H_5OH): λ_{max} = 208 nm (ε = 23442), 251 nm (ε = 20892), 296 nm (ε = 2570)

Literatur s. S. 76

Physical Properties

Tabelle 1 [Fortsetzung]

Verbindung	Sdp./Torr (Schmp.) in °C	^{19}F- und ^{1}H-NMR (δ in ppm) IR- und UV-Spektrum Massenspektrum, n_D, D
2,4,6-$(CF_3)_3$-1,3-$(NH_2)_2$-C_6F [78]	(44.5 bis 45.5)	^{19}F-NMR[50] (in CCl_4): $\delta(CF_3) = -113$, $\delta(CF) = -61$ IR: $\nu(NH_2) = 3590$, 3493; ν(Ring) = 1655, 1630, 1590, 1480; UV (in C_2H_5OH): $\lambda_{max} = 231$ nm ($\varepsilon = 60255$), 255 nm ($\varepsilon = 8710$), 302 nm ($\varepsilon = 2884$)
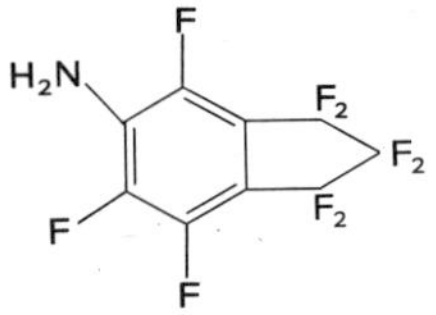 [79]	96 bis 97/13	^{19}F-NMR[26]: $\delta(F^1, F^3) = -58.5$, -60.9, $\delta(F^2) = -35.8$, $\delta(F^4) = -24.8$, $\delta(F^6) = -18.4$, $\delta(F^7) = -21.4$, $\delta(F^1, F^3)$[26),27)] $= -53.4$, -56.2, $\delta(F^2) = -33.2$, $\delta(F^4) = -41.5$, $\delta(F^6) = -36.2$, $\delta(F^7) = -27.5$; J^o_{F-F}, J^m_{F-F}, $J^p_{F-F} = 16.7$ bis 19.3 Hz UV (in Heptan): $\lambda_{max} = 218$ nm ($\varepsilon = 4073$), 245 nm ($\varepsilon = 13804$), 275 nm ($\varepsilon = 2042$) $n_D^{23} = 1.4350$
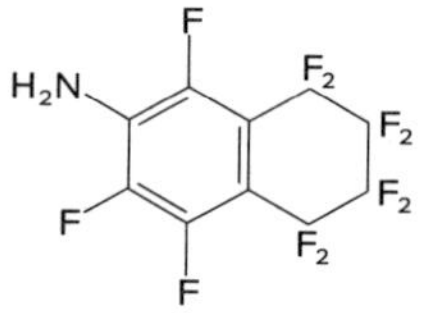 [79]	114 bis 115/13	^{19}F-NMR[26]: $\delta(F^1, F^4) = -58.3$, -60.5, $\delta(F^2, F^3) = -29.1$, $\delta(F^5) = -27.2$, $\delta(F^7) = -15.4$, $\delta(F^8) = -22.8$, $J(CF_2\text{-}F^5) \approx J(CF_2\text{-}F^8) = 21$ bis 23 Hz, J(p-F) = −16.0; $\delta(F^1, F^4)$[26),27)] $= -56.7$, -57.7, $\delta(F^2, F^3) = -28.6$, $\delta(F^5) = -44.2$, $\delta(F^7) = -35.1$, $\delta(F^8) = -30.3$ UV (in Heptan): $\lambda_{max} = 211$ nm ($\varepsilon = 15218$), 248 nm ($\varepsilon = 13183$), 286 nm ($\varepsilon = 2692$) $n_D^{23} = 1.4313$
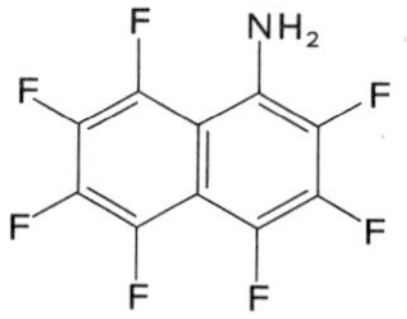 [80]	(95.5 bis 101.5)	IR (in CCl_4): $\nu(NH) = 3540$, 3440; ν(Ring) = 1660, 1500
2,4-$(C_6F_5)_2$-$C_6F_3NH_2$ [81]	(85.5 bis 86)	–
4-NH_2-C_6F_4-C_6F_5 [81]	(144.5 bis 146)	–
2-NH_2-$C_6F_4N{=}NC_6F_5$ [52]	(100 bis 110)	–
4-NH_2-$C_6F_4N{=}NC_6F_5$ [52]	(139.5)	^{19}F-NMR[24] (in C_2H_5OH): $\delta(F^2, F^6) = 73.0$, $\delta(F^3, F^5) = 88.6$, $\delta(F^{2'}, F^{6'}) = 74.9$, $\delta(F^{3'}, F^{5'}) = 87.9$, $\delta(F^{4'}) = 78.9$, $J(F^{2'}\text{-}F^{3'}) \approx 21$ Hz, $J(F^{2'}\text{-}F^{5'}) \approx 7.5$ Hz, $J(F^{2'}\text{-}F^{4'}) \approx 2$ Hz, $J(F^{3'}\text{-}F^{4'}) \approx 20.8$ Hz, $J(F^{2'}\text{-}F^{6'}) \approx 4$ Hz, $J(F^{3'}\text{-}F^{5'}) \approx 1$ Hz, $J(F^{4'}\text{-}F^{5'}) \approx 20.8$ Hz, $J(F^{4'}\text{-}F^{6'}) \approx 2$ Hz, $J(F^{3'}\text{-}F^{6'}) \approx 7.5$ Hz, $J(F^{5'}\text{-}F^{6'}) \approx 21$ Hz, $J(F^2\text{-}F^3) = J(F^5\text{-}F^6) =$

Literatur s. S. 76

Physical Properties

Tabelle 1 [Fortsetzung]

Verbindung	Sdp./Torr (Schmp.) in °C	^{19}F- und ^{1}H-NMR (δ in ppm) IR- und UV-Spektrum Massenspektrum, n_D, D
		21.5 Hz, $J(F^2-F^5) \approx 8$ Hz, $J(F^2-F^6) \approx 12$ Hz, $J(F^3-F^5) < 2$ Hz, $J(F^3-F^6) \approx 8$ Hz IR: ν(NH) = 3521, 3401; UV (in Hexan): λ_{max} = 214 nm (ε = 8913), 352 nm (ε = 23442), 438 nm (ε = 2344), 230 nm (infl., ε = 7586)
$2-NH_2-C_6F_4N(O)NC_6F_5$ [53]	(69.5)	UV (in C_2H_5OH): λ_{max} = 223 nm (ε = 19055), 279 nm (ε = 6166), 368 nm (ε = 3311), 238 nm (infl., ε = 8913)
$4-NH_2-C_6F_4N(O)NC_6F_5$ [53]	(93)	UV (in C_2H_5OH): λ_{max} = 228 (ε = 26303), 283 nm (ε = 7762), 353 nm (ε = 8913), 278 nm (infl., ε = 7244), 310 nm (ε = 7943)
$1,2-(NH_2)_2-C_6F_4$	(131 bis 131.5) [58], (131.5 bis 132.5) [62]	^{19}F-NMR: $J(F^3-F^5) = J(F^4-F^6) = -6.6$ Hz [254]
$1,3-(NH_2)_2-C_6F_4$	(129.5 bis 131) [45], (126 bis 127) [43], (132 bis 132.5) [46]	IR: ν(NH_2) = 3460, 3350; δ(NH_2) = 1675, 1641; ν(Ring) = 1615, 1520 [24] MS: Fragmentierungsmuster und Zerfallsschemata [215]
$1,4-(NH_2)_2-C_6F_4$	(143.5 bis 145) [86], (143.5 bis 144) [58], (143.5 bis 144.5) [70]	MS: Fragmentierungsmuster und Zerfallsschemata [215]
$1,3-(NH_2)_2-2-NO_2-C_6F_3$ [58]	(162 bis 163.5)	–
$1,3-(NH_2)_2-6-NO_2-C_6F_3$ [58]	(146.5 bis 148)	–
$1,3-(NH_2)_2-2,4,6-(CF_3)_3-C_6F$ [78]	(44.5 bis 45.5)	^{19}F-NMR[50)]: δ(CF) = −61, δ(CF_3) = −113 IR: ν(NH_2) = 3590, 3493; ν(Ring) = 1655, 1630, 1590, 1480; UV (in C_2H_5OH): λ_{max} = 231 nm (ε = 57544), 255 nm (ε = 8710), 302 nm (ε = 2884)
$2,2'-(NH_2)_2-C_6F_4-C_6F_4$ [62]	(108 bis 110)	IR (in CCl_4): ν(NH_2) = 3540, 3380, ν(Ring) = 1490
$4,4'-(NH_2)_2-C_6F_4-C_6F_4$ [81]	(181 bis 181.5)	–

Literatur s. S. 76

Physical Properties

Tabelle 1 [Fortsetzung]

Verbindung	Sdp./Torr (Schmp.) in °C	^{19}F- und ^{1}H-NMR (δ in ppm) IR- und UV-Spektrum Massenspektrum, n_D, D
4,4'-$(NH_2)_2C_6F_4$-O-C_6F_4 [87]	(132 bis 133)	^{19}F-NMR [28]: δ(F) = 44.6 (d) und 50.0 (d) UV (in C_2H_5OH): λ_{max} = 238 nm (ε = 29512), 280 nm (ε = 3311)
3,3'-$(NH_2)_2$-4,4'-$(NO_2)_2$-C_6F_3O-C_6F_3 [87]	(179 bis 181)	^{19}F-NMR [28]: δ = 32.5 (d), 38.0 (s) und 60.0 (d); UV (in C_2H_5OH): λ_{max} = 280 nm (ε = 12882), 386 nm (ε = 7586)
3,3',4,4'-$(NH_2)_4$-C_6F_3-O-C_6F_3 [87]	(184 bis 185)	UV (in C_2H_5OH): λ_{max} = 236 nm (ε = 23442), 284 nm (ε = 4365)
[89] 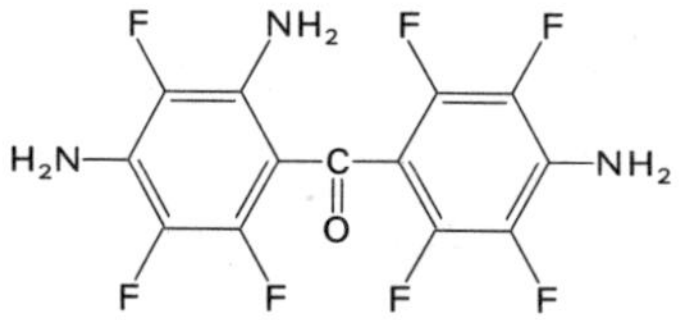	(181 bis 182)	^{19}F-NMR [20] (in Tetrahydrofuran): δ($F^{3'}$, $F^{5'}$) = 163.7 (d); δ($F^{2'}$, $F^{6'}$) = 147.5 (d), δ(F^3) = 165.7 (d), δ(F^5) = 174.7 (d), δ(F^6) = 143.7 (d von d) IR (in $CHCl_3$): δ(NH_2) = 3508 (s), 3413 (s), 3355 (m); ν(C=O) = 1675 (s); ν(Ring) = 1510 (s); UV: abgebildet in [48]
1,2,4-$(NH_2)_3$-C_6F_3 [58]	(164) [7]	^{19}F-NMR [24] (5 molare Lösung in Aceton): δ = 82.4, 87.3, 95.0
1,3,5-$(NH_2)_3$-6-NO_2-C_6F_2 [58]	190/0.05 [8] (230.5 bis 231)	^{19}F-NMR [24] (in Aceton): δ(F) = 94.7
2-NH_2-5-Br-C_6F_3-NHC_6F_5 [109]	(75 bis 76)	^{1}H-NMR [40] [in $CD_3C(O)CD_3$]: δ(NH) = −6.32, δ(NH_2) = −5.83; ^{19}F-NMR [20] [in $CD_3C(O)$-CD_3]: δ(F) = 121.8 (d) 133.3 (d), 159.1 (d von tr), 160.8 (qu), 165.0 (m), 168.2 (tr von tr) [42]
2-NH_2-3-Br-C_6F_3-NHC_6F_5 [109]	(97 bis 98)	^{1}H-NMR [40] [in $CD_3C(O)CD_3$]: δ(NH) = −4.9, δ(NH_2) = −4.5; ^{19}F-NMR [20] [in $CD_3C(O)CD_3$]: δ(CF) = 126.9 (d von d), 144.7 (d von d), 158.1 (m), 162.9 (d von tr), 166.4 (tr), 170.9 (tr) [43]
$(CF_3)_2NH$	−6.2 [90], −6.7 [29] [91], −5 bis −7 [95], −6 bis −8 [96], −6 [92, 100]	IR: ν(NH) = 3460 [50], 1508, 1351, 1266, 1205, 1145, 952, 881, 741, 680 [230]
$CF_3(CF_2Cl)NH$	42 [100], 30 [231]	D_4^{20} = 1.5570 [100], D_4^5 = 1.556 [231]

Literatur s. S. 76

Physical Properties

Tabelle 1 [Fortsetzung]

Verbindung		Sdp./Torr (Schmp.) in °C	^{19}F- und ^{1}H-NMR (δ in ppm) IR- und UV-Spektrum Massenspektrum, n_D, D
$CF_3(CF_2Br)NH$	[100]	87	$D_4^{20}=2.2280$
$CF_3(CFClBr)NH$	[100]	33 bis 35/100	$D_4^{20}=2.0951$
$C_2F_5(CF_3)NH$	[100]	16.5	–
$CF_3(CF_2OX)NH$			
$X=NO_2$	[100]	48/110	$D_4^{20}=1.5450$
$X=SO_3H$	[100]	54/60	$n_D^{20}=1.2901$, $D_4^{20}=1.5931$
$(CF_3CF_2)_2NH$	[101]	33.0 [30), 31)]	^{1}H-NMR [40)]: $\delta(H)=-4.52$ (br); ^{19}F-NMR [20)]: $\delta(CF_3)=87.4$ (qui), $\delta(CF_2)=95.1$ (sept von d), $J(H-CF_2)=9.2$ Hz, $J(CF_3-CF_2)=1.4$ Hz IR: 3450 (m), 1532 (ms), 1339 (ms), 1248 (vs), 1235 (vs), 1157 (s), 1130 (sh), 1078 (s), 867 (w), 820 (w), 735 (m), 698 (s), 527 (w), 485 (vw)
$CF_3^aCF_2[(CF_3^b)_2CF]NH$	[101]	51.7 [32)]	^{1}H-NMR [40)]: $\delta(H)=-3.95$ (br); ^{19}F-NMR [20)]: $\delta(CF_3^a)=87.2$ (s), $\delta(CF_3^b)=78.8$ (d von tr), $\delta(CF_2)=93.8$ (sept von d von d), $\delta(CF)=$ 144 (br), $J(H-CF_2)=10.6$ Hz, $J(CF_2-CF)=$ 15.0 Hz, $J(CF-CF_3^b)=4.0$ Hz, $J(CF_2-CF_3^b)=$ 7.5 Hz IR: 3430 (m), 1559 (m), 1383 (w), 1278 (vvs), 1254 (vvs), 1224 (vs), 1194 (vs), 1174 (s), 1144 (ms), 1072 (s), 1016 (w), 990 (m), 834 (w), 695 (m), 535 (w, br)
$(CF_3^a)_2CF(CF_3^b)NH$	[102]	36 [33)]	^{1}H-NMR [40)]: $\delta(H)=-4.53$ (br); ^{19}F-NMR [20)]: $\delta(CF_3^b)=53.4$ (komplex), $\delta(CF_3^a)=77.8$ (d von qu), $\delta(CF)=139.4$ (komplex), $J(CF_3^a-CF_3^b)=$ 4.6 Hz, $J(CF_3^a-CF)=4.0$ Hz IR: 3450 (s), 1529 (s, br), 1354 (s), 1287 (vs), 1262 (vs), 1236 (vs), 1205 (vs), 1175 (s), 990 (s), 892 (s), 800 (m), 749 (m), 702 (s), 670 (s), 550 (w) MS: m/e=234, M^+-F (1), 233, M^+-HF (1); 214, $(CF_3)_2CNCF_2^+$ (18); 184, $(CF_3)_2CFNH^+$ (2); 164, $(CF_3)_2CN^+$ (36); 145, $C_3F_5N^+$ (2); 114, $C_2F_4N^+$ (13); 76, CF_2CN (6); 69, CF_3^+ (100); 50, CF_2^+ (9)
$CF_3NHCF_2CF_2NHCF_3$		70 bis 72 [104, 105]	^{19}F-NMR [24)]: $\delta(CF_3)=-22.1$ (m), $\delta(CF_2)=$ 19.3 (m) [105] $n_D^{20}=1.2778$ [104, 105]

Literatur s. S. 76

Physical Properties

Tabelle 1 [Fortsetzung]

Verbindung	Sdp./Torr (Schmp.) in °C	^{19}F- und ^{1}H-NMR (δ in ppm) IR- und UV-Spektrum Massenspektrum, n_D, D
$(C_6F_5)_2NH$	(81 bis 82) [45], (85.5 bis 86) [107], 85 bis 87 [108], (81.5 bis 82.2) [110]	UV (in Cyclohexan): $\lambda_{max}=251$ nm ($\varepsilon=$ 12200), 210 nm ($\varepsilon=8200$) [108] MS: Fragmentierungsmuster und Termschemata s. [215]
$C_6F_5(4\text{-}Br\text{-}C_6F_4)NH$ [107]	(105.5 bis 107.5)	–
$(4\text{-}CN\text{-}C_6F_4)_2NH$ [110]	(170.2 bis 170.6)	–
$(4\text{-}CN\text{-}C_6F_4)(4'\text{-}CF_3\text{-}C_6F_4)NH$ [110]	(110.0 bis 110.6)	–
$(4\text{-}CN\text{-}C_6F_4)(4'\text{-}NO_2\text{-}C_6F_4)NH$ [110]	(157.5 bis 158.7)	–
$(4\text{-}CN\text{-}C_6F_4)(4'\text{-}NO_2\text{-}C_6Cl_4)NH$ [110]	(203.7 bis 205.7)	–
$(3,4\text{-}(CN)_2\text{-}C_6F_3)(4'\text{-}NO_2\text{-}C_6F_4)NH$ [110]	(183.1 bis 184.6)	–
$(4\text{-}CF_3\text{-}C_6F_4)(4'\text{-}NO_2\text{-}C_6F_4)NH$ [110]	(80.2 bis 82.5)	–
$(4\text{-}CF_3\text{-}C_6F_4)(C_6F_5)NH$ [110]	(44.5 bis 46.0)	–
$(4\text{-}NO_2\text{-}C_6F_4)_2NH$ [110]	(159.5 bis 162.6)	–
$(4\text{-}CF_3\text{-}C_6F_4)_2NH$ [110]	(64.1 bis 65.2)	–
$(4\text{-}NO_2\text{-}C_6F_4)(C_6F_5)NH$ [110]	(102.2 bis 102.8)	–
$(4\text{-}CN\text{-}C_6F_4)(C_6F_5)NH$ [110]	(145.6 bis 147.6)	–
$(4\text{-}CN\text{-}C_6F_4)(4'\text{-}CN\text{-}C_6Cl_4)NH$ [110]	(204 bis 205)	–
$(4\text{-}CN\text{-}C_6F_4)(2',4',6'\text{-}Cl_3\text{-}C_6F_2)NH$ [110]	(156.4 bis 157.4)	–
$(4\text{-}Cl\text{-}C_6F_4)(4'\text{-}CN\text{-}C_6F_4)NH$ [110]	(154 bis 156.0)	–

Literatur s. S. 76

Tabelle 1 [Fortsetzung]

Physical Properties

Verbindung	Sdp./Torr (Schmp.) in °C	^{19}F- und ^{1}H-NMR (δ in ppm) IR- und UV-Spektrum Massenspektrum, n_D, D
$(4\text{-}CN\text{-}C_6F_4)(4'\text{-}NO_2\text{-}C_6F_4)NH$ [110]	(185.5 bis 188.5)	–
$(4\text{-}HOC(O)\text{-}C_6F_4)\text{-}(C_6F_5)NH$ [110]	(190.5 bis 192.8)	–
$(4\text{-}CN\text{-}C_6F_4)(4'\text{-}C_5Cl_4N)NH$ [112]	(161.2 bis 162.7)	–
$3\text{-}Br\text{-}6\text{-}NO_2\text{-}C_6F_3\text{-}NHC_6F_5$ [109]	(97 bis 98)	^{1}H-NMR[40)] [in $CD_3C(O)CD_3$]: $\delta(H)=-7.95$; ^{19}F-NMR[20)] [in $CD_3C(O)CD_3$]: $\delta(F)=119.3$ (d von d), 134.1 (d von d), 148.1 (qu), 152.9 (m), 164.3 (m)[41)]
$5\text{-}Br\text{-}6\text{-}NO_2\text{-}C_6F_3\text{-}NHC_6F_5$ [109]	(75.5 bis 76.5)	^{1}H-NMR[40)] (in CCl_4): $\delta(H)=-6.2$; ^{19}F-NMR[20)] (in CCl_4): $\delta(F)=127.2$ (d von d), 142.8 (d von d), 149.5 (qu), 153.8 (d), 161.9 (m)[41)]
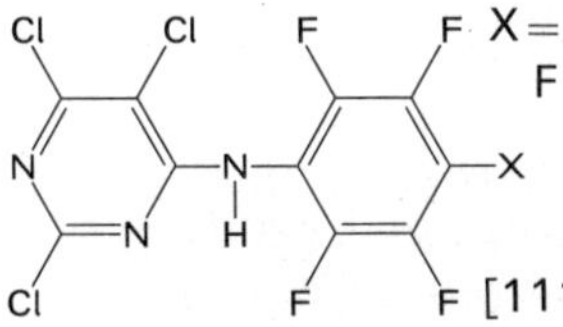 X=CN, [111]	(133 bis 135)	–
X=F	(136 bis 136.4)	–
$X=NO_2$	(157.6 bis 161.1)	–
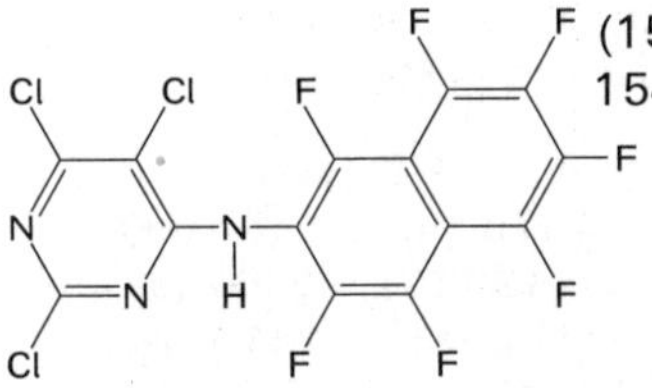 [111]	(152.2 bis 154.7)	–
CF_3NHOH[46)] [113]	5 bis 7/5	–
$(CF_3)_3CNHOH$	94 bis 95 [115]	$pK_a=5.8$ bis 6.0 (bestimmt durch Leitfähigkeitsmessungen in wäßriger Lösung bei 25 °C) [115, 232]
$(CF_3)_2CFNHF$ [243]	–	^{1}H-NMR[40)]: $\delta(H)=-8.03$ (br, d), $J(NF\text{-}H)\approx 53$ Hz; ^{19}F-NMR[20)]: $\delta(CF_3)=76.10$ (d von d), $J(CF_3\text{-}CF)=3.2$ Hz, $J(CF_3\text{-}NF)=11.8$ Hz, $\delta(CF)=151.2$, $\delta(NF)=134.9$ (br, d)
$CF_3N(H)OSiCl_3$ [116]	76	^{1}H-NMR[40)]: $\delta(H)=-1.5$ (qu); ^{19}F-NMR[20)]: $\delta(F)=70.2$; IR: $\nu(NH)=3200$; $\nu(SiCl_3)=810$

Physical Properties

Tabelle 1 [Fortsetzung]

Verbindung	Sdp./Torr (Schmp.) in °C	^{19}F- und ^{1}H-NMR (δ in ppm) IR- und UV-Spektrum Massenspektrum, n_D, D
$CF_3N(H)OSiF_3$ [116]	−12 bis −14/734	^{1}H-NMR[40]: δ(NH) = −1.4 (qu); ^{19}F-NMR[20]: $\delta(CF_3)$ = 69.5 (br), $\delta(SiF_3)$ = 75[45]; IR: ν(NH) = 3200
$CF_3(SO_2F)NH$ [197]	100 bis 101	^{1}H-NMR[2]: δ(H) = −7.45; ^{19}F-NMR[3]: $\delta(CF_3)$ = 58.0 (d von d), δ(SF) = −55.4 (d von qu), J(CF_3-SF) = 6 Hz, J(CF_3-H) = 3 Hz, J(SF-H) = 4 Hz IR: 3130 (s), 1460 (vs), 1410 (vs), 1265 (vs), 1205 (vs), 1170 (vs), 990 (m); 860 (m), 810 (vs), 712 (w), 606 (vs), 537 (m), 425 (m)
$C_2F_5(SO_2F)NH$ [39]	24/12	^{1}H-NMR[2]: δ(H) = −7.3; ^{19}F-NMR[3]: $\delta(CF_3)$ = 83.2 (d von tr), $\delta(CF_2)$ = 100.0 (d von d), δ(SF) = −59.6 (tr); IR: ≈3280 (s), 1485 (vs), 1446 (vs), 1335 (m), 1220 (vs), 1150 (s), 1080 (vs), 913 (w), 813 (vs), 745 (w), 610 (s), 583 (s), 536 (w)
$CF_3(SF_5)NH$ [198]	28.5 bis 31	IR: ν(NH) = 3472; δ(NH) = 1471; ν(CF) = 1567; ν(SF) = 915, 875
$(CF_3)_2CClN(H)BCl_2$ [116]	105	IR: 3408 (mw), 1900 (w), 1825 (vw), 1503 (sh), 1495 (ms), 1373 (w), 1320 (vw), 1308 (sh), 1290 (s), 1254 (m), 1229 (ms), 1208 (sh), 1192 (sh), 1161 (m), 1114 (m), 1035 (vw), 992 (s), 952 (vs), 863 (vw), 832 (w), 796 (vw), 780 (vw), 748 (vw), 712 (mw), 660 (w), 619 (vw), 582 (vw), 540 (w), 482 (w), 472 (vw), 462 (mw)
$(CF_3)_2CBrN(H)BBr_2$ [117]	38 bis 40/0.1	IR: 3452 (sh), 3428 (mw), 1870 (vw), 1800 (vw), 1482 (sh), 1475 (ms), 1360 (w), 1340 (mw), 1310 (mw), 1292 (s), 1260 (sh), 1248 (m), 1212 (ms), 1152 (sh), 1141 (mw), 1095 (sh), 1089 (mw), 994 (vw), 952 (m), 909 (mw), 848 (vw), 832 (w), 808 (mw), 769 (vw), 740 (w), 708 (m), 630 (mw), 580 (w), 518 (mw)
$C_6F_5N(H)BBr_2$ [118]	40 bis 50 (23)	–
$C_6F_5N(H)BCl_2$[44] [119]	–	^{1}H-NMR[2]: δ(H) = −5.91; IR: ν(NH) = 3390
$[C_6F_5NH]_2BCl$ [119]	–	^{1}H-NMR[2] (in CH_3CN): δ(H) = −5.69; ^{19}F-NMR[26] (in C_6H_6): δ(F) = 27.7, 11.9

Literatur s. S. 76

Physical Properties

Tabelle 1 [Fortsetzung]

Verbindung	Sdp./Torr (Schmp.) in °C	^{19}F- und ^{1}H-NMR (δ in ppm) IR- und UV-Spektrum Massenspektrum, n_D, D
$[C_6F_5NH]_3B$ [119]	–	^{1}H-NMR [2] (in CH_3CN): $\delta(H) = -5.37$; ^{19}F-NMR [26] (in C_6H_6): $\delta(F) = 27.7$, 15.95
$CF_3C(O)NH_2$	162.5 (74.8) [121], (75) [122]	^{1}H-NMR- und ^{19}F-NMR-Daten s. S. 27 IR: $\nu(C{=}O) = 1750$, $\delta(NH) = 1625$ [43]
$ClCF_2C(O)NH_2$ [128]	93/18 (78.5)	–
$BrCF_2C(O)NH_2$	(84.5 bis 85.5) [125], (86.5 bis 87) [126]	–
$JCF_2C(O)NH_2$ [125]	(99 bis 99.5)	–
$Cl_2CFC(O)NH_2$ [123]	(126.5), 215	–
$ClCFBrC(O)NH_2$ [127]	100 [6] (131.5)	–
$Br_2CFC(O)NH_2$	(136) [129], (148) [126]	–
$CF_3C(O)NHBr$ [83]	(63), 60/5 [6]	pH-abhängige Redoxpotentiale [38]
$O_2NCF_2C(O)NH_2$ [140]	92/3	–
$(NO_2)_2CF(O)NH_2$ [171]	(32)	IR: 3448, 1739
$(CF_3)_2NCF_2C(O)NH_2$ [142]	(87 bis 88)	–
$C_2F_5C(O)NH_2$	60 [6] (96) [130], (95 bis 96) [173], (95) [131, 176]	IR (Nujol) [36]: 3400, 1600, 1340 [131]
$ClCF_2CFClC(O)NH_2$ [37]	(90.6 bis 91) [132], (75 bis 76) [155]	IR (in CS_2): 3418 (mw), 3327 (w), $\nu(C{=}O) = 1636$ (s); 1594 (m), 1380 (m), $\nu(CF) = 1176$ (s), 1160 (s), 1117 (s); 1040 (s), 838 (s) [155]
$ClCF_2CCl_2C(O)NH_2$ [156 bis 159]	135 bis 148/29 (57 bis 58.5)	–

Literatur s. S. 76

Physical Properties

Tabelle 1 [Fortsetzung]

Verbindung	Sdp./Torr (Schmp.) in °C	^{19}F- und ^{1}H-NMR (δ in ppm) IR- und UV-Spektrum Massenspektrum, n_D, D
$BrCF_2CFBrC(O)NH_2$ [132]	(60.6 bis 61.0)	–
$C_2F_5C(O)NHBr$ [173]	(69)	–
$CF_3CF(NO_2)C(O)NH_2$ [141]	154/11	–
$CF_2{=}CFC(O)NH_2$ [132]	(121.4 bis 121.9)	–
$O_2NCF_2CF{=}CFC(O)NH_2$ [161]	(80)	–
$C_3F_7C(O)NH_2$	(103.3 bis 105.1) [33], 80 [6)] (102 bis 103) [135], (105) [163]	–
$ClCF_2CFClCF_2C(O)NH_2$	(73) [137], (57) [138]	–
$CCl_3CF_2CF_2C(O)NH_2$ [160]	(126.5 bis 127.0)	–
$BrCF^a_2CF^b_2CF^c_2C(O)NH_2$	(98 bis 100) [170], (103 bis 105) [18]	^{19}F-NMR [24)]: $\delta(F^a) = -15.1$ (tr von tr), $\delta(F^b) = 42.1$ (tr), $\delta(F^c) = 42.2$ (tr) [170] IR: $\nu(C{=}O) = 1695$ [170], IR (Vaselinöl-verreibung): $\nu(NH) = 3390$ (s), 3180 (s); $\nu(C{=}O) = 1710$ (vs); $\delta(NH_2) = 1630$ (s) [18]
$JCF_2CF_2CF_2C(O)NH_2$ [270]	(122 bis 123)	–
$CF_3CF_2CF(CF_3)C(O)NH_2$ [134]	(106 bis 107)	–
$C_3F_7C(O)NHBr$	80 [173], 80 bis 85/10^{-2} siehe [6)] (78 bis 79) [174], 78 bis 79.2 [175]	–
$C_3F_7C(O)NHAg$	(240) [7)] [174]	–
$C_4F_9C(O)NHBr$ [175]	(87)	–

Literatur s. S. 76

Tabelle 1 [Fortsetzung]

Physical Properties

Verbindung	Sdp./Torr (Schmp.) in °C	^{19}F- und ^{1}H-NMR (δ in ppm) IR- und UV-Spektrum Massenspektrum, n_D, D
$CCl_3(CF_2)_3C(O)NH_2$ [160]	(138.3 bis 138.4)	–
$(CF_3)_3CC(O)NH_2$ [162]	(138)	IR: ν(C=O) = 1730 (s); 1605 (m), 1270 (s), 1115 (m), 985 (s), 740 (s)
$(CF_3)_2CClC(O)NH_2$	(80) [177], (89 bis 90) [233]	^{1}H-NMR[40] (10% in CCl_4): δ(H) = −7.40 (d), J(F-H) = 58.7 Hz; ^{19}F-NMR[24] (10% in CCl_4): δ(F) = −6.7 [177] IR: ν(C=O) = 1745 (s), 1605 (w) [233]
$C_5F_{11}C(O)NH_2$ [163]	110[6] (117)	–
$C_7F_{15}C(O)NH_2$	138 [163], 142 bis 145 [164]	–
$C_9F_{19}C(O)NH_2$ [163]	(150)	–
$(CF_3)_2CFO(CF_2)_5C(O)$-NH_2 [139]	(65 bis 67)	–
$CF_2(CONH_2)_2$	(206.4 ± 0.2) [144], 207 [145]	–
$(CF_2)_2(CONH_2)_2$	(259.8 bis 260.3) [146], (250) [182], (255 bis 260) [147]	–
$H_2NC(O)(CF_2)_nCOOH$		
n = 2	(113) [167], (148 bis 149) [172]	IR: ν(NH_2 und OH) = 3380, 3300, 3180 und 2860; ν($C(O)NH_2$) = 1775, 1750 [149]
n = 3	(125) [144], (80) [167]	–
$H_2NC(O)(CF_2)_2$-$C(O)ONH_4$	(143) [167]	–
$H_2NC(O)(CF_2)_3C(O)$-ONH_4	(131) [167]	–
$H_2NC(O)CF_2OCF_2$-$C(O)NH_2$	(148 bis 150) [152]	^{19}F-NMR[49] (in Aceton): δ(CF_2) = 78.1; IR (Nujolverreibung): ν(C=O) = 1724 [152]
$H_2NC(O)CF_2SCF_2$-$C(O)NH_2$	(163.5 bis 164) [152]	^{19}F-NMR[49]: δ(CF_2) = 71.8; IR (CCl_4): ν(C=O) = 1681 [152]

Physical Properties

Tabelle 1 [Fortsetzung]

Verbindung	Sdp./Torr (Schmp.) in °C	^{19}F- und ^{1}H-NMR (δ in ppm) IR- und UV-Spektrum Massenspektrum, n_D, D
$(CF_2)_3[C(O)NH_2]_2$	(209.7 bis 210.2) [146], (208 bis 209) [151]	–
$(CF_2)_4[C(O)NH_2]_2$	(237) [148, 150], (180 bis 181) [151], (233) [153]	–
$H_2NC(O)CF_2CF_2CF$-$(CF_3)CF_2C(O)NH_2$ [154]	(168 bis 169)	–
$[H_2NC(O)(CF_2)_3]_2NO$-$(CF_2)_3C(O)NH_2$ [143]	(157 bis 160)	^{1}H-NMR[40]: $\delta(H) = -6.60$; ^{19}F-NMR[47]: $\delta(OCF_2) = 8.7$, $\delta[(CF_2)_2N] = 14.9$, 17.3, $\delta[CF_2C(O)] = 40.0$, $\delta[(CCF_2C)_2] = 42.1$, $\delta(CCF_2C) = 45.8$
$H_2NC(O)CF(CF_3)OCF_2$-$C(O)NH_2$ [27]	(147 bis 148)	–
$H_2NC(O)CF(CF_3)O$-$(CF_2)_3C(O)NH_2$ [27]	(145 bis 147)	–
$H_2NC(O)CF(CF_3)O$-$(CF_2)_5OCF_2C(O)NH_2$ [27]	(116 bis 120)	–
$C_6F_{11}C(O)NH_2$	(112) [163], (105 bis 106) [165]	^{1}H-NMR[40]: $\delta(NH_2) = -7.48$ (br); ^{19}F-NMR[20]: $\delta(CF) = 102.9$, $\delta(CF_2) = 68.2$ und 40.2 (tr von qui, AB-Muster) [165]; IR: $\nu(NH_2) = 3390$, 3180; $\nu(C{=}O) = 1700$
$C_6F_{11}CF_2C(O)NH_2$ [163]	(119)	–
$C_6F_5C(O)NH_2$ [166]	(150)	–
1,4-$[NH_2C(O)]_2$-C_6F_4 [70]	(315)	–
2-Br-$C_6F_4C(O)NH_2$ [62]	(118 bis 119)	–
2-NO_2-$C_6F_4C(O)NH_2$ [62]	(124 bis 125)	–
2,2'-$(NH_2CO)_2$-C_6F_4-C_6F_4 [62]	(240 bis 241)	–

Literatur s. S. 76

Physical Properties

Tabelle 1 [Fortsetzung]

Verbindung	Sdp./Torr (Schmp.) in °C	^{19}F- und ^{1}H-NMR (δ in ppm) IR- und UV-Spektrum Massenspektrum, n_D, D
$C_3F_7NHCOOH$ [93]	–	IR: ν(NH)=3185; ν(C=O)=1779; δ(NH)=1541
$CF_3NHC(O)F$ [183]	25/20	^{1}H-NMR[40]: δ(H)=−7.6 (br), −20 °C: −7.2; ^{19}F-NMR[20]: $\delta(CF_3)$=59.8 (br), δ(CF)=6.3 (br); −20 °C: $\delta(CF_3)$=61.9 (d), δ(CF)=5.33 (qu), J(CF_3-CF)=12 Hz IR: 3498 (m), 1885 (s), 1500 (s), 1353 (m), 1285 (m), 1250 (s), 1215 (s), 1165 (s), 1033 (w), 1003 (m), 920 (w), 760 (w), 745 (w), 655 (w)
$CF_3NHC(O)NHCF_3$ [184]	100/0.1[6]	^{19}F-NMR[20] (in Aceton): δ(F)=56.2 (d), J(F-H)=3.3 Hz; IR: ν(NH)=3322; ν(C=O)=1698; δ(NH)=1585
$CF_3NHC(O)C(O)NHCF_3$ [184]	110/0.1[6]	^{19}F-NMR[20] (in Aceton): δ(F)=57.7 (d), J(F-H)=3.3 Hz; IR: ν(NH)=2809; ν(C=O)=1724; δ(NH)=1564
$CF_3N(OH)C(O)C(O)$-$NHCF_3$ [289]	(40)	IR: ν(NOH und NH)=3320, 3050; ν(C=O)=1760; ν[C(O)NH]=1545
$CF_3NHC(O)C(OH)_2CF_3$ [184]	–	^{19}F-NMR[20] (in Aceton): $\delta(CF_3N)$=57.8 (d); $\delta(CF_3C)$=83.3, J(CF_3-H)=3.2 Hz; IR: ν(NH oder OH)=3356 oder 2604; ν(C=O)=1733; δ(NH)=1550
$C_6F_5NHC(O)C_6F_5$ [186]	(179)	–
$C_6F_5NHC(O)CF_3$	(89 bis 90) [44], (90), 60/0.1[6] [55]	–
(4-NO_2-C_6F_4)NH-C(O)CF_3 [58]	(107.5 bis 108)	–
(4-CF_3-C_6F_4)NH-C(O)CF_3 [74]	(151)	–
(4-C_6F_5-C_6F_4)NH-C(O)CF_3 [58]	(189 bis 190)	–
6-NO_2-C_6F_4-NH-C(O)CF_3 [58]	(80 bis 80.5)	–
1,3-[$CF_3C(O)NH]_2$-C_6F_4 [43]	(170 bis 172)	–
$C_6F_5NHC(O)NHC_6F_5$ [188]	(270)	–

Literatur s. S. 76

Physical Properties

Tabelle 1 [Fortsetzung]

Verbindung	Sdp./Torr (Schmp.) in °C	^{19}F- und ^{1}H-NMR (δ in ppm) IR- und UV-Spektrum Massenspektrum, n_D, D
$C_6F_5NHC(O)NH_2$ [189]	(161 bis 162)	–
$C_6F_5NHC(S)NH_2$ [189]	(151 bis 152)	–
$C_6F_5C(O)NHC(O)NH_2$ [189]	(190 bis 191.5)	–
$CF_3C(O)NHC(O)F$ [183]	25/<1, (36)	^{1}H-NMR[34),40)]: δ(H) = −10.4 (br), −20 °C: δ(H) = −10.56; ^{19}F-NMR[20),34)]: $\delta(CF_3)$ = 76.8 (br), δ(CF) = −4.6 (br); −20 °C: $\delta(CF_3)$ = 76.4 (komplex), δ(CF) = −5.9 (komplex) IR: 3460 (w), 1905 (s), 1863 (m), 1800 (m), 1511 (s), 1282 (s), 1185 (s), 1120 (s), 881 (w)
$[FC(O)]_2NH$ [183]	25/2 (19)	^{1}H-NMR[34),40)]: δ(N) = −8.7; ^{19}F-NMR[20),34)]: δ(F) = −1.25 IR: 3480 (vw), 2260 (w), 1865 (m), 1528 (w), 1290 (m), 1205 (s), 1154 (w), 1030 (w), 980 (w)
$CF_3NHC(O)C(O)OH$ [190, 191]	(125)	–
$[CF_3C(O)]_2NH$	135 bis 136/744 [193], 141, (85) [194], (86.4 bis 87.0) [196]	^{19}F-NMR[20)] (in Äther): δ(F) = 76.0 [196]; IR (Nujol): 3300 (m), 3230 (ms), 3050 (m), 2640 (w), 1802 (s), 1748 (m), 1542 (ms), 1533 (sh), 1330 (m), 1235 (s), 1212 (s), 1185 (s), 1123 (ms), 1093 (sh), 957 (w), 810 (w), 782 (m), 747 (w), 718 (w), 660 (ms), 590 (w) MS: m/e = 209, M^+ (7.4); 140, $CF_3CONHCO^+$ (39.1); 112, CF_3CONH (15.7); 97, CF_3CO^+ (11.5); 70, – (13.0); 69, CF_3^+ (100); 51, – (11.9); 45, – (12.3); 44, – (47.9); 43, – (14.2); 20, – (14.2); 18, H_2O^+ (84.3) [196]
$[C_3F_7C(O)]_2NH$ [193]	(82 bis 83)	–
$[C_9F_{19}C(O)]_2NH$ [193]	(176 bis 179)	–
$[CCl_3(CF_2)_3C(O)]_2NH$ [192]	(172 bis 173)	–
$CF_3C(O)NHSO_2F$ [38]	38/0.01	^{1}H-NMR[2)]: δ(H) = −10.2; ^{19}F-NMR[3)]: $\delta(CF_3)$ = 77.0, $\delta(SO_2F)$ = −53.8 IR: ≈3330 (s), ≈2950 (m), 1840 (s), 1800 (vs), 1502 (s), 1445 (m), 1297 (vs), 1235 (vs), 1180 (vs), 1098 (vs), 907 (s), 872 (s), 813 (s), 763 (s)

Literatur s. S. 76

Tabelle 1 [Fortsetzung]

Physical Properties

Verbindung	Sdp./Torr (Schmp.) in °C	^{19}F- und ^{1}H-NMR (δ in ppm) IR- und UV-Spektrum Massenspektrum, n_D, D
$C_2F_5C(O)NHSO_2F$ [39]	28 bis 30/0.01	–
$(CF_3)_2C(OH)C(O)NH$-SO_2F [199]	(96)	^{1}H-NMR[2]: $\delta(H) = -9.1$; ^{19}F-NMR[3]: $\delta(CF_3) = 76.0$, $\delta(SF) = -61.8$ IR (KBr): 3570 (s), 3520 (s), 3080 (m, br), 1850 (w), 1780 (w), 1761 (s), 1650 (m, br), 1470 (vs), 1404 (m), 1285 (s), 1257 (vs), 1227 (vs), 1160 (vs), 1110 (w), 999 (s), 978 (s), 904 (m), 829 (m), 809 (m), 779 (w), 747 (m), 650 (w, br), 573 (s), 528 (s)
$CF_3C(O)NHP(O)Cl_2$ [200]	(83 bis 84.5)	IR: 3077 (s), 1767 (s), 1477 (s)
$C_3F_7C(O)NHP(O)Cl_2$ [200]	(89 bis 90)	IR: 3077 (s), 1754 (s), 1471 (s)
$F_2C{=}NH$ [201]	−22/80	–
$(CF_3)_2C{=}NH$[53]	16 bis 16.5, (−47) [3]; 15.5 bis 17 [84]	^{1}H-NMR[40]: $\delta(NH) = -11.8$; ^{19}F-NMR[4]: $\delta(CF_3) = 5.77$ (d von qu), 7.62 (qu); J(F-F) = 6 Hz, J(F-H) = 2.5 Hz [3]; ^{19}F-NMR[20]: δ(syn- und anti-CF_3) = 73.1 und 74.9, J(F-F) = 6 Hz, J(F-H) = 2.5 Hz [235]; δ(anti-CF_3) = −75.4, δ(syn-CF_3) = −73.6, J = 2.5 Hz [236] IR: $\nu(C{=}N) = 1672$; UV (Gas): $\lambda_{max} = 248$ nm ($\varepsilon = 93$), $D_4^0 = 1.51$ [3]; IR: 3306 (mw), 1701 (w), 1391 (ms), 1339 (vw), 1260 (vs), 1244 (sh), 1209 (s), 1196 (vs), 1124 (w), 1076 (vw), 973 (vw), 929 (s), 774 (vw), 734 (vw), 709 (m), 500 (sh), 485 (mw) [117] MS: m/e = 165, M^+ (0.2); 146, M^+-F (2.8); 119, $C_2F_5^+$ (0.2); 100, $C_2F_4^+$ (0.4); 96, CF_3CNH^+ (100); 95, CF_3CN^+ (0.3); 93, $CF_3C_2^+$ (0.4); 81, CF_3C^+ (0.2); 77, CF_2CNH^+ (5.9); 76, CF_2CN^+ (2.1); 74, CF_2C_2 (0.2); 69, CF_3^+ (91.8); 62, CF_2C^+ (0.2); 58, $CFCNH^+$ (0.8); 57, CFCN (0.3); 51, CF_2H^+ (34.4); 50, CF_2^+ (15.1); 46, $FCNH^+$ (1.3); 43, C_2F^+ (0.2); 38, C_2N (0.2); 32, CFH^+ (0.5); 31, CF^+ (9.0); 27, CNH^+ (1.8); 26, CN^+ (0.2); 20, HF^+ (0.2); 19, F^+ (0.2); 15, NH^+ (0.2); 12, C^+ (0.4) [234]
$CF_3(CF_2Cl)C{=}NH$	46.7 [3]; 47 [10]	^{1}H-NMR: $\delta(H) = -11.6$; ^{19}F-NMR[4),35]: $\delta(CF_2) = -4.34$ (d von qu), $\delta(CF_3) = 2.83$ (d von tr), $\delta(CF_3$-$CF_2) = 7$ Hz, $\delta(CF_2$-$H) = 2$ Hz,

Physical Properties

Tabelle 1 [Fortsetzung]

Verbindung		Sdp./Torr (Schmp.) in °C	^{19}F- und ^{1}H-NMR (δ in ppm) IR- und UV-Spektrum Massenspektrum, n_D, D
			$\delta(CF_3-H) = 2.3$ Hz [3] IR: $\nu(C=N) = 1689$; $n_D^{25} = 1.3150$ [3]
$(CF_2Cl)_2C=NH$	[3]	80.5 bis 81.5	^{1}H-NMR[40]: $\delta(H) = -11.54$; ^{19}F-NMR[4]: $\delta(CF_2) = -9.04$ (tr), -6.91 (tr), J(F-F) = 9 Hz; IR: $\nu(C=N) = 1672$; $n_D^{25} = 1.3608$
$(CF_3CF_2)_2C=NH$	[3]	52	^{1}H-NMR[40]: $\delta(H) = -12.2$; ^{19}F-NMR[4]: $\delta(CF_3) = 14.9$ (m), 15.6 (m), $\delta(CF_2) = 48.6$ (m), 51.9 (m) IR: $\nu(NH) = 3289$; $\nu(C=N) = 1669$; $n_D^{25} = 1.3227$
$CF_3C(CN)=NH$	[237]	71.5 bis 72	^{1}H-NMR[40]: $\delta(H) = -7.08$ (w), -7.54[51] (br); ^{19}F-NMR[20]: $\delta(CF_3) = 73.07$ (d), J(F-H) = 2.0 Hz und 74.61 (d), J(F-H) = 1.1 Hz[51] IR: $\nu(NH) = 3257$; $\nu(C{\equiv}N) = 2242$; $\nu(C=N) = 1645$; $n_D^{25} = 1.3301$
$C_2F_5C(CN)=NH$	[237]	83 bis 83.5	^{1}H-NMR[40]: $\delta(H) = -6.92$ (br), -7.26 (br)[52]; ^{19}F-NMR[20]: $\delta(CF_3) = 82.41$, 82.71, $\delta(CF_2) = 118.6$, 121.5[52] IR: $\nu(NH) = 3257$; $\nu(C{\equiv}N) = 2242$; $\nu(C=N) = 1645$; $n_D^{25} = 1.3180$
$C_3F_7C(CN)=NH$	[237]	101 bis 101.5	^{1}H-NMR[40]: $\delta(H) = -6.84$, -7.26[52]; ^{19}F-NMR[20]: $\delta(CF_3) = 80.66$ (tr), J(F-H) = 9.5 Hz und 80.66 (tr), J(F-H) = 9.5 Hz, $\delta(CF_2) = 125.8$, 125.1, $\delta(CF_2) = 120.7$ (qu), J(F-H) = 9.5 Hz, 122.2 (br) IR: $\nu(NH) = 3257$; $\nu(C{\equiv}N) = 2242$, $\nu(C=N) = 1647$; $n_D^{25} = 1.3152$

[1] Extrapoliert; p in Torr (°C): 19 (−28.0); 47 (−14.5); 62 (−10.0); 88 (−4.0); $\lg p = 8.712 - 1821/T$ (T in K), $\Delta H_v = 8330$ cal/mol, $\Delta H_v/T_s = 26.7$ cal · mol^{-1} · K^{-1}. — [2] Äußerer Standard $Si(CH_3)_4$. — [3] Äußerer Standard $CFCl_3$. — [4] Äußerer Standard $CFCl_2CFCl_2$. — [5] Extrapoliert; p in Torr (°C): 31 (22.4); 37 (25.8); 49 (31.3); 70 (38.5); $\lg p = 8.336 - 2023/T$ (T in K), $\Delta H_v = 9250$ cal/mol, $\Delta H_v/T_s = 25.0$ cal · mol^{-1} · K^{-1}.

[6] Sublimation. — [7] Zersetzung. — [8] Sublimation im Hochvakuum. — [9] Produkt nicht rein [21]. — [10] $C_2F_5C(NOD)ND_2$ zeigt $\nu_{as}(ND_2) = 2681$ (m), $\nu_s(ND_2) = 2500$ (m), ν (OD, assoziiert) = 2273; $\nu(C=N) = 1686$ (s).

[11] Assoziiert. — [12] Ionisierungskonstante: $K_b = 1.74 \times 10^{-11}$. — [13] Ionisierungskonstante: $K_b = 1.48 \times 10^{-11}$. — [14] $C_3F_7C(ND)N=C(ND_2)C_3F_7$ zeigt $\nu(ND) = 2584$ (m), 2457 (m), 2358 (w); $\nu(C=N) = 1572$ (s); $\nu(C=ND) = 1621$ (s). — [15] Innerer Standard C_6F_6; Werte auf $CFCl_3$ umgerechnet.

Literatur s. S. 76

Anmerkungen zu Tabelle 1

[16] 0.1 mm dicker Film einer 0.2 m Lösung in $C_2H_5OC_2H_5$. – [17] Gesättigte Lösung in $CFCl_3$. – [18] Standard CF_3COOH; unendlich verdünnte Lösung in Aceton. – [19] Äußerer Standard CF_3COOH; 5%ige Lösung in CCl_4. – [20] Innerer Standard $CFCl_3$.

[21] Für unendliche Verdünnung in C_6H_6 bei 25 °C beträgt das Dipolmoment $\mu = 2.95$ D, die Polarisation P = 201.6 cm^3/mol und die Refraktion $R_D = 22.7$ cm^3/mol [287]. – [22] Abgeschmolzenes Rohr. – [23] Sublimation bei 100 bis 120 °C/Torr. – [24] Äußerer Standard CF_3COOH. – [25] Innerer Standard $(CH_3)_3SiOSi(CH_3)_3$.

[26] Innerer Standard C_6F_6. – [27] Gelöst in $ClSO_3H$. – [28] Innerer Standard C_6H_5F. – [29] Extrapoliert: Für –66 bis –8 °C: lg p (Torr) = 7.896 – 1335/T (T in K), $\Delta H_v = 6100$ cal/mol, $\Delta H_v/T_s = 22.9$ cal · mol^{-1} · K^{-1}. – [30] Extrapoliert, lg p (Torr) = 7.97 – 1556/T (T in K), $\Delta H_v = 7120$ cal/mol, $\Delta H_v/T_s = 23.3$ cal · mol^{-1} · K^{-1}.

[31] Exakt gemessene Dampfdrücke an unreiner Verbindung werden in [238] angegeben. – [32] Extrapoliert, lg p (Torr) = 8.01 – 1667/T (T in K); $\Delta H_v = 7630$ cal/mol, $\Delta H_v/T_s =$ 23.5 cal · mol^{-1} · K^{-1}. – [33] Extrapoliert, lg p (Torr) = 8.22 – 1650/T (T in K); $\Delta H_v =$ 7600 cal/mol, $\Delta H_v/T_s = 24.4$ cal · mol^{-1} · K^{-1}. – [34] Gelöst in $CH_3CN/CFCl_3$ (Verhältnis 1:1). – [35] Hauptmenge des Isomerengemisches, zusätzliches Isomer: $\delta(CF_2) = -2.08$ (d von qu), $\delta(CF_3) = 5.05$ (tr); $J(CF_3\text{-}CF_2) = 7$ Hz, $J(CF_2\text{-}H) = 1.8$ Hz.

[36] IR-Spektrum in [131] abgebildet. – [37] Im Gemisch mit $CFCl_2CFClC(O)NH_2$, das nicht abgetrennt und nicht charakterisiert wurde [155]. – [38] Nachfolgend wurden pH-Wert, Redoxpotential in mV angegeben bei: pH = 8, 608; pH = 7, 738; pH = 6, 853; pH = 5, 901; pH = 4, 941; pH = 3, 972; pH = 2, 992; pH = 1, 997. Gemessen wurde gegen gesättigte Kalomelelektrode bei 21 ± 1 °C [84]. – [39] Äußerer Standard CF_3COOH, Probe in C_2H_5OH gelöst. – [40] Innerer Standard $(CH_3)_4Si$.

[41] Intensität: 1:1:1:2:3. – [42] Intensität: 1:1:2:1:1:2. – [43] Intensität: 1:1:2:2:1:1. – [44] ^{11}B-NMR (in CH_2Cl_2; äußerer Standard $(C_2H_5)_2OBF_3$]: $\delta(B) =$ –34.4. – [45] Zentrum von drei Signalen gleicher Intensität, J = 16 Hz.

[46] Als $CF_3N(H)OH \cdot C_2H_5OC_2H_5$. – [47] Standard CF_3COOH. – [48] Schwingungen der HN=C-N=C-NH_2-Gruppe. – [49] Standard $CFCl_3$. – [50] Äußerer Standard C_6F_6.

[51] Die beiden Signale stehen im Verhältnis 2:1 zueinander und werden durch syn- und anti-Isomere hervorgerufen. Die Verschiebung mit dem höheren J ist der syn-Form zugeordnet; sie tritt doppelt so häufig auf wie die anti-Form. – [52] Im Verhältnis 2:1. – [53] Für –47 bis –19 °C: lg p (Torr) = –(1970 ± 25)/T + 9.79 (T in K), $\Delta H_v = 9.0 \pm 0.1$ kcal/mol [234].

Textfortsetzung von S. 27

Die mittels der SCF-MO-INDO-Methode an $C_6F_5NH_2$ durchgeführten Berechnungen ergaben für die ortho- und para-F-F-Kopplungskonstanten beinahe konstante Werte in Übereinstimmung mit den experimentell ermittelten Werten [224]. – Die an einer gesättigten Lösung von $C_6F_5NH_2$ in CCl_4 gemessenen Spektren zeigen gegen den äußeren Standard $Si(^{13}CH_3)_4$ folgende chemische Verschiebungen im ^{13}C-NMR-Spektrum: $\delta(C^1) = -122.55$, $\delta(C^2) = -137.47$, $\delta(C^3) = -138.52$, $\delta(C^4) = -133.93$ ppm. Die Meßgenauigkeit beträgt ±0.05 ppm [225]. In $CDCl_3$ bei 30 °C gemessene Werte –122.5, –137.2, –138.4, –133.8 ppm [226].

Messungen an $C_6F_5NH_2$-Pulver ergeben eine deutliche Zunahme der dielektrischen Dispersion ε' (10 kHz) bei 286 K (unterhalb des Schmelzpunktes 307.5 K). Untersuchungen an einem $C_6F_5NH_2$-Preßling geben einen Hinweis auf ein Maximum der dielektrischen Dispersion ε'' bei $\approx$10 MHz. Graphisch konnte eine einzige Relaxationszeit von 2.6×10^{-8} ermittelt werden [227]. Aus Elektrokapillarkurven werden Daten über das Grenzflächenverhalten von $C_6F_5NH_2$ an H_2O-Hg bzw. H_2O-Luft Grenzflächen erhalten. An der Grenzfläche Luft-H_2O nimmt $C_6F_5NH_2$ eine „on edge"-Orientierung ein, wobei der C_6F_5-Rest zur Luft hin ausgerichtet ist. Im System Hg-H_2O findet eine Parallelorientierung statt. Die Differenz der Adsorptionsenergien von $C_6F_5NH_2$ zu $C_6H_5NH_2$ an H_2O-Luft beträgt 1100 cal/mol und an H_2O-Hg 200 cal/mol [228].

Der pK_a-Wert des $C_6F_5NH_2$ wurde zu −0.28 bei 25 °C aus spektrophotometrischen Messungen an 4×10^{-4} normalen Lösungen in 7-, 14.3-, 48.5%igem H_2SO_4 unter Zugabe von 0.6 normalen CH_3COONa-Lösungen ermittelt [229].

Chemical Reactions

1.4 Chemisches Verhalten

Comment in English

1.4.1 Comment

Those reactions of the nitrogen-hydrogen compounds that lead to title compounds (cyclic or linear perfluorohalogenoorgano nitrogen compounds) are not completely treated here but rather with the preparation of the compound formed. However, these preparative reactions can be found in the index also under the chemical reactions (CV) of the nitrogen-hydrogen compounds. The index is in the last volume of this series.

Comment in German

Vorbemerkung

Diejenigen Reaktionen der hier behandelten Stickstoff-Wasserstoff-Verbindungen, die zu Titelverbindungen führen (d.h. zu cyclischen oder linearen Perfluorhalogenorgano-Stickstoff-Verbindungen) werden im folgenden nicht vollständig aufgeführt; sie sind bei der Darstellung der jeweiligen Titelverbindung zu finden. Hinweise auf diese Stellen werden unter dem „Chemisches Verhalten" (CV) der Stickstoff-Wasserstoff-Verbindungen im Register (s. letzter Band dieser Reihe über Stickstoff-Verbindungen) aufgeführt.

General

1.4.2 Allgemeines

Der folgende Abschnitt gibt eine Übersicht über die wichtigsten Typen von Reaktionen, die zu Titelverbindungen führen.

$(CF_3)_2C(NH_2)_2$ wird von NaOCl zu Bis(trifluormethyl)-diazirin oxidiert. Amidine kondensieren bei Erhitzen unter NH_3-Abspaltung zu den entsprechenden Triazinen $(R_f)_3C_3N_3$. Amidoxime $R_fC(NOH)NH_2$ reagieren mit $R_fC(O)Cl$ zu $R_fC(NH_2){=}NOC(O)R'_f$, und diese kondensieren zu 1,2,3-Oxadiazolen. Analog lassen sich Amidrazone $R'_fC(NNH_2)NH_2$ zu $R_fC(O)NH{-}N{=}C(NH_2)R'_f$ acylieren, und diese cyclisieren zu 1,2,4-Triazolanen. In Gegenwart von NaCN kondensieren Ketoimine zu Imidazolinen.

Dehydratisierung von $R_fC(O)NH_2$ führt zu R_fCN. In Gegenwart von CsF reagiert R_fNH_2 mit SF_4 zu $R_fN{=}SF_2$, $R_fC(O)NH_2$ mit SF_4 je nach Reaktionsbedingungen zu $R_fC(O)N{=}SF_2$ bzw. $R_fCF_2N{=}SF_2$ oder $R_fC(O)F$ und N=SF. Umsetzungen von R_fNH_2 bzw. $(R_f)_2NH$ mit SCl_2, $SOCl_2$ und OSF_4 s. „Perfluorhalogenorgano-Verbindungen" Teil 3.

Literatur s. S. 76

In einer Gleichgewichtsreaktion spaltet $(CF_3)_2NH$ leicht HF ab und liefert $CF_3N{=}CF_2$. In $[CF_3C(O)]_2O$ gelöstes $(CF_3)_2NH$ wird von 70%igem HNO_3 zu $(CF_3)_2NNO_2$ nitriert. Mit AgF_2 setzt sich $CF_3C(O)NH_2$ zu CF_3NCO und geringe Mengen CF_3CN, $CF_3C(O)F$ sowie $CF_3N{=}NCF_3$ um. $[CF_3C(O)]_2NH$ liefert mit AgF_2 CF_3NCO und $CF_3C(O)F$. Mg reagiert mit $CF_3(CF_2Br)NH$ primär zu $CF_3N(H)CF_2MgBr$, das aber sofort zu CF_3NC, MgBrF und HF zerfällt. Halogene setzen sich mit $(CF_3)_2C{=}NH$ zu $(CF_3)_2C{=}NX$ (X=F, Cl, Br) um. Perfluor-2,4-dimethyl-3-aza-2-penten kondensiert mit $(CF_3)_2C{=}NH$ zu $(CF_3)_2C{=}NC(CF_3)_2N{=}C(CF_3)_2$ und $CF_3C(O)NH_2$ mit PCl_5 zu $CF_3C(O)N{=}PCl_3$. Pyrolyse von $C_3F_6[C(O)NHPOCl_2]_2$ bei 200 bis 250 °C/200 bis 300 Torr liefert $NCCF_2CF_2CF_2CN$. $CF_3N(OH)H$ kondensiert mit CF_3NO zu $CF_3N(O)NCF_3$; analog werden mit entsprechenden Nitrosoverbindungen $CF_3NN(O)R_f$ mit $R_f{=}CF_2CF_2NO_2$, CF_2CF_2Cl, CF_2CF_2Br erhalten.

Fluorierung von $C_6F_5NH_2$ mit F_2 in CH_3CN führt zu $C_6F_5NF_2$ und $C_6F_5NFNFC_6F_5$. – Elektrochemische Oxidation von $C_6F_5NH_2$ bzw. 2-Aminononafluordiphenylamin liefert Octafluorphenazin. Analog entstand aus 2-Aminononafluorbenzophenon Octafluoracridon. Diazotierungen mit XONO (X=H, C_4H_9 usw.) bzw. $HOSO_2NO$ führt zu Diazoniumverbindungen. Die Diazotierung von $C_6F_5NH_2$ mit HNO_2 ist langsam und führt unter Normalbedingungen zu $C_6F_5N{=}N{-}NHC_6F_5$. Lösungen von $[C_6F_5NN]X$ sind in wasserfreien Medien, z.B. CH_3COOH oder in konzentrierten Mineralsäuren z.B. 70%igem H_2SO_4, erhältlich. Oxidationen von $C_6F_5NH_2$ mit NaOCl bzw. Perameisensäure liefern $C_6H_5NNC_6F_5$ bzw. C_6F_5NO und $C_6F_5N(O)NC_6F_5$. Mit $Pb(CH_3COO)_4$ bildet sich $C_6F_5NNC_6F_5$ sowie Octafluorphenazin und mit Ca(OCl)Cl nur $C_6F_5NNC_6F_5$. Tetrafluor-2- bzw. Tetrafluor-4-(pentafluorphenylazoxy)-anilin cyclisiert mit $N_2H_4 \cdot H_2O$ zu 7- bzw. 5-Aminotrifluor-1-pentafluoranilinobenzotriazol. Ein Gemisch aus $NaNO_2$ und 70%igem H_2SO_4 oxidiert 1,2-$(NH_2)_2$-C_6F_4 zu Tetrafluorbenzotriazol. Elektrolytische Oxidation von 5- bzw. 3-Brom-2-aminooctafluordiphenylamin führt zu 2- bzw. 1-Bromheptafluorphenazin. $C_6F_5NH_2$ kondensiert mit $C_6F_5N_3$ zu $C_6F_5NNC_6F_5$ und Octafluorphenazin sowie mit 4-$CF_3C_6F_4N_3$ zu 4-CF_3-$C_6F_4NNC_6F_5$ und Perfluor-(2-methylphenazin). Die Fluorierung von $C_6F_5NH_2$ führt zu $C_6F_5NF_2$. Diazotiert man 2- oder 4-NO_2-$C_6F_4NH_2$ und 4-NO_2-1,3-$(NH_2)_2$-C_6F_3 mit HNO_2, so entstehen Nitrodiazooxide.

Aminogruppen lassen sich von 90%igem H_2O_2 in einem Lösungsmittelgemisch aus $[CF_3C(O)]_2O$ und CH_2Cl_2 in NO_2-Funktionen umwandeln. So entsteht aus 4,4-Diaminooctafluordiphenyläther bzw. 5-Aminononafluorindan die entsprechenden Nitroverbindungen. Analog entsteht aus 4-NH_2-C_6F_4-C_6F_5 in guter Ausbeute 4-NO_2-C_6F_4-C_6F_5.

1.4.3 Thermolyse

Thermolysis

Zur thermischen Stabilität primärer Perfluoralkylamine s. S. 1. – Aus der Reihe der Amidine $R_fC(NH)N{=}C(NH_2)R_f'$ ist lediglich die CF_3-Verbindung bei 20 °C instabil und zersetzt sich im abgeschmolzenen Rohr in Abwesenheit von Feuchtigkeit zu einem flüssig-festen Gemisch unbekannter Zusammensetzung [40].

Die Pyrolyse von $C_6F_5NH_2$ in einer Strömungsapparatur bei 720 °C führt in Gegenwart von CF_2 (erhalten aus $CF_2{=}CF_2$) zu Perfluorindan (28%) [239], Pyrolyse bei 580 °C (15 l/h, 1 h) führt zu einem Gemisch aus Perfluorindan (34%), 4- und 5-Trifluormethylperfluorindan (11%) und Perfluortetralin (10%) sowie zu C_6F_6, C_6F_5H, $C_6F_5CF_3$ und Perfluorxylolen [240]. Beim Erhitzen von 2-NH_2-C_6F_4COOH in Anwesenheit von K_2CO_3 in $(CH_3)_2NC(O)H$ auf 145 °C (6 h) bilden sich 84% 2,3,4,5-Tetrafluoranilin, Siedepunkt 108 bis 110 °C/53 Torr, $n_D^{20}=1.4630$ [241], Siedepunkt 78 °C/13 Torr [242]. Beim Erhitzen von 4-CF_3-$C_6F_4NH_2$ auf 180 °C entsteht unter HF-Abspaltung $[-C_6F_4-N{=}CF-]_n$ (Erweichungspunkt 80 bis 135 °C) [75].

Literatur s. S. 76

Chemical Reactions

$(CF_3)_2CFN(H)F$ ist im Reaktionsgemisch bei 20 °C (6 d) unbeständig und zerfällt zu $(CF_3)_2C{=}NF$ [243]. Thermisch sehr instabil ist $CF_3N(H)OSiF_3$, das sich schon während der Destillation teilweise zersetzt [116]. $C_6F_5N(H)BBr_2$ zersetzt sich bei 70 °C unter HBr-Abspaltung zu vermutlich Tris(N-pentafluorphenyl)-tribromborazin [118]. Auch oberhalb 180 °C spaltet $C_3F_7C(O)NHBr$ lediglich Br_2 ab, $[C_3F_7C(O)NBr]^-Na^+$ zersetzt sich erst oberhalb 165 °C. Bei 170 °C erfolgt rascher Zerfall zu C_3F_7NCO [174].

Pyrolyse von $F_2C{=}NH$ in Gegenwart von NaF führt unter HF-Abspaltung zu FCN [201]. Beim Versuch, $F_2C{=}NH$ bei Normaldruck zu destillieren, begann es bei 15 °C zu sieden und wandelte sich in ein Polymer der Zusammensetzung $(CHF_2N)_x$ um (Schmelzpunkt 121 °C) [202]. $(CF_3)_2C{=}NH$ ist in der Gasphase bis mindestens 200 °C beständig [244]. Bei 300 °C wird ein langsamer Zerfall unter Bildung von CF_3H, CF_3CN sowie von CO_2 beobachtet [234].

Photolysis. Radiolysis

1.4.4 Photolyse, Radiolyse

Die Untersuchung der UV-Photolyse von $(CF_3)_2C{=}NH$ ($\lambda=254$ nm, 3 bis 100 Torr, 25 bis 300 Torr, Zusatzgase O_2, C_2H_4, n-C_6H_{14}) ergibt CF_3CN als Hauptprodukt, ferner treten CF_3H und H_2 in geringen Mengen auf sowie Spuren von CO_2, jedoch kein C_2F_6. Der geringe Wert der Quantenausbeute $\phi(CF_3CN)<10^{-3}$ bei 25 °C und 50 Torr deutet auf Stoßdesaktivierungsprozesse hin. Die Ergebnisse (Einzelheiten s. Original) werden durch einen Mechanismus gedeutet, nach dem die Photolyse nach Schwingungsanregung von Singulett-Imin-Molekülen als Primärprozeß über den Zerfall von Imin-Molekülen im Singulett- und Triplettzustand abläuft [234], s. auch [244]. – Die Abwesenheit von C_2F_6, das durch Rekombination der (zwar nur in niedriger stationärer Konzentration vorhandenen) CF_3-Radikale entstehen sollte, wird durch schnelle Reaktion der Radikale mit dem Imin gedeutet. Dies ergibt sich aus der Untersuchung der Photolyse von $(CF_3)_2CO$ ($+h\nu\rightarrow 2CF_3+CO$) und $(CF_3)_2C{=}NH$, wonach die CF_3-Radikale an das Imin in einer schnellen Reaktion unter Bildung von $(CF_3)_2\dot{C}{-}N(CF_3)H$ und/oder $(CF_3)_3C{-}\dot{N}H$ angelagert werden, Arrheniusfaktor $A=5.2\times10^{10}$ $cm^3\cdot mol^{-1}\cdot s^{-1}$, Aktivierungsenergie $E=$ 3900 cal/mol. Im Vergleich hierzu verläuft die H-Abstraktionsreaktion $CF_3+(CF_3)_2C{=}NH\rightarrow CF_3H+(CF_3)_2C{=}\dot{N}$ erheblich langsamer ($A=1.6\times10$, $E=4500$) [246].

Die direkt in der Zelle eines EPR-Spektrometers vorgenommene Photolyse einer Lösung von $(CF_3)_2C{=}NH$ in $[(CH_3)_3C]_2C{=}NH$ führt bei −30 °C zum $(CF_3)_2C{=}N$-Radikal (g-Wert von 2.0037, Hyperfeinaufspaltung $a(N)=9.13$, $a(CF_3)=4.56$ Gauß). Die Geschwindigkeitskonstante für die Reaktion $2(CF_3)_2C{=}\dot{N}\rightarrow(CF_3)_2C{=}N{-}N{=}C(CF_3)_2$ beträgt bei −35 °C 4×10^9 $l\cdot mol^{-1}\cdot s^{-1}$ [245].

Unter dem Einfluß von Licht färbt sich $C_6F_5NHC(O)NH_2$ blau [189]. – Nach Bestrahlung eines Gemisches aus $(CF_3)_2NH$ und Cl_2 (71 h) konnte das Amin nahezu quantitativ (99%) zurückgewonnen werden [252].

Bei γ-Radiolyse von Einkristallen im $CF_3C(O)NH_2$ [247, 248, 249] und $CFCl_2C(O)NH_2$ [124, 250] werden die Radikale $CF_2C(O)NH_2$ bzw. $CFClC(O)NH_2$ ESR-spektroskopisch nachgewiesen und untersucht.

Hydrolysis

1.4.5 Hydrolyse

Beim Schütteln von $(CF_3)_2NH$ mit H_2O (12 h) entsteht quantitativ CO_2, die flüssige Phase enthält F^- und NH_4^+. Mit 10%igem NaOH (20 °C, 4 h) erfolgt Hydrolyse zu F^-, CO_3^{--} und NCO^-, NH_3 tritt als gasförmiges Produkt nicht auf [91]. Die Untersuchung der Kinetik der alkalischen Hydrolyse von $CF_3C(O)NH_2$ (0.002 bis 0.4 molar, 25 °C, Ionenstärke $I=1$) ergibt, daß die beobachtete Geschwindigkeitskonstante k (pseudoerster

Ordnung bei konstantem pH-Wert) mit $[OH^-]$ linear zunimmt. Vergleich mit anderen substituierten Amiden s. Original [253]. – $2\text{-}NH_2\text{-}C_6F_4C(O)NH_2$ reagiert mit siedendem 50%igem H_2SO_4 (2 h) zu 2,3,4,5-Tetrafluoranilin [62]. Analog wird $4\text{-}CN\text{-}C_6F_4NH_2$ von 70%igem H_2SO_4 zu 2,3,5,6-Tetrafluoranilin zersetzt [72].

Mit siedendem H_2O spaltet $C_3F_7C(O)NHBr$ Brom ab, die wäßrige Lösung reagiert sauer, mit Natronlauge entsteht in der Siedehitze (0.25 h) C_3F_7Br (92%) und NH_3 (2%). In der Lösung konnten NCO^- (69%) und $C_3F_7COO^-$ (0.5%) nachgewiesen werden. Dagegen wird $C_3F_7C(O)NHJ$ in heißer NaOH-Lösung in $C_3F_7C(O)ONa$ umgewandelt [174]. Während $C_3F_7C(O)NHJ$ schon an feuchter Luft hydrolysiert, muß man $C_3F_7C(O)NHBr$ und auch $CF_3C(O)NHBr$ mit H_2O im Rückfluß erhitzen (8 h), um eine vollständige Umwandlung in C_3F_7COOH bzw. CF_3COOH zu erreichen. Siedendes 30%iges NaOH (5 h) liefert mit $C_3F_7C(O)NHBr$ bzw. $CF_3C(O)NHBr$ als flüchtiges Produkt $n\text{-}C_3F_7Br$ bzw. CF_3Br. Analog entsteht aus $C_3F_7C(O)NHJ$ Perfluorpropylen, 38% C_3F_7H, C_3F_6 und NH_3 sowie aus $C_3F_7C(O)NH_2$ Ammoniak und C_3F_7H [175]. $C_6F_5NHC(O)NH_2$ zersetzt sich beim Erhitzen mit starken Säuren und Basen [189].

Das in 2n HCl suspendierte 1-Aminoheptafluorcyclohexen-3-on wird bei 100 °C (48 h) zu Heptafluor-1-hydroxycyclohexen-3-on (Siedepunkt 60 bis 70 °C/4 Torr, $n_D^{15.5} = 1.3990$) hydrolysiert [43].

Die in trockener Atmosphäre beständigen Verbindungen $(CF_3)_2CXN(H)BX_2$ (X = Cl, Br) rauchen an feuchter Luft und reagieren heftig mit H_2O. Sie sind außerdem extrem korrosiv. Die gezielte Hydrolyse verläuft gemäß:

$$(CF_3)_2CClN(H)BCl_2 + 3\,H_2O \rightarrow 2\,HCl + H_3BO_3 + (CF_3)_2CClNH_2$$

Letzteres spaltet leicht HCl ab und geht in $(CF_3)_2C{=}NH$ über [117]. Ähnlich feuchtigkeitsempfindlich ist $C_6F_5N(H)BCl_2$, das zu HBr, H_3BO_3 und $C_6F_5NH_2$ hydrolysiert [118].

1.4.6 Reaktionen von Alkylaminen und Derivaten

Reactions of Alkyl Amines and Derivatives

In 10%igem H_2SO_4 gelöstes $(CF_3)_3CNH_2$ wird von $NaNO_2$, gelöst in H_2O, bei 0 °C diazotiert; bei −10 °C wird die Azoverbindung mit konzentriertem H_2SO_4 zu 70% $(CF_3)_3COH$ und 30% $(CF_3)_3CNO$ umgewandelt [4]. Das Diamin $(CF_3)_2C(NH_2)_2$ reagiert mit CH_3PF_4 in Gegenwart von $(C_2H_5)_3N$ bei 45 bis 50 °C zu $(CF_3)_2C(NH_2)\text{-}N{=}P(F_2)CH_3$, Siedepunkt 62 bis 64 °C/45 Torr, $n_D^{20} = 1.3487$, $D_4^{20} = 1.5908$ g/cm³, IR: $\nu(NH) = 3440$, 3350; $\delta(NH) = 1615$; $\delta_{as}(CH_3P) = 1280$; $\nu(C\text{-}F) = 1250$ bis 1180; $\nu_{as}(PF) = 984$; $\nu_s(P\text{-}F) = 935$ cm⁻¹; ^{19}F-NMR (Standard F_2): $\delta(CF_3) = 492$ ppm (Dublett); ^{31}P-NMR (Standard H_3PO_4): $\delta(P) = 12$ ppm (Triplett, J(P-F) = 1115 Hz) [254].

$CF_3(SO_2F)NH$ reagiert mit Tetraphenylphosphonium- bzw. Tetraphenylarsoniumchlorid zu den salzartigen Verbindungen $[(C_6H_5)_4P]^+[CF_3NSO_2F]^-$ (Schmelzpunkt 192 °C) bzw. zu $[(C_6H_5)_4As]^+[CF_3NSO_2F]^-$ (Schmelzpunkt 190 °C, Zersetzung) [197]. Beim Erwärmen von $CF_3(SF_5)NH$ mit $C_6H_5C(O)OH$ bzw. $C_6H_5C(O)SH$ in Gegenwart von NaF auf 100 °C (1 h) und 200 °C (1 h) bzw. 75 °C (1 h) und 150 °C (1 h) bildet sich F_5SNCO bzw. F_5SNCS sowie zusätzlich $C_6H_5C(O)F$ und $NaHF_2$ [198].

Perfluoralkylamidine reagieren mit CH_3COOH zu $R_fC(NH)NH_2 \cdot CH_3COOH$, $R_f = CF_3$, C_3F_7. Beide Produkte sublimieren, ohne zu schmelzen [19]. Mit $C_6H_5C(O)Cl$ kondensiert $C_4F_9C(NH)NH_2$ in ätherischer Lösung bei 0 °C zu $C_4F_9C(NH)NHC(O)C_6H_5$ (Schmelzpunkt 63 °C).

$R_fCF_2CF_2C(NH)NH_2$ reagiert mit $NC(CF_2)_3C(O)OC_2H_5$ bei −20 °C (dann langsam auf +20 °C aufwärmen, Ar-Atmosphäre) zu $R_fCF_2CF_2C(NH)N{=}C(NH_2)(CF_2)_3C(O)OC_2H_5$,

$R_f = CF_3$, Siedepunkt 52 °C/2 Torr, $n_D^{20} = 1.3489$, $D_4^{20} = 1.5523$ g/cm^3; $R_f = CF_3O$, Siedepunkt 53 °C/10 Torr, $n_D^{20} = 1.3394$, $D_4^{20} = 1.5445$ g/cm^3 [255].

$CF_3N(OH)H$ in ätherischer Lösung setzt sich mit C_6H_5NO in C_2H_5OH beim Erhitzen im Rückfluß (2 h) zu $CF_3NN(O)C_6H_5$ um, Siedepunkt 60 °C/3 Torr, $n_D^{20} = 1.5100$, $D_4^{20} = 1.3150$ g/cm^3, ^{19}F-NMR (äußerer Standard Freon 113, Wert auf F_2 umgerechnet): $\delta(CF_3) = 498$ ppm [256].

Das Amidoxim $C_3F_7C(NOH)NH_2$ reagiert mit $CH_2{=}C(CH_3)C(O)Cl$ (20 °C, 3 h, rühren) zu $C_3F_7C(NH_2){=}NOC(O)C(CH_3){=}CH_2$ (Schmelzpunkt 109 bis 110 °C) [257]. Eine Suspension von $C_7F_{15}C(NOH)NH_2$ in CH_3CN und $CH_2{=}C(CH_3)C(O)Cl$ setzt sich (2 h bei 20 °C, 2 h in der Siedehitze) um zu 86% $C_7F_{15}C(NH_2){=}NOC(O)C(CH_3){=}CH_2$, Schmelzpunkt 132.5 bis 137 °C; IR: $\nu(NH_2) = 3571$, 3333; $\nu(C{=}O) = 1739$; $\nu(C{=}N) = 1667$; $\nu(C{=}C) = 1613$; ^1H-NMR [in $CD_3C(O)CD_3$, Standard $(CH_3)_4Si$]: $\delta(CH_3) = -2.00$, $\delta(CH_2) = -5.71$ und -6.24, $\delta(NH_2) = -6.97$ (br) ppm [257, 258]. Fumarylchlorid reagiert mit $C_7F_{15}C(NOH)NH_2$ bzw. $C_3F_7C(NOH)NH_2$ in CH_3CN in der Siedehitze (1.5 h) zu O-Fumaryl-bis-n-perfluoroctanamidoxim (Schmelzpunkt 266 °C, Zersetzung) bzw. 87% O-Fumaryl-bis-n-perfluorbutyramidoxim (Schmelzpunkt 277 °C, Zersetzung) [258].

$C_3F_7C(NNH_2)NH_2$ kondensiert mit $C_6H_5C(O)H$ in C_2H_5OH auf Zugabe einiger Tropfen konzentriertem H_2SO_4 bei 25 °C (0.5 h) und einstündigem Erhitzen im Rückfluß zu 89% $C_3F_7C(NNH_2)N{=}CHC_6H_5$, Schmelzpunkt 51 bis 52 °C; IR (Verreibung): 3509, 3390, 1621 cm^{-1}; UV (95% C_2H_5OH): $\lambda_{max} = 296$ nm ($\varepsilon = 19953$), 220 nm ($\varepsilon = 14790$) [33, 34]. Kondensation tritt ein zwischen in C_2H_5OH gelöstem $C_3F_7C(O)NHN{=}C(NH_2)C_3F_7$ und CH_3NH_2 (Rückfluß, 3 h) zu $C_3F_7C(NCH_3)NH{-}NHC(NH)C_3F_7$ (90%, Schmelzpunkt 122.0 bis 122.5 °C) [36].

Das in CCl_4 gelöste Imidoylamidin $C_3F_7C(NH)N{=}C(NH_2)C_3F_7$ reagiert unter Rühren mit einer 5%igen wäßrigen $Cu(CH_3COO)_2$-Lösung in 98% Ausbeute zu einem Chelat nebenstehender Konstitution ($R_f = R_f' = C_3F_7$, M = Cu).

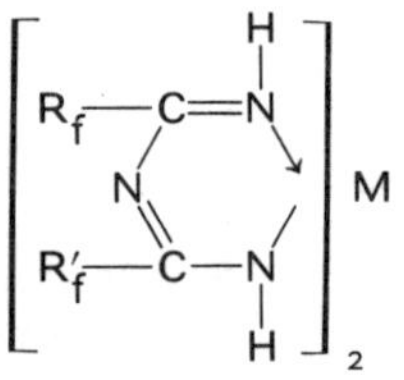

Nachfolgend werden für weitere Umsetzungen R_f, R_f' und M angegeben: CF_3, CF_3, Cu; C_2F_5, C_2F_5, Cu; C_3F_7, C_3F_7, Zn; C_3F_7, C_3F_7, Ni; C_3F_7, C_3F_7, Hg; CF_3, C_3F_7, Cu; C_2F_5, C_3F_7, Cu [40].

Beim Aufwärmen eines Gemisches aus $(CF_3)_2NH$ und $(CH_3)_3SnN(CH_3)_2$ von -196 auf 20 °C tritt heftige Reaktion ein und es entstehen $(CH_3)_3SnF$, ferner vermutlich $(CH_3)_2NCF_2(CF_3)NH$, IR: $\nu(NH) = 3440$ (w); 2960 (s), 2930 (sh), 2875 (s), 2730 (w), 1500 (s), 1460 (s), 1380 (m), 1341 (s), 1268 (s), 1205 (s), 1145 (m), 1080 (m), 1020 (m), 950 (m), 800 (m); Massenspektrum: m/e = 178, M^+ [272].

1-Aminoheptafluor-3-iminocyclohexen reagiert mit $KMnO_4$ in einem Schüttelautoklav bei 90 bis 120 °C (18 h) zu $HOC(O)(CF_2)_3C(O)OH$ [43]. Erhitzen mit einem Gemisch aus CH_3COOH und $[CH_3C(O)]_2O$ im (Rückfluß, 1 h) führt zu 1-Acetamido-3-acetimidoheptafluorcyclohexen, Schmelzpunkt 126 °C; IR: $\nu(NH) = 3290$; $\nu(C{=}O) = 1726$; einige Banden von 1695 bis 1500 cm^{-1}; UV (in C_2H_5OH): $\lambda_{max} = 285.0$ nm ($\varepsilon = 1.11 \times 10^4$) [43].

Reactions of Pentafluoroaniline and Derivatives

1.4.7 Reaktionen von Pentafluoranilin und Derivaten

Pentafluoranilin $C_6F_5NH_2$ in benzolischer Lösung reagiert mit BBr_3 bei 10 °C zum Addukt $C_6F_5NH_2 \cdot BBr_3$ [118]. Die Umsetzung mit N_2H_4 ist lösungsmittelabhängig. In C_2H_5OH bzw. Tetrahydrofuran erfolgt keine Umsetzung, in 1,4-Dioxan dagegen bilden

Literatur s. S. 76

sich 24% 3-NH_2NH-$C_6F_4NH_2$ und 40% $C_6F_5NHCH_2CH_2OH$ (Sublimation 50 °C/0.25 Torr, Schmelzpunkt 55 bis 56.5 °C). Beide Produkte werden durch 50%iges HJ zu 32% 2,3-$(NH_2)_2$-C_6F_4 bzw. $C_6F_5NH_2$ reduziert [57]. Oxidation von $C_6F_5NH_2$ und 4-H-$C_6F_4NH_2$ in siedendem C_6H_6 mit $Pb(CH_3COO)_4$ ergibt ein Gemisch, aus dem chromatographisch 4-H-C_6F_4-NNC_6F_5 isoliert wird (Schmelzpunkt 118.5 bis 119 °C). UV (in C_2H_5OH): λ_{max}=302 nm (lgε=4.24), 452 nm (lgε=2.85), 226 nm (infl., lgε=3.84) [52]. In Gegenwart von H_2SO_4 reagiert $C_6F_5NH_2$ mit $[CH_3C(O)]_2O$ in der Siedehitze (2 min) zu $C_6F_5CNHC(O)CH_3$ (86%, Schmelzpunkt 131 bis 132 °C) [55].

Erwärmen im Rückfluß (18 h) mit 90%igem HCOOH und 40% Formalin ergibt $C_6F_5N(CH_3)_2$ (Siedepunkt 161 bis 163 °C). Erhitzt man das Gemisch nur 6 h, so entstehen $C_6F_5N(CH_3)_2$ und ein farbloser Feststoff (Siedepunkt 155 °C/18 Torr, IR: 1700 (s), keine ν(NH)-Bande, unbekannte Konstitution). Erhitzen mit CH_3J auf 140 °C (12 h) ergibt ein Gemisch gleicher Mengen von $C_6F_5NH_2$, $C_6F_5NHCH_3$ und $C_6F_5N(CH_3)_2$ [85].

Rührt man ein Gemisch aus $C_6F_5NH_2$ und $LiNH_2$ in Tetrahydrofuran bei 20 °C (12 h), kühlt auf 0 °C und fügt 2,6-Cl_2-$C_6H_3CH_2Cl$ hinzu, so bildet sich beim Erhitzen im Rückfluß (2 h) 2,6-Cl_2-$C_6H_3CH_2NHC_6F_5$ (A, 20%) und $(2,6\text{-}Cl_2\text{-}C_6H_3CH_2)_2NC_6F_5$ (B, 71%); für A: Schmelzpunkt 67.5 bis 69.2 °C, IR (Nujol): 3402 (w), 1576 (w), 1558 (w), 1518 (s), 1472 (sh), 1434 (m), 1194 (w), 1158 (w), 1022 (m), 963 (m), 942 (w), 782 (m), 765 (m), 731 (cm^{-1}); ^{1}H-NMR (in $CDCl_3$, Standard $Si(CH_3)_4$): δ=−3.87 (br), −7.26, −4.73 ppm, für B: Schmelzpunkt 117 bis 119 °C; IR (Nujol): 1580 (m), 1560 (m), 1500 (s), 1435 (s), 1100 (m), 1025 (m), 988 (s), 945 (s), 780 (w), 773 (m), 763 (m). ^{1}H-NMR (in $CDCl_3$, Standard $Si(CH_3)_4$): δ=−7.22, −4.58 ppm [50].

Primär wird $C_6F_5NH_2$ in Äther mit n-C_4H_9Li metalliert und dann mit 3-CH_3O-6-NO_2-C_6F_4 bzw. mit 5-CH_3O-6-NO_2-C_6F_4 umgesetzt. Beim Erhitzen im Rückfluß (23 h) bzw. Rühren bei 20 °C (20 h) bilden sich 3-CH_3O-6-NO_2-$C_6F_3N(H)C_6F_5$ (C) bzw. 5-CH_3O-6-NO_2-$C_6F_3N(H)C_6F_5$ (D) [109]. – Für C: Schmelzpunkt 61 bis 63 °C; ^{1}H-NMR (in CCl_4, Standard $Si(CH_3)_4$): δ(NH)=−7.3, $\delta(CH_3O)$=−4.3 (tr) ppm, J(H-F)=2.0 Hz; ^{19}F-NMR (Standard $CFCl_3$): δ(CF)=145.8 (d von d, J=225 und 8.6 Hz), 146.7, 152.7, 159.2 (m), 161.4, 162.9 ppm, Intensitätsverhältnis 1:1:2:1:1:2. – Für D: Schmelzpunkt 46 bis 47 °C; ^{1}H-NMR [in $(CD_3)_2CO$, Standard $Si(CH_3)_4$]: δ(NH)=−7.53, $\delta(CH_3O)$=−4.2 (d) ppm; ^{19}F-NMR (Standard $CFCl_3$): δ(CF)=151.7 (d), 155.7 (d), 159.0 (m), 164.8 (d von tr), 170.4 (tr von tr), 176.0 (tr) ppm, Intensitätsverhältnis 1:1:2:2:1:1.

Eine 33%ige Lösung von CH_3NH_2 in C_2H_5OH reagiert mit $C_6F_5NH_2$ in einem Cariusrohr bei 165 °C (18 h) zu 88% 3- und 12% 4-CH_3NH-$C_6F_4NH_2$. Mit $(CH_3)_2NH$, gelöst in C_2H_5OH/H_2O, erhält man bei 110 bis 120 °C 90% 3- und 10% 4-$(CH_3)_2N$-$C_6F_4NH_2$. Analog bilden sich mit CH_3ONa in siedendem CH_3OH (3 d) 79% 3-, 16% 4- und 5% 2-CH_3O-$C_6F_4NH_2$ [85]. Eine alkoholische Lösung von $C_6F_5NH_2$ setzt sich mit 5-X-2-OH-C_6H_3CHO beim Erhitzen im Rückfluß (1 h) zu 5-X-2-OH-C_6H_3CH=NC_6F_5 um, X=H, Ausbeute 40%, Schmelzpunkt 140 bis 140.5 °C, X=Br, 56%, 130.5 bis 131.5 °C, X=Cl, 53%, 131.5 bis 132.5 °C [259]. Behandelt man $C_6F_5NH_2$ mit 3-NO_2-C_6H_4CHO bei 125 °C (0.5 h), so bilden sich 76% 3-NO_2-C_6H_4CH=N-C_6F_5 (Schmelzpunkt 140 °C) [55].

Das mit NaH in Tetrahydrofuran bei −10 bis −20 °C (4 h, rühren) behandelte $C_6F_5NH_2$ wird auf −70 °C gekühlt und mit $C_2H_5OC(O)C$=$CC(O)OC_2H_5$ versetzt. Nach 2 h wird auf 20 °C (2.5 h) erwärmt und im Rückfluß (12 h) erhitzt. Hierbei entsteht $C_6F_5NHC[C(O)OC_2H_5]$=CH-$C(O)OC_2H_5$, Siedepunkt 106 bis 108 °C/0.02 Torr, IR: ν(NH)=3225 (s); ^{1}H-NMR (innerer Standard $Si(CH_3)_4$, in CCl_4): δ(NH)=−9.5 (br),

Chemical Reactions of Pentafluoroaniline and Derivatives

$\delta(CH) = -5.7$ ppm [260]. Das analog aus $C_6F_5NH_2$ und NaH synthetisierte C_6F_5NHNa kondensiert mit $HC(O)OC_2H_5$ bei 20 °C zu 55% $C_6F_5NHC(O)H$ (Schmelzpunkt 100 °C, zugeschmolzenes Röhrchen). Es ist polymorph, Sublimation bzw. Kristallisation aus CCl_4 führt zur Modifikation A, IR: $\nu(NH) = 3205$ (br); $\nu(C=O) = 1678$; 1650, 1550, 1524, 1497 cm^{-1}. Aus der Schmelze kristallisiert Form B aus; IR: 3279, 1681, 1650, 1543, 1529, 1497 cm^{-1}. In Lösungen von $CHCl_3$ oder CCl_4 sind die IR-Spektren identisch. ^1H-NMR (in Aceton, Standard $(CH_3)_4Si$): $\delta(NH) = -9.1$ (br), $\delta(CH) = -8.47$ ppm bei 35 °C. Bei −80 °C: $\delta(NH) = -10.0$ ppm, ^{19}F-NMR (äußerer Standard CF_3COOH): $\delta(o\text{-}F) = 68.4$, $\delta(p\text{-}F) = 82.1$, $\delta(m\text{-}F) = 88.0$ ppm bei 35 °C. Bei −20 °C: J(3-F-4-F) = 21.9 Hz, UV (in C_2H_5OH): $\lambda_{max} = 221$ bis 222 nm ($\varepsilon = 8970$). Massenspektrum (in Klammern relative Intensität): m/e = 211, $C_7H_2F_5NO^+$ (44); 183, $C_6H_2F_5N^+$ (100); 155, $C_5F_5^+$, (19); 136, $C_5F_4^+$ (18); 117, $C_5F_3^+$ (12); 69, CF_3^+ (10); 29, CHO^+ (10); 28, CO^+ (12) [188]. Eine Suspension von $C_6F_5NH_2$, NaH und Tetrahydrofuran werden bei −20 bis −30 °C (3 h, gerührt), mit $ClCH_2C(O)OC_2H_5$ bei 20 °C versetzt und im Rückfluß (1 h) erhitzt. Hierbei entsteht N,N-Bis(pentafluorphenyl)-2,5-diketopiperazin (Schmelzpunkt 171 bis 173.5 °C) [261].

$C_6F_5NH_2$ bzw. 4-CN-$C_6F_4NH_2$ reagieren mit 2,4,6-Trichlorpyrimidin bzw. mit 4-Chlor-5-cyano-2-trifluormethylpyrimidin oder 2-Benzylmercapto-4-chlor-5-cyanopyrimidin zu 4-Pentafluoranilino-2,6-dichlorpyrimidin (Schmelzpunkt 156.7 bis 157.7 °C) bzw. 5-Cyano-4-(4′-cyanotetrafluoranilino)-2-trifluormethylpyrimidin (Schmelzpunkt 170 bis 171 °C) oder 2-Benzylmercapto-5-cyano-4-(4′-cyanotetrafluoranilinopyrimidin) (Schmelzpunkt 191 bis 192 °C) [275].

$(C_6F_5)_2NH$ im Gemisch mit $LiNH_2$ und Tetrahydrofuran wird im Rückfluß (0.75 h) erhitzt, anschließend auf 0 °C abgekühlt. Zu der Suspension wird CH_3J hinzugefügt und bei 20 °C (12 h) gerührt. Hierbei bilden sich 90% $(C_6F_5)_2NCH_3$, Schmelzpunkt 61.5 bis 63 °C, IR (Nujol): 1512 (s), 1500 (s), 1238 (m), 1200 (m), 1082 (s), 1002 (s), 990 (s), 892 (m), 789 (m), 732 (m), 725 (m), 669 (m), 571 (m) cm^{-1} [50].

In Gegenwart von H_2SO_4 reagiert 4-C_2F_5-$C_6F_5NH_2$ mit $[CH_3C(O)]_2O$ in der Siedehitze zu 4-C_2F_5-$C_6F_4NHC(O)CH_3$ (Sublimation 120 °C/0.01 Torr; Schmelzpunkt 136 bis 139 °C) [76]. Analog entsteht aus 3,6-$(CF_3)_2$-$C_6F_3NH_2$ das entsprechende Acetanilid (Schmelzpunkt 139 bis 140 °C) und aus 4,5-$(CF_3)_2$-$C_6F_3NH_2$ ebenfalls das erwartete Acetanilid (Schmelzpunkt 110 bis 111 °C) [77]. Unter ähnlichen Bedingungen liefert 2,4,6-$(CF_3)_3$-$C_6F_2NH_2$ das Acetylperfluormesidin (Schmelzpunkt 173 bis 174 °C, IR: $\nu(C=O) = 1705$ cm^{-1}) [78].

Beim Erhitzen von 2-OH-$C_6F_4NH_2$ mit $[CH_3C(O)]_2O$ im Rückfluß (60 h) in Gegenwart von konzentriertem H_2SO_4 tritt eine Cyclisierung ein unter Bildung von 4,5,6,7-Tetrafluor-2-methylbenzoxazol (60%, Siedepunkt 45 °C/1 Torr; Schmelzpunkt 45 °C; UV (in C_2H_5OH): $\lambda_{max} = 221$ nm ($\varepsilon = 10000$), 224 nm ($\varepsilon = 10233$), 262 nm ($\varepsilon = 1048$), 233 nm (infl., $\varepsilon = 8512$); ^{19}F-NMR (in $CH_3C(O)CH_3$, äußerer Standard CF_3COOH): 77.7, 84.9, 86.8, 88.6 ppm) [64]. 4-OH-$C_6F_4NH_2$ wird mit warmem HNO_3 zu Tetrafluor-1,4-benzochinon (Schmelzpunkt 178 bis 179.5 °C) oxidiert [55]. Mit CH_2N_2 in Äther erfolgt Veresterung zu 4-OCH_3-$C_6F_4NH_2$ (47% Ausbeute, Schmelzpunkt 75 bis 76 °C) [56].

Die Kondensation von 4-NO_2- bzw. 2-NO_2-$C_6F_4NH_2$ mit $CH_3(X)H$ verläuft in Äther mit >90% Ausbeute zu 4-NO_2-2-$CH_3(X)$-$C_6F_4NH_2$ (A) und 2-NO_2-6-$CH_3(X)$-C_6F_4-NH_2 (B). Nachfolgend werden X, Reaktionszeit, Schmelzpunkt und Mengenverhältnis von A und B aufgeführt: NH, 2 h, 149 °C (A), NH, 2 h, 91 °C (B), 60:40; CH_3N, 24 h, 108 °C (A), CH_3N, 24 h, 63 °C (B), 90:10; O, 2 h, 54 °C (A), O, 2 h, 49 °C (B), 70:30 [61]. Reaktion mit einem Formalin-HCOOH-Gemisch (Erhitzen im Rückfluß,

Chemical Reactions of Pentafluoroaniline and Derivatives

2 d) führt zu 4- (C) bzw. 2-NO_2-C_6F_4-$N(CH_3)_2$ (D), für C: Schmelzpunkt 99 bis 99.5 °C, ^1H-NMR (innerer Standard $Si(CH_3)_4$): $\delta(CH_3) = -3.11$ (Triplett, J = 2.7 Hz), ^{19}F-NMR (innerer Standard CF_3COOH): $\delta(CF) = 71.0$ und 74.0 ppm; für D: ^1H-NMR: $\delta(CH_3) = 2.97$ (Dublett, J = 1.8 Hz) [59].

2-NH_2-C_6F_4COOH wird zu 2-NH_2-$C_6F_4C(O)OCH_3$ verestert (83%, Schmelzpunkt 104.5 bis 105.5 °C, IR: $\nu(NH) = 3474$, 3354; $\nu(C\text{-}H) = 2989$, 2889; $\nu(C{=}O) = 1692$; $\delta(NH) = 1588$; $\nu(C\text{-}N) = 1345$; $\nu(C\text{-}O\text{-}C) = 1282$ und 1170 cm^{-1}) [262]. In Gegenwart von konzentriertem H_2SO_4 wird 2-NH_2-C_6F_4COOH mit CH_3OH beim Erhitzen im Rückfluß (5 h) zu 73% Methyltetrafluoranthranilat verestert (Schmelzpunkt 104 bis 105 °C) [264]. Wie gewöhnlich liefert 2-NH_2-C_6F_4COOH 5-Benzylthiouronium-3,4,5,6-tetrafluoranthranilat (Schmelzpunkt 205 °C) [68].

Beim Erhitzen von 4-NH_2-C_6F_4COOH mit CH_3OH bzw. C_2H_5OH im Rückfluß (5 h bzw. 7 h) in Gegenwart von konzentriertem H_2SO_4 entsteht 4-NH_2-$C_6F_4C(O)OCH_3$ (85%, Schmelzpunkt 117 °C) bzw. 4-NH_2-$C_6F_4C(O)OC_2H_5$ (89%, Schmelzpunkt 80.5 bis 81.5 °C) [70].

Mit 40%igem Formalin und 90%igem HCOOH reagiert 4-NH_2-$C_6F_5C(O)OH$ beim Erhitzen (Wasserbad, 16 h) zu 4-$(CH_3)_2N$-$C_6F_4C(O)OH$, Schmelzpunkt 163 bis 165 °C, ^1H-NMR (innerer Standard $Si(CH_3)_4$): $\delta(CH_3) = -3.03$ ppm (Triplett, J = 1.7 Hz); ^{19}F-NMR (innerer Standard CF_3COOH): $\delta(CF) = 65.6$ und 75.5 ppm (Zentren von Multipletts) [69]. – Elektrochemisch wird 4-NH_2-C_6F_4COOH, gelöst in 35%igem $HClO_4$, bei −1.5 V zu 60% 4-H-C_6F_4COOH reduziert [263].

1,4-$(NH_2)_2$-C_6F_4 reagiert mit 90% HCOOH und 40% Formalin in der Siedehitze (18 h) zu 1,4-$[(CH_3)_2N]_2$-C_6F_4 (Schmelzpunkt 38.5 °C). Ganz analog setzt sich 1,3-$(NH_2)_2$-C_6F_4 zu 1,3-$[(CH_3)_2N]_2$-C_6F_4 (Siedepunkt 110 °C/18 Torr) [45] und 4,5-$(CF_3)_2$-$C_6F_3NH_2$ zu 4,5-$(CF_3)_2$-$C_6F_3N(CH_3)_2$ um, Siedepunkt 203 bis 204 °C, ^1H-NMR, Standard $(CH_3)_4Si$: $\delta(CH_3) = -2.8$ ppm (Triplett, J(F-H) = 2.8 Hz) [77]. Mit 90%igem HCOOH kondensiert 1,2-$(NH_2)_2$-C_6F_4 (Rückfluß, 15 h) zu 4,5,6,7-Tetrafluorbenzimidazol, Schmelzpunkt 232 °C, IR: $\nu(CH) = 2800$ cm^{-1}, UV (in C_2H_5OH): $\lambda_{max} = 240$ nm ($\varepsilon = 5200$), 265 nm (infl., $\varepsilon = 2000$), ^1H-NMR: $\delta(CH) = -8.22$ ppm. Beim Erhitzen (15h) mit 40%igem Formalin und 5 normalem HCl bildet sich neben dem Benzimidazol zusätzlich 4,5,6,7-Tetrafluor-N-methylbenzimidazol, Schmelzpunkt 115 bis 115.5 °C, UV (in C_2H_5OH): $\lambda_{max} = 245$ nm ($\varepsilon = 5000$), 230 nm ($\varepsilon = 4800$), 267 nm (infl., $\varepsilon = 2000$); ^1H-NMR (in Aceton, Standard $(CH_3)_4Si$): $\delta(CH) = -8.22$, $\delta(CH_3) = -4.05$ (Dublett), J(F-H) = 1.4 Hz [85]. Stöchiometrische Mengen von 1,3-$(NH_2)_2$-C_6F_4 und Octafluorbiphenyl-4,4'-diglycidyläther reagieren bei 80 °C (24 h), 140 °C (6 h), 160 °C (16 h) zu Thermoplasten [265].

Versuche, 2-Aminononafluordiphenylamin mit NaH in siedendem Äther (20 h) bzw. Dioxan (1 h) oder mit n-C_4H_9Li in siedendem Äther (12 h) zum Octafluorphenazin zu cyclisieren, verliefen erfolglos [251].

Diazotierungsreaktionen

Diazotization Reactions

Diazotierung von $C_6F_5NH_2$ in 80%igem HF mit $NaNO_2$ bei 0 °C (16 bis 20 h, rühren) führt zu $[C_6F_5NN]F$, das nach Zugabe von H_2NSO_3H mit einer Reihe von organischen Verbindungen kuppelt gemäß:

$$[C_6F_5N_2]F + R\text{-}X \rightarrow C_6F_5N{=}NR \rightarrow C_6F_5R$$

Für R = H, Cl, Br, J zerfällt die Diazoverbindung unter den angegebenen Reaktionsbedingungen zu C_6F_5R.

Nachfolgend werden R, X, Temperatur und Ausbeute angegeben. R=4-$(CH_3)_2$N-C_6H_4, X=H, 20 °C, 66% Ausbeute; R=H, X=H_2PO_2, Erhitzen, 51%; Cl, Cu^+, in HCl, 100 °C, 46%; Br, Cu^+, in HBr, 100 °C, 63%; J, K^+, 40 °C, 42%. Das nach 1.5 h synthetisierte $[C_6F_5NN]F$ koppelt mit $(CH_3)_2NC_6H_5$ und liefert die Azoverbindung in ähnlich hoher Ausbeute. Stellt man $[C_6F_5NN]Cl$ in konzentriertem HCl her und kuppelt bei 0 °C mit β-Naphthol, so bildet sich Hydroxychlor-trifluorphenylazo-β-naphthol (Schmelzpunkt 247 bis 248 °C). Erhitzt man das in 80%igem HF hergestellte $[C_6F_5NN]F$ mit Kupferbronze im Rückfluß (1 h), so bildet sich $C_6F_5C_6F_5$. Das in 70%igem H_2SO_4 mit $NaNO_2$ diazotierte $C_6F_5NH_2$ wird 2 h gerührt und mit wasserfreiem Na_2CO_3 (4 h) alkalisch gemacht. Nach 0.5 h wird die immer noch auf 0 °C gekühlte Lösung mit H_2SO_4 angesäuert und mit $(CH_3)_2NC_6H_5$ umgesetzt. Hierbei entstehen etwa 50% 4′-Dimethylamino-2,3,5,6-tetrafluor-4-hydroxyazobenzol (Schmelzpunkt 157 °C, Zersetzung) und deren Na-Salz (Schmelzpunkt 210 bis 215 °C, Zersetzung). In 70%igem H_2SO_4 gelöstes $C_6F_5NH_2$ wird in 2 h mit $NaNO_2$ und dann mit Na_2CO_3-Lösung unter starkem Rühren bei 0 °C (2 h) umgesetzt. Danach wird mit 70%igem H_2SO_4 angesäuert und in Gegenwart von H_3PO_2 (D=1.226 g/cm^3) auf einem Wasserbad 0.75 h erwärmt. Es bildet sich 2,3,5,6-Tetrafluorphenol (Siedepunkt 144 bis 147 °C). Setzt man $C_6F_5NH_2$ (gelöst in 70% H_2SO_4) mit $NaNO_2$ bei 0 °C (2 h) um, gießt die Lösung in siedendes H_2O und erwärmt auf 90 bis 95 °C (0.5 h), so kann aus dem Gemisch mit Äther Tetrafluordihydrochinon (Siedepunkt 146.5 °C, 47 °C/20 Torr; Schmelzpunkt 30 °C) extrahiert werden [55].

4-NH_2-C_6F_4COOH, gelöst in einem Gemisch aus CH_3COOH und 10%igem HCl, reagiert bei 5 °C mit einer wäßrigen $NaNO_2$-Lösung zum entsprechenden Diazoniumsalz, das in alkalischer Lösung mit 2-Naphthol zu einem Feststoff (Schmelzpunkt 211 bis 212 °C) koppelt [70]. Die Diazotierung von 4-Aminononafluor- bzw. 4,4′-Diaminooctafluordiphenyläther mit $NaNO_2$ bei −20 °C (6 h) und nachfolgender Umsetzung mit CuBr, gelöst in 48%igem HBr, bei 70 °C zu 83% 4-Bromnonafluordiphenyläther (Schmelzpunkt 83 bis 84 °C) bzw. 53% 4,4′-Dibromoctafluordiphenyläther (Schmelzpunkt 102 bis 103 °C) [87]. 4-Aminononafluorindan setzt sich in wasserfreiem HF mit $NaNO_2$ bei −20 °C (0.5 h) sowie +10 °C (1 h) anschließend mit CuBr, gelöst in 48%igem HBr, bei 50 °C (1 h) zu 58% 5-Bromnonafluorindan um (Siedepunkt 78 bis 79 °C/20 Torr, n_D^{25}=1.4296) [79].

Mit C_4H_9ONO reagiert 2-NH_2-C_6F_4COOH zu 2-$N_2^{\oplus}$-$C_6F_4COO^-$, das CO_2 und N_2 abspaltet und Tetrafluorbenzin liefert [266, 267]. Zersetzung von $C_6F_5NH_2$ bzw. 4-Br-$C_6F_4NH_2$ mittels $C_6H_5NO_2$ liefert C_6F_5- bzw. 4-Br-C_6F_4-Radikale, die aus den Lösungsmitteln $CHCl_3$ oder $CBrCl_3$, H, Cl oder Br unter Bildung von C_6H_5H, C_6H_5Cl, C_6H_5Br abstrahieren [268].

Reactions of Carboxylic and Carbonic Acid Amides

1.4.8 Reaktionen von Carbonsäure- und Kohlensäureamiden

$CF_3C(O)NH_2$ reagiert mit einem F_2/O_2-Gemisch bei −6 °C zu CF_3OF, NF_3, COF_2 und HF [269]. In Dibutyläther gelöstes $C_2F_5C(O)NH_2$ wird von $LiAlH_4$ zu 81% $C_2F_5CH_2OH$ (Siedepunkt 51 °C, n_D^{15}=1.300) reduziert [130].

In alkalischer Lösung reagiert $CF_3C(O)NH_2$ mit NaOBr bei 60 bis 70 °C zu 11% CF_3Br, bei 0 °C entstehen 35% CF_3Br und $CF_3C(O)ONa$. Analog ergibt die Reaktion von $C_3F_7C(O)NH_2$ mit NaOBr (gelöst in H_2O) im Rückfluß (0.5 h) 81% C_3F_7Br, in der wäßrigen Phase wird OCN^- nachgewiesen. Die Oxidation von $CF_3C(O)NH_2$ bei 0 °C mit NaOJ-Lösung (Siedehitze, 0.25 h) ergibt als flüchtiges Produkt lediglich NH_3 (46%) und kein CF_3J [174]. Die in [175] gemachte Beobachtung, daß $CF_3C(O)NH_2$

mit NaOBr zu C_2F_6 reagiert, wird in [174] nicht bestätigt. Dagegen reagiert $C_3F_7C(O)NH_2$ mit NaOBr bei 0 °C (1 h), 20 °C (1 h) und 95 °C (2.5 h) zu 65 bis 70% C_3F_7Br sowie mit NaOCl bei 105 °C (8 h) zu C_3F_7Cl, das mit 10% C_3F_7H verunreinigt war. Die analog mit NaOJ durchgeführte Umsetzung führt zu C_3F_7H. Die Reaktion von $C_2F_5C(O)NH_2$ mit NaOBr führt zu Pentafluorbromäthan [175].

In Äther gelöstes $R_fC(O)NH_2$ reagiert mit $C_6H_5PF_4$ in Anwesenheit von $(C_2H_5)_3N$ bei 0 °C [270] gemäß:

$$R_fC(O)NH_2 + 3\,C_6H_5PF_4 + 2\,(C_2H_5)_3N \rightarrow R_fC(O)N{=}P(F_2)C_6H_5 + 2\,[(C_2H_5)_3NH][C_6H_5PF_5]$$

$R_f = CF_3$: Ausbeute = 31%, Siedepunkt 59 °C/0.2 Torr. IR (Film): $\nu(C{=}O) = 1702$ (vs); $\nu(PNC) = 1247$ (vs); $\nu(P\text{-}C_6H_5) = 1143$ (vs); $\nu_{as}(P\text{-}F_2) = 920$ (s); $\nu_s(PF_2) = 885$ (vs); 1814 (sh), 1744 (m), 1595 (m), 1446 (s), 1420 (s), 1336 (m), 1210 (s), 1047 (m), 795 (sh), 777 (sh), 752 (m), 712 (m), 688 (m), 590 (sh), 532 (s), 518 (s), 542 (sh). ^{19}F-NMR (äußerer Standard $CFCl_3$): $\delta(CF_3) = 78.3$, $\delta(PF_2) = 72.1$ ppm. ^{31}P-NMR (äußerer Standard H_3PO_4): $\delta(P) = 25.5$ ppm, $J(P\text{-}F) = 1134$ Hz, $J(CF_3\text{-}P) = 5.5$ Hz, $J(F\text{-}F) = 0.8$ Hz

$R_f = C_3F_7$: Ausbeute = 42%, Siedepunkt 68 °C/0.2 Torr. IR (Film): $\nu(C{=}O) = 1698$ (vs); $\nu(C\text{-}F) = 1265$ (m); $\nu(PNC) = 1224$ (vs); $\nu(C\text{-}F) = 1142$ (s); $\nu(P\text{-}C_6H_5) = 1121$ (s); $\nu_{as}(PF_2) = 919$ (s); $\nu_s(PF_2) = 867$ (s); 3070 (sh), 1594 (m), 1442 (m), 1397 (s), 1388 (s), 1180 (m), 1048 (m), 1032 (m), 997 (sh), 955 (m), 778 (sh), 748 (s), 684 (s), 507 (s). ^{19}F-NMR (äußerer Standard $CFCl_3$): $\delta(CF_3) = 128$, $\delta(\alpha\text{-}CF_2) = 119.5$, $\delta(\beta\text{-}CF_2) = 82.6$, $\delta(PF_2) = 73$ ppm. ^{31}P-NMR (äußerer Standard H_3PO_4): $\delta(P) = 27.7$ ppm, $J(P\text{-}F) = 1142$ Hz. Massenspektrum: m/e = 357, M^+; 338 $(M-F)^+$; 188, $CONPF_2C_6H_5^+$; 169, $C_3F_7^+$; 119, $C_2F_5^+$; 100, $C_2F_4^+$; 77, $C_6H_5^+$; 69, PF_2^+; 51, $C_4H_3^+$; 50, PF^+; 39, $C_3H_3^+$.

$CF_3C(O)NH_2$ kondensiert mit 1,5-Diazabicyclo[4,3,0]non-5-en auf Zugabe von $(CH_3)_2NC(O)N(CH_3)_2$ zu 47% 2-Trifluormethyl-adenosin-cyclo-3′,5′-phosphat [271]. – Bromierungen von Toluol und von Cyclohexen mit $R_fC(O)NHBr$ s. [173].

Erhitzen von $(CF_3)_2CFO(CF_2)_5C(O)NH_2$ mit Paraformaldehyd auf 90 °C (20 min), Lösen in $C_2F_3Cl_3$, Zugabe von $ZnCl_2$ und Einleiten von HCl (2.5 h) führt zu 76% $(CF_3)_2CFO(CF_2)_5C(O)NHCH_2Cl$, IR: Amidbanden: 3333, 1709, 1538, 1527; $\nu(C\text{-}F) =$ 1333 bis 1111; $\nu(C\text{-}O\text{-}C) = 990\ cm^{-1}$. Ohne Zugabe von $ZnCl_2$ und HCl entsteht bei 80 °C (5 h) $(CF_3)_2CFO(CF_2)_5C(O)NHCH_2OH$, IR: Amidbanden: 1709, 1527 bis 1524; ν(NH und OH) = 3333; $\nu(C\text{-}F) = 1333$ bis 1111; $\nu(C\text{-}O\text{-}C) = 990$. Analog werden 60% $(CF_3)_2CFO(CF_2)_{11}C(O)NHCH_2OH$ (100 °C, 1 h, Schmelzpunkt 42 bis 45 °C) aus $(CF_3)_2CFO(CF_2)_{11}C(O)NH_2$ und Paraformaldehyd hergestellt. In Gegenwart von Pyridinhydrochlorid bildet sich bei 65 bis 70 °C (18 h) $[(CF_3)_2CFO(CF_2)_{11}\text{-}C(O)NHCH_2\overset{+}{N}C_5H_5]Cl^-$, Schmelzpunkt 59 bis 64 °C [139].

Behandelt man $CF_3N(H)C(O)C(O)OH$ mit Anilin, so entsteht das entsprechende Anilid, Schmelzpunkt 250 °C [190]. Mit ROH bzw. RONa kondensiert $C_3F_6[C(O)NHPOCl_2]_2$ zu $C_3F_6[C(O)NHPO(OR)_2]_2$, $R = C_2H_5$, C_6H_5 [120]. – Mit primären und sekundären Aminen reagiert $[CF_3C(O)]_2NH$ schnell und quantitativ zu den entsprechenden Amiden. Etwas langsamer werden Hydroxylfunktionen zu Trifluoracetylestern acetyliert. Mit Amphetamin bzw. Methamphetamin reagiert $[CF_3C(O)]_2NH$ zu N-Trifluoracetylamphetamin bzw. -methamphetamin und mit n-Octanol zu $n\text{-}C_8H_{17}OC(O)CF_3$. Gleichzeitig entsteht $CF_3C(O)NH_2$. Die so leichtflüchtig gemachten Verbindungen werden zu Beginn eines Gaschromatogramms eluiert [194].

Reactions of Imines

1.4.9 Reaktionen von Iminen

Reactions of $(CF_3)_2$-C=NH

1.4.9.1 Reaktionen von $(CF_3)_2C{=}NH$

Das aus $(CF_3)_2C{=}NH$ und CH_3Li bei 0 °C synthetisierte $(CF_3)_2{=}NLi$ reagiert mit $(CH_3)_2SnCl_2$, gelöst in Äther, bei 0°C (0.5 h, rühren) zu 83% $[(CF_3)_2C{=}N]_2Sn(CH_3)_2$. Analog entstehen $[(CF_3)_2C{=}N]_nM(CH_3)_{4-n}$; nachfolgend werden n, M und die Ausbeute in % angegeben: 1, Si, 65; 2, Si, 70; 3, Si, 72; 1, Ge, 66.7; 2, Ge, 77; 3, Ge, 69; 1, Sn, 84; 2, Sn, 83; 3, Sn, 63. Physikalische Daten der Produkte sind in der folgenden Tabelle 2 zu finden [273].

Tabelle 2: Produkte der Reaktion von $(CF_3)_2C{=}NH$ mit Si-, Ge- und Sn-Verbindungen. Siedepunkt (Sdp.) in °C/Druck in Torr, chemische Verschiebung δ (in ppm) und Spin-Spin-Kopplungskonstante J im NMR-Spektrum, Wellenlängen λ_{max} (in nm) des $n\rightarrow\pi^*$-Übergangs im UV-Spektrum, IR-Spektrum (Valenz- (ν) und Deformationsschwingungen (δ)).

Verbindung (Ausbeute in %)	Sdp./Torr in °C	^{19}F-, ^{1}H-NMR [a)] δ(F)	δ(H)	UV (Gas) λ_{max}	IR (Film) in cm^{-1} ν(C=N)	ν(M-N)	δ(M-CH_3)	ν(M-CH_3)
$(CH_3)_3SiN{=}C(CF_3)_2$ (65) [182]	70 bis 72/500	69.0	−0.39	–	1765	955	852, 804	629
$(CH_3)_2Si[N{=}C(CF_3)_2]_2$ (70) [182]	84 bis 85/207	69.7	−0.49	342	1770	957	811	667
$CH_3Si[N{=}C(CF_3)_2]_3$ (72) [182]	87 bis 89/90	70.6	−0.94	–	1774	959	841, 793	–
$(CH_3)_3Ge[N{=}C(CF_3)_2]$ (66.7) [182]	31 bis 33/40	71.0	−0.52	–	1730	955	840	618, 578
$(CH_3)_2Ge[N{=}C(CF_3)_2$ (77) [182]	80 bis 83/66	71.8	−0.82	321	1730	957	831	639, 598
$CH_3Ge[N{=}C(CF_3)_2]_3$ (69) [182]	77 bis 79/35	72.3	−1.20	–	1733	961	832	628
$(CH_3)_3SnN{=}C(CF_3)_2$ (84) [182]	51/53	68.5	−0.52 [b)]	–	1720	948	787, 774	548, 521
$(CH_3)_2Sn[N{=}C(CF_3)_2]_2$ (83) [182]	121 bis 122/130	68.7	−0.81 [c)]	329 (sh)	1719	949	791, 777	561, 532
$CH_3Sn[N{=}C(CF_3)_2]_3$ (63) [182]	91/27	68.4	−1.12 [d)]	–	1717	956	804, 781	552, 538

a) Äußerer Standard $CFCl_3$, innerer Standard C_6H_6. — b) $J(^{117}Sn\text{-}CH_3) = 59$ Hz; $J(^{119}Sn\text{-}CH_3) = 56.5$ Hz. — c) $J(^{117}Sn\text{-}CH_3) = 71.5$ Hz, $J(^{119}Sn\text{-}CH_3) = 67.5$ Hz. — d) $J(^{117}Sn\text{-}CH_3) = 93.5$ Hz, $J(^{119}Sn\text{-}CH_3) = 89$ Hz.

Literatur s. S. 76

Mit CH_3OH reagiert $(CF_3)_2C{=}NH$ bei −10 °C zu $(CF_3)_2C(NH_2)OCH_3$, Siedepunkt 91 bis 92 °C, $n_D^{24}=1.3149$ [9]; $n_D^{25}=1.3144$ [3]. Im Bombenrohr addiert $(CF_3)_2C{=}NH$ bei 100 °C (6 h) C_2H_5OH und liefert $(CF_3)_2C(NH_2)OC_2H_5$ (81%, Siedepunkt 100 bis 102 °C, $n_D^{20}=1.3245$, $D_4^{20}=1.396$ g/cm³) [6].

Cyclohexylamin reagiert mit $(CF_3)_2C{=}NH$ bei 20 °C (0.75 h) zu 70% N-Cyclohexyl-1,1,1,3,3,3-hexafluor-2,2-propandiamin, Siedepunkt 54 bis 55 °C/4.4 Torr, $n_D^{25}=1.3903$, ^{19}F-NMR (innerer Standard $CFCl_3$): $\delta(CF_3)=80.2$ ppm [274].

Aktive Methylenverbindungen addieren $(CF_3)_2C{=}NH$ unter dem Einfluß von Lewis-Säurekatalysatoren. So reagiert Cyclohexanon in einem Autoklav in Gegenwart von $ZnCl_2$ bei 125 °C (8 h) zu 45% 2-(Hexafluorisopropylamino)-cyclohexanon. Analog bildet sich aus $CH_2[C(O)OCH_3]_2$ bzw. $NCCH_2C(O)OCH_3$ mit dem Imin $(CF_3)_2C{=}NH$ bei 100 °C (8 h, $ZnCl_2$-Katalysator) 13% $[CH_3O(O)C]_2CHC(CF_3)_2NH_2$ bzw. 45% $CH_3O(O)C(NC)CHC(CF_3)_2NH_2$ [275].

Mit Alkenen und Alkinen

With Alkenes and Alkynes

Alkene werden von $(CF_3)_2C{=}NH$ ohne Aufspaltung ihrer Doppelbindung addiert, wobei Verbindungen der Formel $RC(CF_3)_2NH_2$ entstehen. Propylen reagiert in Gegenwart von $AlCl_3$ mit $(CF_3)_2C{=}NH$ zunächst bei 20 °C (4 h), 50 °C (4 h) und dann bei 100 °C (8 h) zu 35% $CH_2{=}CHCH_2C(CF_3)_2NH_2$. Analog liefert 1-Buten bei 75 °C (16 h) $CH_3CH{=}CHCH_2C(CF_3)_2NH_2$ (19%). 1,7-Octadien setzt sich bei 75 °C (16 h) zu 29% $[NH_2C(CF_3)_2CH_2CH{=}CHCH_2]_2$ um. Die Umsetzung mit $(CH_3)_2C{=}CH_2$ (Erhitzen auf einem Wasserbad, 23 h) führt zu $(CF_3)_2C(NH_2)CH_2C({=}CH_2)CH_2C(CF_3)_2NH_2$. Bei 125 °C (16 h) entsteht aus $C_6H_5C(CH_3){=}CH_2$ und $(CF_3)_2C{=}NH$ in 12% Ausbeute $C_6H_5C({=}CH_2)CH_2C(CF_3)_2NH_2$. Ohne Angabe physikalischer Daten werden weitere Umsetzungen von $R_fR_f'C{=}NH$ mit Olefinen tabellarisch aufgeführt [275, 276]. Ein Gemisch aus $(CF_3)_2C{=}NH$ und $CH_2{=}C(CH_3)C(CH_3){=}CH_2$ reagiert im Bombenrohr bei 100 °C (18 h) zu 2,2-Bis(trifluormethyl)-4,5-dimethyl-1,2,3,6-tetrahydropyridin (74%, Siedepunkt 44 °C/5 Torr, $n_D^{25}=1.3911$) [9].

Unter der katalytischen Wirkung von BF_3 reagiert $CH_3C{\equiv}CH$ in Gegenwart von Hydrochinon mit $(CF_3)_2C{=}NH$ bei 150 °C (6 h) zu $CH_2{=}C{=}CHC(CF_3)_2NH_2$ (68%, Siedepunkt <58 °C; IR: $\nu(C{=}C{=}C)=1955\ cm^{-1}$); mit ACl_3 bildet sich $CH_3C(Cl){=}CHC(CF_3)_2NH_2$ [275].

Mit Ketonen und Carbonsäuren

With Ketones and Carboxylic Acids

In einem Cariusrohr reagiert $(CF_3)_2C{=}NH$ mit $(CF_3)_2C{=}C{=}O$ unter dem katalytischen Einfluß von BF_3 bei 100 °C (3 h) zu $(CF_3)_2C{=}NC(O)CH(CF_3)_2$, Siedepunkt 102 bis 104 °C, Schmelzpunkt 45 bis 47 °C, IR (in CCl_4): 1764 cm^{-1}, ^1H-NMR [in $(CD_3)_2CO$, innerer Standard $Si(CH_3)_4$]: $\delta(CH)=-4.98$ ppm (sept, J(H-F) = 8 Hz), ^{19}F-NMR (in Aceton, Standard $CFCl_3$): $\delta[(CF_3)_2CH]=64.6$ ppm (d), $\delta(CF_3)=80.7$ ppm [10].

Das in einem Lösungsmittel mit NaCN eingesetzte Keton $XCF_2C(O)CF_2Y$ kondensiert mit $(CF_3)_2C{=}NH$ zu einem 3-Oxazolin [220, 248] gemäß:

$$XCF_2C(O)CF_2Y + NaCN \longrightarrow NCC(ONa)(CF_2X)(CF_2Y) \xrightarrow{(CF_3)_2C{=}NH} \text{3-Oxazolin: } 5\text{-}(CF_2X)\text{-}5\text{-}(CF_2Y)\text{-}4\text{-}NH_2\text{-}2,2\text{-}(CF_3)_2$$

Für X=Y=Halogen s. „Perfluorhalogenorgano-Verbindungen der Hauptgruppenelemente" 5, Abschnitt 3.1.1.2. – Nachfolgend werden X, Y, Lösungsmittel, Reaktionstemperatur, -zeit, Schmelzpunkt t_f, ^{1}H- bzw. ^{19}F-NMR [in $(CO_3)_2CO$, δ in ppm, Standard $(CH_3)_4Si$ bzw. $CFCl_3$], IR-Banden (in cm^{-1}) angegeben:

X=H, Y=Cl, $(CH_3)_2NC(O)H$, −10 bis +40 °C, –, t_f=101 bis 103, $\delta(CH)=-4.57$ (tr von tr), J(F-H)=52 und 0.7 Hz, $\delta(NH_2)=-5.5$ (br), –, 1692 [220, 248].

X=F, Y=H, CH_3CN, −10 bis +20 °C, 3 d, t_f=123 bis 125 °C, $\delta(CH)=-6.01$ (tr), J(F-H)=51.5 Hz, $\delta(NH_2)=-7.08$ (br), $\delta(CF_2H)=131.3$ (d von m), J=52 Hz; $\delta(CF_3)=$ 73.5 (m), $\delta[(CF_3)_2]=78.8$ (m), IR: 3333, 1706, 1608, 1250 bis 1000 (s) [220, 248].

X=H, Y=H, CH_3CN, 20 °C, 3 d, t_f=108 bis 110 °C, $\delta(CF_2H)=-5.92$ (tr), J=54 Hz, $\delta(NH_2)=-6.83$ (br), $\delta(CF_3)=79.1$ (m), $\delta(CF_2H)=130.9$ (d von m), J=54 Hz [277].

Perfluorchloralkylidenimine cyclisieren mit α-Mercaptocarbonsäuren gemäß:

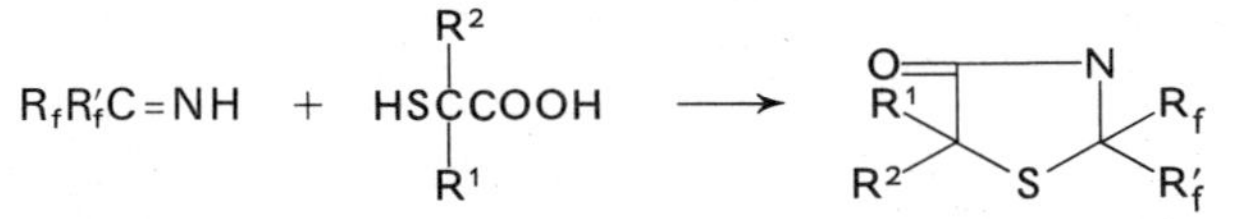

$R_fR_f'C{=}NH$ + $HSC(R^1)(R^2)COOH$ ⟶ [Ring: O=C–N, R^1, R^2, S, R_f, R_f'] $R_f, R_f' = CF_3, CF_2Cl, C_2F_5$

In Tabelle 3 werden Reaktanten, Lösungsmittel, Reaktionsbedingungen, Ausbeute und physikalische Daten der Produkte angegeben [278, 279].

Tabelle 3: Reaktion von Perfluorchloralkylideniminen mit α-Mercaptocarbonsäuren [278, 279]; Schmelzpunkt (Schmp.) in °C.

Produkt	Reaktanten (Lösungsmittel)	Reaktionsbedingungen	Schmp. in °C	IR-Spektrum (in cm^{-1}); ^{1}H- und ^{19}F-NMR (δ in ppm) (innerer Standard $(CH_3)_4Si$, $CFCl_3$), pK_a-Werte
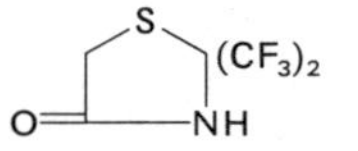 S, $(CF_3)_2$, O=, NH 67%	$(CF_3)_2C{=}NH$ $HSCH_2COOH$ (Dichlormethan)	0 °C (8 h)	114.5 bis 116	IR: $\nu(NH)=3175, 3077$; $\nu(CH)=2882$; $\nu(C{=}O)=1706$; ^{1}H-NMR (in $CDCl_3$): $\delta(CH_2)=-3.77$, $\delta(NH)=-8.90$; ^{19}F-NMR: $\delta(CF_3)=76.5$; $pK_a=7.35$
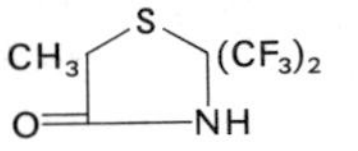 CH_3, S, $(CF_3)_2$, O=, NH 57%	$(CF_3)_2C{=}NH$ $HSCH(CH_3)COOH$ (Dichlormethan)	0 °C (8 h)	86.5 bis 88.5	IR: $\nu(NH)=3185, 3096$; $\nu(CH)=2882$; $\nu(C{=}O)=1718$; ^{1}H-NMR (in $CDCl_3$): $\delta(CH_3)=-2.57$ (d), $\delta(CH)=-4.07$ (qu); $\delta(NH)=-8.92$; $pK_a=8.37$
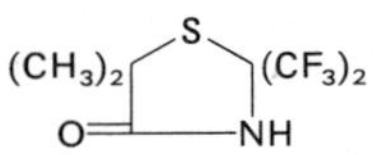 $(CH_3)_2$, S, $(CF_3)_2$, O=, NH 37%	$(CF_3)_2C{=}NH$ $HSC(CH_3)_2COOH$ (–)	100 °C (20 h)[1)]	128 bis 129	–

Literatur s. S. 76

Tabelle 3 [Fortsetzung]

Produkt	Reaktanten (Lösungsmittel)	Reaktionsbedingungen	Schmp. in °C	IR-Spektrum (in cm^{-1}); ^1H- und ^{19}F-NMR (δ in ppm) (innerer Standard $(CH_3)_4Si$, $CFCl_3$), pK_a-Werte
$HOOCCH_2$, S, $(CF_3)_2$, O, NH 58%	$(CF_3)_2C{=}NH$ $HSCHCOOH$ CH_2COOH (Äther)	100 °C (20 h)[1]	203 bis 208	IR: ν(NH) = 3175, 3077; ν(CH) = 3330 bis 2500[2]; ν(CO) = 1721, 1709; ^1H-NMR[3]: δ(CH) = −1.40[4] (qu), δ(CH) = −2.75 (d von d, J = 4 Hz), δ(OH, NH) = −7.10; ^{19}F-NMR: $\delta(CF_3)$ = 76.6[5]
C_6H_5, S, $(CF_3)_2$, O, NH 68%	$(CF_3)_2C{=}NH$ $HSCH(C_6H_5)COOH$ (Dichlormethan)	100 °C (5 h)[1]	153 bis 154	–
S, CF_2Cl, CF_3, O, NH 68%	$ClF_2C(F_3C)C{=}NH$ $HSCH_2COOH$ (Dichlormethan)	24 °C (6 h)	97 bis 98	–
S, $(CF_2Cl)_2$, O, NH 62%	$(CF_2Cl)_2C{=}NH$ $HSCH_2COOH$ (Dichlormethan)	24 °C (1 h)	103.5 bis 104.5	^1H-NMR (in $CDCl_3$): $\delta(CH_2)$ = −3.75, δ(NH) = −9.09 (br); ^{19}F-NMR: $\delta(CF_2)$ = 59[6]; pK_a = 7.57
CH_3, S, $(CF_2Cl)_2$, O, NH 65%	$(CF_2Cl)_2C{=}NH$ $HSCH(CH_3)COOH$ (–)	Kühlen, dann 100 °C (0.5 h)	82 bis 83	–
$(CH_3)_2$, S, $(CF_2Cl)_2$, O, NH 55%	$(CF_2Cl)_2C{=}NH$ $HSC(CH_3)_2COOH$ (–)	100 °C (20 h)[1]	74 bis 75	–
$HOOCCH_2$, S, $(CF_2Cl)_2$, O, NH 66%	$(CF_2Cl)_2C{=}NH$ $HSCHCOOH$ CH_2COOH (1,2-Dimethoxyäthan)	100 °C (16 h Rückfluß)	187 bis 188	–
C_6H_5, S, $(CF_2Cl)_2$, O, NH 73%	$(CF_2Cl)_2C{=}NH$ $HSCH(C_6H_5)COOH$ (CCl_4)	100 °C (1 h, Rückfluß)	159 bis 160	–
S, $(C_2F_5)_2$, O, NH 72%	$(C_2F_5)_2C{=}NH$ $HSCH_2COOH$ (Dichlormethan)	100 °C (16 h)[1]	89.5 bis 90.5	^1H-NMR (in $CDCl_3$): $\delta(CH_2)$ = −3.72, δ(NH) = −8.92 (br)

Tabelle 3 [Fortsetzung]

Produkt	Reaktanten (Lösungsmittel)	Reaktionsbedingungen	Schmp. in °C	IR-Spektrum (in cm^{-1}); ^{1}H- und ^{19}F-NMR (δ in ppm) (innerer Standard $(CH_3)_4Si$, $CFCl_3$), pK_a-Werte
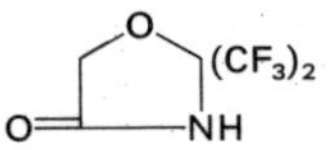 2,2-Bis(trifluormethyl)-oxazolidin-4-on ($(CF_3)_2$, NH, O) 42%	$(CF_3)_2C{=}NH$ $HOCH_2COOH$ (–)	100 °C (18 h)[1]	77 bis 78	^{1}H-NMR (in CCl_4): $\delta(CH_2) = -4.49$, $\delta(NH) = -9.42$; $pK_a = 6.42$
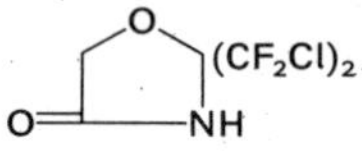 2,2-Bis(chlordifluormethyl)-oxazolidin-4-on ($(CF_2Cl)_2$, NH, O) 41%	$(CF_2Cl)_2C{=}NH$ $HOCH_2COOH$ (–)	100 °C (18 h)[1]	76	$pK_a = 6.65$
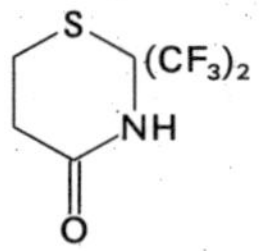 2,2-Bis(trifluormethyl)-thiazinan-4-on (S, $(CF_3)_2$, NH, O) 31%	$(CF_3)_2C{=}NH$ $HSCH_2CH_2COOH$ (Dichlormethan)	0 °C (18 h), 200 °C (2 min)	120 bis 122	IR: $\nu(NH) = 3185, 3160$; $\nu(CH) = 2950$; $\nu(C{=}O) = 1689$
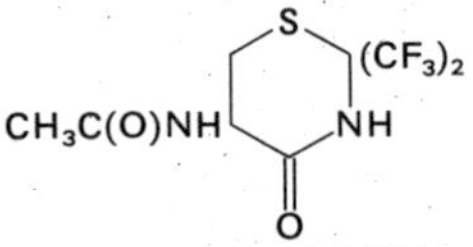 $CH_3C(O)NH$-substituiertes Thiazinanon (S, $(CF_3)_2$, NH, O) 17.5%	$(CF_3)_2C{=}NH$ L-$HSCH_2CH(NHC(O)CH_3)COOH$ (Dichlormethan)	24 °C (48 h)[1]	179 bis 180	^{1}H-NMR[7]: $\delta(CH_3) = -1.88$, $\delta(CH_2) = -3.17$ (d, J=8 Hz), $\delta(CH) = -4.57$ (qu, J=8 Hz), $\delta[HNC(O)] = -8.32$ (d, J=8 Hz), $\delta(NH) = -9.84$; ^{19}F-NMR[3]: $\delta(CF_3) = 74.9$ (qu), 76.2 (qu)
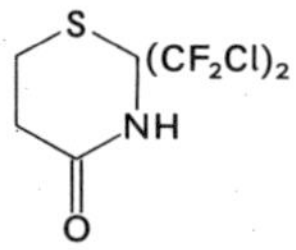 2,2-Bis(chlordifluormethyl)-thiazinan-4-on (S, $(CF_2Cl)_2$, NH, O) 42%	$(CF_2Cl)_2C{=}NH$ $HSCH_2CH_2COOH$ (–)	30 °C (1 h), 200 °C (2 min)	124 bis 126	–
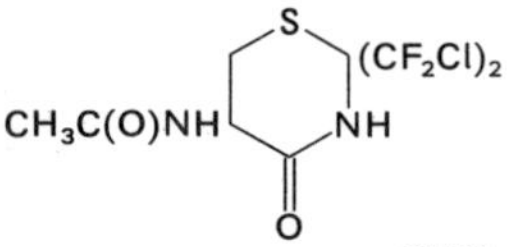 $CH_3C(O)NH$-substituiertes Thiazinanon (S, $(CF_2Cl)_2$, NH, O) 37%	$(CF_2Cl)_2C{=}NH$ L-$HSCH_2CH(NHC(O)CH_3)COOH$ (Tetrahydrofuran)	24 °C (15 h, Rühren), 100 °C (20 h, ohne Lösungsmittel)	191 bis 193	–
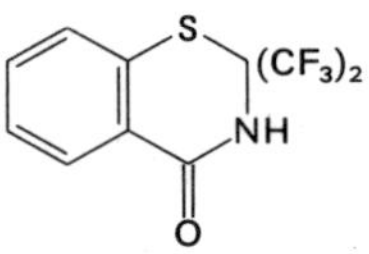 Benzothiazinon (S, $(CF_3)_2$, NH, O) 70%	$(CF_3)_2C{=}NH$ 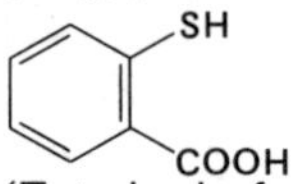 2-Mercaptobenzoesäure (SH, COOH) (Tetrahydrofuran)	24 °C (1 h)	158 bis 161	$pK_a = 8.83$

Literatur s. S. 76

Tabelle 3 [Fortsetzung]

Produkt	Reaktanten (Lösungsmittel)	Reaktionsbedingungen	Schmp. in °C	IR-Spektrum (in cm^{-1}); ^{1}H- und ^{19}F-NMR (δ in ppm) (innerer Standard $(CH_3)_4Si$, $CFCl_3$), pK_a-Werte
[Strukturformel: S, $(CF_2Cl)_2$, NH, O] 62%	$(CF_2Cl)_2C{=}NH$ [Strukturformel: SH, COOH] (Tetrahydrofuran)	(16 h Rückfluß)	133 bis 135	$pK_a = 8.99$

[1] Im Einschlußrohr. — [2] COOH-Untergrundabsorption. — [3] In $CD_3C(O)CD_3$, ABX-Spektrum. — [4] Zwei Hochfeldkomponenten in Dubletts aufgespalten, J = 11 Hz; zwei Niedrigfeldkomponenten in Dubletts aufgespalten, J = 4 Hz. — [5] A_3B_3-Spektrum.

[6] A_2B_2-Spektrum. — [7] In $(CD_3)_2SO$.

Mit aromatischen Verbindungen

With Aromatic Compounds

$F_2C{=}NH$ reagiert mit Anilin unter Erwärmung zu $(C_6H_5NH)_3CNH_2$ (Schmelzpunkt 149 °C) [202]. Phenol wird in Gegenwart von $AlCl_3$, HF oder BF_3 in einem Autoklav von $(CF_3)_2C{=}NH$ bei 150 °C (8 h) zu $4\text{-}OH\text{-}C_6H_4C(CF_3)_2NH_2$ (50%) angelagert. Diese Reaktionen verlaufen gemäß:

$$(CF_3)_2C{=}NH + HR \rightarrow RC(CF_3)_2NH_2$$

Anschließend werden für weitere Reaktionen ($R = C_6H_5O$ s. oben) R, Reaktionstemperatur in °C, -zeit und Katalysator angegeben: $4\text{-}CH_3O\text{-}C_6H_4\text{-}$, 150 (8 h), $AlCl_3$; $4\text{-}CH_3\text{-}C_6H_4$, 150 °C (8 h), $AlCl_3$; $4\text{-}HO\text{-}3,5\text{-}(CH_3)_2\text{-}C_6H_2\text{-}$, 150 (8 h), $AlCl_3$; $4\text{-}C_6H_5\text{-}C_6H_4$, 150 (8 h) oder 175 (16 h), $AlCl_3$; C_6H_5, 200 (8 h), $AlCl_3$; $4\text{-}(CH_3)_2N\text{-}C_6H_4\text{-}$, 150 (8 h), $AlCl_3$; $4\text{-}C_6H_5O\text{-}C_6H_4$, 150 (8 h), $AlCl_3$ (zusätzlich entsteht hierbei $4,4'\text{-}(CF_3)_2C(NH_2)\text{-}C_6H_4\text{-}O\text{-}C_6H_4\text{-}C(NH_2)(CF_3)_2$); $4\text{-}F\text{-}C_6H_4$, 250 (8 h), $AlCl_3$; $4\text{-}Br\text{-}C_6H_4$, 275 (8 h), $AlCl_3$ [275, 280].

Mit Anthracen setzt sich $(CF_3)_2C{=}NH$ bei 150 °C (8 h, $AlCl_3$) zu 9-(2'-Aminohexafluorisopropyl)-anthracen um. Diphenylamin addiert bei 100 °C (8 h, $AlCl_3$) 2 mol $(CF_3)_2C{=}NH$ zu $4,4'\text{-}(CF_3)_2C(NH_2)\text{-}C_6H_4\text{-}NH\text{-}C_6H_4\text{-}C(NH_2)(CF_3)_2$. Ein weiteres Mol $(CF_3)_2C{=}NH$ wird von $4\text{-}OH\text{-}C_6H_4C(CF_3)_2NH_2$ bei 200 °C (8 h, $AlCl_3$) zu 2,4-Bis(2-aminohexafluorisopropyl)-phenol angelagert. Bei 150 °C (8 h, $AlCl_3$) reagiert $(CF_3)_2C{=}NH$ mit $C_6H_5C_6H_5$ bzw. $C_6H_5SC_6H_5$ zu 4,4'-Bis(2''-aminohexafluorisopropyl)-diphenyl bzw. -diphenylsulfan [275, 280]. Physikalische Daten der hier aufgeführten Verbindungen werden in Tabelle 4 (S. 70) angegeben.

In einem Bombenrohr reagieren $(CF_3)_2C{=}NH$ mit 1-N-Morpholinocyclohexen bzw. -cyclopenten bei 150 °C (10.5 h bzw. 8 h) [275] zu:

50% [Strukturformel: Cyclohexenyl-morpholin mit R] bzw. 87% [Strukturformel: Cyclopentenyl-morpholin mit R]

$R = C(CF_3)_2NH_2$

Physikalische Daten s. Tabelle 4 (S. 70).

Tabelle 4: Physikalische Eigenschaften der Produkte der Reaktion $(CF_3)_2C{=}NH + HR \rightarrow RC(CF_3)_2NH_2$ [275, 280]. Siedepunkt (Sdp.) in °C/Druck in Torr, Schmelzpunkt (Schmp.) in °C, chemische Verschiebung δ und Spin-Spin-Kopplungskonstante J im NMR-Spektrum, Wellenlängen λ_{max} und Extinktionskoeffizienten ε der UV-Absorptionsmaxima, IR-Spektrum.

Verbindung $X = -C(CF_3)_2NH_2$	Sdp./Torr (Schmp. in °C)	^1H-NMR: δ in ppm Innerer Standard $Si(CH_3)_4$	^{19}F-NMR: δ in ppm Innerer Standard $CFCl_3$	UV-Spektrum (in C_2H_5OH), IR-Spektrum (in cm^{-1})
$4\text{-}OH\text{-}C_6H_4X$[14)]	80/1 (70 bis 73) [275, 280]	$\delta(NH_2) = -2.9$, $\delta(OH) = -8.7$, $\delta(CH) = -7.32$ (Zentrum des A_2B_2-Spektrums, J = 9 Hz) [275, 280]	$\delta(CF_3)$[1)] = 63.9 [280], 75.15[9)] [275]	UV: $\lambda_{max} = 278$ nm ($\varepsilon = 1030$), 272 nm ($\varepsilon = 1285$), 225 nm ($\varepsilon = 10520$) [275, 280]
$4\text{-}CH_3OC_6H_4X$	65/1.2 (53 bis 53.5) [275, 280]	$\delta(CH_3) = -3.76$, $\delta(NH_2) = -2.2$ (br), $\delta(CH) = -7.2$ [275, 280]	$\delta(CF_3) = 74.8$ [280], 75.09[9)] [275]	–
$4\text{-}CH_3\text{-}C_6H_4X$	125/100 [275, 280]	$\delta(CH_3) = -2.17$, $\delta(NH_2) = -2.05$, $\delta(CH) = -7.4$[2)] [275, 280]	$\delta(CF_3) = 74.5$ [280], 74.94[9)] [275]	UV: $\lambda_{max} = 268$ nm ($\varepsilon = 114$), 265 nm ($\varepsilon = 196$), 259 nm ($\varepsilon = 243$), 252 nm ($\varepsilon = 199$), 210 nm ($\varepsilon = 8340$) [275, 280]
$3,5\text{-}(CH_3)_2\text{-}4\text{-}OH\text{-}C_6H_2X$	(65 bis 68) [275, 280]	$\delta(CH_3)$[10)] $= -2.3$, $\delta(NH_2, OH) = -2.8$ (br), $\delta(CH) = -7.45$ [275, 280]	$\delta(CF_3) = 75.0$, 74.9[10)] [275]	–
$4\text{-}C_6H_5\text{-}C_6H_4X$	135/2 (93 bis 95) [275, 280]	$\delta(NH_2) = -2.0$, $\delta(CH) = -7.5$ [275, 280]	$\delta(CF_3) = 73.7$ [280], 74.83 [275]	UV: $\lambda_{max} = 252$ nm ($\varepsilon = 19000$) [275, 280]
C_6H_5X	95/60 [275, 280]	$\delta(NH_2) = -2.1$, $\delta(CH) = -8$ bis -7 [275, 280]	$\delta(CF_3) = 74.83$[9)] [275]	UV: $\lambda_{max} = 266$ nm ($\varepsilon = 389$), 260 nm ($\varepsilon = 465$), 254 nm ($\varepsilon = 406$), 250 nm ($\varepsilon = 347$) [275, 280]
$4\text{-}(CH_3)_2N\text{-}C_6H_9X$[16)]	(58.5 bis 59.5) [275, 280]	$\delta(CH_3) = -2.84$, $\delta(NH_2) = -1.95$, $\delta(CH) = -7.1$[2)] [275, 280]	$\delta(CF_3) = 74.2$ [280], 75.15 [275]	UV: $\lambda_{max} = 292$ nm ($\varepsilon = 2400$) [275, 280] 262 nm ($\varepsilon = 21000$) [280]

Literatur s. S. 76

Tabelle 4 [Fortsetzung]

Verbindung $X = -C(CF_3)_2NH_2$	Sdp./Torr (Schmp. in °C)	^1H-NMR: δ in ppm Innerer Standard $Si(CH_3)_4$	^{19}F-NMR: δ in ppm Innerer Standard $CFCl_3$	UV-Spektrum (in C_2H_5OH), IR-Spektrum (in cm^{-1})
$4\text{-}NH_2\text{-}C_6H_4X$ [15]	81/4.5 bis 85/5 (69 bis 70) [275, 280]	$\delta(NH_2) = -2.9$ (br), $\delta(CH) = -7.1$ [2] [275, 280]	$\delta(CF_3) = 74.9$ [280], 75.9 [275]	UV: $\lambda_{max} = 287$ nm ($\varepsilon = 1300$), 247 nm ($\varepsilon = 13150$) [275, 280]
$4\text{-}Cl\text{-}C_6H_4X$	50/1.25 [275, 280]	$\delta(CH) = -2.15$ [2] [280], -7.55 [2], $\delta(NH_2) = -2.15$ [275]	$\delta(CF_3) = 74.5$ [280], 74.5 [275]	–
$4\text{-}X\text{-}C_6H_4O\text{-}C_6H_4\text{-}X\text{-}4'$	124/0.2 (50 bis 52) [275, 280]	$\delta(NH_2) = -2.04$, $\delta(CH) = -7.4$ [2] [275, 280]	$\delta(CF_3)$ [3] $= 74.9$ [280], 74.5 [12] [275]	UV: $\lambda_{max} = 276$ nm ($\varepsilon = 1050$), 268 nm ($\varepsilon = 1350$), 232 nm ($\varepsilon = 15050$) [275, 280]
$4\text{-}C_6H_5O\text{-}C_6H_4X$ [163]	117 bis 119/0.2	–	$\delta(CF_3) = 76.7$	–
(Strukturformel: Anthracen mit X)	(210) [275, 280]	$\delta(CH) = -7.8$ bis -6.2, $\delta(NH_2) = -2.65$ [3] [275, 280]	$\delta(CF_3)$ [3] $= 72.1$ [280], 72.2 [275]	–
$4\text{-}F\text{-}C_6H_4X$	69/10 [280] 59/10 [275]	$\delta(NH_2) = -2.2$, $\delta(CH) = -7.88$ und -7.17 [2] [280], $\delta(NH_2) = -2.2$, $\delta(CH) = -7.53$ (aufgespalten) [275]	$\delta(CF_3) = 74.96$ [9], $\delta(CF) = 111.3$ [9] [275, 280]	UV: $\lambda_{max} = 266$ nm ($\varepsilon = 271$), 259 nm ($\varepsilon = 269$), 257.5 nm ($\varepsilon = 292$), 255 nm ($\varepsilon = 251$), 252.5 nm ($\varepsilon = 248$) [275, 280]
$X\text{-}C_6H_4\text{-}NH\text{-}C_6H_4X$	175/7.5 (83 bis 85) [275, 280]	$\delta(NH) = -5.8$, $\delta(NH_2) = -2.0$, $\delta(CH) = -7.6$ und 7.0 [2], J = 8.5 Hz [275, 280]	$\delta(CF_3) = 75.1$ [280], 75.1 [12] [275]	–
$2,4\text{-}X_2\text{-}C_6H_3OH$	67/0.05 [13] (82 bis 84) [275, 280]	$\delta(CH)$ [11] $= -8.0$ bis -6.7, $\delta(OH) = -2.0$ (br) [275, 280]	$\delta(CF_3) = 74.4$ [280], 74.4, 75.1 [11] [275]	–
$X\text{-}C_6H_4\text{-}S\text{-}C_6H_4X$	173 bis 176/3 [275, 280]	$\delta(CH)$ [11] $= -7.6$ [2], $\delta(NH_2) = -2.05$ [275]	$\delta(CF_3) = 74.6$ [280], 74.5 [11] [275]	–

Literatur s. S. 76

Tabelle 4 [Fortsetzung]

Verbindung $X=-C(CF_3)_2NH_2$	Sdp./Torr (Schmp. in °C)	^{1}H-NMR: δ in ppm Innerer Standard $Si(CH_3)_4$	^{19}F-NMR: δ in ppm Innerer Standard $CFCl_3$	UV-Spektrum (in C_2H_5OH), IR-Spektrum (in cm^{-1})
4-X-C_6H_4-CH_2-CH_2-C_6H_4-X-4′	145 bis 146/ 1 bis 20 (116 bis 117) [275, 280]	$\delta(CH)=-7.69$ und -7.21 [2], $\delta(CH_2)=-2.96$, $\delta(NH_2)=-2.14$ (br) [275, 280]	$\delta(CF_3)=74.8$ [280], 74.8 [11] [275]	–
4-Br-C_6H_4X	122/10 (35 bis 36) [275, 280]	$\delta(CH)$ [11] $=-7.6$, $\delta(NH_2)=-2.17$ [275, 280]	$\delta(CF_3)=74.7$ [280], 74.96 [9] [275]	–
4-CH_3-C_6H_4-$C(CF_3)(CF_2Cl)$-NH_2	79/0.75 [275, 280]	$\delta(CH)=-7.4$ [2], $\delta(CH_3)=-2.29$, $\delta(NH_2)=-2.1$ [275, 280]	$\delta(CF_3)=72.3$ [280], 71.07 [9] [275], $\delta(CF_2Cl)$ [4] $=59.8$ [280], 59.84 [9] [275]	–
4-CH_3-C_6H_4-$C(C_2F_5)_2NH_2$	30/0.5 [275, 280]	$\delta(CH)=-7.6$ und -7.15 [2], $\delta(CH_3)=-2.37$, $\delta(NH_2)=-2.15$ [275, 280]	$\delta(CF_3)=77.5$ [280], 77.31 [9] [275], $\delta(CF_2)=117.0$ [280], 116.7 [9] [275]	–
CH_2=$CHCH_2$X [275, 276]	97 bis 98	$\delta(CH_2)=-5.4$ [5], -2.73 (d, J=7 Hz), $\delta(NH_2)=-2.05$	$\delta(CF_3)=75.5$	–
CH_3CH=$CHCH_2$X [275, 276]	114 bis 118	$\delta(CH_3)=-1.74$ (d, J=5 Hz), $\delta(CH_2)$ und $\delta(CH{=}CH)=-5.7$ (m), -3.5 (s), -2.62 (d, J=7.38 Hz)	$\delta(CF_3)=75.6$	–
[XCH_2CH=$CHCH_2$]$_2$ [275, 276]	88/0.75	$\delta(CH{=}CH)=-5.61$, $\delta(CH_2)=-2.57$, $\delta(CH_2\text{-}CH_2)=-2.20$ (d, J=7 Hz), $\delta(NH_2)=-1.75$	$\delta(CF_3)$ [12] $=76.5$	–
$(CF_3)_2C(NH_2)CH_2$-$C(=CH_2)CH_2C(NH_2)$-$(CF_3)_2$ [6] [275, 276]	53/1.2	$\delta(=CH_2)=-5.25$, $\delta(CH_2)=-2.70$, $\delta(NH_2)=-1.85$	$\delta(CF_3)$ [12] $=76.9$	–

Literatur s. S. 76

Tabelle 4 [Fortsetzung]

Verbindung $X=-C(CF_3)_2NH_2$	Sdp./Torr (Schmp. in °C)	^{1}H-NMR: δ in ppm Innerer Standard $Si(CH_3)_4$	^{19}F-NMR: δ in ppm Innerer Standard $CFCl_3$	UV-Spektrum (in C_2H_5OH), IR-Spektrum (in cm^{-1})
$CH_2{=}C{-}C_6H_5{-}CH_2{-}C(CF_3)_2NH_2$ [8] [275, 276]	68/2 bis 3	$\delta(C_6H_5)=-7.28$, $\delta(=CH_2)=-5.35$, -5.28 [23], $\delta(CH_2)=-3.08$, $\delta(NH_2)=-1.4$	$\delta(CF_3)$ [12] $=75.7$	–
2-[$C(CF_3)_2NH_2$]-cyclohexanon [275]	84/6	–	$\delta(CF_3)$ [12), 18] $=71$, 74.5 (zwei Quartetts), J=9 Hz	IR: $\nu(NH_2)=3400$; $\nu(C{=}O)=1710$; $\delta(NH_2)=1620$ [17]
$HC(C(O)OCH_3)_2{-}C(CF_3)_2NH_2$ [275]	56/1.2	$\delta(CH_3O)=-3.75$, $\delta(NH_2)=-2.72$, $\delta(CH)=-3.97$	$\delta(CF_3)$ [18] $=74.4$	–
$HC(CN)(C(O)OCH_3){-}C(CF_3)_2NH_2$ [275]	57 bis 53/0.75	$\delta(CH_3O)=-3.89$, $\delta(NH_2)=-2.7$, $\delta(CH)=-4.3$	$\delta(CF_3)$ [12), 18] $=74$ (A_3B Multiplett, J=9 Hz)	IR: $\nu(NH_2)=3425, 3367$; $\nu(C{\equiv}N)=2268$; $\nu(C{=}O)=1765$; $\delta(NH_2)=1631$
$CH_3C(Cl){=}CHC(CF_3)_2NH_2$ [19] [275]	67/100	$\delta(=CH)=-5.78$, $\delta(CH_3)=-2.52$, $\delta(NH_2)=-2.1$	$\delta(CF_3)$ [18] $=78.0$	IR: $\nu(C{=}C)=1660$
1-Morpholino-6-[$C(CF_3)_2NH_2$]-cyclohexen [20] [275]	110/3.5 bis 104/0.9 (61.4 bis 63.3)	$\delta(=CH)=-5.55$	$\delta(CF_3)=73.5$ [21] (21%), $\delta(CF_3)=71.1$, 72.5 (zwei Quartetts), J=8 Hz (79%)	IR: $\nu(NH_2)=3400, 3240$; $\nu(=CH)=3060$; $\nu(C{=}C)=1645$, $\delta(NH_2)=1615$; $\nu(CF)=1200$
1-Morpholino-5-[$C(CF_3)_2NH_2$]-cyclopenten [22] [275]	80/0.5	–	$\delta(CF_3)=75.5$ [21] (29%), $\delta(CF_3)=74.6$ (A_3B_3-Muster 71%)	IR: $\nu(NH_2)=3370, 3290$; $\nu(C{=}C)=1640$, $\delta(NH_2)=1615$

1) Innerer Standard: $CFCl_2CFCl_2$. — 2) A_2B_2-Spektrum. — 3) In $(CD_3)_2SO$. — 4) A_3B_2-Spektrum, J=12 Hz. — 5) AB_2-Multiplett.

6) $n_D^{25}=1.3577$. — 7) Äußerer Standard $CFCl_3$. — 8) $n_D^{25}=1.4535$. — 9) Gemessen in 40-, 20-, 10- und 5%iger Lösung in $CFCl_3$ und auf unendliche Verdünnung extrapoliert. — 10) In $CD_3C(O)CD_3$.

11) In $CDCl_3$. — 12) In CCl_4. — 13) Sublimation. — 14) $pK_a=8.6$ [275]. — 15) $pK_a=3.26$; UV-spektroskopisch gemessen in 55% H_2O und 45% Dioxan.

Literatur s. S. 76

Anmerkungen zu Tabelle 4

[16] $pK_a = 2.26$; UV-spektroskopisch gemessen in 55% H_2O und 45% Dioxan. – [17] Starke ν(C-F)-Banden; $n_D^{25} = 1.4037$. – [18] Äußerer Standard: $CFCl_3$. – [19] Massenspektrum (m/e, Bruchstück): 243, 241, M^+; 226, 224, $M^+ - NH_3$; 206, $M^+ - Cl$. – [20] $n_D^{25} = 1.4479$.

[21] Doppelbindungsisomeres mit einer $H_2NC(CF_3)_2$-C=C-Gruppierung. – [22] $n_D^{25} = 1.4372$. – [23] AB-Spektrum.

Reactions with Transition Metal Compounds

Reaktionen mit Übergangsmetallverbindungen

$(CF_3)_2C{=}NH$ reagiert mit Äthylen-bis(trisphenylphosphin)-nickel bzw. trans-Stilben-bis(triphenylphosphin)-platin, gelöst in Äther, bei 20 °C (18 h bzw. 3 h) [235] zu:

$$[(CH_3)_3P]_2M\langle C(CF_3)_2 \,|\, NH \rangle \qquad M = Ni\ (75\%) \qquad M = Pt\ (57\%)$$

In C_6H_6 gelöstes Bis(methyldiphenylphosphin)- bzw. Bis(triphenylphosphin)-rhodiumacetylacetonat setzt sich mit $(CF_3)_2C{=}NH$ um [281] zu:

$$(acac)Rh(L)\langle NH \,|\, C(CF_3)_2 \rangle \qquad L = CH_3P(C_6H_5)_2\ (40\%) \qquad L = (C_6H_5)_3P\ (55\%)$$

Ähnlich verlaufen Umsetzungen von Tetrakis(tert-butylisocyanid)-nickel bei 20 °C (2 h) bzw. Hexafluorisopropylidenaminobis(tert-butylisocyanid)-nickel bei 20 °C (48 h) mit $(CF_3)_2C{=}NH$ in Äther [282] zu (70 bzw. 80%):

$$[(CH_3)_3CNC]_2Ni\langle (CF_3)_2C{-}NH \,|\, HN{-}C(CF_3)_2 \rangle$$

Kondensiert man $(CF_3)_2C{=}NH$ zu einer Suspension von Bis(cycloocta-1,5-dien)-nickel in Äther und läßt das Gemisch bei 0 °C (90 h) stehen, so bildet sich 1,5-$C_8H_{12}\overline{NiC(CF_3)_2N}H$, das nicht isoliert, sondern sofort weiter umgesetzt wird. Hexafluoraceton-bis-(tert-butylisocyanid)-nickel bzw. Hexafluoraceton-bis(phenylisocyanid)-nickel und $(CF_3)_2C{=}NH$, gelöst in Äther, liefern bei 20 °C (4 bzw. 2 d) [282]:

$$L_2Ni\langle (CF_3)_2C{-}NH \,|\, O{-}C(CF_3)_2 \rangle \qquad L = (CH_3)_3CNC\ (80\%) \qquad L = C_6H_5NC\ (70\%)$$

Die Umsetzung von $[(CH_3)_3CNC]_2Pd$ und $(CF_3)_2C{=}NH$ in Äther bei 20 °C (2 d) führt zur Verbindung X (65%), $[C_6H_5(CH_3)_2As]_4Pd$ bzw. $[(C_6H_5)_3As]_4Pd$ reagieren mit $(CF_3)_2C{=}NH$ bei 20 °C (3 h) bzw. 60 °C (24 h) zur Verbindung Y bzw. Z (75%) [283]:

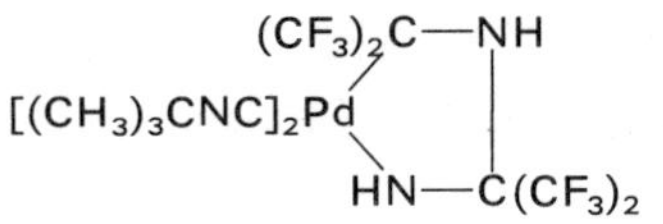

$[(CH_3)_3CNC]_2Pd$ — $(CF_3)_2C$—NH / HN—$C(CF_3)_2$ (Ring)

X

$[C_6H_5(CH_3)_2As]Pd$ — $(CF_3)_2C$—NH / HN—$C(CF_3)_2$ (Ring)

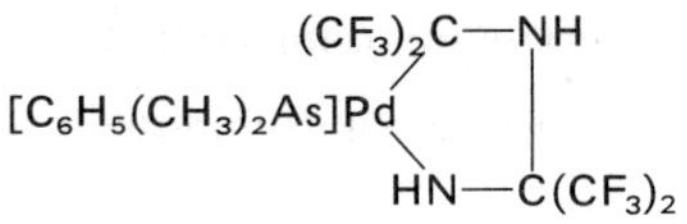

Y

Z: $[(C_6H_5)_3As]_2\overline{PdC(CF_3)_2N}H$

In C_6H_6 gelöstes $(CF_3)_2C{=}NH$ setzt sich mit Hexafluoraceton-bis(triphenylphosphin)-platin bzw. -bis(diphenylmethylphosphin)-platin bei 60 °C (1 Woche) um und liefert Verbindung A, analog liefert $X_2\overline{PtC(CF_3)_2N}H$ mit $(CF_3)_2C{=}NH$ der Verbindung B (90%) [284]:

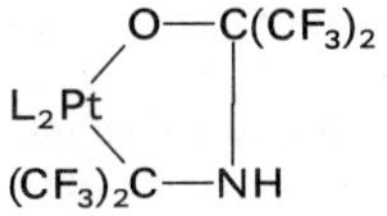

L_2Pt — O—$C(CF_3)_2$ / $(CF_3)_2C$—NH (Ring)

A

$L = (C_6H_5)_3P$ (80%)

$L = (C_6H_5)_2CH_3P$ (81%)

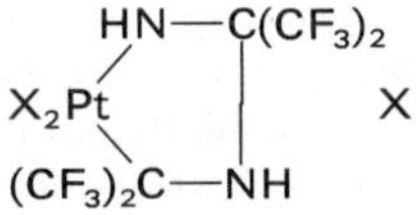

X_2Pt — HN—$C(CF_3)_2$ / $(CF_3)_2C$—NH (Ring)

B

$X = (C_6H_5)_2P\text{-}CH_2CH_2P(C_6H_5)_2$

Copolymerisationsreaktionen

Copolymerization Reactions

In Gegenwart von $(CH_3)_3COOC(CH_3)_3$ läßt sich $(CF_3)_2C{=}NH$ mit $CH_2{=}CH_2$ unter Druck copolymerisieren. In C_6H_6 erfolgt die Polymerisierung bei 135 °C (3.5 h, 600 atm) zu einem flexiblen Film. Analog wird $(CF_3)_2C{=}NH$ mit Styrol in Anwesenheit von Azo-bis-isobutylnitril in einem Cariusrohr bei 65 °C (15 h) zu einem festen Polymer umgesetzt. Das Produkt weist die Ausgangsverbindungen $(CF_3)_2C{=}NH : C_6H_5CH{=}CH_2$ im Verhältnis 1:6.1 auf. Bei 70 °C (6 h) enthält das Polymer beide Substanzen im Verhältnis 1:8.9. Die in einem Autoklav durchgeführte Copolymerisation von in CCl_2FCF_2Cl gelöstem $(CF_3)_2C{=}NH$, C_2F_4 und C_2H_4 unter der katalytischen Wirkung von $(CF_3)_3COOC(CF_3)_3$ bei 40 °C (3 h), 50 °C (3 h) und 60 °C (3 h) liefert ein Produkt der molaren Zusammensetzung 38.8/3.5/57.6; Schmelzpunkt 259 °C [10].

1.4.9.2 Reaktionen weiterer Imine

Reactions with Other Imines

$CF_3(CF_2Cl)C{=}NH$ reagiert mit Toluol zu $4\text{-}CH_3\text{-}C_6H_4C(CF_3)(CF_2Cl)NH_2$ und $(C_2F_5)_2C{=}NH$ zu $4\text{-}CH_3\text{-}C_6H_4C(C_2F_5)_2NH_2$ [275, 280]. Aus $CF_3(CF_2Cl)C{=}NH$ und Acrylnitril bildet sich bei 58 °C (4 h) ein 1:125-Copolymer [10]. – Zur Cyclisierung von Perfluorchloralkylideniminen mit α-Mercaptocarbonsäuren s. S. 66.

Erhitzt man ein Gemisch aus $CH_2{=}C(CH_3)C(CH_3){=}CH_2$ und $CF_3C(NH)CN$ auf 78 °C (1 h), so erhält man folgende Verbindung (80%):

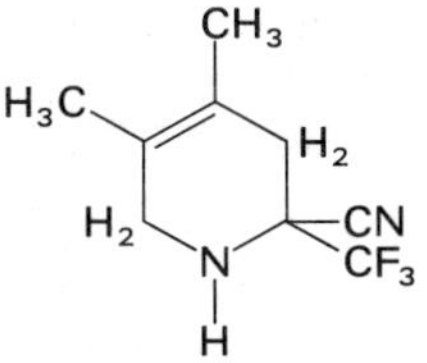

(Strukturformel: 4,5-Dimethyl-2-cyan-2-trifluormethyl-1,2,3,6-tetrahydropyridin; CH_3, H_3C, H_2, H_2, N–H, CN, CF_3)

Siedepunkt 62 bis 63 °C/1.25 Torr; IR: $\nu(NH) = 3322$; $\nu(C{\equiv}N) = 2227$ (w) cm^{-1}; $n_D^{25} = 1.4316$; ^{19}F-NMR (innerer Standard $CFCl_3$): $\delta(CF_3) = 80.3$ ppm [237].

Use and Toxicity

1.4.10 Verwendung und Toxizität

Perfluorhalogenierte Aminopyrimidinderivate der allgemeinen Formel

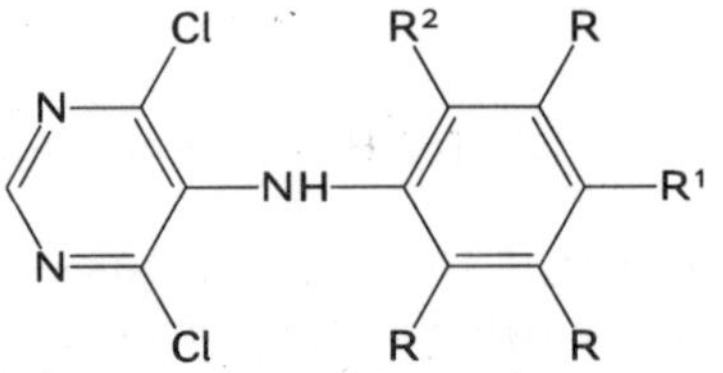

mit beispielsweise $R=R^2=F$, $R^1=CN$, NO_2 haben pestizide Eigenschaften [111]. Pestizide Wirkungen zeigen auch substituierte Perfluorhalogendiphenylamine [110]. Eine 0.2%ige Emulsion mit $(CF_3)_2NCF_2CF_2N(CF_3)_2$ hat auf Krautblättern insektizide Aktivitäten gezeigt [106]. Verbindungen wie z.B. Perfluorcaprylamidomethylpyridiniumchlorid sind, auf Celluloseacetate, Seide, Nylon, Dacron, Wolle, Leder und beispielsweise Kunstseide aufgetragen, stark wasser- und ölabstoßend. So behandelte Fasern sind wasch-, wetter- und reinigungsfest [164]. Wasser- und ölabstoßend sind auch die Verbindungen $R_fC(NH_2)=NO-C(O)C(CH_3)CH_2$ ($R_f=C_3F_7$, C_7F_{15}) [257]. Zur Imprägnierung von Wolle dienen 5-(3-Perfluoralkyl-1,2,4-oxadiazolyl)-olefine [258] und beispielsweise $(CF_3)_2CFO-(CF_2)_5C(O)NHCH_2Cl$, das noch mit Pyridin in $C_2F_3Cl_3$ umgesetzt wird [139]. Als gute Entfettungsmittel haben sich α,α-Bis(fluoralkyl)amine wie $(CF_3)_2C(NH_2)CH_2CH=CHX$ ($X=H$, CH_3 usw.) erwiesen [276]. Als Weichmacher für Polymethacrylate, als Kühlflüssigkeiten und als Ausgangsstoffe zur Synthese von Polyamiden eignen sich α,α-Bis(fluoralkyl)-benzylamine [280]. Die aus $R_fR_f'C=NH$ hergestellten Perhalogenalkyl-4-thiazolidinone dienen als Weichmacher für Polyvinylchloride [279]. Als Zusätze zur Verbesserung der Eigenschaften von Ölen dienen $C_nF_{2n+1}C(O)NH_2$ mit $n=5$ bis 7 [285].

Die interperitonealen LD_{50}-Werte für $C_6F_5NH_2$ betragen für Mäuse 384 und für Ratten 390 mg/kg [286].

Literatur:

[1] O. Glemser, S.P. v. Halasz (Chem. Ber. **102** [1969] 3333/41). – [2] G. Glöter, W. Lutz, K. Seppelt, W. Sundermeyer (Angew. Chem. **89** [1977] 754). – [3] W.J. Middleton, C.G. Krespan (J. Org. Chem. **30** [1965] 1398/402). – [4] I.L. Knunyants, B.L. Dyatkin, E.P. Mochalina (Izv. Akad. Nauk SSSR Ser. Khim. **1965** 1091/3; Bull. Acad. Sci. USSR Div. Chem. Sci. **1965** 1056/8; C.A. **58** [1963] 1324). – [5] D.P. Del'tsova, N.P. Gambaryan (Izv. Akad. Nauk SSSR Ser. Khim. **1971** 1481/6; Bull. Acad. Sci. USSR Div. Chem. Sci. **1971** 1382/6; C.A. **75** [1971] Nr. 140773).

[6] Yu.V. Zeifman, N.P. Gambaryan, I.L. Knunyants (Dokl. Akad. Nauk SSSR **153** [1963] 1334/7; Dokl. Chem. Proc. Acad. Sci. USSR **153** [1963] 1032/5; C.A. **60** [1964] 9187). – [7] E.I. du Pont de Nemours & Co., W.J. Middleton (U.S.P. 3326976 [1961/63]; C.A. **67** [1967] Nr. 63732). – [8] R.B. Minasyan, E.M. Rokhlin, N.P. Gambaryan, Yu.V. Zeifman, I.L. Knunyants (Izv. Akad. Nauk SSSR Ser. Khim. **1965** 761; Bull. Acad. Sci. USSR Div. Chem. Sci. **1965** 746; C.A. **63** [1965] 2964). – [9] E.I. du Pont de Nemours & Co., W.J. Middleton (U.S.P. 3226439 [1963/65]; C.A. **64** [1966] 9597). – [10] E.I. du Pont de Nemours & Co., E.G. Howard (U.S.P. 3671509 [1968/72]; C.A. **77** [1972] Nr. 75806).

[11] I.L. Knunyants, V.V. Shokina, V.V. Tyuleneva, Yu.A. Cheburkov, Yu.E. Aronov (Izv. Akad. Nauk SSSR Ser. Khim. **1966** 1831/3; Bull. Acad. Sci. USSR Div. Chem.

Sci. **1966** 1764/6; C.A. **66** [1967] Nr. 94675). – [12] W.J. Middleton, C.G. Krespan (J. Org. Chem. **35** [1970] 1480/5). – [13] O. Glemser, S.P. v. Halasz (Inorg. Nucl. Chem. Letters **5** [1969] 393/8). – [14] E.I. du Pont de Nemours & Co., C.G. Krespan (U.S.P. 3475481 [1966/69]; C.A. **72** [1970] Nr. 21349). – [15] Minnesota Mining & Manufacturing Co., D.R. Husted (U.S.P. 2676985 [1952/54]; C.A. **1955** 5511).

[16] E.R. Bissel (J. Org. Chem. **28** [1963] 1717/20). – [17] O. Paleta, Z. Procházková (Collection Czech. Chem. Commun. **35** [1970] 3452/61; C.A. **74** [1971] Nr. 13106). – [18] G.B. Fedorova, I.M. Dolgopol'skii, R.M. Ryazanova, L.G. Parshina, A.K. Ankudinov (Zh. Org. Khim. **8** [1972] 931/4; J. Org. Chem. USSR **8** [1972] 936/8; C.A. **77** [1972] Nr. 61958). – [19] W.L. Reilly, H.C. Brown (J. Am. Chem. Soc. **78** [1956] 6032/7). – [20] H.C. Brown, C.R. Wetzel (J. Org. Chem. **30** [1965] 3729/33).

[21] H. Schroeder, R. Rätz, W. Schnabel, H. Ulrich, E. Kober, C. Grundmann (J. Org. Chem. **27** [1962] 2589/92). – [22] Minnesota Mining & Manufacturing Co., R.J. Koshar (U.S.P. 3654341 [1963/72]; C.A. **76** [1972] Nr. 139957). – [23] E.R. Squibb and Sons, Inc., J. Bernstein, H.L. Yale (U.S.P. 3366650 [1965/68]; C.A. **69** [1968] Nr. 26989). – [24] G.B. Fedorova, I.M. Dolgopol'skii (Zh. Obshch. Khim. **39** [1969] 2710/6; J. Gen. Chem. USSR **39** [1969] 2649/54; C.A. **72** [1970] Nr. 90411). – [25] Research Corp., H.C. Brown (U.S.P. 3086946 [1960/63]; C.A. **59** [1963] 9813).

[26] V.N. Shvedova, I.M. Dolgopol'skii, L.M. D'yachishina (Zh. Obshch. Khim. **39** [1969] 772/5; J. Gen. Chem. USSR **39** [1969] 732/5; C.A. **72** [1970] Nr. 60647). – [27] E.I. du Pont de Nemours & Co., C.G. Fritz, J.L. Warnell (U.S.P. 3317484 [1962/67]; C.A. **67** [1967] Nr. 22455). – [28] H.C. Brown, C.R. Wetzel (J. Org. Chem. **30** [1965] 3734/8). – [29] J.P. Critchley, J.S. Pipett (J. Fluorine Chem. **2** [1972/73] 137/56). – [30] I.L. Knunyants, M.P. Krasaskaya, D.P. Del'tsova (Izv. Akad. Nauk SSSR Ser. Khim. **1966** 577/9; Bull. Acad. Sci. USSR Div. Chem. Sci. **1966** 552/4; C.A. **65** [1966] 8898).

[31] B.L. Dyatkin, A.A. Gevorkyan, I.L. Knunyants (Zh. Obshch. Khim. **36** [1966] 1326/30; J. Gen. Chem. USSR **36** [1966] 1340/3; C.A. **65** [1966] 16855). – [32] H.C. Brown, D. Pilipovich (J. Am. Chem. Soc. **82** [1960] 4700/3). – [33] E.I. du Pont de Nemours & Co., D.C. Remy (U.S.P. 3211790 [1963/65]; C.A. **64** [1966] 646). – [34] E.I. du Pont de Nemours & Co., D.C. Remy (U.S.P. 3115498 [1961/63]; C.A. **60** [1964] 5512). – [35] E.I. du Pont de Nemours & Co., E.K. Gladding, D.C. Remy (U.S.P. 3102889 [1960/63]; C.A. **60** [1964] 4155).

[36] H.C. Brown, M.T. Cheng (J. Org. Chem. **27** [1962] 3240/3). – [37] V.A. Lopyrev, L.P. Sidorova, O.A. Netsetskaya, M.N. Grinblat (Zh. Obshch. Khim. **39** [1969] 2525/8; J. Gen. Chem. USSR **39** [1969] 2466/8; C.A. **72** [1970] Nr. 78954). – [38] H.W. Roesky, H.H. Giere, D.P. Babb (Inorg. Chem. **9** [1970] 1076/9). – [39] H.W. Roesky, H.H. Giere (Z. Anorg. Allgem. Chem. **378** [1970] 177/84). – [40] H.C. Brown, P.D. Schuman (J. Org. Chem. **28** [1963] 1122/7).

[41] P.C.R., Inc. (F.P. 2166498 [1971/73]; C.A. **80** [1974] Nr. 70845). – [42] K.V. Dvornikova, V.E. Platonov, L.N. Pushkina, S.V. Sokolov, G.P. Tataurov, G.G. Yakobson (Zh. Org. Khim. **8** [1972] 1012/6; J. Org. Chem. USSR **8** [1972] 1050/3; C.A. **77** [1972] Nr. 61291). – [43] P. Robson, J. Roylance, R. Stephens, J.C. Tatlow, R.E. Worthington (J. Chem. Soc. **1964** 5748/53). – [44] E.J. Forbes, R.D. Richardson, J.C. Tatlow (Chem. Ind. [London] **1958** 630/1). – [45] G.M. Brooke, J. Burdon, M. Stacey, J.C. Tatlow (J. Chem. Soc. **1960** 1768/71).

[46] G.G. Yakobson, V.D. Shteingarts, G.G. Furin, N.N. Vorozhtsov (Zh. Obshch. Khim. **34** [1964] 3514; J. Gen. Chem. USSR **34** [1964] 3560; C.A. **62** [1965] 2724). –

[47] Imperial Chemical Industries, Ltd. (F.P. 1408501 [1963/65]; C.A. **63** [1965] 17965). – [48] R.A. Abramovitch, S.R. Challand, Y. Yamada (J. Org. Chem. **40** [1975] 1541/7). – [49] J. Burdon, C.J. Morton, D.F. Thomas (J. Chem. Soc. **1965** 2621/7). – [50] R. Koppang (Acta Chem. Scand. **25** [1971] 3067/71).

[51] R.E. Banks, T.J. Noakes (J. Chem. Soc. Perkin Trans. I **1975** 1419/20). – [52] J.M. Birchall, R.N. Haszeldine, J.E.G. Kemp (J. Chem. Soc. C **1970** 449/55). – [53] J.M. Birchall, R.N. Haszeldine, J.E.G. Kemp (J. Chem. Soc. C **1970** 1519/23). – [54] W. Canning and Co., Ltd., A.E. Pedlar, J.C. Tatlow (B.P. 1232285 [1968/71]; C.A. **75** [1971] Nr. 44321). – [55] G.M. Brooke, E.J. Forbes, R.D. Richardson, M. Stacey, J.C. Tatlow (J. Chem. Soc. **1965** 2088/94).

[56] A.G. Budnik, N.V. Kalinichenko, V.D. Shteingarts (Zh. Org. Khim. **10** [1974] 1923/7; J. Org. Chem. USSR **10** [1974] 1934/7; C.A. **71** [1974] Nr. 169233). – [57] D.G. Holland, G.J. Moore, C. Tamborski (J. Org. Chem. **29** [1964] 1562/5). – [58] G.M. Brooke, J. Burdon, J.C. Tatlow (J. Chem. Soc. **1961** 802/7). – [59] J.G. Allen, J. Burdon, J.C. Tatlow (J. Chem. Soc. **1965** 1045/51). – [60] Imperial Smelting Corp. (N.S.C.), Ltd., P.L. Coe, J.C. Tatlow (B.P. 1141358 [1966/69]; C.A. **70** [1969] Nr. 77566).

[61] J. Burdon, D.R. King, J.C. Tatlow (Tetrahedron **23** [1967] 1347/51). – [62] L.J. Belf, M.W. Buxton, J.F. Tilney-Bassett (Tetrahedron **23** [1967] 4719/27). – [63] P.L. Coe, A.E. Jukes (Tetrahedron **24** [1968] 5913/6). – [64] J.M. Birchall, R.N. Haszeldine, J. Nikokavouras, E.S. Wilks (J. Chem. Soc. C **1971** 562/6). – [65] Imperial Chemical Industries, Ltd. (F.P. 1408502 [1963/65]; C.A. **63** [1965] 17968).

[66] L.S. Kobrina, G.G. Yakobson (Zh. Obshch. Khim. **35** [1965] 2055/62; J. Gen. Chem. USSR **35** [1965] 2046/52; C.A. **64** [1966] 6531). – [67] J.A. Castellano, J. Green, J.M. Kaufman (J. Org. Chem. **31** [1966] 821/4). – [68] B. Gething, C.R. Patrick, J.C. Tatlow (J. Chem. Soc. **1961** 1574/6). – [69] J. Burdon, W.B. Hollyhead, J.C. Tatlow (J. Chem. Soc. **1965** 6336/42). – [70] G.G. Yakobson, V.N. Odinokov, T.D. Petrova, N.N. Vorozhtsov (Zh. Obshch. Khim. **34** [1964] 2953/8; J. Gen. Chem. USSR **34** [1964] 2987/91; C.A. **62** [1965] 470).

[71] L.J. Belf (B.P. 915587 [1960/63]; C.A. **58** [1963] 12476). – [72] Hooker Chemical Corp., E. Dorfman, R.L.K. Carr, C.T. Bean (U.S.P. 3375267 [1965/68]; C.A. **69** [1968] Nr. 35787). – [73] Imperial Smelting Corp. (N.S.C.), Ltd., J. Duncan, M.W. Buxton (B.P. 1237364 [1967/71]; C.A. **75** [1971] Nr. 110070). – [74] D.J. Alsop, J. Burdon, J.C. Tatlow (J. Chem. Soc. **1962** 1801/5). – [75] J.M. Antonucci, L.A. Wall (J. Res. Natl. Bur. Std. A **71** [1967] 33/41).

[76] B.R. Letchford, C.R. Patrick, J.C. Tatlow (J. Chem. Soc. **1964** 1776/9). – [77] E.V. Aroskar, M.T. Chandhry, R. Stephens, J.C. Tatlow (J. Chem. Soc. **1964** 2975/81). – [78] V.M. Karpov, N.V. Ermolenko, V.E. Platonov, G.G. Yakobson (Zh. Org. Khim. **11** [1975] 1052/6; J. Org. Chem. USSR **11** [1975] 1040/4; C.A. **83** [1975] Nr. 58319). – [79] G.G. Furin, N.G. Malyuta, V.E. Platonov, G.G. Yakobson (Zh. Org. Khim. **10** [1974] 830/8; J. Org. Chem. USSR **10** [1974] 832/9; C.A. **81** [1974] Nr. 36542). – [80] O.I. Osina, V.D. Shteingarts (Zh. Org. Khim. **10** [1974] 335/43; J. Org. Chem. USSR **10** [1974] 335/42; C.A. **80** [1974] Nr. 120615).

[81] G.M. Brooke, W.K.R. Musgrave (J. Chem. Soc. **1965** 1864/9). – [82] D.D. Callander, P.L. Coe, J.C. Tatlow (Tetrahedron **22** [1966] 419/32). – [83] J.D. Park, H.J. Gerjovich, W.R. Lycan, J.R. Lacher (J. Am. Chem. Soc. **74** [1952] 2189/93). – [84] W. Gottardi (Monatsh. Chem. **106** [1975] 611/23). – [85] J.G. Allen, J. Burdon, J.C. Tatlow (J. Chem. Soc. **1965** 6329/36).

[86] Whittaker Corp., R.B. Gosnell (U.S.P. 3461135 [1966/69]; C.A. **71** [1969] Nr. 80989). – [87] L.S. Kobrina, G.G. Furin, G.G. Yakobson (Zh. Org. Khim. **6** [1970] 340/5; J. Org. Chem. USSR **6** [1970] 327/31; C.A. **72** [1970] Nr. 110946). – [88] C.M. Jenkins, A.E. Pedler, J.C. Tatlow (Tetrahedron **27** [1971] 2557/60). – [89] T.N. Gerasimova, E.G. Lokshina, V.A. Barkhash, N.N. Vorozhtsov (Zh. Obshch. Khim. **37** [1967] 1300/6; J. Gen. Chem. USSR **37** [1967] 1232/6; C.A. **68** [1968] Nr. 49250). – [90] O. Ruff, W. Willenberg (Ber. Deut. Chem. Ges. **73** [1940] 724).

[91] D.A. Barr, R.N. Haszeldine (J. Chem. Soc. **1955** 2532/5). – [92] J.A. Young, S.N. Tsoukalas, R.D. Dresdner (J. Am. Chem. Soc. **80** [1958] 3604/6). – [93] D.A. Barr, R.N. Haszeldine (J. Chem. Soc. **1956** 3428/34). – [94] J.A. Young, W.S. Durrell, R.D. Dresdner (J. Am. Chem. Soc. **81** [1959] 1587/9). – [95] E.I. du Pont de Nemours & Co., C.W. Tullock (U.S.P. 3077499 [1959/63]; C.A. **59** [1963] 5022).

[96] F.S. Fawcett, C.W. Tullock, D.D. Coffman (J. Chem. Eng. Data **10** [1965] 398/9). – [97] R.E. Banks, G.E. Williamson (J. Chem. Soc. **1965** 815/7). – [98] D.H. Coy, R.N. Haszeldine, M.J. Newlands, A.E. Tipping (Chem. Commun. **1970** 456/7). – [99] J.L. Cotter, G.J. Knight (AD-482753 [1966]; C.A. **67** [1967] Nr. 22631). – [100] S.P. Makarov, M.A. Énglin, V.A. Shpanskii, I.V. Ermakova (Zh. Obshch. Khim. **38** [1968] 38/40; J. Gen. Chem. USSR **38** [1968] 37/8; C.A. **69** [1968] Nr. 18495).

[101] K.E. Peterman, J.M. Shreeve (Inorg. Chem. **14** [1975] 1223/8). – [102] R.L. Kirchmeier, U.I. Lasouris, J.M. Shreeve (Inorg. Chem. **14** [1975] 592/6). – [103] R.E. Banks, D.R. Chaudhury, R.N. Haszeldine, C. Oppenheim (J. Organometal. Chem. **43** [1972] C20/C22). – [104] H.J. Scholl, E. Klauke, D. Lauerer (J. Fluorine Chem. **2** [1972/73] 205/6). – [105] Farbenfabriken Bayer AG, H.J. Scholl, E. Klauke (Deut. Offenlegungsschrift 2013433 [1970/71]; C.A. **76** [1972] Nr. 13800).

[106] Farbenfabriken Bayer AG, E. Klauke, H. Holtschmidt (Deut. Offenlegungsschrift 2013435 [1970/71]; C.A. **76** [1972] Nr. 13799). – [107] G. Baum, C. Tamborski (Chem. Ind. [London] **1964** 1949/50). – [108] J. Burdon, J. Castaner, J.C. Tatlow (J. Chem. Soc. **1964** 5017/21). – [109] A.G. Hudson, M.L. Jenkins, A.E. Pedler, J.C. Tatlow (Tetrahedron **26** [1970] 5781/7). – [110] Imperial Chemical Industries, Ltd., C.B. Barlow, B.G. White, E.H.P. Petersen (Deut. Offenlegungsschrift 2213081 [1971/72]; C.A. **77** [1972] Nr. 164229).

[111] Imperial Chemical Industries, Ltd., C.B. Barlow, B.G. White, C.D.S. Tomlin (B.P. 1388825 [1971/75]; C.A. **83** [1975] Nr. 97359). – [112] Imperial Chemical Industries, Ltd. (F. Demande 2130420 [1971/72]; C.A. **78** [1973] Nr. 120275). – [113] A.Ya. Yakubovich, V.A. Ginsburg, S.P. Makarov, V.A. Shpanskii, N.F. Privezentseva, L.L. Martynova, B.V. Kir'yan, A.L. Lemke (Dokl. Akad. Nauk SSSR **140** [1961] 1352/5; Dokl. Chem. Proc. Acad. Sci. USSR **140** [1961] 1069/72; C.A. **56** [1962] 9937). – [114] A.I. Titov (Dokl. Akad. Nauk SSSR **149** [1963] 330/3; Dokl. Chem. Proc. Acad. Sci. USSR **149** [1963] 222/5; C.A. **59** [1963] 6215). – [115] B.L. Dyatkin, E.P. Mochalina, I.L. Knunyants (Tetrahedron **21** [1965] 2991/5).

[116] A.A. Kirpichnikova, V.G. Noskov, M.A. Sokol'skii, M.A. Énglin (Zh. Obshch. Khim. **43** [1973] 1862/3; J. Gen. Chem. USSR **43** [1973] 1852; C.A. **79** [1973] Nr. 125729). – [117] K. Niedenzu, K.E. Blick, C.D. Miller (Inorg. Chem. **9** [1970] 975/7). – [118] V.S.V. Nayar, R.D. Peacock (Nature **207** [1965] 630). – [119] J.C. Lochart, J.R. Blackborow, J.E. Blackmore (J. Chem. Soc. A **1971** 49/53). – [120] V.P. Rudavskii, N.A. Litoshenko (Khim. Prom. Ukr. **1970** Nr. 5, S. 24/6; C.A. **74** [1971] Nr. 52965).

[121] F. Swarts (Bull. Classe Sci. Acad. Roy. Belg. [5] **8** [1922] 343/70). – [122] H. Gilman, R.G. Jones (J. Am. Chem. Soc. **65** [1943] 1458/60). – [123] F. Swarts (Bull. Soc. Chim. France [3] **13** [1895] 992/3). – [124] L.D. Kispert, F. Myers (J. Chem. Phys. **56** [1972] 2623/31). – [125] G.A. Grindahl, W.X. Bajzer, O.R. Pierce (J. Org. Chem. **32** [1967] 603/7).

[126] H. Cohn, E.D. Bergmann (Israel J. Chem. **2** [1965] 355/61). – [127] F. Swarts (Bull. Soc. Chim. France [3] **15** [1896] 1134/5). – [128] F. Swarts (Bull. Classe Sci. Acad. Roy. Belg. **1907** 339/58). – [129] F. Swarts (Bull. Classe Sci. Acad. Roy. Belg. [3] **35** [1898] 849/68). – [130] R.N. Haszeldine, K. Leedham (J. Chem. Soc. **1953** 1548/52).

[131] D.R. Husted, A.H. Ahlbrecht (J. Am. Chem. Soc. **75** [1953] 1605/8). – [132] J.D. LaZerte, D.A. Rausch, R.J. Koshar, J.D. Park, W.H. Pearlson, J.R. Lacher (J. Am. Chem. Soc. **78** [1956] 5639/41). – [133] I.V. Martynov, Yu.L. Kruglyak (Zh. Obshch. Khim. **37** [1967] 1221/2; J. Gen. Chem. USSR **37** [1967] 1158/9; C.A. **68** [1968] Nr. 12402). – [134] R.N. Haszeldine (J. Chem. Soc. **1953** 3559/64). – [135] R.N. Haszeldine (J. Chem. Soc. **1950** 2789/92).

[136] M. Sander (Monatsh. Chem. **95** [1964] 608/16). – [137] J.A. Young, R.L. Dressler (J. Org. Chem. **32** [1967] 2237/41). – [138] H.C. Brown, Ming T. Cheng (J. Chem. Eng. Data **13** [1968] 560/1). – [139] Allied Chemical Corp., R.F. Sweeney, A.U. Khan, A.K. Price, E.S. Jones, J.A. Otto (Deut. Offenlegungsschrift 2017399 [1969/70]; C.A. **74** [1971] Nr. 13014). – [140] R.A. Bekker, B.L. Dyatkin, I.L. Knunyants (Izv. Akad. Nauk SSSR Ser. Khim. **1966** 194/5; Bull. Acad. Sci. USSR Div. Chem. Sci. **1966** 183; C.A. **64** [1966] 12542).

[141] I.L. Knunyants, A.V. Fokin (Izv. Akad. Nauk SSSR Otd. Khim. Nauk **1957** 1439/53; Bull. Acad. Sci. USSR Div. Chem. Sci. **1957** 1462/73; C.A. **59** [1963] 7124). – [142] J.A. Young, R.D. Dresdner (J. Am. Chem. Soc. **80** [1958] 1889/92). – [143] E.C. Stump, W.H. Oliver, C.D. Padgett (J. Org. Chem. **33** [1968] 2102/4). – [144] A.L. Henne, E.G. DeWitt (J. Am. Chem. Soc. **70** [1948] 1548/50). – [145] R.N. Haszeldine (J. Chem. Soc. **1955** 4302/5).

[146] A.L. Henne, W.F. Zimmer (J. Am. Chem. Soc. **73** [1951] 1103/4). – [147] American Cyanamid Corp., J.J. Padbury, E.L. Kropa (U.S.P. 2502478 [1950]; C.A. **1950** 6431). – [148] E.T. McBee, P.A. Wiseman, G.B. Bachman (Ind. Eng. Chem. **39** [1947] 415/7). – [149] V.N. Shvedova, I.M. Dolgopol'skii (Zh. Obshch. Khim. **39** [1969] 780/2; J. Gen. Chem. USSR **39** [1969] 740/2; C.A. **71** [1969] Nr. 60645). – [150] Purdue Research Foundation, E.T. McBee, P.A. Wiseman (U.S.P. 2515246 [1950]; C.A. **1950** 9475).

[151] D.E.M. Evans, J.C. Tatlow (J. Chem. Soc. **1955** 1184/8). – [152] Y.K. Kim, G.A. Grindahl, J.R. Greenwald, O.R. Pierce (J. Heterocycl. Chem. **11** [1974] 563/8). – [153] Minnesota Mining & Manufacturing Co., R.A. Guenthner (U.S.P. 2606206 [1952]; C.A. **1952** 10979). – [154] G.B. Barlow, M. Stacey, J.C. Tatlow (J. Chem. Soc. **1955** 1749/52). – [155] O. Paleta, A. Pošta, Z. Novotná (Collection Czech. Chem. Commun. **33** [1968] 2970/82; C.A. **69** [1968] Nr. 95854).

[156] American Viscose Corp., D.W. Chaney (U.S.P. 2514473 [1950]; C.A. **1950** 9474). – [157] American Viscose Corp., D.W. Chaney (U.S.P. 2439505 [1948]; C.A. **1948** 7315). – [158] American Viscose Corp., D.W. Chaney (U.S.P. 2456768 [1948]; C.A. **1949** 4683). – [159] American Viscose Corp., D.W. Chaney (U.S.P. 2549892 [1951]; C.A. **1951** 8031). – [160] G. van Dyke Tiers (J. Am. Chem. Soc. **77** [1955] 6704/6).

[161] I.L. Knunyants, A.V. Fokin, Yu.M. Kosyrev, I.N. Sorochkin, K.V. Frosina (Izv. Akad. Nauk Ser. Khim. **1963** 1772/5; Bull. Acad. Sci. USSR Div. Chem. Sci. **1963** 1627/30; C.A. **60** [1964] 4005). – [162] Yu.A. Cheburkov, I.L. Knunyants (Izv. Akad. Nauk SSSR Ser. Khim. **1967** 346/51; Bull. Acad. Sci. USSR Div. Chem. Sci. **1967** 328/31; C.A. **67** [1967] Nr. 21327). – [163] Minnesota Mining & Manufacturing Corp., A.R. Diesslin, E.A. Kauck, J.H. Simons (U.S.P. 2567011 [1951]; C.A. **1952** 1375). – [164] U.S. Department of the Army, C.W. Sheehan, G.R. Thomas (U.S.P. 3423417 [1965/69]; C.A. **70** [1969] Nr. 77807). – [165] G. Gambaretto, M. Napoli, G. Troilo, R. Trevisan (Atti. Ist. Veneto Sci. Lettere Arti Classe Sci. Mat. Nat. **132** [1974] 289/93; C.A. **83** [1975] Nr. 163685).

[166] A.K. Barbow, M.W. Buxton, P.L. Coe, R. Stephens, J.C. Tatlow (J. Chem. Soc. **1961** 808/17). – [167] L.V. Sankina, L.I. Kostikin, V.A. Ginsburg (Zh. Org. Khim. **8** [1972] 1330/1; J. Org. Chem. USSR **8** [1972] 1345/6; C.A. **77** [1972] Nr. 125910). – [168] E.I. du Pont de Nemours & Co., F.S. Fawcett, R.D. Lipscomb, W.C. Smith (U.S.P. 3118923 [1960/64]; C.A. **60** [1964] 9148). – [169] K.L. Paciorek, R.H. Kratzer, J. Kaufman, R.W. Rosser (J. Fluorine Chem. **6** [1975] 241/8). – [170] J.A. Young, W.S. Durrell, R.D. Dresdner (J. Am. Chem. Soc. **84** [1962] 2105/9).

[171] R.A. Wiesboeck, J.K. Ruff (J. Org. Chem. **33** [1968] 1257/8). – [172] H. Ulrich, E. Kober, H.J. Schroeder, R. Rätz, C. Grundmann (J. Org. Chem. **27** [1962] 2585/9). – [173] J.D. Park, W.R. Lycan, J.R. Lacher (J. Am. Chem. Soc. **76** [1954] 1388/9). – [174] D.A. Barr, R.N. Haszeldine (J. Chem. Soc. **1957** 30/9). – [175] D.R. Husted, W.L. Kohlhase (J. Am. Chem. Soc. **76** [1954] 5141/4).

[176] A.L. Henne, J.J. Stewart (J. Am. Chem. Soc. **77** [1955] 1901/2). – [177] N.P. Aktaev, G.A. Sokol'skii, B.A. Cheskis, I.L. Knunyants (Izv. Akad. Nauk SSSR Ser. Khim. **1974** 631/6; Bull. Acad. Sci. USSR Div. Chem. Sci. **1974** 595/9; C.A. **81** [1974] Nr. 13067). – [178] Imperial Smelting Corp., Ltd., P.L. Coe, J.C. Tatlow (B.P. 1141358 [1966/69]; C.A. **70** [1969] Nr. 77566). – [179] H.G. Adolph (J. Org. Chem. **40** [1975] 2626/30). – [180] I.L. Knunyants, A.V. Fokin, V.A. Komarov (Izv. Akad. Nauk SSSR Ser. Khim. **1966** 466/72; Bull. Acad. Sci. USSR Div. Chem. Sci. **1966** 437/42; C.A. **65** [1966] 8749).

[181] E. Bagley, J.M. Birchall, R.N. Haszeldine (J. Chem. Soc. C **1966** 1232/6). – [182] I.L. Knunyants, A.V. Fokin (Dokl. Akad. Nauk SSSR **112** [1957] 67/9; Proc. Acad. Sci. USSR **112** [1957] 1/3; C.A. **1957** 11234). – [183] G.H. Sprenger, K.J. Wright, J.M. Shreeve (Inorg. Chem. **12** [1973] 2890/3). – [184] P.H. Ogden (J. Chem. Soc. C **1967** 2302/5). – [185] Minnesota Mining & Manufacturing Co., P.H. Ogden (U.S.P. 3538157 [1967/70]; C.A. **74** [1971] Nr. 12596).

[186] R.D. Chambers, C.A. Heaton, W.K.R. Musgrave (J. Chem. Soc. C **1968** 1933/7). – [187] Merck and Co., Inc., M.H. Fisher, D.R. Hoff, R.J. Bochis (U.S.P. 3705174 [1970/72]; C.A. **78** [1973] Nr. 58419). – [188] R.E. Banks, R.N. Haszeldine, B.G. Willoughby (J. Chem. Soc. Perkin Trans. II **1975** 2451/4). – [189] National Smelting Co., Ltd., L.J. Belf (B.P. 923365 [1960/63]; C.A. **59** [1963] 9886). – [190] V.A. Ginsburg, L.L. Martynova, S.S. Dubov, B.I. Tetelbaum, A.Ya. Yakubovich (Zh. Obshch. Khim. **35** [1965] 851/7; J. Gen. Chem. USSR **35** [1965] 855/60; C.A. **63** [1965] 6995).

[191] V.A. Ginsburg, S.S. Dubov, A.N. Medvedev, L.L. Martynova, B.I. Tetelbaum, M.N. Vasil'eva, A.Ya. Yakubovich (Dokl. Akad. Nauk SSSR **152** [1963] 1104/7; Dokl. Chem. Proc. Acad. Sci. USSR **152** [1963] 796/9; C.A. **60** [1964] 1570). – [192] S.V. Sokolov, Z.I. Mazalova, S.A. Mazalov (Zh. Obshch. Khim. **35** [1965] 1774/8; J. Gen.

Chem. USSR **35** [1965] 1773/5; C.A. **64** [1966] 3466). – [193] Minnesota Mining & Manufacturing Co., G.H. Smith (U.S.P. 2701814 [1955]; C.A. **1956** 2656). – [194] M. Donike (J. Chromatog. **78** [1973] 273/9). – [195] W.S. Durrell, J.A. Young, R.D. Dresdner (J. Org. Chem. **28** [1963] 831/3).

[196] W.C. Firth (J. Org. Chem. **33** [1968] 441/2). – [197] H.W. Roesky (Angew. Chem. **80** [1968] 44; Angew. Chem. Intern. Ed. Engl. **7** [1968] 63/4). – [198] E.I. du Pont de Nemours & Co., C.W. Tullock (U.S.P. 3347644 [1962/67]; C.A. **67** [1967] Nr. 110203). – [199] H. Steinbeißer, R. Mews, O. Glemser (Z. Anorg. Allgem. Chem. **406** [1974] 299/306). – [200] T.J. Mao, R.D. Dresdner, J.A. Young (J. Inorg. Nucl. Chem. **24** [1962] 53/8).

[201] S.P. Makarov, A.Ya. Yakubovich, V.A. Ginsburg, A.S. Filatov, M.A. Énglin, N.F. Privezentseva, T.Ya. Nikiforova (Dokl. Akad. Nauk SSSR **141** [1961] 357/60; Dokl. Chem. Proc. Acad. Sci. USSR **141** [1961] 1130/3; C.A. **56** [1962] 11425). – [202] S.P. Makarov, A.Ya. Yakubovich, A.S. Filatov, M.A. Énglin, T.Ya. Nikiforova (Zh. Obshch. Khim. **38** [1968] 709/15; J. Gen. Chem. USSR **38** [1968] 685/90; C.A. **69** [1968] Nr. 18506). – [203] K.O. Alt, C.D. Weis (Helv. Chim. Acta **52** [1969] 812/6). – [204] W.J. Middleton, H.D. Carlson (Org. Syn. **50** [1970] 81/3). – [205] Yu.V. Zeifman, N.P. Gambaryan, I.L. Knunyants (Izv. Akad. Nauk SSSR Ser. Khim. **1965** 450/6; Bull. Acad. Sci. USSR Div. Chem. Sci. **1965** 435/41; C.A. **60** [1964] 9187).

[206] Allied Chemical Corp., B.C. Oxenrider, W.M. Beyleveld, C. Woolf (U.S.P. 3784644 [1970/74]; C.A. **80** [1974] Nr. 59428). – [207] R.G. Kostyanovskii, V.P. Nechiporenko (Teor. i Eksperim. Khim. **2** [1966] 558/62; Theor. Exptl. Chem. [USSR] **2** [1966] 420/3; C.A. **66** [1967] Nr. 23467). – [208] A.V. Fokin, V.S. Galakhov, A.T. Uzun, V.P. Radchenko, V.P. Stolyarov (Izv. Akad. Nauk SSSR Ser. Khim. **1974** 456/8; Bull. Acad. Sci. USSR Div. Chem. Sci. **1974** 425/7; C.A. **81** [1974] Nr. 24948). – [209] I.J. Lawrenson (J. Chem. Soc. **1965** 1117/20). – [210] J. Homer, L.F. Thomas (J. Chem. Soc. B **1966** 141/4).

[211] R. Fields, J. Lee, D.J. Mowthorpe (J. Chem. Soc. B **1968** 308/12). – [212] L.N. Pushkina, A.P. Stepanov, V.S. Zhukov, A.D. Naumov (Zh. Org. Khim. **8** [1972] 586/97; J. Org. Chem. USSR **8** [1972] 592/601; C.A. **77** [1972] Nr. 18817). – [213] W.B. Moniz, E. Lustig, E.A. Hansen (J. Chem. Phys. **51** [1969] 4666/9). – [214] J.A. Faniran, H.F. Shurvell (Spectrochim. Acta A **31** [1975] 1127/32). – [215] G.F. Lanthier, J.M. Miller (Org. Mass Spectrom. **6** [1972] 89/103).

[216] R.L. Hilderbrandt, A.L. Andreassen, S.H. Bauer (J. Phys. Chem. **74** [1970] 1586/92). – [217] F.A. Miller, F.E. Kiviat (Spectrochim. Acta A **25** [1969] 1577/88). – [218] H. Akiyama, F. Yamauchi, K. Ouchi (J. Chem. Soc. B **1971** 1014/8). – [219] H. Akiyama, M. Tachikawa, T. Furuya, K. Ouchi (J. Chem. Soc. Perkin Trans. **1973** 771/4). – [220] M.H. Pendlebury, L. Phillips (Org. Magn. Resonance **4** [1972] 529/35).

[221] W. Derbyshire, J.P. Stuart, D. Warner (Mol. Phys. **17** [1969] 449/55). – [222] G.N.R. Tripathi, B.N. Tewari, R.M. Verma (Indian J. Pure Appl. Phys. **13** [1975] 608/13; C.A. **83** [1975] Nr. 185813). – [223] A. Peake, L.F. Thomas (Chem. Commun. **1966** 529/30). – [224] I. Brown, D.W. Davies (J. Chem. Soc. Chem. Commun. **1972** 939/40). – [225] J.M. Briggs, E.W. Randall (J. Chem. Soc. Perkin Trans. II **1973** 1789/91).

[226] C. Chachaty, A. Forchioni, J. Virlet (Can. J. Chem. **53** [1973] 648/60). – [227] P.G. Hall, G. Hersfall (J. Chem. Soc. Faraday Trans. II **69** [1973] 1515/21). – [228] V.A. Kuznetsov, B.B. Damaskin (Elektrokhimiya **1** [1965] 1153/6; Soviet

Electrochem. **1** [1965] 1032/5; C.A. **64** [1966] 1386). – [229] V.P. Petrov, V.A. Koptyug (Reakts. Sposobnost Org. Soedin. Tartu. Gos. Univ. **3** [1966] 135/42; C.A. **66** [1967] Nr. 108906; Org. Reactivity [USSR] **3** [1966] 58/60). – [230] J.A. Young, S.N. Tsoukalas, R.D. Dresdner (J. Am. Chem. Soc. **82** [1960] 396/400).

[231] S.P. Makarov, V.A. Shpanskii, V.A. Ginsburg, A.I. Shchekotikhin, A.S. Filatov, L.L. Martynova, I.V. Pavlovskaya, A.F. Goloveneva, A.Ya. Yakubovich (Dokl. Akad. Nauk USSR **142** [1962] 596/9; Dokl. Chem. Proc. Acad. Sci. USSR **142** [1962] 62/5; C.A. **57** [1962] 4528). – [232] I.L. Knunyants, W.L. Dyatkin, E.P. Mochalina, L.T. Lantseva (Izv. Akad. Nauk SSSR Ser. Khim. **1966** 179/80; Bull. Acad. Sci. USSR Div. Chem. Sci. **1966** 164/5; C.A. **64** [1966] 12521). – [233] Yu.A. Cheburkov, N. Mukhamadaliev, I.L. Knunyants (Izv. Akad. Nauk SSSR Ser. Khim. **1966** 2119/22; Bull. Acad. Sci. USSR Div. Chem. Sci. **1966** 2053/5; C.A. **66** [1967] Nr. 75637). – [234] F.S. Toby, S. Toby, G.O. Pritchard (J. Am. Chem. Soc. **94** [1972] 4441/5). – [235] J. Ashley-Smith, M. Green, F.G.A. Stone (J. Chem. Soc. A **1970** 3161/5).

[236] F.J. Weigert (J. Org. Chem. **37** [1972] 1314/6). – [237] W.J. Middleton, C.G. Krespan (J. Org. Chem. **33** [1968] 3625/7). – [238] Z.I. Geller, V.B. Stankevich, I.A. Paramonov (Kholod. Tekh. Tekhnol. Nr. 14 [1972] 70/5; C.A. **79** [1973] Nr. 70430). – [239] N.G. Malyuta, V.E. Platonov, G.G. Furin, G.G. Yakobson (Tetrahedron **31** [1975] 1201/7). – [240] V.E. Platonov, G.G. Furin, N.G. Malyuta, G.G. Yakobson (UdSSR P. 384324 [1971/75]; C.A. **83** [1975] Nr. 9619).

[241] T.D. Petrova, V.P. Mamaev, G.G. Yakobson (Izv. Akad. Nauk SSSR Ser. Khim. **1969** 679/82; Bull. Acad. Sci. USSR Div. Chem. Sci. **1969** 609/11; C.A. **71** [1969] Nr. 30318). – [242] L. Belf, M. Buxton, D. Wotton (Chem. Ind. [London] **1966** 238/9). – [243] Minnesota Mining & Manufacturing Co., R.L. Talbott (U.S.P. 3585218 [1967/71]; C.A. **75** [1971] Nr. 76161). – [244] S. Toby, G.O. Pritchard (J. Phys. Chem. **75** [1971] 1326). – [245] D. Griller, G.D. Mendenhall, W. Van Hoof, K.U. Ingold (J. Am. Chem. Soc. **96** [1974] 6068/70).

[246] D.W. Follmer, S. Toby, G.O. Pritchard (J. Phys. Chem. **76** [1972] 487/9). – [247] M.T. Rogers, L.D. Kispert (J. Chem. Phys. **46** [1967] 3193/9). – [248] C.M. Bogan, L.D. Kispert (J. Chem. Phys. **57** [1972] 3109/20). – [249] R.J. Lontz, W. Gordy (J. Chem. Phys. **37** [1962] 1357/66). – [250] L.D. Kispert, K. Chang, C.M. Bogan (Chem. Phys. Letters **17** [1972] 592/7).

[251] A.G. Hudson, A.E. Pedler, J.C. Tatlow (Tetrahedron **26** [1970] 3791/7). – [252] R.N. Haszeldine, B.J.H. Mattinson (J. Chem. Soc. **1957** 1741/5). – [253] U. Meresaar, L. Bratt (Acta Chem. Scand. **28** [1974] 715/22). – [254] G.I. Drozd, S.Z. Ivin, A.D. Varshavskii (Zh. Obshch. Khim. **39** [1969] 1178; J. Gen. Chem. USSR **39** [1969] 1147; C.A. **71** [1969] Nr. 61496). – [255] V.N. Shvedova, I.M. Dolgopol'skii, L.M. D'yachishina (Zh. Obshch. Khim. **39** [1969] 776/80; J. Gen. Chem. USSR **39** [1969] 736/9; C.A. **71** [1969] Nr. 60641).

[256] V.A. Ginsburg, L.L. Martynova, N.F. Privezentseva, Z.A. Buchek (Zh. Obshch. Khim. **38** [1968] 2505/9; J. Gen. Chem. USSR **38** [1968] 2422/5; C.A. **70** [1969] Nr. 57055). – [257] J.R. Geigy A.-G., E.K. Kleiner, P.L. Pacini (F.P. 1540871 [1966/68]; C.A. **71** [1969] Nr. 31290). – [258] J.R. Geigy A.-G., P.L. Pacini, E.K. Kleiner (Deut. Offenlegungsschrift 2029538 [1969/71]; C.A. **75** [1971] Nr. 6656). – [259] Sperry Rand Corp., U.L. Hart (U.S.P. 3478097 [1966/69]; C.A. **72** [1970] Nr. 12291). – [260] G.M. Brooke, R.J.D. Rutherford (J. Chem. Soc. C **1967** 1189/91).

[261] G.M. Brooke, W.K.R. Musgrave, R.J.D. Rutherford, T.W. Smith (Tetrahedron **27** [1971] 5652/8). – [262] T. Tanabe, N. Ishkawa (Nippon Kagaku Kaishi **7** [1972]

1255/8; C.A. **77** [1972] Nr. 141464). – [263] F.G. Drakesmith (J. Chem. Soc. Perkin Trans. I **1972** 184/9). – [264] S. Hayashi, N. Ishikawa (Bull. Chem. Soc. Japan **45** [1972] 2909/14). – [265] United States Department of the Navy, J.R. Griffith (U.S.P. 3549591 [1968/70]; C.A. **74** [1971] Nr. 54607).

[266] S. Hayashi, N. Ishikawa (Nippon Kagaku Zasshi **91** [1970] 1000/1; C.A. **74** [1971] Nr. 75787). – [267] T.D. Petrova, T.I. Savchenko, G.G. Yakobson (Zh. Obshch. Khim. **37** [1967] 1170; J. Gen. Chem. USSR **37** [1967] 1110/1; C.A. **68** [1968] Nr. 21885). – [268] R. Bolton, J.M. Seabrooke, G.H. Williams (J. Fluorine Chem. **5** [1975] 1/5). – [269] M.A. Énglin, S.P. Makarov, A.N. Aninimova, A.Ya. Yakubovich (Zh. Obshch. Khim. **33** [1963] 2963/5; J. Gen. Chem. USSR **33** [1963] 2892/3; C.A. **60** [1964] 6743). – [270] G. Czieslik, O. Glemser (Z. Anorg. Allgem. Chem. **394** [1972] 26/32).

[271] R.B. Meyer, D.A. Shuman, R.K. Robins (J. Am. Chem. Soc. **96** [1974] 4962/6). – [272] T.A. George, M.F. Lappert (J. Chem. Soc. A **1969** 992/6). – [273] M.F. Lappert, D.E. Palmer (J. Chem. Soc. Dalton Trans. **1973** 157/8). – [274] W.J. Middleton, D.M. Gale, C.G. Krespan (J. Am. Chem. Soc. **90** [1968] 6813/7). – [275] D.M. Gale, C.G. Krespan (J. Org. Chem. **33** [1968] 1002/8).

[276] E.I. du Pont de Nemours & Co., D.M. Gale (U.S.P. 3478100 [1965/69]; C.A. **72** [1970] Nr. 42871). – [277] E.I. du Pont de Nemours & Co., W.J. Middleton (U.S.P. 3442904 [1966/69]; C.A. **71** [1969] Nr. 22125). – [278] M.S. Raasch (J. Heterocycl. Chem. **11** [1974] 587/93). – [279] E.I. du Pont de Nemours & Co., M.S. Raasch (U.S.P. 3853902 [1971/74]; C.A. **82** [1975] Nr. 112059). – [280] E.I. du Pont de Nemours & Co. (Nd. Appl. 6606611 [1965/66]; C.A. **67** [1967] Nr. 32443).

[281] A.J. Mukhedkar, V.A. Mukhedkar, M. Green, F.G.A. Stone (J. Chem. Soc. A **1970** 3166/71). – [282] M. Green, S.K. Shakshooki, F.G.A. Stone (J. Chem. Soc. A **1971** 2828/34). – [283] H.D. Empsall, M. Green, S.K. Shakshooki, F.G.A. Stone (J. Chem. Soc. A **1971** 3472/6). – [284] J. Browning, H.D. Empsall, M. Green, F.G.A. Stone (J. Chem. Soc. Dalton Trans. **1973** 381/7). – [285] G.I. Fuks, N.E. Gal'tsova, L.I. Berlin, B.N. Haksimov (UdSSR P. 293840 [1969/71]; C.A. **75** [1971] Nr. 65910).

[286] A.S. Lapik (Izv. Sibirsk. Otd. Akad. Nauk SSSR Ser. Biol. Med. Nauk **1965** Nr. 3, S. 91/4; C.A. **64** [1966] 20497). – [287] Hsing Hua Huang (J. Chem. Soc. Perkin Trans. II **1975** 903/6). – [288] J.M. Birchall, R.N. Haszeldine, A.R. Parkinson (J. Chem. Soc. **1962** 4966/76). – [289] V.A. Ginsburg, L.L. Martynova, M.F. Lebedeva, S.S. Dubov, A.N. Medvedev, B.I. Tetel'baum (Zh. Obshch. Khim. **37** [1967] 1073/7; J. Gen. Chem. USSR **37** [1967] 1016/9; C.A. **68** [1968] Nr. 12367). – [290] L.A. Wall, W.J. Pummer, J.E. Fearn, J.M. Antonucci (J. Res. Natl. Bur. Std. A **67** [1963] 481/97).

[291] Thiokol Chemical Corp., J.A. Castellano, J. Green (U.S.P. 3428672 [1965/69]; C.A. **70** [1969] Nr. 87269). – [292] J. Green, J.A. Castellano (U.S.P. 3537267 [1968/71]; C.A. **75** [1971] Nr. 7121).

2 Perfluorhalogenorgano-Stickstoff-Sauerstoff-Verbindungen

Perfluorohalogenoorgano-Nitrogen-Oxygen Compounds

2.1 Perfluorhalogenorgano-Aminooxy-$[(R_f)_2NO-]$- und -Iminooxy-$[(R_f)_2C=NO-]$-Verbindungen

Perfluorohalogenoorgano-Aminooxy and -Iminooxy Compounds

2.1.1 Introduction

General in English

The chemistry in the following chapter is based on the N-substituted hydroxylamines $(R_f)_2NOH$ and oximes $(R_f)_2C=NOH$. The compounds with $R_f=CF_3$ play the dominant role. $(CF_3)_2NOH$ is easily oxidized to the purple-violet radical $(CF_3)_2NO$, which is stable indefinitely at 20 °C. The weakly acidic proton in $(CF_3)_2NOH$ and $(CF_3)_2C=NOH$ is easily replaced by metals such as Na, Li, or Hg. Thus there is an extensive radical chemistry and a great number of nucleophilic substitutions. In addition, $(CF_3)_2NOH$ and $(CF_3)_2C=NOH$ condense with certain metal and nonmetal halides in the presence of a base by splitting out HX.

Allgemeines

General in German

Die Chemie des nachfolgenden Kapitels wird getragen durch die N-substituierten Hydroxylamine $(R_f)_2NOH$ und Oxime $(R_f)_2C=NOH$, wobei die Verbindungen mit $R_f=CF_3$ eine herausragende Rolle einnehmen. Die leichte Oxidierbarkeit von $(CF_3)_2NOH$ in das bei 20 °C unbegrenzt haltbare, purpurviolett gefärbte Radikal $(CF_3)_2NO$ und die Substituierbarkeit des schwach aciden Protons in $(CF_3)_2NOH$ bzw. $(CF_3)_2C=NOH$ durch Metalle wie Na, Li oder Hg erlauben eine variantenreiche Radikalchemie sowie umfangreiche nucleophile Substitutionsreaktionen. Zusätzlich vermag $(CF_3)_2NOH$ und $(CF_3)_2C=NOH$ in Gegenwart einer Base mit bestimmten Metall- und Nichtmetallhalogeniden unter Abspaltung von HX (aus dem Gleichgewicht durch Sekundärreaktion mit der Base entfernt) zu den entsprechenden Derivaten zu kondensieren.

2.1.2 Bildung und Darstellung

Formation. Preparation

2.1.2.1 Die Radikale $(R_f)_2NO$

$(R_f)_2NO$ Radicals

Bis(trifluormethyl)-aminooxyl $(CF_3)_2NO$

Bis(2-chlortetrafluoräthyl)-aminooxyl $(ClCF_2CF_2)_2NO$

N-Trifluormethyl-N-perfluorhalogenäthyl-aminooxyl $ClCF_2CF_2(CF_3)NO$, $ClCF_2CFCl(CF_3)NO$, $Cl_2CFCF_2(CF_3)NO$, $BrCF_2CFCl(CF_3)NO$, $BrCF_2CFBr(CF_3)NO$

Bis(perfluorheptyl)-aminooxyl $(C_7F_{15})_2NO$

Als Ausgangsverbindung zur Synthese des stabilen Radikals $(CF_3)_2NO$ dient $(CF_3)_2NOH$, das mit $KMnO_4$ in Eisessig bei 60 bis 70 °C quantitativ zu $(CF_3)_2NO$ reagiert [1, 2]. Mit N_2 verdünntes F_2 (Volumenverhältnis 3:1) oxidiert $(CF_3)_2NOH$ in über 90% Ausbeute zum Radikal, das analog auch mit Ag_2O bei 180 bis 200 °C [57, 105] bzw. 85 °C (18 h) sich bildet. Erhitzt man $(CF_3)_2NOH$ mit wasserfreiem NaF in einem Cariusrohr auf 170 °C (3 d), so erhält man 42% $(CF_3)_2NO$ [3]. In alkalischer Lösung läßt sich $(CF_3)_2NOH$ an einer Pt- bzw. Magnetitanode quantitativ zum Radikal oxidieren [4]. Auch Verbindungen mit einer $(CF_3)_2NO$-Gruppe lassen sich häufig in das Radikal umwandeln, z.B. $2\,[(CF_3)_2NO]_3As+3\,Cl_2 \xrightarrow{60\,°C} 6\,(CF_3)_2NO+2\,AsCl_3$ [5]. Die thermische Zersetzung von $[(CF_3)_2NO]_xHg$ (x=1 bis 2) führt bei 55 bis 123 °C zu sehr reinem $(CF_3)_2NO$ [6, 7]. Die eleganteste Methode zur Synthese von $(CF_3)_2NO$ ist die quantitative Oxidation

Formation and Preparation of $(R_f)_2NO$ Radicals

von $(CF_3)_2NOH$ mit einem zweifachen Überschuß an AgO [8]. – Das Radikal $(CF_3)_2NO$ sowie die N-Trifluormethyl-N-perfluorhalogenäthyl-substituierten Aminooxyle werden ESR-spektroskopisch bei der Untersuchung der Reaktion von CF_3NO mit Perfluorhalogenolefinen in Gegenwart von Halogenen nachgewiesen [148].

Erhitzt man $(ClCF_2CF_2)_2NONO$ in einem Teflonreaktor zunächst auf 55 °C, dann auf 100 °C, so entweicht NO_2, und es entsteht ein Gemisch, das durch Destillation vorgereinigt wird. Aus dem Rückstand wird $(ClCF_2CF_2)_2NO$ gaschromatographisch isoliert [9, 10]. In Eisessig oxidiert $KMnO_4$ bei 70 °C $CF_3N(OH)CF_2CFClX$ zu $XCFClCF_2(CF_3)NO$ mit X=F oder Cl [11]. Beim Erwärmen von $C_7F_{15}C(O)ONO$ auf 160 °C (6 bis 8 h) oder beim Bestrahlen mit UV-Licht (24 h) bildet sich $(C_7F_{15})_2NO$, das ESR-spektroskopisch identifiziert werden konnte. Es fällt auch beim Bestrahlen (12 h) eines Gemisches aus $C_7F_{15}J$ und NO aus (keine zusätzlichen physikalischen Daten) [9].

Pentafluorphenyl-trifluormethylaminooxyl $C_6F_5(CF_3)NO$

Pentafluorphenyl-pentafluoräthylaminooxyl $C_6F_5(C_2F_5)NO$

Pentafluorphenyl-2-heptafluorpropylaminooxyl $C_6F_5[(CF_3)_2CF]NO$

Die Photolyse eines Gemisches aus C_6F_5NO und R_fJ ($R_f=CF_3$, C_2F_5, $(CF_3)_2CF$) führt zu den Radikalen $C_6F_5(R_f)NO$, die ESR-spektroskopisch (s. S. 122) identifiziert wurden [12].

Perfluor-2,5-diazahexan-2,5-dioxyl $CF_3N(O^{\cdot})CF_2CF_2N(O^{\cdot})CF_3$

Die bei 0 °C vorgenommene Hydrolyse von $2\,CF_3NO \cdot C_2F_4 \cdot PCl_3$ führt zu einem Hydrolysat, das man zu einer auf 90 °C erwärmten Lösung von $KMnO_4$ in 2molarem H_2SO_4 zutropft. Nach 5 h bilden sich 83% $CF_3N(O^{\cdot})CF_2CF_2N(O^{\cdot})CF_3$ [13 bis 16]. Das Hydrolysat kann auch bei 60 bis 70 °C (3 h) mit $KMnO_4$ in Eisessig zu $CF_3N(O^{\cdot})CF_2CF_2N(O^{\cdot})CF_3$ (1%) oxidiert werden. Mit einem großen Überschuß an AgO und 0.5 ml H_2O reagiert das Addukt bei 20 °C (48 h) zum Biradikal (5.5%). Beim Erhitzen des Gemisches auf 200 °C beträgt die Ausbeute 15% [14].

N-Substituted Hydroxylamines, Oximes, Glyoximes

2.1.2.2 N-substituierte Hydroxylamine, Oxime, Glyoxime

Bis(trifluormethyl)-hydroxylamin $(CF_3)_2NOH$

Bis[bis(trifluormethyl)-hydroxylamin]-Metallfluorid $[(CF_3)_2NOH]_2 \cdot MF$, M=K, Cs

Bis(trifluormethyl)-hydroxylamin-hydrat $(CF_3)_2NOH \cdot H_2O$

Bis(trifluormethyl)-hydroxylamin-ammoniak $(CF_3)_2NOH \cdot NH_3$

N-Trifluormethyl-N-(2-chlortetrafluoräthyl)-hydroxylamin $ClCF_2CF_2(CF_3)NOH$

N-Trifluormethyl-N-(2,2-dichlortrifluoräthyl)-hydroxylamin $Cl_2CFCF_2(CF_3)NOH$

N-Trifluormethyl-N-(2-nitrotetrafluoräthyl)-hydroxylamin $O_2NCF_2CF_2(CF_3)NOH$

Bis-(2-chlortetrafluoräthyl)-hydroxylamin $(ClCF_2CF_2)_2NOH$

Trifluormethylhydroxyaminooxyl $CF_3N(O^{\cdot})OH$

Wasserfreies CH_3OH setzt sich mit $(CF_3)_2NONO$ zunächst bei 0 °C, dann bei 40 °C (7 h) zu 62% $(CF_3)_2NOH$ um, das noch mit CH_3OH (Entfernung mit $CaCl_2$) verunreinigt ist. Schüttelt man ein Gemisch aus $(CF_3)_2NONO$, Hg und 50%igem HCl bei 20 °C (16 h), so entstehen 72% $(CF_3)_2NOH$ [17]. Bei der Umsetzung von CF_3NO mit geringem Überschuß an NH_3 in der Gasphase bei 20 °C (3 bis 4 h) bildet sich $(CF_3)_2NOH \cdot H_2O$

Literatur s. S. 146

Formation and Preparation

(70% Ausbeute), das beim Behandeln mit P_2O_5 in $(CF_3)_2NOH$ übergeht. Mit 10%igem NaOH bzw. mit $C_6H_5NH_2$ reagiert $(CF_3)_2NONO$ bei 20 °C zu $(CF_3)_2NOH \cdot H_2O$ bzw. zu $(CF_3)_2NOH$ [1]. In exothermer Reaktion wird $(CF_3)_2NO$ mit H_2 in Gegenwart eines Pd-Al_2O_3-Katalysators zu 85% $(CF_3)_2NOH$ reduziert [3]. Ein 94%iger Umsatz erfolgt beim Schütteln von $(CF_3)_2NONO$, Hg und 50%igem HCl bei 20 °C (15 bis 24 h), es bildet sich $(CF_3)_2NOH$ [18], das ebenfalls durch Aminolyse und Ammonolyse von $[(CF_3)_2NO]_2Hg$ bei 20 °C (12 h) entsteht [5]. Die Reduktion von $(CF_3)_2NX$ mit HJ verläuft nach: $2\,(CF_3)_2NX + 2\,HJ \rightarrow 2\,(CF_3)_2NOH + J_2$; X=O [1, 19], X=$OON(CF_3)_2$ [20]. Bei −80 °C reagiert $(CF_3)_2NO$ mit $CF_3C(O)SH$ zu $(CF_3)_2NOH$ und $CF_3C(O)SSC(O)CF_3$ [21]. $CF_3N(O)=CF_2$ addiert HF zu $(CF_3)_2NOH$ [22, 23]. Perfluor-2,5-dimethyl-1-oxa-2,5-diazacyclopentan reagiert mit HF (im Überschuß) bei 20 °C (15 h) zu 95% $(CF_3)_2NOH$ [13].

Bei 20 °C addiert CsF 2 mol $(CF_3)_2NOH$ unter Bildung von $[(CF_3)_2NOH]_2 \cdot CsF$, das im Gleichgewicht einen Druck von 0.5 bis 1 Torr $(CF_3)_2NOH$ aufweist. Ein analog hergestelltes KF-$(CF_3)_2NOH$-Addukt hat einen entsprechenden Druck von 4 Torr [24]. Ein Gemisch aus $(CF_3)_2NOH$ und NH_3 reagiert bei 20 °C zu flüssigem $(CF_3)_2NOH \cdot NH_3$ (94%) [25].

Mit Anilin reagiert $CF_3N(ONO)CF_2CF_2Cl$ bei 60 bis 70 °C zu $ClCF_2CF_2(CF_3)NOH$, das auch bei der Umsetzung mit CH_3OH bei 50 °C bzw. HJ, gelöst in Äther, bei 0 °C (3 h) anfällt. Analog setzt sich $CF_3N(ONO)CF_2X$ mit $C_6H_5NH_2$ bzw. CH_3OH bei 25 bis 30 °C (≈0.5 h) bzw. 50 °C (bis kein CH_3ONO mehr entsteht) zu $CF_3N(OH)CF_2X$ (X=$CFCl_2$ bzw. CF_2NO_2) um [11, 26]. Methanolyse von $(ClCF_2CF_2)NONO$ führt zu $(ClCF_2CF_2)_2NOH$ (nur mittels $\nu(OH) = 3650\ cm^{-1}$ charakterisiert) [9]. Bei Photolyse in Tetrahydrofuran addiert CF_3NO_2 ein H-Atom und geht in $CF_3N(O^{\cdot})OH$ über (ESR-Spektrum: $a_N = 22.75$ G und $a_F = 6.85$ G) [27].

Natrium-, Lithium- und **Ammonium-N-nitroso-N-trifluormethylhydroxylamin**
$CF_3N(NO)OM$, M=Na,Li,NH_4

N-Nitroso-N-trifluormethylhydroxylamin-kupfer(I)-chlorid und **-eisen(II)-sulfat**
$CF_3N(NO)OH \cdot X$, X=CuCl, $FeSO_4$

Leitet man in CH_3OH gleichzeitig CF_3NO und NO bei −70 °C ein, so entfärbt sich die Lösung, vermutlich bildet sich intermediär das nicht näher charakterisierte $CF_3N(NO)ONO$. Dieses reagiert in situ mit NaY (Y=OCH_3, OH), $LiOCH_3$ bzw. NH_3 zu $CF_3N(NO)OM$, M=Na (78%), M=Li (70%) bzw. M=NH_4; mit CuCl bzw. mit $FeSO_4$ entstehen der dunkelgrün gefärbte, an Luft instabile Komplex $CF_3N(NO)OH \cdot CuCl$ und das nicht näher charakterisierte, bei 20 °C instabile $CF_3N(NO)OH \cdot FeSO_4$ (keine physikalischen Daten) [146].

Perfluor-2,5-diazahexan-2,5-diol $CF_3N(OH)CF_2CF_2N(OH)CF_3$

Hexafluor-2,5-dihydroxy-2,5-diazahexan-3,4-dion $CF_3N(OH)C(O)C(O)N(OH)CF_3$

Die vorsichtig durchgeführte Hydrolyse des Adduktes $2\,CF_3NO \cdot C_2F_4 \cdot PCl_3$ bei 0 °C führt zu $CF_3N(OH)CF_2CF_2N(OH)CF_3$ [13] und in geringen Mengen zu $CF_3N(OH)C(O)$-$C(O)N(OH)CF_3$ [13, 14, 29], s. auch „Perfluorhalogenorgano-Verbindungen der Hauptgruppenelemente", Tl. 5, S. 100. Sehr heftig und unter Br_2-Ausscheidung reagiert das Biradikal $CF_3N(O^{\cdot})CF_2CF_2N(O^{\cdot})CF_3$ mit HBr bei 0 °C in einem Bombenrohr zu $CF_3N(OH)CF_2CF_2N(OH)CF_3$ (83%), das auch bei weiteren H-Abstraktionsreaktionen des Biradikals entsteht [13], z.B. bei Umsetzungen mit $C_6H_5CH_3$, $(C_6H_5)_3CH$ und bei der Hydrierung in Gegenwart von Pd und $BaSO_4$ [16].

Literatur s. S. 146

Formation and Preparation of N-Substituted Hydroxylamines, Oximes, Glyoximes

Fluorchlorformoxim FClC=NOH und **Polymeres**

1-Halogen- und **1-Aminotrifluoracetaldehydoxim** $CF_3C(X)=NOH$, X=F, Cl, Br und NH_2

2-Chlor-, 2-Brom- und **2-Nitrotrifluoracetaldehydoxim** $CF_2XC(F)=NOH$, X=Cl, Br, NO_2 und **Ätherat**

1-Chlorheptafluorbutyraldehydoxim $C_3F_7C(Cl)=NOH$

1-Chlorpentafluorbenzaldehydoxim $C_6F_5C(Cl)=NOH$

1-Pentafluorbenzoyl-pentafluorbenzaldehydoxim $C_6F_5C[C(O)C_6F_5]=NOH$

Hexafluoracetonoxim $(CF_3)_2C=NOH$, **Methanolat, Ätherat und Li-Salz**

Perfluorcyclobutanonoxim (Vierring: F_2, F_2, F_2, =NOH)

Perfluoralkannitrolsäure $R_fC(NO_2)=NOH$, $R_f=CF_3$, C_3F_7

Ätherische Lösungen von $CFCl_2NO$ werden durch H_2S bei 20 °C (12 h, mehrmals heftig schütteln) zu FClC=NOH reduziert, das sich vom Äther destillativ nicht trennen ließ. Aus konzentrierten Lösungen scheidet sich kristallines, polymeres $(CFCl=NOH)_n$ aus, das sich beim Erhitzen, ohne zu schmelzen, zersetzt (keine physikalischen Daten) [30].

Eine ätherische Lösung von $CF_3CF_2NO_2$ kann in Gegenwart von Pd-Aktivkohle in einem Autoklav mittels H_2 (Anfangsdruck 120 atm) unter Schütteln zu $CF_3C(F)=NOH$ reduziert werden, das sich als Ätherat isolieren läßt. Tropft man Br_2 zu einer ätherischen Lösung von $CF_3CFClNO$ in Gegenwart von C_6H_5OH bei −50 bis −30 °C bis zur Gelbfärbung, so bildet sich $CF_3C(F)=NOH$ als Ätherat. Bei 20 °C führt die analog durchgeführte Bromierung mit überschüssigem Br_2 innerhalb von 10 bis 15 h zu $CF_3C(Cl)=NOH$-Ätherat und bei 0 bis 10 °C zu $CF_3C(Br)=NOH$-Ätherat. Dieser Reaktionsablauf konnte durch Umsetzungen von $CF_3C(F)=NOH$-Ätherat mit HX bei −78 °C (10 bis 15 h), die zu $CF_3C(X)=NOH$-Ätherat (X=Cl, Br) führen, bestätigt werden. Auch die Chlorierung von $CF_3C(H)=NOH$ in verdünntem HCl bei −20 °C und anschließendem Erwärmen auf 20 °C liefert 55.6% $CF_3C(Cl)=NOH$-Ätherat [31]. Die Chlorierung von $C_6F_5C(H)=NOH$ mit NOCl in $CHCl_3$ bei 20 °C (≈5 h) führt zu $C_6F_5C(Cl)=NOH$ [32]. Die Kondensation von $C_6F_5C(O)C(O)C_6F_5$ mit NH_2OH führt zu $C_6F_5[C_6F_5C(O)]NOH$ (54%) [28].

In CH_2Cl_2 gelöstes CF_3CHN_2 bzw. $C_3F_7CHN_2$ reagiert beim Zutropfen zu einer Lösung von NOCl in CH_2Cl_2 bei −10 bis −5 °C (4 h) bzw. bei 0 °C (4 h) in 35 bzw. 29% Ausbeute zu $CF_3C(Cl)=NOH$ bzw. $C_3F_7C(Cl)=NOH$. Chlorierung von $R_fCH=NOH$ in 5%iger HCl-Lösung liefert $R_fC(Cl)=NOH$ ($R_f=CF_3$, C_3F_7) [33]. In Gegenwart von $(C_2H_5)_3N$ rührt man ein Gemisch aus $CF_3CH_2NO_2$ und $C_6H_5C(O)Cl$ bei 0 °C (5 h), fügt CH_3OH hinzu und erhitzt im Rückfluß (6 h). Danach setzt man H_2O hinzu und isoliert $CF_3C(Cl)=NOH$ (30%) [34]. In ätherischer Lösung wird $CF_2XCFClNO$ durch HJ bei 20 °C (30 bis 45 min) zu $CF_2XC(F)=NOH$ (X=Cl bzw. Br) reduziert, das als Ätherat charakterisiert wurde. Für X=Br beträgt die Ausbeute 46% [35]. Leitet man in eine Lösung von $BrCF_2CF_2NO$ in CH_3OH bei −70 °C NO ein, so bildet sich $BrCF_2C(F)=NOH$ als Methanolat (keine physikalischen Daten) [146]. Beim Zutropfen von O_2NCF_2CFXNO (X=F, Cl) zu einer eisgekühlten ätherischen Lösung von HJ bildet sich $O_2NCF_2C(F)=NOH$, das als Ätherat stabilisiert werden kann [36].

Die bei −3 °C durchgeführte Hydrolyse von $(CF_3)_2C=NONO$ liefert $(CF_3)_2C=NOH$ [37]. In Pyridin reagiert $(CF_3)_2CHC(O)OH$ mit NOCl bei −20 °C (1.5 h) zu $(CF_3)_2C=NOH$ (54%) [26], das sich (73%) auch bei der Aminolyse von $(CF_3)_2C=NOC(O)OCH_3$ mit

Literatur s. S. 146

zehnfachem Überschuß an NH_3 bzw. $(CH_3)_2NH$ bei 20 °C (24 h) bildet [38]. In Äther setzt sich $(CF_3)_2C=CO$ bei −78 °C mit N_2O_3 nach anschließender Hydrolyse zu 52% $(CF_3)_2C=NOH$ um, das auch mit $NaNO_2$ in $(CH_3)_2NC(O)H$ bei −78 °C, anschließendem Erwärmen auf 20 °C und Ansäuern mit HCl erhältlich ist. Analog reagiert $(CF_3)_2C(NO)$-C(O)F mit $NaNO_2$ zum $(CF_3)_2C=NOH$ [39]. Aus $(CF_3)_2C=NOH \cdot (CH_3)_2NC(O)H$ lassen sich mittels konzentriertem H_2SO_4 65% des Acetoximes in Freiheit setzen. Tropft man $(CF_3)_2CHC(O)F$ zu einer Lösung von $NaNO_2$ in $(CH_3)_2NC(O)H$ bei 0 °C zu, so entstehen unter CO_2-Entwicklung 36% $(CF_3)_2C=NOH$ als Addukt, aus dem das Acetoxim mit konzentriertem H_2SO_4 freigesetzt wird [40]. In Gegenwart von Pyridin liefert $(CF_3)_2CHC(O)OK$ mit NOCl beim Erwärmen auf dem Wasserbad (1 h) und anschließendem Ansäuern mit HCl 48.7% $(CF_3)_2C=NOH$ [41]. In Aceton (oder CH_2Cl_2 oder ohne Lösungsmittel) reagiert $(CF_3)_2CHC(O)F \cdot N(C_2H_5)_3$ mit NOCl bzw. N_2O_n (n=3, 4, 5) bei −70 °C und anschließendem Erwärmen auf 20 °C (in 4 h) unter Rühren zu $(CF_3)_2C=NOH \cdot OC(CH_3)_2$, das durch Destillation mit konzentriertem H_2SO_4 vom Aceton befreit wird. Es werden mit NOCl 15.6%, mit N_2O_3 47%, mit N_2O_4 40% und mit N_2O_5 6% erhalten [42].

Formation and Preparation

Hydroxylamin verdrängt bei 100 °C (11 h) aus $(CF_3)_2C=NC_6H_5$ Anilin unter Bildung von $(CF_3)_2C=NOH$ [43]. Methanolyse von $(CF_3)_2CNOC(O)C_6H_5$ (Rückfluß, einige Stunden) führt zu 17.5% $(CF_3)_2C=NOH \cdot CH_3OH$ (Siedepunkt 89 bis 91 °C). Bei der Synthese von $(CF_3)_2C(NO)OC(O)CF_3$ (s. S. 96) entsteht $(CF_3)_2C=NOH \cdot C_2H_5OC_2H_5$ in 15% Ausbeute [34]. In C_6H_6 reagiert n-C_4H_9Li mit $(CF_3)_2C=NOH$ zu $(CF_3)_2C=NOLi$ (keine physikalischen Daten) [44]. In Gegenwart eines Pd-Katalysators läßt sich $(CF_3)_2CFNO$ bei 20 °C (Anfangsdruck p_a=50 atm) [45] bzw. in CH_3OH bei 20 °C (p_a= 40 atm) [46] zu 70% $(CF_3)_2C=NOH$ hydrieren. Analog liefert Nitrosoperfluorcyclobutan in Äther bei 20 °C (10 h) 52% eines Ätherats, das durch Destillation über H_2SO_4 in Perfluorcyclobutanonoxim umgewandelt wird [47]. In $C_4H_9OC_4H_9$ gelöstes $C_3F_7CHN_2$ reagiert bei −80 °C mit N_2O_4 zu $C_3F_7C(NO_2)=NOH$, dessen Ausbeute durch Verwendung eines 25%igen N_2O_4-Überschusses und einer Reaktionsdauer von 3 h erhöht werden kann. Analog erhält man $CF_3C(NO_2)=NOH$ aus CF_3CHN_2 bei 0 °C (0.5 h). Beide Verbindungen werden durch eine IR-Bande bei 1565 cm^{-1} charakterisiert [48].

Bis(perfluoralkyl)-glyoxime $R_fC(=NOH)C(=NOH)R_f$, $R_f=CF_3$, C_2F_5, C_3F_7

Bis(perfluoralkyl)-furoxan wird in C_2H_5OH in Gegenwart eines $PtO_2 \cdot H_2O$-Katalysators zu $R_fC(NOH)C(NOH)R_f$ hydriert ($R_f=C_3F_7$, 0.33 h, 96% Ausbeute; C_2F_5). Für $R_f=CF_3$ wird die Umsetzung in CH_2Cl_2 durchgeführt. Die Hydrierung verläuft hierbei sehr langsam und erst auf Zugabe einiger Prozent C_2H_5OH bzw. H_2O erfolgt ein rascher Reaktionsablauf [48].

2.1.2.3 Aminooxy- und Iminooxy-Sauerstoff- und -Stickstoff-Verbindungen

Aminooxy- and Iminooxy-Oxygen and -Nitrogen Compounds

Bis(hexafluordimethylamino)-peroxid $(CF_3)_2NOON(CF_3)_2$

O-Nitroso-N,N-bis(trifluormethyl)-hydroxylamin $(CF_3)_2NONO$

O-Nitroso-N-trifluormethyl-N-(2-chlortetrafluoräthyl)-hydroxylamin X=CF_2Cl

O-Nitroso-N-trifluormethyl-N-(2,2-dichlortrifluoräthyl)-hydroxylamin X=$CFCl_2$

O-Nitroso-N-trifluormethyl-N-(2-nitrotetrafluoräthyl)-hydroxylamin X=CF_2NO_2

CF_3–N(–ONO)–CF_2X

Formation and Preparation of Aminooxy- and Iminooxy-Nitrogen Compounds

O-Nitroso-N,N-bis(2-chlortetrafluoräthyl)-hydroxylamin $(ClCF_2CF_2)_2NONO$

Hexafluor-2,5-dinitrito-2,5-diazahexan $CF_3N(ONO)CF_2CF_2N(ONO)CF_3$

O-Nitrosohexafluoracetonoxim $(CF_3)_2C{=}NONO$

Ein mit $(CF_3)_2NO$ gefüllter Quarzkolben (760 Torr) wird 6 h mit einer UV-Lampe bestrahlt. Aus dem sich bildenden Photolysegemisch wird $(CF_3)_2NOON(CF_3)_2$ herausfraktioniert [2, 19, 20]. Mit Sn reagiert $(CF_3)_2NO$ in einem Cariusrohr bei 20 °C (24 h) und liefert 25% $(CF_3)_2NOON(CF_3)_2$, das sich auch aus $(CF_3)_2NO$ und PF_3 bildet [19].

$(CF_3)_2NONO$, ein schwach orangefarbenes Gas (als Flüssigkeit strohfarben, als Festkörper cremefarben), entsteht durch Dimerisierung von CF_3NO im Dunkeln, schneller jedoch – allerdings bei gleichzeitiger Zersetzung – unter Tageslicht oder UV-Bestrahlung [17, 49]. Zur besseren Abtrennung von den übrigen Reaktionsprodukten und zur Vermeidung der Zersetzung wird $(CF_3)_2NONO$ durch Bestrahlung von CF_3NO mit rotem Licht ($\lambda > 5000$ Å) dargestellt, beispielsweise von CF_3NO (0.5 atm) in einem Pyrexkolben (1 h, Ausbeute 25%). Präparative Mengen werden am besten im Umlaufverfahren hergestellt, wobei das schwerer flüchtige $(CF_3)_2NONO$ herauskondensiert wird [50, 51]. Bei UV-Photolyse von CF_3NO (20 l-Reaktor, Druckabnahme von 227 Torr nach 7 h auf 191 Torr) entstehen 79% $(CF_3)_2NONO$ (53% Umsatz) [18]. Ein 1:1- bzw. 2:1-Gemisch aus CF_3NO und CF_3J geht beim Bestrahlen unter Druck in Gegenwart von Hg mit einer Hanovia S 250-Lampe (7 d, schütteln) in 9% bzw. 42% $(CF_3)_2NONO$ über. Bei vermindertem Druck (4 d, Molverhältnis 1:1) fallen 23% an. In Abwesenheit von Hg fällt der Anfangsdruck eines 1:1-Gemisches von 521 Torr bei 20 °C nach 7.5 h auf 265 Torr bei 40 °C und es können 50% $(CF_3)_2NONO$ im Reaktionsgemisch nachgewiesen werden [52]. Photolyse eines 1:2-Gemisches (12 bis 16 h) ergibt nur eine Ausbeute von 3% [53]. Auch die Bestrahlung eines Gemisches aus $(CF_3)_2NBr$ und NO_2 mit einer Hg-Dampflampe führt zu $(CF_3)_2NONO$ [54].

Ausbeuten von nur 3 bzw. 3.5% $(CF_3)_2NONO$ erhält man bei der Strömungspyrolyse von CF_3ONO bei 190 °C (Verweilzeit 12 bzw. 20 s, Pt-Rohr, N_2-Strom). Dagegen entstehen bei der Photolyse von $CF_3C(O)ONO$ (Hanovia Lampe 500 W, Quarzkolben, Abstand 10 cm, 5 bis 6 h) 29% $(CF_3)_2NONO$ [75].

Die Vakuumströmungspyrolyse von CF_3NO bei 250 bzw. 300 °C (3 Torr) liefert 2 bzw. 7% $(CF_3)_2NONO$ [55].

In Gegenwart von Hg reagieren CF_3NO und NO heftig beim Aufwärmen von −196 °C auf +20 °C in einem Cariusrohr aus Quarz zu 18% $(CF_3)_2NONO$ [56], das auch durch Reaktion von $Hg[ON(CF_3)_2]_2$ mit NOCl [53] und von $(CF_3)_2NO$ mit NO [57] entsteht. Bei 20 °C (48 h) reagiert CF_3NO mit NO in der Gasphase zu $(CF_3)_2NONO$, das sich auch beim Einleiten eines Gemisches aus CF_3NO und NO in absolutem Äther bei −110 bis −100 °C bildet [146].

$CF_3N(ONO)CF_2CF_2Cl$ (etwas verunreinigt) wird erhalten durch Umsetzung eines Gemisches aus CF_3NO, $CF_2{=}CF_2$ und NOCl in einem Autoklav bei −40 °C (3 d). Analog setzen sich CF_3NO, $CF_2{=}CFCl$ und NOCl zu $CF_3N(ONO)CF_2CFCl_2$ um. Ersetzt man CF_3NO durch $NO_2CF_2CF_2NO$ oder setzt man CF_3NO mit $CF_2{=}CF_2$ und N_2O_3 um, so erhält man ein Gemisch aus $CF_3N(X)CF_2CF_2NO_2$ mit X=ONO und NO_2 [11]. Unter Rühren setzt sich $(ClCF_2CF_2)_2NO$ mit NO im Bombenrohr zu einer braunen Flüssigkeit um. Aufgrund einer IR-Bande bei 1835 cm^{-1} wird sie als $(ClCF_2CF_2)_2NONO$ charakterisiert [9]. Ferner entsteht diese Verbindung bei der Bestrahlung eines Gemisches aus $CF_2{=}CF_2$ und NOCl mit Sonnenlicht (5 d) [9, 10].

Literatur s. S. 146

Beim Aufwärmen eines Gemisches von $CF_3N(O^\cdot)CF_2CF_2N(O^\cdot)CF_3$ und NO von −196 auf +20 °C bilden sich 92% $CF_3N(ONO)CF_2CF_2N(ONO)CF_3$ [13].

Formation and Preparation

Setzt man $(CF_3)_2CHC(O)OH$ mit einem Mol $CF_3C(O)ONO$ in $(CH_3)_2NC(O)H$ um, so erhält man 25%, mit zwei Mol 40% $(CF_3)_2C{=}NONO$ [58].

Perfluor-(O-amino-N,N-dimethyl)-hydroxylamin $(CF_3)_2NONF_2$

Perfluor-(O-dimethylamino-N,N-dimethyl)-hydroxylamin $(CF_3)_2NON(CF_3)_2$

Nach Reaktion zwischen CsF und $(CF_3)_2NOH$ in CH_3CN und Entfernen von überschüssigem CsF wird NF_2Cl bei −183 °C hinzukondensiert, das Gemisch auf 20 °C erwärmt und 10 min dabei belassen. Bei −95 °C werden dann überschüssiges NF_2Cl, N_2F_4 und Spuren SiF_4 entfernt. Bei −30 °C ließ sich $(CF_3)_2NONF_2$, verunreinigt mit $(CF_3)_2NO$, vom CH_3CN abtrennen. Eine Trennung beider Produkte war nicht möglich [59].

Bei der Photolyse von $(CF_3)_2NOCF_3$ mit einer Hanovia S 500-Lampe bilden sich nach 4 Tagen 73% und nach 10 Tagen nur 1% $(CF_3)_2NON(CF_3)_2$ [60]. Von $Fe(CO)_5$ wird $(CF_3)_2NO$ bei 20 °C in $(CF_3)_2NON(CF_3)_2$ umgewandelt [61]. Bestrahlen von $(CF_3)_2NO$ in einem, im unteren Teil lichtundurchlässig gemachtem Cariusrohr aus Quarz mit einer Hanovia Lampe (250 W, 20 cm Abstand, 19 h) liefert 63% $(CF_3)_2NON(CF_3)_2$ und 13% $(CF_3)_2NONO$. Bei achtstündiger Photolyse sinkt der Umsatz auf 70% [62]. Nahezu quantitativ verläuft die Photolyse eines Gemisches aus CF_3NO und $(CF_3)_2NO$ zu $(CF_3)_2NON(CF_3)_2$ [3]. Aufbewahrung eines äquimolaren Gemisches aus $(CF_3)_2NO$ und $(CH_3)_2CNC$ (3 d) führt lediglich zu 1% $(CF_3)_2NON(CF_3)_2$. Erhöht man das Isocyanid/$(CF_3)_2NO$-Verhältnis auf 1:2, so erhält man bei 0 °C (48 h) 47% $(CF_3)_2NON(CF_3)_2$. Eine Verdoppelung der Menge an $(CF_3)_2NO$ führt bei 20 °C (3 d) zu keinen nennenswerten Veränderungen der prozentualen Ausbeuten. Das reaktionsfähigere CF_3NC liefert bereits nach 12 h 12% $(CF_3)_2NON(CF_3)_2$ [63]. In Ausbeuten zwischen Spuren und 21% entsteht es bei der Umsetzung von $(CF_3)_2NO$ mit $C_6H_5CH_3$, $C_6H_5CH_2ON(CF_3)_2$, $C_6H_5CH[ON(CF_3)_2]_2$, p-Cl-$C_6H_4CH_4$ und p-Cl-$C_6H_4CH_2ON(CF_3)_2$ bei 20 °C (5 min bis 14 d) [64]. Bei der Umsetzung von $F_2C{=}C{=}CF_2$ mit $(CF_3)_2NO$ im Molverhältnis 1:2 bei 20 °C (2 h) bilden sich Spuren von $(CF_3)_2NON(CF_3)_2$; wird das Molverhältnis auf 1:6 gesteigert, so fallen bei 20 °C (1 Woche) 42% an [65]. In Gegenwart von $CF_3C{\equiv}CH$ liefert $(CF_3)_2NO$ bei 20 °C (4 Monate im Dunkeln) 45.5% $(CF_3)_2NON(CF_3)_2$, bezogen auf verbrauchtes Radikal. Mit $CF_3C{\equiv}CF$ entstehen bei 20 °C (15 d im Dunkeln) 37%. Ferner bildet es sich auch aus dem Radikal und $CF_3C{\equiv}CCF_3$ bei 95 °C (18 h) in 81%, bei 20 °C (2.5 Monate im Dunkeln) in 50% und mit $C_6F_5C{\equiv}CC_6F_5$ bei 20 °C (20 h im Dunkeln) in 55% Ausbeute [66].

2.1.2.4 Aminooxy- und Iminooxy-Schwefel-, -Selen-, -Tellur-Verbindungen

Aminooxy- and Iminooxy-Sulfur, -Selenium, -Tellurium Compounds

Bis(hexafluordimethylaminooxy)-sulfane $[(CF_3)_2NO]_2S_x$ (x = 1, 2)

Bis(hexafluordimethylaminooxy)-sulfoxid $[(CF_3)_2NO]_2SO$

Hexafluordimethylaminooxy-sulfinylfluorid $(CF_3)_2NOS(O)F$

Hexafluordimethylaminooxy-sulfonylfluorid $(CF_3)_2NOSO_2F$

Hexafluordimethylaminooxy-schwefelpentafluorid $(CF_3)_2NOSF_5$

Bis(hexafluordimethylaminooxy)-schwefeltetrafluorid $[(CF_3)_2NO]_2SF_4$

N,O-Bis(pentafluorthio)-N-trifluormethylhydroxylamin $CF_3N(SF_5)OSF_5$

Literatur s. S. 146

Formation and Preparation of Aminooxy- and Iminooxy-Sulfur, -Selenium and -Tellurium Compounds

Natrium- und Kalium-N-trifluormethylsulfamat-N-oxyl $CF_3N(O\cdot)SO_3^-M^+$, M = Na, K

Bis(hexafluordimethylaminooxy)-schwefeldioxid $[(CF_3)_2NO]_2SO_2$

N-Chlormercapto-N-trifluormethyl-hydroxylamine $ClS[N(CF_3)OCF_2CF_2]_xCl$, x = 2, 3

O-Thiazyl-N,N-bis(trifluormethyl)-hydroxylamin $(CF_3)_2NOS{\equiv}N$

Bis(hexafluordimethylaminooxy)-fluorthiazyl $[(CF_3)_2NO]_2S(F){\equiv}N$

Tris(hexafluordimethylaminooxy)-trithiazyl R = $(CF_3)_2NO$

Sulfanur-bis(trifluormethyl)-stickoxid R = $(CF_3)_2NO$

Tetrakis(hexafluordimethylaminooxy)-tetrathiazyl R = $(CF_3)_2NO$

Bis(hexafluoracetonoxim)-schwefeloxid $[(CF_3)_2C{=}NO]_2SO$

Tetrakis(hexafluordimethylaminooxy)-selan M = Se $[(CF_3)_2NO]_4M$

Tetrakis(hexafluordimethylaminooxy)-tellan M = Te

Flüssiges $(CF_3)_2NO$ und $S_3N_2O_2$ reagieren in 4 Tagen zu $[(CF_3)_2NO]_2S$ [67].

Bei 200 °C im Hochvakuum getrocknetes CsF wird bei −183 °C mit $(CF_3)_2NOH$ in 0.5 h auf 20 °C erwärmt. Dieses so hergestellte Addukt unbekannter Stöchiometrie reagiert mit SCl_2 bei −20 °C (18 h) zu $[(CF_3)_2NO]_2S_x$ (x = 1,2) [59], mit SO_2F_2 bei 25 °C (3 h) zu $[(CF_3)_2NO]_2SO_2$ und $(CF_3)_2NOSO_2F$ im Verhältnis 5:1. Bei 25 °C (1 h) steigt die Ausbeute an $(CF_3)_2NOSO_2F$ um das fünffache [59]. $[(CF_3)_2NO]_2SO_2$ wird auch erhalten aus $(CF_3)_2NO$, H_2O und SOF_2 bei 20 °C (15 d) [21], sowie durch Erhitzen von $(CF_3)_2NO$ und SO_2 bzw. S auf 180 °C (10 h) bzw. 155 °C (4 h) [68].

Analog entsteht aus dem Addukt und SOF_2, das portionsweise hinzukondensiert wird, bei 20 °C (1 h) $[(CF_3)_2NO]_2SO$. Bei −100 °C (20 min) bildet sich ein Gemisch aus $[(CF_3)_2NO]_2SO$ und $(CF_3)_2NOS(O)F$. In allen Fällen fallen Gemische an, die gaschromatographisch oder durch Destillation aufgetrennt werden [59].

$(CF_3)_2NOSF_5$ wird erhalten (97% Ausbeute), wenn in einem Ni-Autoklav ein Gemisch aus $(CF_3)_2NO$ und S_2F_{10} auf 145 bis 150 °C (12 h) erhitzt und dann auf 20 °C abgekühlt wird, oder beim Erhitzen von $(CF_3)_2NONO$ mit S_2F_{10} auf 150 °C (8 h) [69]. Ähnlich bildet sich $CF_3N(SF_5)OSF_5$ beim Erhitzen von CF_3NO mit S_2F_{10} auf 140 bis 150 °C (23 h) in 18% Ausbeute [70]. Beim Schütteln eines Gemisches aus CF_3NO, PbO_2 und $MHSO_3$ gelöst in H_2O bei 20 °C (1 h) entsteht eine tiefviolette Lösung, die $CF_3N(O\cdot)SO_3^-\ M^+$

Literatur s. S. 146

(M=Na, K) enthält [147]. Photolyse von $(CF_3)_2NO$ und SF_5Cl mit einer PRK-2-Lampe (4 h, Quarzkolben) führt zu 82% $(CF_3)_2NOSF_5$. Umsetzung von $(CF_3)_2NO$ mit SF_4 in einem Ni-Autoklav bei 20 °C (20 d) liefert 95% $[(CF_3)_2NO]_2SF_4$ [21]. Unter Rühren reagiert $(CF_3)_2NO$ mit S_4N_4 bei 20 °C (16 h) zu $[(CF_3)_2NO]_4S_4N_4$, das auch aus $S_4N_4H_4$ bei 20 °C (24 h) [67, 71] sowie durch Umsetzungen von $N_3S_3Cl_3$ mit $(CF_3)_2NO$ bei −78 °C bzw. in Gegenwart von J_2 bei 20 °C (12 h) bzw. $Hg[ON(CF_3)_2]_2$ in $CFCl_3$ entsteht [67].

Formation and Preparation

Die N-Chlormercapto-substituierten Hydroxylamine bilden sich durch Reaktion von $(CF_3)_2NO$ mit C_2F_4 in Gegenwart von SCl_2 bei Temperaturen zwischen −40 und +20 °C [148].

Mit „in situ" hergestelltem $Hg[ON(CF_3)_2]_2$ reagiert FS≡N in einer exothermen Reaktion (daher Kühlung auf −78 °C) zu 80% $(CF_3)_2NOS{\equiv}N$. Setzt man normales $Hg[ON(CF_3)_2]_2$ mit FSN bei 20 °C um, so befindet sich in den flüchtigen Produkten $(CF_3)_2NOS{\equiv}N$. Aus dem Rückstand werden bei 60 °C geringe Mengen von vermutlich $[(CF_3)_2NO]_2(F)S{\equiv}N$ isoliert. Gasförmiges $(CF_3)_2NO$ setzt sich mit $S_3N_2O_2$ bei 20 °C (12 h) zu $[(CF_3)_2NO]_3O_3S_3N_3$ sowie Spuren von $[(CF_3)_2NO]_2S$ um. Beim Aufbewahren von $(CF_3)_2NOS{\equiv}N$ bei 20 °C (mehrere Tage) erfolgt Trimerisierung zu $[(CF_3)_2NO]_3S_3N_3$ [67].

In Gegenwart von C_5H_5N kondensiert in Äther gelöstes $(CF_3)_2C{=}NOH$ mit $SOCl_2$ zu 59.3% $[(CF_3)_2C{=}NO]_2SO$ [38].

Bei 20 °C (48 h) reagiert $(CF_3)_2NO$ mit Se bzw. Te zu $[(CF_3)_2NO]_4M$ (M=Se, Te) [72].

2.1.2.5 Aminooxy-Bor-Verbindungen

Aminooxy-Boron Compounds

Tris(hexafluordimethylaminooxy)-boran $[(CF_3)_2NO]_3B$

Tris(hexafluordimethylaminooxy)-boran-ammoniak $[(CF_3)_2NO]_3B \cdot NH_3$

Tris(hexafluordimethylaminooxy)-boran-cäsiumfluorid $[(CF_3)_2NO]_3B \cdot CsF$

BCl_3 bzw. BBr_3 kondensiert mit $(CF_3)_2NO$ bei 20 °C (3 d) bzw. bei −60 °C zu $[(CF_3)_2NO]_3B$ [73], das bei 25 °C mit NH_3 augenblicklich $[(CF_3)_2NO]_3B \cdot NH_3$ liefert [74]. Mit $Hg[ON(CF_3)_2]_2$ reagiert BCl_3 bei 20 °C (24 h) zu $B[ON(CF_3)_2]_3$, das mit CsF in CH_3CN das Addukt $B[ON(CF_3)_2]_3 \cdot CsF$ (keine physikalischen Daten) liefert [53].

2.1.2.6 Aminooxy- und Iminooxy-Kohlenstoff-Verbindungen

Aminooxy- and Iminooxy-Carbon Compounds

Polymere der allgemeinen Formel $[ON(R_f)-(CF_2)_xN(R_f)-O(CF_2)_y]_n$ und ähnliche Verbindungen werden im Kapitel 2.2.4 (S. 206) behandelt.

O-Trihalogenmethyl-N,N-bis(trifluormethyl)-hydroxylamine $(CF_3)_2NOCX_3$, X=F, Cl, Br

$(CF_3)_2NOCF_3$ wird dargestellt durch UV-Photolyse von CF_3NO-CF_3J-Gemischen. Die Ausbeute beträgt 48% für ein 1:1-Gemisch bei siebentägiger Photolyse in Gegenwart von Hg. Bei einem 2:1-Gemisch erniedrigt sich die Ausbeute auf 18%. In Abwesenheit von Hg bleibt die Ausbeute bei 20 °C (521 Torr, 7.5 h) und bei 40 °C (265 Torr) mit 49% nahezu konstant [52], Photolyse eines 1:2-Gemisches (20 l-Reaktor, Hanovia S 500-Lampe) bis zu einem Druckabfall auf $^1/_3$ des Anfangsdrucks (8 h) ergibt bei 83%iger Umsetzung $(CF_3)_2NOCF_3$ in 90% Ausbeute [60]. Bestrahlung von $(CF_3)_2NO$ in einem Cariusrohr aus Quarz in der Gasphase (Hanovia S 250-Lampe, Abstand 20 cm, 8 h oder 19 h) führt ebenfalls zu $(CF_3)_2NOCF_3$ [62], das auch durch Photolyse von

Literatur s. S. 146

Formation and Preparation of Aminooxy- and Iminooxy-Carbon Compounds

$(CF_3)_2NO$ in einem Quarzkolben (PRK-2-Lampe, 6 h) oder Strömungspyrolyse bei 350 °C (5 h) in einem Quarzrohr (Kontaktzeit 2 min) entsteht [20].

Die Pyrolyse von CF_3NO bei 400 °C (3 Torr, Verweilzeit 3 s) in einem Pt-Rohr liefert 66% $(CF_3)_2NOCF_3$ [55]. Strömungspyrolyse von CF_3ONO bei 190 °C (Verweilzeit 12 bis 20 s, N_2-Strom) in einem Pt-Rohr führt zu 25 bis 42% $(CF_3)_2NOCF_3$ [75].

Mit $(CF_3)_3As$ reagiert $(CF_3)_2NO$ bei 20 °C (15 bzw. 48 h) zu $(CF_3)_2NOCF_3$ [76]. Die Verbindung wird ferner erhalten durch Umsetzung von $(CF_3)_2NO$ mit ReF_5 bei 29 °C (1 h, Saphirreaktor) sowie mit PtF_6 bei 25 °C (24 h) unter langsamem mehrfachem Aufwärmen und Abkühlen auf −196 °C (sehr heftige Umsetzung). Kondensiert man $(CF_3)_2NO$ auf $O_2SbF_6 \cdot 0.73\ SbF_5$ bei −196 °C in einem V_4A-Autoklav und erwärmt auf −21 °C (24 h), so entsteht ebenso $(CF_3)_2NOCF_3$ [77] wie durch Reaktion von $(CF_3)_3M$ (M = P, As, Sb) und $(CF_3)_2NON(CF_3)_2$ [78] und durch Fluorierung von CF_3NO mit AgF_2; nachfolgend werden Reaktionstemperatur in °C und Ausbeuten aufgeführt: 28, 0%; 111, 15%; 129, 23%; 146, 19%; 172, 15%. Die Fluorierung mit F_2 in Gegenwart von AgF_2 liefert höhere Ausbeuten: 24, 55%; 62, 37%; 125, 17% und 177, 7% [79].

Mit $HCCl_3$ setzt sich $(CF_3)_2NO$ bei 20 °C (24 h) zu $(CF_3)_2NOCCl_3$ [8, 73], mit $HCBr_3$ bei 20 °C (4 h) zu $(CF_3)_2NOCBr_3$ um [73].

Perfluor-[bis(dimethylaminooxy)-methan] $[(CF_3)_2NO]_2CF_2$

Perfluor-[tris(dimethylaminooxy)]-brommethan $[(CF_3)_2NO]_3CBr$

Perfluor-(tris-n-propyl)-hydroxylamin $(n\text{-}C_3F_7)_2NO(n\text{-}C_3F_7)$

Kondensiert man $(CF_3)_2NO$ auf $O_2SbF_6 \cdot 0.73\ SbF_5$ bei −196 °C in einem V_4A-Autoklav und erwärmt auf −21 °C, so fällt neben $(CF_3)_2NOCF_3$ auch $[(CF_3)_2NO]_2CF_2$ an [77]. In Gegenwart von Hg erhält man aus CBr_4 und $(CF_3)_2NO$ bei 20 °C (120 h) $[(CF_3)_2NO]_3CBr$ [53]. Die Strömungspyrolyse von $n\text{-}C_3F_7NO$ bei 250 °C (80 min, Pt-Rohr) führt zu 80% $(n\text{-}C_3F_7)_2NO(n\text{-}C_3F_7)$ (80%), das auch durch UV-Bestrahlung eines Gemisches aus $n\text{-}C_3F_7NO$ und $n\text{-}C_3F_7J$ (Molverhältnis 1:2, Hanovia Hg-Lampe, 500 W, 1 h) in Anwesenheit von Hg in 82% Ausbeute synthetisiert wird [80]. In einem im unteren Teil schwarz gestrichenen Cariusrohr aus Quarz wird $n\text{-}C_3F_7ONO$ mit einer Hanovia 500 W-Lampe (Abstand 10 cm) bestrahlt. Nach Auffraktionierung des Photolysegemisches werden 41% $(C_3F_7)_2NOC_3F_7$ isoliert. Pyrolyse von $n\text{-}C_3F_7ONO$ bei 130 °C führt zu 5% $(C_3F_7)_2NOC_3F_7$ [75].

Bis(hexafluordimethyliminooxy)-keton $[(CF_3)_2C{=}NO]_2CO$

Bis(hexafluordimethylaminooxy)-keton $[(CF_3)_2NO]_2CO$

O-Perfluoracyl-N,N-bis(trifluormethyl)-hydroxylamine $(CF_3)_2NOC(O)X$, X = F, Cl, CF_3, C_3F_7, C_6F_5

O-Difluorcarbamoyl-N,N-bis(trifluormethyl)-hydroxylamin $(CF_3)_2NOC(O)NF_2$

Perfluor-(2,5-dimethyl-3-oxa-2,4-diazapentan) $(CF_3)_2NOCF_2N(CF_3)_2$

Mit $COCl_2$ kondensiert $(CF_3)_2C{=}NOH$, gelöst in wasserfreiem Äther, in Gegenwart von C_5H_5N bei 20 °C (2 h) zu 42% $[(CF_3)_2C{=}NO]_2CO$ [38]. Erwärmen des aus CsF und $(CF_3)_2NOH$ bei −183 °C hergestellten Adduktes auf 20 °C und mehrfacher Umsatz mit RC(O)X ergibt $(CF_3)_2NOC(O)R$ gemäß:

$$(CF_3)_2NOH \cdot CsF + RC(O)X \rightarrow (CF_3)_2NOC(O)R + CsF \cdot HX$$

mit R = F, X = F; R = Cl, X = Cl; R = CF_3, X = Cl; R = C_3F_7, X = Cl. Für R = $(CF_3)_2NO$ wird die Umsetzung sechsmal (je 15 min) mit F_2CO wiederholt; nach 40 min entstehen

Literatur s. S. 146

Formation and Preparation

$(CF_3)_2NOC(O)F$ und $[(CF_3)_2NO]_2CO$. Für R=F setzt man zunächst $(CF_3)_2NOH$ mit CsF (Molverhältnis 4:1) bei 24 °C (einige Stunden) um und kondensiert dann Cl_2CO hinzu. Bei 200 °C (12 h) bildet sich dann $(CF_3)_2NOC(O)Cl$ und etwas $(CF_3)_2NOC(O)F$. Mit $CF_3C(O)Cl$ reagiert das Addukt bei 24 °C (1 h) zu $(CF_3)_2NOC(O)CF_3$. Analog verläuft die Umsetzung mit $C_3F_7C(O)Cl$ bei 24 °C (3 h) zu $(CF_3)_2NOC(O)C_3F_7$ [24]. Das in CCl_4 gelöste $C_6F_5C(O)H$ reagiert mit $(CF_3)_2NO$ bei 20 °C rasch und nahezu quantitativ zu $(CF_3)_2NOC(O)C_6F_5$ [81]. In nur 3% Ausbeute fällt es bei der Umsetzung von $C_6F_5CH_2ON(CF_3)_2$ und $(CF_3)_2NO$ bei 20 °C (47 h) an (s. S. 136) [64]. Die Umsetzung von $NF_2C(O)Cl$ mit $Hg[ON(CF_3)_2]_2$ ist stark temperaturabhängig. Bei 0 °C bildet sich lediglich $[(CF_3)_2NO]_2CO$ und N_2F_4. Senkt man die Reaktionstemperatur auf −78 °C, so entstehen 19% $(CF_3)_2NOC(O)NF_2$ und 71% $[(CF_3)_2NO]_2CO$. Die Ausbeute an letzterem fällt auf 25% und die an ersterem steigt auf 69.5% bei −95 °C (10 h) und mehrmaligem Überleiten von $NF_2C(O)Cl$ über das Ag-Salz [82].

$(CF_3)_2NOCF_2N(CF_3)_2$ entsteht in geringer Ausbeute (4 bzw. 2%) durch Photolyse von $(CF_3)_2NOCF_3$ mit einer Hanovia S 500- bzw. S 250-Lampe in Abstand 10 bzw. 4 inch (30 d, 2.7 atm bzw. 21 d, 1.7 atm) [60].

N-Trifluormethyl-N-perfluorhalogenäthyl-substituierte Hydroxylamine
$ClCF_2CF_2[N(CF_3)OCF_2CF_2]_xCl$ (x=1, 2, 3)
$ClCF_2CFClN(CF_3)OCF_2CFCl_2$
$BrCF_2CF_2[N(CF_3)OCF_2CF_2]_yBr$ (y=1, 2)
$BrCF_2CFClN(CF_3)OCF_2CFClBr$

Die Verbindungen werden dargestellt durch Reaktion von $(CF_3)_2NO$ mit $F_2C{=}CFX$ (X=F, Cl, Br) in Gegenwart der entsprechenden Halogene bei −40 bis +20 °C [148].

Perfluor-[1,2-bis(dimethylaminooxy)-äthan] $(CF_3)_2NOCF_2CF_2ON(CF_3)_2$

Perfluor-[1,2-bis(dimethylaminooxy)-propan] $(CF_3)_2NOCF_2CF(CF_3)ON(CF_3)_2$

Perfluor-[1,2-bis(dimethylaminooxy)-cyclobutan]

F
$(CF_3)_2NO$ — — F_2
$(CF_3)_2NO$ — — F_2
F

1-Halogen-perfluor-[1,2-bis(dimethylaminooxy)-äthan] $(CF_3)_2NOCFXCF_2ON(CF_3)_2$, X=Cl, Br

1-Nitroso-perfluor-(2-dimethylaminooxy-äthan) $(CF_3)_2NOCF_2CF_2NO$

1,2-Bis(hexafluordimethylaminooxy)-tetrachloräthan $(CF_3)_2NOCCl_2CCl_2ON(CF_3)_2$

Perfluor-[1,2-bis(dimethylaminooxy)-1-methylpropan] $(CF_3)_2NOC(CF_3)_2CF_2ON(CF_3)_2$

Perfluor-[1,4-bis(dimethylaminooxy)-but-2-en] $(CF_3)_2NOCF_2CF{=}CFCF_2ON(CF_3)_2$

Perfluor-[1,2,3,4-tetrakis-(dimethylaminooxy)-butan]

$(CF_3)_2NOCF_2CFCFCF_2ON(CF_3)_2$
$(CF_3)_2NO$ $ON(CF_3)_2$

Beim Aufwärmen eines bei −196 °C in einem Cariusrohr zusammenkondensierten Gemisches aus $(CF_3)_2NO$ und $CF_2{=}CF_2$ auf 20 °C verschwindet die purpurne Farbe des Radikals und es entsteht $(CF_3)_2NOCF_2CF_2ON(CF_3)_2$ (99%) [3]. Für die Reaktion $(CF_3)_2NO + CF_2{=}CF_2 \rightarrow (CF_3)_2NOCF_2CF_2ON(CF_3)_2$ werden Geschwindigkeitskonstante

Literatur s. S. 146

Formation and Preparation of Aminooxy- and Iminooxy-Carbon Compounds

und Arrhenius-Parameter angegeben (s. S. 134) [83]. Mit $CF_3CF{=}CF_2$ setzt sich das Radikal bei 20 °C (15 min) zu 98% $(CF_3)_2NOCF_2CF(CF_3)ON(CF_3)_2$ um. Hexafluorcyclobuten liefert bei 85 °C (7 d) das Cyclobutanderivat (98%) [3].

Während der portionsweisen Zugabe von $(CF_3)_2NO$ zu $CF_2{=}CFCl$ bzw. $CF_2{=}CFBr$ bei 20 °C (15 bis 20 min) erfolgt Addition zu $(CF_3)_2NOCF_2CFXON(CF_3)_2$ in Ausbeuten von 92% für X=Cl und 79.8% für X=Br [84]. $(CF_3)_2NOCF_2CF_2ON(CF_3)_2$ fällt auch bei der Umsetzung von $(CF_3)_2NO$ mit $CF_2{=}CF_2$ in Gegenwart von NO an; außerdem wird auch noch $(CF_3)_2NOCF_2CF_2NO$ gebildet [19, 20]. In einem Autoklav addiert $CCl_2{=}CCl_2$ das Radikal bei 20 °C (6 h) zu 67.3% $(CF_3)_2NOCCl_2CCl_2ON(CF_3)_2$. Analog liefert $(CF_3)_2C{=}CF_2$ bei 150 °C (3 h) 68.42% $(CF_3)_2C[ON(CF_3)_2]CF_2ON(CF_3)_2$ und $CF_2{=}CFCF{=}CF_2$ bei 250 °C (10 h) 42.8% $(CF_3)_2NOCF_2CFRCFRCF_2ON(CF_3)_2$ [R= $ON(CF_3)_2$] [84]. Bei portionsweiser Zugabe des Radikals zu $CF_2{=}CFCF{=}CF_2$ fallen bei 20 °C (5 h) 41.6% $(CF_3)_2NOCF_2CF{=}CFCF_2ON(CF_3)_2$ an [84, 85]. Dieses addiert bei 250 °C (7 h) $(CF_3)_2NO$ unter Bildung von $(CF_3)_2NOCF_2CFRCFRCF_2ON(CF_3)_2$ (25%) [84].

Perfluor-[1,2-bis(dimethylaminooxy)-glyoxal] $(CF_3)_2NOC(O)C(O)ON(CF_3)_2$

Chlor-perfluor-(dimethylaminooxymethyl)-trifluormethylamin X'=Cl $(CF_3)_2NOCF_2NX'(CF_3)$

Perfluor-(dimethylaminooxymethyl)-trifluormethylamin X'=H

Perfluor-[3,5-bis(dimethylaminooxy)-2,6-diaza-4-oxahepta-2,5-dien] $CF_3N{=}C(ON(CF_3)_2)-O-C(ON(CF_3)_2){=}NCF_3$

Perfluor-[1,1-bis(dimethylaminooxy)-2-azaprop-1-en] $[(CF_3)_2NO]_2C{=}NCF_3$

Perfluor-[1-dimethylaminooxy-2-azaprop-1-en] $(CF_3)_2NOCF{=}NCF_3$

Perfluor-[1,3-bis(dimethylaminooxy)-2-azaprop-1-en] $(CF_3)_2NOCF{=}NCF_2ON(CF_3)_2$

Oxalylchlorid und $Hg[ON(CF_3)_2]_2$ reagieren zu $(CF_3)_2NOC(O)C(O)ON(CF_3)_2$ [53]. $CF_3N{=}CF_2$ und $Hg[ON(CF_3)_2]_2$ liefern bei 0 °C das Addukt $\{[(CF_3)_2NOCF_2](CF_3)N\}_2Hg$ (keine physikalischen Daten), das mit Cl_2 in $CFCl_3$ bei 21 °C 84% $(CF_3)_2NOCF_2NClCF_3$ ergibt. Letzteres spaltet mit HCl bei 21 °C Cl_2 ab und es entstehen 95% $(CF_3)_2NOCF_2NHCF_3$. Die Pyrolyse der Hg-Verbindung bei 45 bis 100 °C führt zu einem Gemisch aus $[(CF_3)_2NO](CF_3N{=})C{-}O{-}C({=}NCF_3)[ON(CF_3)_2]$ (59% Ausbeute), ferner $CF_3N{=}CFON(CF_3)_2$ (9%) und Spuren von $[(CF_3)_2NO]_2C{=}NCF_3$. Durch Umsetzen von $CF_3N{=}CF_2$ mit einem 2.5:1-Addukt von $(CF_3)_2NOH$ und CsF bei 20 °C entstehen 31% $CF_3N{=}CFON(CF_3)_2$, 22% $(CF_3)_2NOCF_2N{=}CFON(CF_3)_2$ und 26% $(CF_3)_2NOCF_2NHCF_3$ (physikalische Daten werden für diese Substanzen nicht angegeben) [86].

Perfluor-(2-dimethylamino-3-dimethylaminooxy-prop-1-en) $(CF_3)_2NOCF_2C(N(CF_3)_2){=}CF_2$

Perfluor-[bis(dimethylaminooxy)-methyl]-keton $[(CF_3)_2NOCF_2]_2CO$

O-Perfluor-tert-butyl-hexafluoracetonoxim $(CF_3)_2C{=}NOC(CF_3)_3$

O-Trifluoracetyl-hexafluoracetonoxim $(CF_3)_2C{=}NOC(O)CF_3$

1,2-Perfluor-[bis(1'-methyl-äthylideniminooxy)]-trifluoräthan XCF_2CFClX, $X{=}ON{=}C(CF_3)_2$

1-Nitroso-2-perfluor-(1'-methyl-äthylideniminooxy)-trifluorchloräthan $XCF_2CFClNO$

Literatur s. S. 146

2-Nitroso-2-trifluormethyl-1-perfluor-(1'-methyl-äthylideniminooxy)-3,3,3-trifluorpropan-1-on $(CF_3)_2C{=}NOC(=O){-}C(NO)(CF_3)_2$

Formation and Preparation

Im Dunkeln reagieren $CF_2{=}C{=}CF_2$ mit $(CF_3)_2NON(CF_3)_2$ bei 20 °C (24 h) zu 27% $(CF_3)_2NC(=CF_2)CF_2ON(CF_3)_2$. Zusätzlich fällt ein farbloses, viskoses, nicht flüchtiges Öl an, das vermutlich Oligomere der Zusammensetzung $(CF_3)_2N[C(=CF_2)CF_2]_nON(CF_3)_2$ (n=2, 3, 4) enthält. Die Umsetzung von $(CF_3)_2NO$ und $CF_2{=}C{=}CF_2$ (Molverhältnis 2:1) im Dunkeln bei 20 °C (2 Wochen) liefert 42% $(CF_3)_2NC(=CF_2)CF_2ON(CF_3)_2$ und 31% $[(CF_3)_2NOCF_2]_2CO$. Bei einem Molverhältnis von 6:1 entstehen bei 20 °C (7 d) 89% $[(CF_3)_2NOCF_2]_2CO$ und eine weiße feste Substanz, vermutlich ein Hydrat von $(CF_3)_2NC(=CF_2)CF_2ON(CF_3)_2$, das aus dem Olefin durch Schütteln mit H_2O direkt erhalten werden kann (physikalische Daten s. Original) [65].

Das aus $(CF_3)_2C{=}CF_2$ und KF hergestellte $KC(CF_3)_3$ reagiert mit $(CF_3)_2CFNO$ zu $(CF_3)_2C{=}NOC(CF_3)_3$ (36.5%) [87]. Bei der Umsetzung von $(CF_3)_2CHC(O)Cl$ mit $CF_3C(O)ONO$ in $(CH_3)_2NC(O)H$ bei 20 °C (1 h) bilden sich 53% $(CF_3)_2C{=}NOC(O)CF_3$ [58]. Das durch Einleiten von $CF_2{=}CFCl$ in $(CF_3)_2C{=}NONO$ erhaltene gasförmige Reaktionsgemisch wird in einem Reaktor auf 180 bis 190 °C erhitzt. Die sich bildenden flüssigen Produkte werden aufgetrennt; sie enthalten 31.8% $(CF_3)_2C{=}NOCF_2CFClON{=}C(CF_3)_2$ und 3.7% $(CF_3)_2C{=}NOCF_2CFClNO$. Beim Durchleiten von Stickoxiden durch eine Lösung von $(CF_3)_2C{=}NONO$ in $(CF_3)_2C{=}C{=}O$ entsteht bei 20 °C (12 bis 14 h) $(CF_3)_2C(NO)$-$C(O)ON{=}C(CF_3)_2$ (81%) [88].

Tris(3-carboxyperfluorpropyl)-hydroxylamin X=C(O)OH

Tris(3-carbamoylperfluorpropyl)-hydroxylamin X=$C(O)NH_2$

Tris(3-cyanoperfluorpropyl)-hydroxylamin X=CN

$(XCF_2CF_2CF_2)_2NOCF_2CF_2CF_2X$

Hydrolyse von $[CH_3OC(O)CF_2CF_2CF_2]_2NOCF_2CF_2CF_2C(O)OCH_3$ mit 5%igem KOH in H_2O bei 50 bis 60 °C (20 h) führt zu $[HOC(O)CF_2CF_2CF_2]_2NOCF_2CF_2CF_2C(O)OH$. Durch Wasserentzug mit P_2O_5 läßt sich $[H_2NC(O)CF_2CF_2CF_2]_2NOCF_2CF_2CF_2C(O)NH_2$ bei 200 °C im Vakuum zu $(NCCF_2CF_2CF_2)_2NOCF_2CF_2CF_2CN$ (30% Umsatz) umwandeln [89]; zu $[H_2NC(O)CF_2CF_2CF_2]_2NOCF_2CF_2CF_2C(O)NH_2$ s. S. 18.

Perfluor-[1,2-bis(dimethylaminooxy)-äthan]-sulfonylhalogenide
$(CF_3)_2NOCF_2CF(SO_2X')ON(CF_3)_2$, X'=F, Cl

Perfluor-[2,3-bis(dimethylaminooxy)-but-2-en] X=CF_3

3-Halogen-perfluor-[2,3-bis(dimethylaminooxy)-prop-2-en] X=Cl, Br

$F_3C{-}C(ON(CF_3)_2){=}C(ON(CF_3)_2){-}X$

Perfluor-[3,3-bis(dimethylaminooxy)-butan-2-on] $[(CF_3)_2NO]_2C(CF_3)C(O)CF_3$

Perfluor-(3-dimethylamino-3-dimethylaminooxybutan-2-on) $(CF_3)_2NOC(N(CF_3)_2)(CF_3)C(O)CF_3$

Perfluor[2,2-bis(dimethylaminooxy)-propanoylfluorid] $[(CF_3)_2NO]_2C(CF_3)C(O)F$

Perfluor-(2-dimethylamino-2-dimethylaminooxy-propanoylfluorid) $(CF_3)_2NC(CF_3)(ON(CF_3)_2)C(O)F$

Formation and Preparation of Aminooxy- and Iminooxy-Carbon Compounds

Mit $CF_2{=}CFSO_2X$ reagiert $(CF_3)_2NO$ in einem Cariusrohr bei 20 °C (48 h) zu $(CF_3)_2NOCF_2{=}CF[ON(CF_3)_2]SO_2X$, wobei für X=F 91% und für X=Cl 96% Ausbeute erzielt werden [90]. Behandelt man $CF_3C{\equiv}CCF_3$ mit $(CF_3)_2NO$ bei 85 °C (48 h) in einem Bombenrohr, so erhält man 20% $[(CF_3)_2NO]_2C(CF_3)C(O)CF_3$ (A) und 10% $(CF_3)_2NC(CF_3)[ON(CF_3)_2]C(O)CF_3$, bezogen auf verbrauchtes $CF_3C{\equiv}CCF_3$. Bei 95 °C (18 h) steigt die Ausbeute von A auf 35% und bei 20 °C (2.5 Monate, Molverhältnis Radikal: Butin=2:1) ist die Umsetzung unvollständig; alleiniges Reaktionsprodukt ist $[(CF_3)_2NO]_2C(CF_3)C(O)CF_3$. Analog setzt sich das Radikal mit $CF_3C{\equiv}CF$ bei 20 °C (15 d) zu 35% $[(CF_3)_2NO]_2C(CF_3)C(O)F$ (C) und $(CF_3)_2NOC(CF_3)[N(CF_3)_2]C(O)F$ (1%) um. Temperatursteigerung auf 90 °C (48 h) führt lediglich zu 13% C [66]. Additionsreaktionen treten auch zwischen $(CF_3)_2NO$ und $CF_3C{\equiv}CX$ unter Bildung von $(CF_3)_2NOC(CF_3){=}C[ON(CF_3)_3]X$ ein. Für $X{=}CF_3$ verläuft die Umsetzung bei 250 °C (10 h) in 34.1%, für X=Cl bei 20 °C (2 h) oder in $CFCl_3$ bei 40 °C (1 h) in 13% und für X=Br in $CFCl_3$ bei 0 °C (24 h) in 43% Ausbeute [85].

Perfluor-[1,2-bis(dimethylaminooxy)-cyclohexan]

F_2, F_2, F_2, F_2, F, $ON(CF_3)_2$, $ON(CF_3)_2$, F

Perfluor-[bis(dimethylaminooxy)-cyclohexadien] n=2

Perfluor-[tetrakis(dimethylaminooxy)-cyclohexen] n=4 $C_6F_6[ON(CF_3)_2]_n$

Perfluor-[hexakis(dimethylaminooxy)-cyclohexan] n=6

Chlor-, Amino- und Hydroxy-perfluor-[bis(dimethylaminooxy)-cyclohexadien]
$XC_6F_5[ON(CF_3)_2]_2$, X=Cl, NH_2, OH

Chlor-, Amino- und Hydroxy-perfluor-[tetrakis(dimethylaminooxy)-cyclohexen]
$XC_6F_5[ON(CF_3)_2]_4$, X=Cl, NH_2, OH

Chlor-, Amino- und Hydroxy-perfluor-[hexakis(dimethylaminooxy)-cyclohexan]
$XC_6F_5[ON(CF_3)_2]_6$, X=Cl, NH_2, OH

Perfluor-[bis(dimethylaminooxy)-cyclohexadien]-carbonsäure n=2

Perfluor-[tetrakis(dimethylaminooxy)-cyclohexen]-carbonsäure n=4
$HOC(O)C_6F_5[ON(CF_3)_2]_n$

Perfluor-[hexakis(dimethylaminooxy)-cyclohexan]-carbonsäure n=6

Perfluor-[tetrakis(dimethylaminooxy)-methylcyclohexen] $CF_3C_6F_5[ON(CF_3)_2]_4$

Perfluorcyclohexen addiert bei 85 °C (7 d) 2 mol $(CF_3)_2NO$ und liefert 89% Perfluor-[1,2-bis(dimethyl)-aminooxycyclohexan] [92]. Bei der Umsetzung von $(CF_3)_2NO$ und C_6F_5X werden an den aromatischen Ring je nach Reaktionsbedingungen 2, 4 und 6 $(CF_3)_2NO$-Gruppen addiert [93]. Nachfolgend werden X, Reaktionstemperatur in °C, -zeit, Produkt und Ausbeuten in % angegeben: F, 150 °C, 2 h, $C_6F_6[ON(CF_3)_2]_2$, 40.0%
F, 150 °C, 4 h, $C_6F_6[ON(CF_3)_2]_4$, 68% | F, 150 °C, 40 h, $C_6F_6[ON(CF_3)_2]_6$, 91.3%
Cl, 150 °C, 2 h, $C_6F_5Cl[ON(CF_3)_2]_2$, 40% | Cl, 150 °C, 4 h, $C_6F_5Cl[ON(CF_3)_2]_4$, 66.8%
Cl, 150 °C, 40 h, $C_6F_5Cl[ON(CF_3)_2]_6$, 88.3%
CF_3, 150 °C, 5 h, $CF_3C_6F_5[ON(CF_3)_2]_4$, 95.5%
C(O)OH, 60 °C, 2 h, $HOC(O)C_6F_5[ON(CF_3)_2]_2$, 54.2%
C(O)OH, 60 °C, 4 h, $HOC(O)C_6F_5[ON(CF_3)_2]_4$, 33.4%

Literatur s. S. 146

Formation and Preparation

C(O)OH, 60 °C, 10 h, $HOC(O)C_6F_5[ON(CF_3)_2]_6$, 61.2%
HO, 22 bzw. 60 °C, 12 min bzw. 1 h, $HOC_6F_5[ON(CF_3)_2]_2$, 39.8 bzw. 72.1%
HO, 60 °C, 7 h, $HOC_6F_5[ON(CF_3)_2]_6$, 57.6%
NH_2, 22.6 min, $H_2NC_6F_5[ON(CF_3)]_2$, 58.7%
H_2N, 22 °C, 3 h, $H_2NC_6F_5[ON(CF_3)_2]_4$, 72.3%
H_2N, 60 °C, 3 h, $H_2NC_6F_5[ON(CF_3)_2]_6$, 38.3%

Setzt man $XC_6F_5[ON(CF_3)_2]_4$ bei 150 °C (40 bzw. 35 h) mit $(CF_3)_2NO$ um, so erhält man für X=F 89.0% $C_6F_6[ON(CF_3)_2]_6$ bzw. für X=Cl 81.5% $ClC_6F_5[ON(CF_3)_2]_6$. Die angegebenen Produkte sind Isomerengemische, die nicht näher charakterisiert wurden. Lediglich für die hexasubstituierten Cyclohexane kann eine 1,2,3,4,5,6-Substitution angegeben werden, doch können auch hier Stereoisomere auftreten [93]. Mit 6 mol $(CF_3)_2NO$ reagiert C_6F_6 bei 120 °C zu 1,2,3,4,5,6-Hexakis[bis(trifluormethyl)-aminooxy]-hexafluorcyclohexan [94].

Perfluor-[5,6-bis(dimethylaminooxy)-bicyclo[2.2.0]hex-2-en]
R=ON$(CF_3)_2$

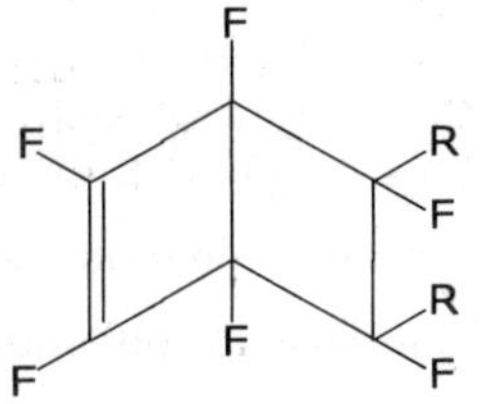

Perfluor-[2,3,4,5-tetrakis(dimethylaminooxy)bicyclo[2.2.0]-hexan]
R=ON$(CF_3)_2$

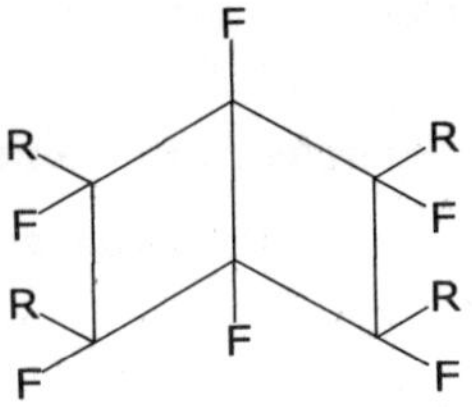

4-Bis(trifluormethyl)-aminooxy-tetrafluorpyridin

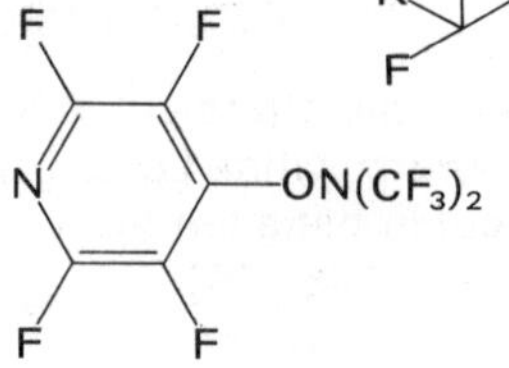

Perfluor-(2-dimethylaminooxy-3,4,5,6-tetrahydropyridin)

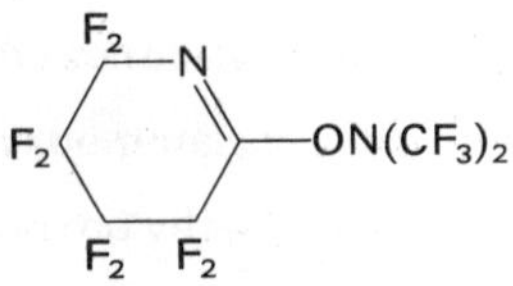

Perfluor-[2,3,4,5-tetrakis-(dimethylaminooxy)-2,3,4,5-tetrahydropyridin] R=ON$(CF_3)_2$

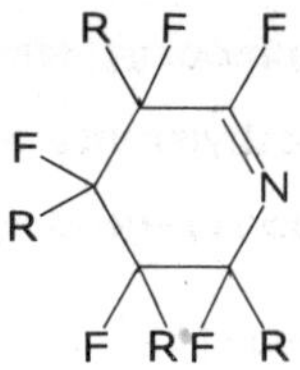

Ein Gemisch aus Hexafluorbicyclo[2.2.0]hex-2-en und $(CF_3)_2NO$ (Molverhältnis 1:2) setzt sich bei 20 °C (18 h, im Dunkeln) in 80% Ausbeute zum Bicyclo[2.2.0]hex-2-en um, das ein Gemisch aus exo- und trans-Isomeren im Verhältnis 61:39 darstellt. Steigert man das Molverhältnis auf 1:4, so erhält man bei 20 °C (48 h, im Dunkeln) das Bicyclo[2.2.0]-hexan (83%) [95].

Formation and Preparation

Mit $(CF_3)_2NONa$ reagiert Pentafluorpyridin zu 28% 4-Bis(trifluormethyl)aminooxy-tetrafluorpyridin [94]. Umsetzungen $Hg[ON(CF_3)_2]_2$ bzw. $(CF_3)_2NONa$ bzw. $(CF_3)_2NOH \cdot CsF$ mit Perfluor-(tetrahydropyridin) ergeben das 3,4,5,6-Tetrahydropyridin [86]. Darstellung und Eigenschaften von Perfluor-[2,3,4,5-tetrakis(dimethylaminooxy)-2,3,4,5-tetrahydropyridin] [92] s. „Perfluorhalogenorgano-Verbindungen der Hauptgruppenelemente", Tl. 5, S. 184.

Aminooxy- and Iminooxy-Silicon and -Phosphorus Compounds

2.1.2.7 Aminooxy- und Iminooxy-Silicium- und -Phosphor-Verbindungen

Bis(trifluormethyl)aminooxy-trichlorsilan $(CF_3)_2NOSiCl_3$

Tetrakis[bis(trifluormethyl)aminooxy]-silan $[(CF_3)_2NO]_4Si$

Beim Aufwärmen eines Gemisches aus SiH_3Br oder SiH_2J_2 und $(CF_3)_2NO$ von −78 °C auf 20 °C erhält man nach 12 h bei 20 °C in guten Ausbeuten $[(CF_3)_2NO]_4Si$ [73, 96]. Nahezu quantitativ verläuft die Umsetzung von SiH_3Br bzw. SiH_2J_2 [53, 97] bzw. $SiCl_4$ mit $Hg[ON(CF_3)_2]_2$ bei 20 °C (12 h) zu $[(CF_3)_2NO]_4Si$ [53, 97]. Mit $HSiCl_3$ bzw. CH_3SiCl_3 setzt sich $(CF_3)_2NO$ bei 20 °C (3 h) bzw. 70 °C (12 Wochen) zu 59% bzw. 55% $(CF_3)_2NOSiCl_3$ um. Zusätzlich fällt $(CF_3)_2NOH$ an [98].

Difluorformoximdichlorphosphat X = F

Fluorchlorformoximdichlorphosphat X = Cl $XCF{=}NOP(O)Cl_2$

Fluor-difluornitromethyl-formoximdichlorphosphat $X = O_2NCF_2$

Fluorchlorformoximdibromphosphat $FClC{=}NOP(O)Br_2$

Äthyldihalophosphite reagieren mit XCFClNO gemäß:

$$C_2H_5OPX_2 + RCFClNO \rightarrow RFC{=}NOP(O)X_2 + C_2H_5Cl$$

Für X = Cl werden die Umsetzungen in CCl_4 bei 0 °C vorgenommen. Anschließend wird auf 50 °C (1 h) erhitzt. Ohne Lösungsmittel wird die Reaktion mit X = Br bei 10 °C durchgeführt. Die Ausbeuten betragen für X = Cl, R = Cl 51%; X = Cl, R = F 45%; X = Cl, R = O_2NCF_2 60%; X = Br, R = Cl 24% [99].

Perfluor-(dimethyl-dimethylaminooxy)-phosphan $(CF_3)_2NOP(CF_3)_2$

Perfluor-(dimethylaminooxy-phosphan) $(CF_3)_2NOPF_2$

Perfluor-[bis(dimethylaminooxy)-phosphoran] n = 2 $[(CF_3)_2NO]_nPF_{5-n}$

Perfluor-[tris(dimethylaminooxy)-phosphoran] n = 3

Perfluor-[bis(dimethylaminooxy)-trimethyl-phosphoran] $[(CF_3)_2NO]_2P(CF_3)_3$

Chlor-perfluor-[bis(dimethylaminooxy)-dimethyl-phosphoran] $[(CF_3)_2NO]_2P(CF_3)_2Cl$

Bis(trifluormethyl)-aminooxy-difluorphosphanoxid $(CF_3)_2NOP(O)F_2$

Nonafluor-2,5-diazahexen-(4)-2-oxydichlorphosphanoxid $CF_3N(OP(O)Cl_2)CF_2CF{=}NCF_3$

Bis(trifluormethyl)aminooxy-dichlorphosphan $(CF_3)_2NOPCl_2$

Bis(trifluormethyl)aminooxy-tetrachlorphosphoran $(CF_3)_2NOPCl_4$

Perfluor-[tris(dimethylaminooxy)]-phosphanoxid (X = O) bzw. **-sulfid** (X = S) $[(CF_3)_2NO]_3PX$

Perfluor-[pentakis(dimethylaminooxy)]-phosphoran $[(CF_3)_2NO]_5P$

Formation and Preparation

Perfluor-[hexakis(dimethylaminooxy)]-cyclotriphosphonitril n=3 $\{[(CF_3)_2NO]_2P{=}N\}_n$

Perfluor-[octakis(dimethylaminooxy)]-cyclotetraphosphonitril n=4

$(CF_3)_2PJ$ reagiert mit $Hg[ON(CF_3)_2]_2$ zu $(CF_3)_2NOP(CF_3)_2$ (keine physikalischen Daten) [100]. Die bei −45 °C (20 h) durchgeführte Umsetzung von PF_3 mit $(CF_3)_2NO$ (Molverhältnis ≈1:2) führt in guten Ausbeuten zu $[(CF_3)_2NO]_2PF_3$. Setzt man PF_2Cl bei −78 °C (12 h) analog um, so erhält man $[(CF_3)_2NO]_3PF_2$, dessen Ausbeute bei 78 °C (4 h) und einem Überschuß $(CF_3)_2NO$ (Molverhältnis 1:3) auf nahezu 100% gesteigert werden kann [101]. Sowohl $(CF_3)_3P$ als auch $(CF_3)_2PCl$ addieren $(CF_3)_2NO$ zu $[(CF_3)_2NO]_2P(CF_3)_3$ bzw. $[(CF_3)_2NO]_2P(CF_3)_2Cl$ (keine physikalischen Daten) [102]. PF_2Cl liefert mit $Hg[ON(CF_3)_2]_2$ bei −98 bis −78 °C (12 h) quantitativ $(CF_3)_2NOPF_2$, das mit $(CF_3)_2NO$ bei −78 °C (10.5 h, Molverhältnis 1:2) vollständig zu $(CF_3)_2NOP(O)F_2$ reagiert. Aus OPF_2Cl und $Hg[ON(CF_3)_2]_2$ bildet sich bei −78 °C (11 h) $(CF_3)_2NOP(O)F_2$ [101].

Ein Gemisch aus CF_3NO, $CF_2{=}CFX$ (X=Cl, Br) und PCl_3 reagiert bei −40 °C (48 h) zu $CF_3N[OP(O)Cl_2]CF_2CF{=}NCF_3$ [29]. Heftig setzt sich $(CF_3)_2NO$ mit PCl_3 um, wobei bei 20 °C $(CF_3)_2NOPCl_2$ und $(CF_3)_2NOPCl_4$ sich bilden. Letzteres ist auch aus $(CF_3)_2NONO$ und PCl_5 erhältlich [19]. Die Reaktion von $(CF_3)_2NO$ mit PBr_3 bei 20 °C und mit PBr_5 bei 20 °C (12 h) liefert $[(CF_3)_2NO]_3PO$ [73]. $Hg[ON(CF_3)_2]_2$ liefert bei 20 °C (24 h) mit $OPCl_3$ in guter Ausbeute $[(CF_3)_2NO]_3PO$, und mit $SPCl_3$ bzw. PCl_5 entsteht mit einem Überschuß an $(CF_3)_2NO$ in Gegenwart von Hg bei 20 °C (12 h) $[(CF_3)_2NO]_3PS$ bzw. $[(CF_3)_2NO]_5P$ [53]. Das aus $(CF_3)_2NOH$ und NaH in Tetrahydrofuran hergestellte $(CF_3)_2NONa$ reagiert mit $(Cl_2PN)_n$ (n=3 bzw. 4) in einem inerten Lösungsmittel zu $\{[(CF_3)_2NO]_2PN\}_n$ [103].

2.1.2.8 Aminooxy-Arsen-, -Antimon-, -Wismut-Verbindungen

Aminooxy-Arsenic, -Antimony-, -Bismuth Compounds

Chlor-perfluor-[bis(dimethylaminooxy)]-arsan $[(CF_3)_2NO]_2AsCl$

Perfluor-[tris(dimethylaminooxy)-arsan] $[(CF_3)_2NO]_3As$

Perfluor-[bis(dimethylaminooxy)-methyl-arsan] n=2 $[(CF_3)_2NO]_nAs(CF_3)_{3-n}$

Perfluor-[dimethyl-dimethylaminooxy-arsan] n=1

Perfluor-[tris(dimethylaminooxy)-stiban] M=Sb $[(CF_3)_2NO]_3M$

Perfluor-[tris(dimethylaminooxy)-bismutan] M=Bi

In Gegenwart von J_2 reagiert $AsCl_3$ mit $(CF_3)_2NO$ bei 20 °C (20 min) zu $[(CF_3)_2NO]_2AsCl$. Nach 24 h entsteht zusätzlich $[(CF_3)_2NO]_3As$, das auch aus $AsBr_3$ und dem Radikal bei 20 °C (3 h) erhalten wird [73]. Die Reaktion von $Hg[ON(CF_3)_2]$ mit AsH_3 (78 °C, 12 h) bzw. $AsCl_3$ (20 °C, 12 h) liefert $As[ON(CF_3)_2]_3$ [5]. In einem Bombenrohr setzt sich HCl mit $[(CF_3)_2NO]_3As$ bei 20 °C (12 h) im Molverhältnis 1:1 nahezu quantitativ zu $[(CF_3)_2NO]_2AsCl$ um. Auch aus As und $(CF_3)_2NO$ bildet sich $[(CF_3)_2NO]_3As$. Dieses kommutiert mit $As(CF_3)_3$ beim Aufwärmen von −68 auf +20 °C zu $(CF_3)_2NOAs(CF_3)_2$. Aus $(CF_3)_2NO$ und $As(CF_3)_3$ bildet sich $[(CF_3)_2NO]_2AsCF_3$ bei 20 °C (≈15 h). Zusätzlich fällt hierbei $(CF_3)_2NOAs(CF_3)_2$ an. Nach 2 Tagen führt diese Umsetzung zu $[(CF_3)_2NO]_nAs(CF_3)_{3-n}$, n=3, 2. Erhitzt man $(CF_3)_2NO$ mit $As(CF_3)_3$ auf 70 °C (40 h), so ist $[(CF_3)_2NO]_3As$ das einzige Produkt [76]. SbH_3 und

Literatur s. S. 146

Formation and Preparation

$Hg[ON(CF_3)_2]_2$ setzen sich bei −78 °C zu $Sb[ON(CF_3)_2]_3$ um [5]. BiJ_3 reagiert mit $(CF_3)_2NO$ bei 20 °C (12 h) zu $[(CF_3)_2NO]_3Bi$ [73, 96].

Aminooxy-Metal Compounds

2.1.2.9 Aminooxy-Metall-Verbindungen

Bis(trifluormethyl)-aminooxy-Metall $(CF_3)_2NOM$, M=Na, Hg

Bis(hexafluordimethylaminooxy)-Metall $[(CF_3)_2NO]_2M'$, M'=Hg, Sn, Pb, Co

Tris(hexafluordimethylaminooxy)-alan $[(CF_3)_2NO]_3Al$

Tetrakis(hexafluordimethylaminooxy)-Metall $[(CF_3)_2NO]_4Y$, Y=Ge, Sn, Ti

Tris(hexafluordimethylaminooxy)-bromgerman $[(CF_3)_2NO]_3GeBr$

Bis(trifluormethyl-hexafluordimethylaminooxydifluormethyl)-quecksilber $[(CF_3)_2NOCF_2N(CF_3)]_2Hg$

Bis(hexafluordimethylaminooxy)-cäsiumjodid $CsJ[ON(CF_3)_2]_2$

Die Umsetzung von $(CF_3)_2NO$ mit entgastem Hg bei 25 °C (100 min, 100 Torr) liefert $(CF_3)_2NOHg$ [7]. Schütteln mit Hg bei 20 °C (12 h) führt zu $Hg[ON(CF_3)_2]_2$ [53, 100]. Während $(CF_3)_2NO$ mit Pb bei 20 °C (24 h) nahezu quantitativ zu $Pb[ON(CF_3)_2]_2$ reagiert, entsteht mit Sn ein 1:3-Gemisch aus $Sn[ON(CF_3)_2]_2$ und SnO [19]. Mit wasserfreiem CoJ_2 bildet sich nahezu quantitativ $Co[ON(CF_3)_2]_2$ [73, 96].

Die Reaktion von GeH_3Br mit $(CF_3)_2NO$ bei 20 °C (24 h) liefert $[(CF_3)_2NO]_3GeBr$ [73] und erst die Reaktion zwischen GeH_3J und $(CF_3)_2NO$ unterhalb 20 °C führt zu $[(CF_3)_2NO]_4Ge$ [35, 96]. Mit dem Hg-Salz setzt sich GeH_4 schon unterhalb −78 °C zum $[(CF_3)_2NO]_4Ge$ um [5, 97], das auch mit $GeCl_4$ bei 20 °C (12 h) erhalten werden kann [53, 97]. In CCl_4 kondensieren $SnCl_4$ bzw. $TiCl_4$ mit $(CF_3)_2NOH$ in Gegenwart von NH_3 zu $[(CF_3)_2NO]_4M$ (M=Sn, Ti). Al_2Cl_6 reagiert analog in Tetrahydrofuran zu $[(CF_3)_2NO]_3Al$ [104].

$[(CF_3)_2NO]_2Hg$ addiert bei 0 °C $CF_3N{=}CF_2$ zu $[(CF_3)_2NOCF_2N(CF_3)]_2Hg$ (keine physikalischen Daten) [86]. CsJ addiert bei 20 °C (6 d) $(CF_3)_2NO$ zu $CsJ[ON(CF_3)_2]_2$ [73, 96].

Physical Properties

2.1.3 Physikalische Eigenschaften

Physikalische Daten der Aminooxyverbindungen sind in Tabelle 5, S. 103, zusammengestellt. Ergebnisse weiterer Untersuchungen sind in den folgenden Kapiteln aufgeführt.

Structure Investigations. Photoelectron Spectra of $(CF_3)_2NO$ and $(CF_3)_2NOH$

Strukturuntersuchungen, Photoelektronenspektren von $(CF_3)_2NO$ und $(CF_3)_2NOH$

Elektronenbeugungsmessungen in der Gasphase ergeben folgende Strukturparameter (r in Å):

	r(N-O)	r(C-N)	r(C-F)	α(F-C-F)	α(C-N-C)	α(C-N-O)
$(CF_3)_2NO$ [106]	1.26(3)	1.441(8)	1.320(4)	109.8° (1.0°)	120.9° (2.0°)	117.2° (0.6°)
$(CF_3)_2NOH$ [107]	1.40(3)	1.435	1.322(4)	109.8° (0.4°)	120.6° (1.3°)	111.3° (0.8°)

Der Winkel zwischen der C-N-C-Ebene und der N-O-Bindung beträgt für $(CF_3)_2NO$ 21.9° (3°) [106] und für $(CF_3)_2NOH$ 43.0° (2.0°) [107]. Für $(CF_3)_2NO$ sind nachfolgende Parameter errechnet worden: r(N-O)=1.26, r(N-C)=1.41, r(C-F)=1.34 Å, α(N-C-F)=

Literatur s. S. 146 Textfortsetzung auf S. 121

Tabelle 5: Physikalische Eigenschaften der Perfluorhalogenorgano-Aminooxy- und -Iminooxy-Verbindungen. Siedepunkt (Sdp.) in °C/Druck in Torr, Schmelzpunkt (Schmp.) in °C, Dampfdruck p in Torr, Verdampfungsenthalpie ΔH_v in cal/mol, Troutonsche Konstante $\Delta H_v/T_s$ in $cal \cdot mol^{-1} \cdot K^{-1}$, Dichte D in g/cm^3, Brechungsindex n, chemische Verschiebung δ und Spin-Spin-Kopplungskonstante J im NMR-Spektrum (br=breit, s, d, tr, qu, sept, m=Singulett, Dublett, Triplett, Quartett, Septett, Multiplett, ax bzw. äqu=axial bzw. äquatorial), IR- und Raman-Spektrum (in cm^{-1}; ν, δ, ϱ=Valenz-, Deformations-, Schaukelschwingung), Wellenlänge λ und Extinktionskoeffizient ε im UV-Spektrum, ESR-Spektrum, Massenspektrum MS (m/e, Bruchstück, relative Intensität).

Physical Properties

Verbindung	Sdp./Torr (Schmp.) in °C	^1H- und ^{19}F-NMR (δ in ppm, innerer Standard $Si(CH_3)_4$, $CFCl_3$); ESR-Spektrum, IR- und Raman-Spektrum (in cm^{-1}), UV-Spektrum, n_D, D, Massenspektrum, pK_a
$(CF_3)_2NO$ [1)]	−20 [1] −21 bis −20 [6] (−55 bis −70) [2]	^{19}F-NMR: $\delta(CF_3)=73.6$ [57] ESR: s. S. 121 IR: 1311 (s), 1269 (s), 1227 (s), 992 (s), 728 (s), 723 (s); 718 (s) [3], 1395 (m), 1290 (vs), 1230 (vs), 995 (s), 728 (m, PQR) [57] MS: m/e=168, M^+ (11.8); 152, $(CF_3)_2N^+$ (12.7); 114, $C_2F_4N^+$ (2.4); 85, CF_3O^+ (5.9); 83, CF_3N^+ (4.7); 81, $C_2F_3^+$ (38.8); 69, CF_3^+ (100); 50, CF_2^+ (5.6); 31, CF^+ (4.7); 30, NO^+ (34.1) [3], M^+ (13.5); $CF_3NOCF_2^+$ (25.1); CF_3NO^+ (5.8); CF_3^+ (100); CF_2N^+ (4.9); CF_2^+ (32.4); FCN^+ (4.8); O_2^+ (4.6); CF^+ (43.8); N_2^+ oder CO^+ (23); NO^+ (100); F^+ (3.7); O^+ (5.1); N^+ (4.9); C (12) [57]
$ClCF_2CF_2(CF_3)NO$ [11]	36 bis 36.5	$D_{20}^{20}=1.5840$; ESR: siehe [2)]
$Cl_2CFCF_2(CF_3)NO$ [11]	68	$D_{20}^{20}=1.6286$; ESR: siehe [3)]
$O_2NCF_2F_2C$ (b) und $ClCF_2F_2C$ (a) an NO [11]	–	ESR: siehe [4)]
$(ClCF_2CF_2)_2NO$ [9]	92 [5)]	ESR: s. S.122
$(C_7F_{15})_2NO$ [9]	–	ESR: s. S.123
$CF_3N(O\cdot)CF_2CF_2N(O\cdot)CF_3$ [13]	55/769	^{19}F-NMR [13)]: $\delta(CF_3)=-8.0$ (br), $\delta(CF_2)=28.0$ (br) IR: 1391 (w), 1302 (s), 1238 (s), 1175 (m), 1096 (w), 924 (w), 867 (w), 738 (w) MS: m/e=298, M^+ (21); 149, $C_2F_5NO^+$ (5); 133, $C_2F_5N^+$ (5); 114, $C_2F_4N^+$ (25); 100, $C_2F_4^+$ (5); 92, $C_2F_2NO^+$ (6); 69, CF_3^+ (100)

Literatur s. S. 146

Physical Properties

Tabelle 5 [Fortsetzung]

Verbindung	Sdp./Torr (Schmp.) in °C	^{1}H- und ^{19}F-NMR (δ in ppm, innerer Standard $Si(CH_3)_4$, $CFCl_3$); ESR-Spektrum, IR- und Raman-Spektrum (in cm^{-1}), UV-Spektrum, n_D, D, Massenspektrum, pK_a
$(CF_3)_2NOH$	32.5 [17] 36 [1]	^{1}H-NMR: $\delta(OH) = -5.9$ [57], -5.48 46) [24]; ^{19}F-NMR: $\delta(CF_3) =$ 70 [57], 70.02 [25], 69.0 47) [24] $n_D^4 = 1.2600$, $D_4^4 = 1.6060$ [2]; IR (Gas): 3619 (m), 1394 (m), 1310 (vs), 1270 (vs), 1223 (vs), 1046 (s), 972 (s), 710 (s, PQR) [25], $\nu(OH) = 3704$ [1]
$(CF_3)_2NOH \cdot H_2O$ [1]	73	$D_{20}^{20} = 1.5805$
$(CF_3)_2NOH \cdot NH_3$ [25]	–	^{19}F-NMR: $\delta(CF_3) = 69.67$ ^{1}H-NMR: $\delta(NH_3) = -4.15$ (s) IR (Gas): 3619 (m), 3317 (w); 3300 bis 2750 (br), 1395 (m), 1306 (vs), 1272 (vs), 1223 (vs), 1065 (s), 970 (s), 650 (s), IR (flüssig): 3450 bis 3100 (m, br), 2800 bis 2400 (w, br), 1270 (s), 1190 (s), 1060 (m), 965 (s), 706 (m); $pK_a = 1.5 \times 10^{-9}$
$CF_3N(NO)OM$ [146] M = Na	siehe 57)	–
M = Li	siehe 58)	–
M = NH_4	(86)	–
$[(CF_3)_2NOH]_2 \cdot CsF$ [24]	($\approx$70)	^{19}F-NMR 47): $\delta(CF_3) = 67.6$ ^{1}H-NMR 46), 47): $\delta(OH) = -12.7$
$CF_3N(OH)CF_2CF_2Cl$ [11]	87 bis 88/753 86 bis 87.5	^{19}F-NMR 7): $\delta(CF_3) = 496.1$, $\delta(CF_2N) = 535.8$, $\delta(CF_2Cl) = 498.8$ IR: $\nu(NOH) = 3600$ bis 2900 $n_D^{20} = 1.3159$, $D_{20}^{20} = 1.6288$
$CF_3N(OH)CF_2CFCl_2$ [11]	56/122	^{19}F-NMR 7): $\delta(CF_3) = 495$, $\delta(CF_2N) = 532.0$, $\delta(CF_2Cl) = 495.6$ $n_D^{20} = 1.3526$, $D_{20}^{20} = 1.6909$
$CF_3N(OH)CF_2CF_2NO_2$ [11]	47 bis 48/90	IR: $\nu(OH) = 3200$; $\nu(C\text{-}NO_2) = 1615$ $n_D^{20} = 1.3228$, $D_{20}^{20} = 1.6072$
$C_6F_5C(O)N(OH)C_6F_5$ [28]	(122 bis 124)	^{1}H-NMR 6): $\delta(OH) = -13.20$ ^{19}F-NMR (in CCl_4): $\delta(F^3, F^5) = -2.82$, $\delta(F^4) = -11.34$, $\delta(F^2, F^6) = -22.87$ und -26.42 IR (CCl_4): $\nu(OH) = 3550$, 3170; $\nu(C{=}O) = 1710$
$CF_3N(OH)CF_2CF_2N(OH)CF_3$ [13]	(43)	^{19}F-NMR 13) (20% in Dioxan): $\delta(CF_3) = -10.8$ (tr); $\delta(CF_2) = +27.0$ (qu) IR (Gas bei 60 °C): $\nu(OH) = 3597$
$CF_3N(OH)C(O)C(O)$-$N(OH)CF_3$	(162) [14] (160) [29]	^{19}F-NMR 7): $\delta(CF_3) = 507.0$ [29] IR: $\nu(OH) = 3290$; $\nu(C{=}O) = 1745$, 1705 [29]

Literatur s. S. 146

Tabelle 5 [Fortsetzung]

Physical Properties

Verbindung		Sdp./Torr (Schmp.) in °C	^1H- und ^{19}F-NMR (δ in ppm, innerer Standard $Si(CH_3)_4$, $CFCl_3$); ESR-Spektrum, IR- und Raman-Spektrum (in cm^{-1}), UV-Spektrum, n_D, D, Massenspektrum, pK_a
	X=F	78 bis 80	$n_D^{20}=1.3245$, $D_4^{20}=1.1200$
$CF_3C(X)=NOH\cdot$	X=Cl	[31]	IR: $\nu(C=N)=1698$ [120]
$O(C_2H_5)_2$	X=Br	48/75	$n_D^{20}=1.3610$, $D_4^{20}=1.2440$
[31]		60 bis 61/75	$n_D^{20}=1.3870$, $D_4^{20}=1.5170$
$CF_3C(Cl)=NOH$	[33]	36/70	IR (Film): $\nu(OH)=3367$; $\nu(C=N)=1637$; $\nu(CF)=1205$, 1156; $\nu(C-Cl)=740$; 1427, 1304, 1031, 980; $n_D^{25}=1.3585$
$CF_2XC(F)=NOH\cdot(C_2H_5)_2O$			
X=Cl	[35]	60/145	$n_D^{20}=1.360$, $D_{20}^{20}=1.231$
X=Br	[35]	62.5/100	$n_D^{20}=1.3845$, $D_{20}^{20}=1.5217$
$X=NO_2$	[36]	56/50	$n_D^{20}=1.3330$, $D_{20}^{20}=1.350$
$C_3F_7C(Cl)=NOH$	[33]	46 bis 48/30	IR (Film): $\nu(OH)=3390$; $\nu(C=N)=1634$; $\nu(C-F)=1266$ bis 1176, 1122; 1420, 1350, 1037, 1009, 887, 847, 750 bis 735 $n_D^{25}=1.3402$
$C_6F_5C(Cl)=NOH$	[32]	–	^1H-NMR: $\delta(OH)=-11.0$ IR (Film): $\nu(OH)=3500$ bis 3300; $\nu(C=N)=1655$
$(CF_3)_2C=NOH$		71 bis 73 [26] 69 bis 71 [45, 46] 70 bis 75 [39]	^{19}F-NMR: $\delta(anti\text{-}CF_3)=66.7$, $\delta(syn\text{-}CF_3)=64.9$ [118] $n_D^{20}=1.2944$, $D_{20}=1.6177$ [45, 46] IR: $\nu(C=N)=1656$ [120] MS: m/e=181 (M^+), Strichdiagramm [121]; $pK_a=6.0$ [119]
F_2 F_2 F_2 =NOH 8)	[47]	42.5 bis 43/103	^{19}F-NMR: δ (CF_2)=56.1, 58.3 und 70.4 $n_D^{20}=1.3775$, $D_{20}=1.6252$
	$R_f=CF_3$	(84 bis 86)	IR (in CCl_2H_2): $\nu(OH)=3484$; $\nu(C=N)=1631$; $\nu(CF)=1205$ bis 1136; 1387, 987, 936
$R_fC(=NOH)-C(=NOH)R_f$	$R_f=C_2F_5$	(134 bis 135)	IR (KBr): $\nu(OH)=3378$; $\nu(C=N)=1626$; $\nu(C-F)=1227$ bis 1136; 1016, 971, 786, 744
[48]	$R_f=C_3F_7$	(166 bis 167)	IR (KBr): $\nu(OH)=3344$; $\nu(C=N)=1639$ (w); $\nu(C-F)=1282$ bis 1099; 1420, 1342, 1031, 1005, 873, 810, 736, 732 UV (in C_2H_5OH): $\lambda_{max}\approx 203$ nm ($\varepsilon=24\times10^4$)

Literatur s. S. 146

Physical Properties

Tabelle 5 [Fortsetzung]

Verbindung	Sdp./Torr (Schmp.) in °C	^1H- und ^{19}F-NMR (δ in ppm, innerer Standard $Si(CH_3)_4$, $CFCl_3$); ESR-Spektrum, IR- und Raman-Spektrum (in cm^{-1}), UV-Spektrum, n_D, D, Massenspektrum, pK_a
$(CF_3)_2NOON(CF_3)_2$	48 [19] 48 bis 49 [20]	$D_{20}^{20}=1.5850$ [19], $D_{20}^{20}=1.5856$ [20]
$(CF_3)_2NONO$	9.9 [9)] [49] 8 bis 10 [146]	^{19}F-NMR: $\delta(CF_3)=67.5$ [57] IR: $\nu(N{=}O)=1830$, 1803 [10)] [18], 1828 (vs), 1802 (vs), 1770 (w), 1629 (w), 1504 (vw), 1312 (vs), 1274 (vs), 1253 (m), 1221 (vs), 1133 (w), 1070 (vs), 980 (vs), 851 (vs), 770 (vs), 715 (vs) [49] UV (Gas): $\lambda_{max}=448$ ($\varepsilon=6.6$), 445 ($\varepsilon=6.9$), 439 ($\varepsilon=7.6$), 380 ($\varepsilon=16.30$), 374.5 ($\varepsilon=16.70$), 372 ($\varepsilon=16.69$), 368 ($\varepsilon=16.60$), 366 ($\varepsilon=16.60$), 317.5 ($\varepsilon=9.64$) [11)] [17]
$ClCF_2CF_2(CF_3)NO$ [52)] (N–O–NO) [11]	−23 bis −20/13 59 bis 62/755	^{19}F-NMR: $\delta=495.0$, 500.0, 539.0 $n_D^{20}=1.3130$, $D_{20}^{20}=1.6175$ IR: $\nu(ONO)=1840$ (s) UV (in Heptan): $\lambda_{max}=355$ nm
$Cl_2CFCF_2(CF_3)NO$ [53)] (N–O–NO) [11]	45 bis 46/122	$n_D^{20}=1.3545$, $D_{20}^{20}=1.6750$ IR: $\nu(ONO)=1835$ (s) UV (in Heptan): $\lambda_{max}=350$ nm
$(O_2NCF_2F_2C)(ClCF_2F_2C)NONO$ [54)] [11]	35.5 bis 36/10	^{19}F-NMR [7)]: $\delta(CF_2Cl)=503.7$, $\delta(CF_2N)=521$ und 529 (d) IR: $\nu(ONO)=1855$; $\nu(C{-}NO_2)=1615$
$(O_2NCF_2F_2C)(F_3C)NONO$ [55)] [11]	35 bis 45/200	IR: $\nu(ONO)=1865$; $\nu(C{-}NO_2)=1615$ UV (Gas): $\lambda_{max}=265$ und 365 nm $n_D^{20}=1.3150$, $D_{20}^{20}=1.6521$
$(CF_3)_2NON(CF_3)_2$	48.5 [12)] [60] 48 bis 49 [61]	^{19}F-NMR [13)]: $\delta(CF_3)=-10.0$ [60], −9.68 [62] MS: m/e=320, M^+ (vw); 263, $C_4F_9N_2O^+$ (0.6); 168, $C_2F_6NO^+$ (0.2); 133, $C_2F_5N^+$ (6.0); 114, $C_2F_4N^+$ (14.4) [60]
$(CF_3)_2NONF_2$ [59]	–	^{19}F-NMR: $\delta(CF_3)=66.3$, $\delta(NF_2)=-122.0$ IR: 1320 (vs), 1270 (vs), 1228 (vs), 1045 (m), 980 (s), 893 (s), 848 (s), 792 (s), 729 (s), 685 (w)
$(CF_3)_2C{=}NONO$ [58]	48 bis 49	$n_D^{25}=1.3134$, $D_{20}^{25}=1.5210$
$CF_3N(ONO)CF_2CF_2N(ONO)CF_3$	90/769 [13]	^{19}F-NMR [13)]: $\delta(CF_3)=-11.5$ (br), $\delta(CF_2)=22.9$ (br) [13] IR (Gas): $\nu(ONO)=1825$, 1802 [13]

Literatur s. S. 146

Tabelle 5 [Fortsetzung]

Verbindung	Sdp./Torr (Schmp.) in °C	^{1}H- und ^{19}F-NMR (δ in ppm, innerer Standard $Si(CH_3)_4$, $CFCl_3$); ESR-Spektrum, IR- und Raman-Spektrum (in cm^{-1}), UV-Spektrum, n_D, D, Massenspektrum, pK_a
$(CF_3)_2NOSF_5$	(−94), 39 [21, 70] (−80) 38 [69]	$n_D^{20}=1.2750$, $D_4^{20}=1.7995$ [21, 70]
$CF_3N(SF_5)OSF_5$ [70]	75	$n_D^{20}=1.2805$, $D_4^{20}=1.9785$
$(CF_3)_2NOSON(CF_3)_2$ [59]	72.8± 0.3[14)]	^{19}F-NMR: $\delta(CF_3)=67.76$ IR: 1307 (vs), 1271 (vs), 1228 (vs), 1024 (s), 972 (s), 796 (s), 783 (m), 758 (m), 712 (s), 691 (m)
$(CF_3)_2NOSSON(CF_3)_2$ [59]	102.0± 0.2[15)]	^{19}F-NMR: $\delta(CF_3)=67.66$ IR: 1319 (vs), 1265 (vs), 1235 (vs), 1030 (s), 977 (s), 802 (w), 780 (w), 753 (w), 716 (w), 694 (w)
$[(CF_3)_2NO]_2SO$ [59]	79± 2/692[16)]	^{19}F-NMR: $\delta(CF_3)=67.68$ IR: 1318 (vs), 1268 (vs), 1238 (vs), 1192 (s), 1027 (s), 976 (s), 803 (w), 781 (m), 752 (m), 715 (s), 694 (s)
$[(CF_3)_2NO]_2SO_2$	95.7[17)] [59] (−51) 47/100 [21]	^{19}F-NMR: $\delta(CF_3)=69.6$ [59] IR: 1490 (vs), 1323 (vs), 1273 (vs), 1247 (vs), 1226 (vs), 1190 (s), 1020 (s), 976 (s), 811 (s), 739 (w), 716 (s), 632 (m) [59] $n_D^{20}=1.2705$, $D_4^{20}=1.6561$ [21]
$(CF_3)_2NOS(O)F$ [59]	48.2[18)]	^{19}F-NMR: $\delta(CF_3)=67.49$, $\delta(S\text{-}F)=-59.52$, J (CF-SF) = 4 Hz IR: 1308 (vs), 1247 (vs), 1227 (vs), 1196 (vs), 1032 (s), 977 (s), 786 (w), 750 (m), 713 (m), 632 (m)
$(CF_3)_2NOSO_2F$ [59]	57.0± 0.2[19)]	^{19}F-NMR: $\delta(CF_3)=67.67$, $\delta(SF)=-37.37$, J (CF-SF) = 7 Hz IR: 1510 (vs), 1326 (vs), 1280 (vs), 1257 (vs), 1239 (vs), 1193 (s), 1023 (s), 980 (s), 862 (vs), 821 (s), 740 (w), 719 (m), 635 (m)
$(CF_3)_2NOSF_4ON(CF_3)_2$ [21]	(−37) 40/70	IR: $\nu(CF)=1325$ (vs), 1275 (vs), 1225 (vs), 1050 (m), 975 (m); $\nu(S\text{-}F)=920$ (m), 872 (m), 850 (s), 710 (w)
$[(CF_3)_2C{=}NO]_2SO$ [38]	46 bis 49/20	IR (Film): $\nu(C{=}N)=1650$
$CF_3N(O^{\cdot})SO_3^-M^+$ M = Na, K [147]	–	^{19}F-NMR[13)]: $\delta(CF_3)=-11.7$

Physical Properties

Tabelle 5 [Fortsetzung]

Verbindung	Sdp./Torr (Schmp.) in °C	^1H- und ^{19}F-NMR (δ in ppm, innerer Standard $Si(CH_3)_4$, $CFCl_3$); ESR-Spektrum, IR- und Raman-Spektrum (in cm^{-1}), UV-Spektrum, n_D, D, Massenspektrum, pK_a
$ClS[N(CF_3)OCF_2CF_2]_2Cl$ [148]	90 bis 94	$n_D^{20}=1.3420$, $D_4^{20}=1.7453$
$ClS[N(CF_3)OCF_2CF_2]_3Cl$ [148]	40 bis 43	$n_D^{20}=1.3270$, $D_4^{20}=1.8350$
$(CF_3)_2NOS{\equiv}N$ [67]	–	^{19}F-NMR: $\delta(CF_3)=69.4$ IR: 1400 (w), 1350 (m), 1312 (vs), 1269 (vs), 1227 (vs), 1035 (m), 978 (s), 802 (w), 712 (m), 661 (w), 583 (m), 536 (m)
$[(CF_3)_2NO]_2S(F){\equiv}N$ [67]	–	IR: $\nu(S{\equiv}N)=1500$ MS: m/e=382, $[(CF_3)_2NO]_2SN^+$
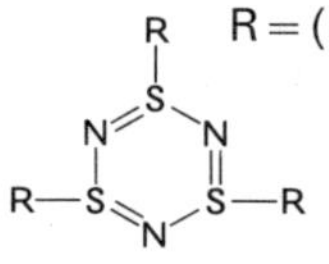 R = $(CF_3)_2NO$ [67]	–	MS: m/e=474, M^+ (4.8); 306, $S_3N_3ON(CF_3)_2^+$ (31.8); 168 $(CF_3)_2NO^+$ (100)
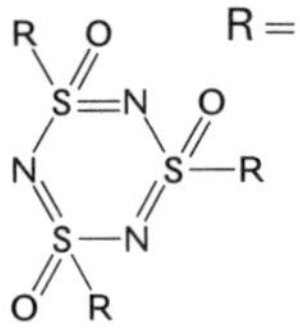 R = $(CF_3)_2NO$ [67]	–	MS: m/e=690, M^+ (1); 522, $N_3S_3(O_3)[ON(CF_3)]_2^+$ (2.25); 506, $N_3S_3O_2[ON(CF_3)_2]_2^+$ (1); 490, $N_3S_3(O)[ON(CF_3)_2]_2^+$ (1); 474, $N_3S_3[ON(CF_3)_2]_2^+$ (1.1); 322, $N_3S_3(O)ON(CF_3)_2^+$ (100); 306, $N_3S_3ON(CF_3)_2^+$ (40.6); 168, $(CF_3)_2NO^+$ (19.5); 138, $N_3S_3^+$ (16.7); 133, $C_2F_5N^+$ (25); 92, $S_2N_2^+$ (22.2); 69, CF_3^+ (>100); 64, CF_2N^+ (35.6); 46, NS^+ (83.5)
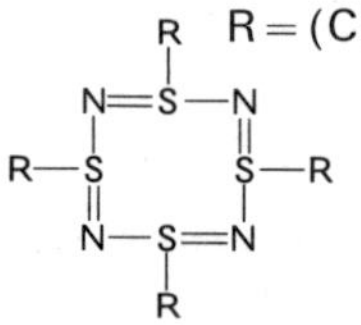 R = $(CF_3)_2NO$ [67]	–	IR: 1355 (sh), 1335 (vs), 1267 (vs), 1215 (vs), 1200 (vs), 1100 (s), 1026 (vs), 979 (vs), 955 (w), 810 (m), 770 (ms), 755 (ms), 732 (sh), 720 (s), 560 (w), 535 (w), 520 (w), 470 (s), 400 (w), 350 (w) MS: m/e=688, $N_4S_4[ON(CF_3)_2]_3^+$
$[(CF_3)_2NO]_4X$ [72] X=Se	(25)	–
X=Te	(25)	–
$[(CF_3)_2NO]_3B\cdot NH_3$ [74]	(160 bis 162)	^1H-NMR[20]: $\delta(NH)=-3.28$ ^{19}F-NMR[21]: $\delta(CF_3)=67.8$
$[(CF_3)_2NO]_3B$ [53]	–	^{19}F-NMR: $\delta(CF_3)=70.4$ IR: 1443 (m), 1399 (s), 1311 (vs), 1279 (vs), 1260 (vs), 1220 (vs), 1049 (m), 976 (m), 813 (w), 716 (m), 666 (w)

Literatur s. S. 146

Physical Properties

Tabelle 5 [Fortsetzung]

Verbindung		Sdp./Torr (Schmp.) in °C	^1H- und ^{19}F-NMR (δ in ppm, innerer Standard $Si(CH_3)_4$, $CFCl_3$); ESR-Spektrum, IR- und Raman-Spektrum (in cm^{-1}), UV-Spektrum, n_D, D, Massenspektrum, pK_a
$(CF_3)_2NOCF_3$		0.6 [27)] [52] 3.5 [20, 122]	MS: m/e=237, M^+ (0.6); 218, $C_3F_8NO^+$ (1.6); 149, $C_2F_5NO^+$ (3.1); 130, $C_2F_4NO^+$ (28.7) [60] D_4^0=1.616 [122]
$(CF_3)_2NOCCl_3$	[73]	–	MS: m/e=286, M^+
$(CF_3)_2NOCBr_3$	[73]	179 [45)]	IR: 1311 (vs), 1260 (vs), 1222 (vs), 1209 (s), 1180 (w), 1018 (m), 965 (m), 948 (w), 850 (w), 772 (w), 719 (m)
$[(CF_3)_2NO]_3CBr$	[53]	–	^{19}F-NMR: $\delta(CF_3)$=66.5 und 67.1
$[(CF_3)_2NO]_2CF_2$	[77]	−31.2/3 0/16	^{19}F-NMR: $\delta(CF_3)$=67.96 (tr), $\delta(CF_2)$=49.77 (m), J (F-F)=6.0 Hz [28)] IR (Gas): ν(C-F)=1322 (vs), 1291 (vs), 1249 (vs), 1220 (vs), 1205 (m), 1189 (m); $\nu_{as}(OCO)$=1145 (vs), $\nu_{as}(OCO)$=1070 (w); ν(N-O)=1047 (s); $\nu_{as}(NC_2)$=976 (s), 960 (w); $\nu_s(NC_2)$=893 (vw), 852 (sh), 835 (w), 825 (sh); $\delta(CF_3)$=750 (w), 719 (s), 699 (m), 640 (vw), 555 (w), 531 (w), 487 (w), 427 (vw) Raman-Spektrum (flüssig, in Klammern relative Intensität, p=polarisiert, dp=depolarisiert): ν(C-F)=1325 (4), 1285 (10, p), 1230 (6, br), $\nu_{as}(OCO)$= 1145 (0, br), 1085 (2); $\nu_s(OCO)$=1070 (6); ν(N-O)=1046 (18, p); $\nu_{as}(NC_2)$=975 (2); $\nu_s(NC_2)$=895 (14, p); 850 (20, p), 835 (sh, p), 826 (100, p); $\delta(CF_3)$=775 (13, p), 750 (28, p), 718 (1); 693 (4), 681 (5), $\delta(CF_3)$=635 (0), 590 (5, dp), 562 (12, dp), 538 (4), 490 (3, p), 429 (6, p); $\delta(NC_2)$=368 (sh, dp), 357 (55, p); 338 (34, dp), $\varrho(CF_3)$= 253 (sh, dp), 239 (32, p), 225 (4), 156 (5); 130 (12, p), 105 (0, dp) MS: s. [77]
C_3F_7 | $NOCF_2CF_2CF_3$ (a b c) | C_3F_7	[80]	128/770	^{19}F-NMR: $\delta(CF_3)$=81.9 [48)], J=10.1 Hz; $\delta(CF_3)_c$=82.2 [48)], J=6.1 Hz; $\delta(CF_2)_a$= 88.8 [49)], J=8.0 Hz; $\delta(CF_2N)$=96.0 [50)], $\delta(CF_2)$=125.0 (br, sept), J=8.6 Hz, $\delta(CF_2)_b$=129.1 (br, s) IR: ν(C-F)=1350, 1337, 1259, 1252, 1211, 1149, 1133; ν(N-O)=1098; ν(C-N)=975; $\delta(C_2N$ und $C_2C)$=915, 906, 834, 806;

Literatur s. S. 146

Physical Properties

Tabelle 5 [Fortsetzung]

Verbindung	Sdp./Torr (Schmp.) in °C	^{1}H- und ^{19}F-NMR (δ in ppm, innerer Standard $Si(CH_3)_4$, $CFCl_3$); ESR-Spektrum, IR- und Raman-Spektrum (in cm^{-1}), UV-Spektrum, n_D, D, Massenspektrum, pK_a
C_3F_7–N(C_3F_7)–$OCF_2CF_2CF_3$ (a b c)		$\delta(CF_3)=754, 737, 701$ $n_D^{20}=1.275$, $D_4^{20}=1.786$ MS: m/e=537, M^+ (0.04); 418, $C_7F_{16}NO^+$ (0.76); 368, $C_6F_{14}NO^+$ (0.24); 330, $C_6F_{12}NO^+$ (2.29); 314, $C_6F_{12}N^+$ (0.48); 280, $C_5F_{10}NO^+$ (0.11); 264, $C_5F_{10}N^+$ (0.21); 230, $C_4F_8NO^+$ (3.59); 214, C_4F_8N (3.64); 180, $C_3F_6NO^+$ (0.15); 169, $C_3F_7^+$ (98.9); 164, $C_3F_6N^+$ (2.11); 150, $C_3F_6^+$ (0.59); 145, $C_3F_5N^+$ (0.35); 131, $C_3F_5N^+$ (0.76); 130, $C_2F_4NO^+$ (0.62); 126, $C_3F_4N^+$ (0.13); 119, $C_2F_5^+$ (33.87); 114, $C_2F_4N^+$ (5.08); 100, $C_2F_4^+$ (6.09); 97, $C_2F_3O^+$ (0.24); 95, $C_2F_3N^+$ (0.44); 93, $C_3F_3^+$ (0.23); 85, CF_3O^+ (0.63); 81, C_2F_3 (0.44); 78, $C_2F_2O^+$ (0.15); 76, $C_2F_2N^+$ (0.50); 69, CF_3^+ (100); 66, CF_2O^+ (0.27); 64, CF_2N^+ (0.17); 50, CF_2^+ (2.22); 47, CFO^+ (1.38); 31, CF^+ (6.82); 30, NO (195)
$[(CF_3)_2C{=}NO]_2CO$ [38]	35/7	IR: $\nu(C{=}O)=1870$; $\nu(C{=}N)=1660$ $n_D^{20}=1.3180$
$[(CF_3)_2NO]CO$	70 bis 71/695 [24]	^{19}F-NMR: $\delta(CF_3)=68.8$ [24] IR (Gas): 1890 (s), ν(C-F)=1317 (vs), 1269 (vs), 1237 (vs), 1218 (vs); $\nu_{as}(OCO)=1132$ (vs); $\nu_s(OCO)=1096$ (m); ν(N-O)=1038 (s); $\nu_{as}(NC_2)=975$ (s); $\delta(CF_3)=777$ (w), 748 (w), 713 (w), 668 (w) [24, 27] MS: m/e=250, M^+ (1.5); 196, $C_2F_6NOCO^+$ (84.7); 168, $C_2F_6NO^+$ (7); 152, $C_2F_6N^+$ (10.5); 108, CF_2NOCO^+ (25.3); 69, CF_3^+ (1000) [24]
$(CF_3)_2NOC(O)F$ [24]	15.0 [29)]	^{19}F-NMR: $\delta(CF_3)=68.8$, $\delta(CF)=28.3$ IR: 1917 (s), 1325 (vs), 1273 (vs), 1242 (vs), 1220 (vs), 1190 (vs), 1073 (s), 976 (s), 960 (m), 758 (m), 715 (m), 669 (m), 645 (w) MS: m/e= 215, M^+ (3.8); 196, $C_2F_6NOCO^+$ (5); 168, $C_2F_6NO^+$ (2); 152, $C_2F_6N^+$ (1.3); 149, $C_2F_5NO^+$ (5.7); 133, $C_2F_5N^+$ (7.1); 114, $C_2F_4N^+$ (16); 108, CF_2NOCO^+ (72); 99, CF_3NO^+ (2.6); 69, CF_3^+ (1000); 63, FCO_2^+ (3.4); 47, FCO^+ (275)

Literatur s. S. 146

Physical Properties

Tabelle 5 [Fortsetzung]

Verbindung	Sdp./Torr (Schmp.) in °C	^1H- und ^{19}F-NMR (δ in ppm, innerer Standard $Si(CH_3)_4$, $CFCl_3$); ESR-Spektrum, IR- und Raman-Spektrum (in cm^{-1}), UV-Spektrum, n_D, D, Massenspektrum, pK_a
$(CF_3)_2NOC(O)Cl$ [24]	6/174 [30)]	IR: 1855 (s), 1317 (vs), 1269 (vs), 1225 (vs), 1035 (vs), 975 (s), 876 (m), 714 (s), 643 (m) MS: m/e=212, M^+-F (0.86); 196, $C_2F_6NOCO^+$ (22); 152, $C_2F_6N^+$ (2.2); 133, $C_2F_5N^+$ (21); 114, $C_2F_4N^+$ (54); 108, CF_2NOCO^+ (18); 79, CO_2Cl^+ (4.5); 69, CF_3^+ (100); 65, $COCl^+$ (45); 63, $COCl^+$ (156)
$(CF_3)_2NOC(O)CF_3$ [24]	30 [31)]	^{19}F-NMR: $\delta(CF_3N)=68.6$, $\delta(CF_3C)=73.9$ IR: 1868 (s), 1317 (vs), 1268 (vs), 1242 (vs), 1188 (vs), 1070 (vs), 1033 (w), 976 (s), 878 (m), 804 (w), 757 (m), 717 (s), 697 (m), 656 (w) MS: m/e=246, $C_2F_6NOCOCF_2^+$ (4.9); 196, $C_2F_6NOCO^+$ (22); 158, $C_2F_4NOCO^+$ (3); 149, $C_2F_5NO^+$ (13.4); 133, $C_2F_5N^+$ (9.1); 130, $C_2F_4NO^+$ (16.4); 114, $C_2F_4N^+$ (23.4); 108, CF_2NOCO^+ (3.6); 97, CF_3CO^+ (61); 78, CF_2CO^+ (5.2); 69, CF_3^+ (100)
$(CF_3)_2NOC(O)C_3F_7$ [24]	65 bis 67/691	^{19}F-NMR: $\delta(CF_3N)=68.2$, $\delta(CF_3)=81.3$ (tr), $\delta[CF_2C(O)]=118.3$ (qu), $\delta(CCF_2C)=$ 1270 (s), J $(CF_3\text{-}CF_2CO)=8$ Hz IR: 1858 (s), 1354 (s), 1321 (vs), 1268 (vs), 1248 (vs), 1230 (vs), 1138 (vs), 1083 (s), 1058 (s), 1033 (s), 976 (s), 957 (s), 942 (m), 923 (s), 854 (s), 794 (w), 752 (s), 738 (m), 714 (s), 698 (s), 658 (m) MS: m/e=251, $C_5F_7CO_2N^+$ (4); 197, $C_3F_7CO^+$ (13); 169, $C_3F_7^+$ (98); 150, $C_3F_6^+$ (2); 131, C_3F_5 (1); 119, $C_2F_5^+$ (12.5); 100, $C_2F_4^+$ (12); 81, $C_2F_3^+$ (3.5); 69, CF_3^+ (100)
$(CF_3)_2NOC(O)C_6F_5$ [81]	187/750	^{19}F-NMR[13)]: $\delta(CF_3)=-8.57$ (tr), J $(CF_3\text{-}F^2)=0.96$ Hz, $\delta(F^2, F^6)=60.93$ (komplex), $\delta(F^4)=70.52$ (tr von tr), J $(F^4\text{-}F^2)=6.8$ Hz, J $(F^4\text{-}F^3)=19.8$ Hz; $\delta(F^3, F^5)=85.57$ (komplex) IR (Film): $\nu(C{=}O)=1828$ (s); $n_L^{20}=1.3729$ MS: m/e=363, M^+ (1); 195, $C_6F_5CO^+$ (100)
$(CF_3)_2NOC(O)NF_2$ [82]	(−103) 36.8 [32)]	^{19}F-NMR: $\delta(CF_3)=68.4$, $\delta(NF_2)=-34.8$ IR: 1885 (s), 1384 (w), 1322 (vs), 1270 (vs),

Literatur s. S. 146

Physical Properties

Tabelle 5 [Fortsetzung]

Verbindung	Sdp./Torr (Schmp.) in °C	^{1}H- und ^{19}F-NMR (δ in ppm, innerer Standard $Si(CH_3)_4$, $CFCl_3$); ESR-Spektrum, IR- und Raman-Spektrum (in cm^{-1}), UV-Spektrum, n_D, D, Massenspektrum, pK_a
		1238 (vs), 1221 (s), 1191 (m), 1158 (s), 1060 (s), 1013 (m), 981 (ms), 960 (sh), 885 (m), 794 (w), 716 (m), 713 (m), 659 (w)
$(CF_3)_2NOCF_2N(CF_3)_2$ [60]	–	^{19}F-NMR[13)]: $\delta(CF_3)$[48)] $= -16.4$ (tr), $\delta(CF_2) = -12.3$ (komplex) IR: ν(C-F) = 1370 (m), 1335 (vs), 1318 (vs), 1295 (vs), 1250 (vs), 1227 (sh), 1190 (vs); ν(C-N) = 991 (s); δ(C-N-C) = 924 (s), 844 (s), 743 (s); $\delta(CF_3) = 725$ (s)
$CF_2N(CF_3)OCF_2CF_2Cl$ / CF_2Cl [148]	97 bis 98	^{19}F-NMR[7)]: $\delta(CF_3) = 494$, $\delta(CF_2Cl) = 498$, $\delta(CF_2Cl) = 500.8$, $\delta(CF_2) = 519$, $\delta(CF_2) = 527$ $n_D^{20} = 1.3070$, $D_4^{20} = 1.7098$
$CF_2[N(CF_3)OCF_2CF_2]_2Cl$ / CF_2Cl [148]	68 bis 69/20	$n_D^{20} = 1.3118$, $D_4^{20} = 1.7873$
$CF_2[N(CF_3)OCF_2CF_2]_3Cl$ / CF_2Cl [148]	72 bis 73/5	$n_D^{20} = 1.3130$, $D_4^{20} = 1.8305$
$CFClN(CF_3)OCF_2CFCl_2$ / CF_2Cl [148]	64 bis 65/40	$n_D^{20} = 1.3610$, $D_4^{20} = 1.7160$
$CF_2N(CF_3)OCF_2CF_2Br$ / CF_2Br [148]	68 bis 69/100	$n_D^{20} = 1.3380$, $D_4^{20} = 2.0216$
$CF_2[N(CF_3)OCF_2CF_2]_2Br$ / CF_2Br [148]	93/40	$n_D^{20} = 1.330$, $D_4^{20} = 1.9833$
$CFClN(CF_3)OCF_2CFClBr$ / CF_2Br [148]	41 bis 42/2	$n_D^{20} = 1.3865$, $D_4^{20} = 2.0520$
F_2C–CFX / $(CF_3)_2NO$ $ON(CF_3)_2$ X = F	89/748 [3]	^{19}F-NMR[13)]: $\delta(CF_3) = 8.6$ (tr), $\delta(CF_2) = 15.5$ (sept), J(F-F) = 7 Hz [62] IR: ν(C-F) = 1319 bis 1164 (s); ν(N-O) = 1080 (s); ν(C-N) = 969 (s); $\delta(CF_3) = 714$ (s) MS: m/e = 436, $C_6F_{16}N_2O_2^+$ (3.2); 337, $C_5F_{13}NO^+$ (5.4); 268, $C_4F_{10}NO^+$ (5.3); 237, $C_3F_9NO^+$ (13); 218, $C_3F_8NO^+$ (1.2); 180, $C_3F_6NO^+$ (8.3); 168, $C_2F_6NO^+$ (0.5); 130, $C_2F_4NO^+$ (7.3); 114, $C_2F_4N^+$ (1.8); 69, CF_3^+ (100); 64, CF_2N^+ (1.3); 47, CFO^+ (2.8); 50, CF_2^+ (2.8); 31, CF^+ (0.8); 30, NO^+ (1.9) [3]
X = Cl [84]	94 (<75)	$D_4^{20} = 1.7127$

Literatur s. S. 146

Tabelle 5 [Fortsetzung]

Physical Properties

Verbindung	Sdp./Torr (Schmp.) in °C	^{1}H- und ^{19}F-NMR (δ in ppm, innerer Standard $Si(CH_3)_4$, $CFCl_3$); ESR-Spektrum, IR- und Raman-Spektrum (in cm^{-1}), UV-Spektrum, n_D, D, Massenspektrum, pK_a
X=Br [84]	112 bis 113	$n_D^{20}=1.3026$; $D_4^{20}=1.8592$
$X=CF_3$ [3]	100.5/767	^{19}F-NMR[13]: $\delta(CF_3N)=-8.6$[33]; $\delta(CF_3)=0.45$, $\delta(CF_2)=9.35$, $\delta(CF)=59.2$ IR: $\nu(C\text{-}F)=1323$ (vs), 1276 (vs), 1236 (vs); $\nu(N\text{-}O)=1099$ (s); $\nu(C\text{-}N)=968$ (s); $\delta(CF_3)=714$ (s) $n_D^{14}=1.2737$ MS: m/e=486, $C_7F_{18}N_2O_2^+$ (0.7); 380, $C_7F_{14}NO^+$ (1.1); 334, $C_5F_{12}NO_2^+$ (0.1); 318, $C_5F_{12}NO^+$ (2.3); 292, $C_6F_{10}NO^+$ (0.2); 268, $C_4F_{10}NO^+$ (0.1); 246, $C_4F_8NO_2$ (0.1); 230, $C_4F_8NO^+$ (3.9); 218, $C_3F_8NO^+$ (0.5); 211, $C_4F_7NO^+$ (0.2); 180, $C_3F_6NO^+$ (1.7); 169, $C_3F_7^+$ (0.2); 168, $C_2F_6NO^+$ (2.9); 147, $C_3F_5O^+$ (0.4); 131, $C_3F_5^+$ (0.5); 130, $C_2F_4NO^+$ (4.5); 119, $C_2F_5^+$ (1.0); 114, $C_2F_4N^+$ (0.4); 100, $C_2F_4^+$ (0.6); 97, $C_2F_3O^+$ (3.4); 69, CF_3^+ (100.0); 66, CF_2O^+ (0.2); 64, CF_2N^+ (0.6); 50, CF_2^+ (1.2); 47, CFO^+ (2.3); 31, CF^+ (1.0); 30, NO^+ (1.6)
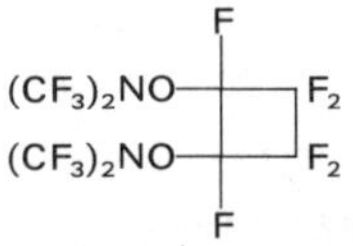 F $(CF_3)_2NO$— —F_2 $(CF_3)_2NO$— —F_2 F [3]	112/762	^{19}F-NMR[13]: $\delta(CF_3)=0.95$, $\delta(CF_2)=5.61$, $\delta(CF)=5.77$[36] IR: $\nu(C\text{-}F)=1319$ bis 1176 (s); $\nu(N\text{-}O)=$ 1025 (s); $\nu(C\text{-}N)=966$ (s); $\delta(CF_3)=713$ (s) $n_D^{12}=1.2919$ MS: m/e=479, M^+-F (<1); 415, (<1); 327 (<1); 315, (2.2); 277, (1.0); 246, (3.5); 230, (14.1); 218, (<1); 180, (<1); 178, (<1); 169, (<1); 168, (1.4); 162, (<1); 159, (1.7); 158, (1.0); 147, (1.3); 131, (<1); 130, (5.4); 128, (2.6); 119, (18.8); 114, (1.2); 109, (4.0); 100, (7.6); 97, (6.8); 93, (1.4); 85, (1.1); 83, (1.0); 78, (1.1); 75, (3.0); 69, CF_3^+ (100); 64, (1.0); 50, (2.4); 47, (15.2); 31, (1.0); 30, NO^+ (1.2)
$(CF_3)_2NOCF_2CF_2NO$ [20]	40, −17 bis −18/60	–
$(CF_3)_2NOCCl_2CCl_2$-$ON(CF_3)_2$ [84]	68/1.5 (−30)	$n_D^{20}=1.3630$, $D_4^{20}=1.8708$

Literatur s. S. 146

Physical Properties

Tabelle 5 [Fortsetzung]

Verbindung	Sdp./Torr (Schmp.) in °C	^{1}H- und ^{19}F-NMR (δ in ppm, innerer Standard $Si(CH_3)_4$, $CFCl_3$); ESR-Spektrum, IR- und Raman-Spektrum (in cm^{-1}), UV-Spektrum, n_D, D, Massenspektrum, pK_a
$(CF_3)_2NOC(CF_3)_2$-$CF_2ON(CF_3)_2$ [84]	117 (−110)	$D_4^{20}=1.7995$
$(CF_3)_2NOCF_2CF{=}CFCF_2ON(CF_3)_2$	124 bis 125 (−100) [84, 85]	$D_4^{20}=1.7543$ [84, 85], $n_D^{20}=1.2900$ [85]
$XCF_2CFXCFXCF_2X$ $X=ON(CF_3)_2$ [84]	190 (−55)	$D_4^{20}=1.8637$
$(CF_3)_2NOC(O)—C(O)ON(CF_3)_2$ [53]	–	^{19}F-NMR: $\delta(CF_3)=68.6$ IR: 1860 (m), 1829 (m), 1317 (vs), 1270 (vs), 1232 (vs), 1223 (sh), 1200 (sh), 1041 (s), 979 (m), 856 (w), 715 (w)
$(CF_3)_2NOCF_2C{=}CF_2$ mit $N(CF_3)_2$ am C (a: $(CF_3)_2NO$, b: CF_2, c: $N(CF_3)_2$, d,e: $=CF_2$) [65]	101/746	^{19}F-NMR[13]: $\delta(F^a)=-8.7$ (br)[38], $\delta(F^b)=-0.9$ (m, komplex), $\delta(F^c)=-19.0$ (m, br), δ(cis-$(CF_3)_2NC{=}CF^d$)$=-7.2$ (m, komplex), δ(cis-$CF_2C{=}CF^e$)$=-6.2$[39] IR (Gas): $\nu(C{=}C)=1742$
$[(CF_3)_2NOCF_2]_2CO$ [65]	116/753	IR (Gas): $\nu(C{=}O)=1799$ (m); $\nu(C-F)=1316$ (vs), 1280 (vs), 1220 (vs), 1182 (ms), 1164 (ms), 1140 (s); $\nu(N-O)=1030$ (ms); $\nu(C-N)=969$ (s); $\delta(CF_3)=946$ (ms), 831 (w), 712 (ms) UV (Gas): $\lambda_{max}=304$ nm ($\varepsilon=40$[40]) MS: m/e=445, M^+-F, $C_7F_{15}N_2O_3^+$ (1); 296, $C_5F_{10}NO_2^+$ (22); 218, $C_3F_8NO^+$ (36); 130, $C_2F_4NO^+$ (44); 69, CF_3^+ (100); 44, CO_2^+ (24); 28, CO^+ (13)
$(CF_3)_2C{=}NOC(CF_3)_3$ [87]	77 bis 78	^{19}F-NMR[13]: $\delta(CF_3)_3=-6.1$ (s), $\delta(CF_3)_2=-8.6$ (qu) und -115 (qu), J=6.3 Hz IR: $\nu(C{=}N)=1660$
$(CF_3)_2C{=}NOC(O)CF_3$ [58]	68 bis 70	$n_D^{20}=1.2890$, $D_4^{20}=1.5340$
$(CF_3)_2C{=}NOCF_2CFClON{=}C(CF_3)_2$ [88]	50/20	^{19}F-NMR[13]: $\delta_1(CF_3)=-11.6$, $\delta_2(CF_3)=-8.7$, $\delta(CF_2)=3.52$, $\delta(CF)=13.5$ IR: $\nu(C{=}N)=1660$, 1615 $n_D^{20}=1.3105$; $D_4^{20}=1.6700$
$(CF_3)_2C{=}NOCF_2CFClNO$ [88]	50/50	^{19}F-NMR[13]: $\delta_1(CF_3)=-10.8$, $\delta_2(CF_3)=-7.75$, $\delta(CF_2)=11.45$, $\delta(CF)=14.5$ IR: $\nu(N{=}O)=1778$; $\nu(C{=}N)=1652$, 1610 $n_D^{20}=1.3210$; $D_4^{20}=1.6484$

Literatur s. S. 146

Tabelle 5 [Fortsetzung]

Physical Properties

Verbindung		Sdp./Torr (Schmp.) in °C	^{1}H- und ^{19}F-NMR (δ in ppm, innerer Standard $Si(CH_3)_4$, $CFCl_3$); ESR-Spektrum, IR- und Raman-Spektrum (in cm^{-1}), UV-Spektrum, n_D, D, Massenspektrum, pK_a
$(CF_3)_2C(NO)-C(=O)-ON=C(CF_3)_2$	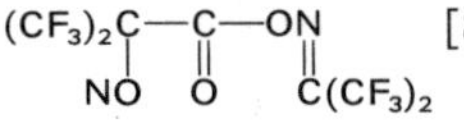 [88]	50 bis 51/52	^{19}F-NMR[13]: $\delta_1(CF_3) = -12.3$, $\delta_2(CF_3) = -9.4$, $\delta_3(CF_3) = -11.0$ IR: $\nu(N{=}O) = 1818$; $\nu(C{=}N) = 1616$ $n_D^{20} = 1.312$; $D_4^{20} = 1.6690$
R= $(CF_2)_3COOH$	[89]	(220)	^{1}H-NMR[51]: $\delta(H) = -7.64$ ^{19}F-NMR[13]: $\delta(OCF_2) = 9.5$, $\delta(NCF_2) = 15.9$ und 17.7, $\delta[(CO)CF_2] = 39.8$, $\delta[(CCF_2C)_2] = 43.2$, $\delta(CCF_2C) = 46.9$ IR: 3367, 1770, 1669, 1389, 1252, 1220 bis 1149
R_2NOR			
R= $(CF_2)_3CN$	[89]	110 bis 115/60	^{19}F-NMR[13]: $\delta(OCF_2) = 9.7$, $\delta(NCF_2) = 14.5$ und 19.4, $\delta(CF_2CN) = 28.2$, $\delta[(CCF_2C)_2] = 43.1$, $\delta(CCF_2C) = 47.3$ IR: 2257, 1453, 1250 bis 1111 (br)
$(CF_3)_2NO-CF_2-CF(SO_2F)-ON(CF_3)_2$	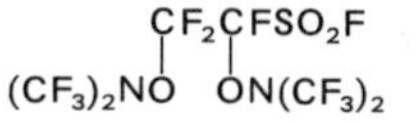 [90]	121/752	^{19}F-NMR[13]: $\delta(SF) = -126$ (br, komplex), $\delta(CF_3) = -9.0$ (tr, J=7.3 Hz)[34], $\delta(CF_2) = 7.0$, $\delta(CF) = 38.0$ (d von tr), J=14.9 und 5.6 Hz IR: $\nu(SO_2) = 1439$; $\nu(C{-}F) = 1319$ bis 1176 (s); $\nu(N{-}O) = 1081$ (s); $\nu(C{-}N) = 966$ (s); $\delta(CF_3) = 714$
$(CF_3)_2NO-CF_2-CF(SO_2Cl)-ON(CF_3)_2$	 [90]	155/758	^{19}F-NMR[13]: $\delta(CF_3) = -11.0$ (tr, J=7.3 Hz)[35], $\delta(CF_2) = 3.0$ (br), $\delta(C{-}F) = 34$ (m, br) IR: $\nu(SO_2) = 1399$; $\nu(C{-}F) = 1333$ bis 1176 (s), $\nu(N{-}O) = 1070$ (s); $\nu(C{-}N) = 971$ (s); $\delta(CF_3) = 714$
$(CF_3)_2NC(CF_3)=C(X)ON(CF_3)_2$	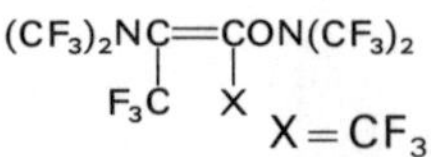 [85]		
X=CF_3		115 bis 117	$n_D^{20} = 1.2900$, $D_4^{20} = 1.7694$
X=Cl		124 bis 126	$n_D^{20} = 1.3070$, $D_4^{20} = 1.7449$
X=Br		92 bis 93/490	$n_D^{20} = 1.3232$, $D_4^{20} = 1.8677$
$[(CF_3)_2NO]_2C(\overset{2}{CF_3})C(O)\underset{1}{F_3}$ ($[(CF_3)_2NO]_2C(CF_3)_2$ / F_3CO, 1)	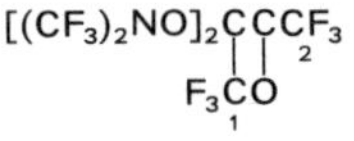 [66]	124/766	^{19}F-NMR[13]: $\delta(CF_3N) = -9.3$ (s, br), $\delta_1(CF_3) = -6.1$ (komplex), $\delta_2(CF_3) = -3.4$ (s, br) IR (Gas): $\nu(C{=}O) = 1783$ (s); $\nu(N{-}O) = 1037$ (m); $\nu(C{-}N) = 963$ (m); $\delta(CF_3) = 709$ (s) MS: m/e=514, M^+ (<1); 495, M^+-F (2); 417, $C_6F_{15}N_2O_2^+$ (12); 97, $C_2F_3O^+$ (67); 69, CF_3^+ (100)

Literatur s. S. 146

Physical Properties

Tabelle 5 [Fortsetzung]

Verbindung	Sdp./Torr (Schmp.) in °C	^{1}H- und ^{19}F-NMR (δ in ppm, innerer Standard $Si(CH_3)_4$, $CFCl_3$); ESR-Spektrum, IR- und Raman-Spektrum (in cm^{-1}), UV-Spektrum, n_D, D, Massenspektrum, pK_a
$(CF_3)_2NOC(\overset{1}{CF_3})(N(CF_3)_2)C(O)\overset{2}{CF_3}$ [66]	–	^{19}F-NMR[13]: $\delta(CF_3NO) = -10.4$ (d, br), $\delta(CF_3N) = -26.5$ (komplex, br), $\delta_1(CF_3) = -8.6$ (br, s), $\delta_2(CF_3) = -4.8$ (br)[37]
$[(CF_3)_2NO]_2C(CF_3)C(O)F$ [66]	–	^{19}F-NMR[13]: $\delta(CF_3N) = -9.0$ (komplex), $\delta(CF_3) = -4.2$ (qui), $\delta(CF) = -110.0$ (komplex)
$(CF_3)_2NOC(CF_3)(N(CF_3)_2)C(O)F$ [66]	–	^{19}F-NMR[13]: $\delta(CF_3N) = -25.5$ (s, br), $\delta(CF_3NO)$ und $\delta(CF_3)$ nicht beobachtet, $\delta(CF) = -110.0$ (komplex)
$X\text{-}C_6F_5[ON(CF_3)_2]_n$ [93] n=2, X=F	39/3 (43 bis 48)	$n_D^{20} = 1.3205$, $D_4^{20} = 1.7805$
n=4, X=F	79/3 (38 bis 42)	$n_D^{20} = 1.3170$, $D_4^{20} = 1.8822$
n=6, X=F	(91 bis 110)	–
n=2, X=Cl	48/2.5	$n_D^{20} = 1.3352$, $D_4^{20} = 1.8390$
n=4, X=Cl	87/2.5 (40)	$n_D^{20} = 1.3308$, $D_4^{20} = 1.8795$
n=6, X=Cl	(197 bis 200)	–
n=4, $X=CF_3$	63 bis 66/0.5 (35)	$n_D^{20} = 1.3190$, $D_4^{20} = 1.9030$
n=2, X=C(O)OH	(32)	–
n=4, X=C(O)OH	(38)	–
n=6, X=C(O)OH	(67)	–
n=2, X=OH	–	$n_D^{20} = 1.3282$, $D_4^{20} = 1.8410$
n=6, X=OH	(44)	–
n=2, $X=NH_2$	65/5 (20)	$n_D^{20} = 1.3421$, $D_4^{20} = 1.8220$
n=4, $X=NH_2$	–	$n_D^{20} = 1.3296$, $D_4^{20} = 1.8726$
n=6, $X=NH_2$	(37)	–
Bicyclus: F (1), F (2), F (3), F (4), F/R (5), F/R (6); $R = (CF_3)_2NO$ [95]	145/757[43]	^{19}F-NMR[13]: $\delta(CF_3N)$[41] $= -10.0$, $\delta(F^1) = \delta(F^4) = 116.2$, $\delta(F^2) = \delta(F^3) = 42.8$, $\delta(F^5) = \delta(F^6) = 32.9$; $\delta(CF_3N)$[42] $= -9.3$, $\delta(F^1) = 117.4$, $\delta(F^2) = 40.0$, $\delta(F^3) = 42.2$, $\delta(F^4) = 118.8$, $\delta(F^5) = 48.2$, $\delta(F^6) = 35.4$; IR[43]: $\nu(C{=}C) = 1764$; $\nu(C\text{-}F) = 1378$; $n_D^{24} = 1.3140$[43]

Literatur s. S. 146

Tabelle 5 [Fortsetzung]

Physical Properties

Verbindung		Sdp./Torr (Schmp.) in °C	^{1}H- und ^{19}F-NMR (δ in ppm, innerer Standard $Si(CH_3)_4$, $CFCl_3$); ESR-Spektrum, IR- und Raman-Spektrum (in cm^{-1}), UV-Spektrum, n_D, D, Massenspektrum, pK_a
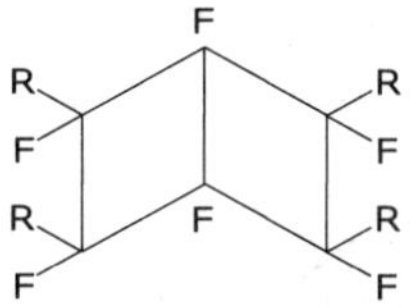 R = $(CF_3)_2NO$ [44]	[95]	185/753	^{19}F-NMR[13]: $\delta(CF_3N) = -9.9$, $\delta(FCO) = 42.4$, $\delta(CF) = 109.3$ $n_D^{24} = 1.3100$
$(CF_3)_2NOSiCl_3$	[98]	83 bis 84	$n_D^{20} = 1.3296$
$[(CF_3)_2NO]_4Si$	[53]	–	^{19}F-NMR: $\delta(CF_3) = 70.3$ IR: 1311 (vs), 1273 (vs), 1257 (sh), 1240 (s), 1216 (m), 1188 (sh), 1069 (s), 971 (s), 926 (m), 899 (w), 712 (ms), 617 (w), 480 (w)
$[(CF_3)_2NO]_3PF_2$	[101]	148.3[22]	^{19}F-NMR: $\delta(CF_3)_{ax} = 68.68$, $\delta(CF_3)_{äqu} = 68.79$, $\delta(P\text{-}F)_{äqu} = 8.0$ (d), J(P-F) = 993 Hz IR: 1318 (vs), 1274 (vs), 1238 (vs), 1220 (s), 1068 (s), 979 (s), 960 (w), 932 (m), 894 (m), 848 (w), 717 (s), 674 (w), 640 (m), 580 (w), 532 (w), 518 (m) MS: m/e = 405, $(C_2F_6NO)_2PF_2^+$ (4.2); 256, $C_2F_6NOPF_3^+$ (5.0); 169, $C_2F_6NOH^+$ (1.0); 168, $C_2F_6NO^+$ (2.0); 150, $C_2F_5NOH^+$ (6.4); 114, $C_2F_4N^+$ (2.0); 107, PF_4^+ (3.6); 104, F_3PO^+ (3.0); 99, CF_3NO^+ (2.4); 85, F_2PO^+ (8.4); 81, $C_2F_3^+$ (5.5); 70, $^{13}CF_3^+$ (1.0); 69, CF_3^+ (100.0); 64, CF_2N^+ (1.1); 50, CF_2^+, PF^+ (4.0); 47, PO^+ (1.0)
$[(CF_3)_2NO]_2PF_3$	[101]	145.7[23]	^{19}F-NMR: $\delta(CF_3)_{ax} = 69.2$, $\delta(P\text{-}F)_{äqu} = 57.6$ (d), J(P-F) = 932 Hz IR: 1320 (vs), 1274 (vs), 1242 (vs), 1223 (vs), 1068 (s), 981 (s), 959 (s), 916 (s), 720 (m), 645 (m), 590 (m), 572 (sh), 538 (m), 527 (sh) MS: m/e = 405, $(C_2F_6NO)_2PF_2^+$ (1.2); 256, $C_2F_6NOPF_3^+$ (89.3); 168, $(CF_3)_2NO^+$, $CF_2NOPF_3^+$ (1.5); 150, $C_2F_5NOH^+$ (1.4); 121, ?, (1.2); 119, CF_3PF^+ (3.3); 117, $PO_3F_2^+$ (3.4); 107, PF_4^+ (100.0); 104, F_3PO^+ (3.1); 99, CF_3NO^+ (1.2); 85, POF_2^+ (2.5); 81, $C_2F_3^+$ (1.6); 69, CF_3^+ (53.7); 64, CF_2N^+ (1.1); 50, CF_2, PF^+ (1.3); 47, PO^+ (1.1)
$(CF_3)_2NOPF_2$	[101]	15.4[24]	^{19}F-NMR: $\delta(CF_3) = 67.4$, $\delta(PF)_{äqu} = 47.0$ (d), J(P-F) = 1343 Hz IR: 1321 (vs), 1273 (vs), 1247 (vs), 1223 (sh),

Physical Properties

Tabelle 5 [Fortsetzung]

Verbindung	Sdp./Torr (Schmp.) in °C	^{1}H- und ^{19}F-NMR (δ in ppm, innerer Standard $Si(CH_3)_4$, $CFCl_3$); ESR-Spektrum, IR- und Raman-Spektrum (in cm^{-1}), UV-Spektrum, n_D, D, Massenspektrum, pK_a
		1051 (s), 1000 (m), 970 (s), 885 (s), 854 (s), 820 (s), 706 (m), 620 (w), 543 (w), 481 (w) MS: m/e=237, $C_2F_6NOPF_2^+$ (0.8); 218, $C_2F_6NOPF^+$ (2.5); 153, $C_2F_6NH^+$ (1.3); 152, $C_2F_6N^+$ (24.5); 150, $C_2F_5NOH^+$ (1.0); 149, CF_3NOPF^+ (1.2); 134, $C_2F_5NH^+$ (5.0); 133, $C_2F_5N^+$ (2.1); 114, $C_2F_4N^+$ (10.7); 104, PF_3O^+ (2.9); 99, CF_3NO^+ (23.6); 88, PF_3 (1.4); 85, OPF_2^+ (9.7); 81, $C_2F_3^+$ (1.4); 70, $^{13}CF_3^+$ (1.0); 69, CF_3^+ (100.0); 64, CF_2N^+ (1.4); 63, PO_2^+ (1.4); 50, CF_2^+ (6.0); 47, PO^+ (1.5)
$(CF_3)_2NOP(O)F_2$ [101]	71.3 [25)]	^{19}F-NMR: $\delta(CF_3)$=68.7 (d von tr), $\delta(PF)_{äqu}$=86.0 (d von sept), J (P-F)=1077 Hz IR: 1410 (vs), 1323 (vs), 1270 (vs), 1248 (vs), 1224 (vs), 1192 (m), 1057 (s), 980 (s), 945 (s), 862 (m), 803 (w), 719 (m), 623 (m), 545 (w), 495 (s) MS: m/e=253, $C_2F_6NOP(O)F_2^+$ (2.1); 234, $C_2F_5NOP(O)F_2^+$ (1.3); 169, $C_2F_6NOH^+$ (1.3); 168, $C_2F_6NO^+$ (1.5); 150, $C_2F_5NOH^+$ (1.7); 135, $CF_3P(O)F$ (1.2); 104, F_3PO^+ (6.5); 99, CF_3NO^+ (10.8); 85, F_2PO^+ (7.2); 81, $C_2F_3^+$ (2.3); 70, $^{13}CF_3^+$ (1.0); 69, CF_3^+ (100.0); 50, CF_2^+, PF^+ (1.8)
$CF_3N(OP(O)Cl_2)CF_2CF{=}NCF_3$ [29]	70 bis 73/40	^{19}F-NMR [7)]: $\delta(CF_3N)$=497 und 489, $\delta(CF_2)$=527, $\delta(CF)$=456 ^{31}P-NMR [56)]: $\delta(P)$=13.8 IR: ν(C=N)=1783; ν(P=O)=1322 n_D^{20}=1.3555; D_{20}^{20}=1.7830
$R_fCF{=}NOP(O)X_2$		
R=F, X=Cl [99]	65/20	n_D^{20}=1.4231, D_4^{20}=1.6360
R=Cl, X=Cl [99]	61 bis 62/6	n_D^{20}=1.4565, D_4^{20}=1.7080
$R=O_2NCF_2$, X=Cl [99]	65/3	n_D^{20}=1.4245, D_4^{20}=1.7470
$FCCl{=}NOP(O)Br_2$ [99]	60/0.1	n_D^{20}=1.5093, D_4^{20}=2.2030
$(CF_3)_2NOPCl_2$ [19]	49/15	n_D^{20}=1.3661, D_{20}^{20}=1.7800

Literatur s. S. 146

Physical Properties

Tabelle 5 [Fortsetzung]

Verbindung		Sdp./Torr (Schmp.) in °C	^{1}H- und ^{19}F-NMR (δ in ppm, innerer Standard $Si(CH_3)_4$, $CFCl_3$); ESR-Spektrum, IR- und Raman-Spektrum (in cm^{-1}), UV-Spektrum, n_D, D, Massenspektrum, pK_a
$(CF_3)_2NOPCl_4$	[19]	98	$n_D^{20}=1.3600$, $D_{20}^{20}=1.6800$
$[(CF_3)_2NO]_3PO$	[53]	(30.5)	^{19}F-NMR: $\delta(CF_3)=68.7$ IR: 1382 (s), 1319 (vs), 1272 (vs), 1235 (vs), 1215 (s), 1184 (m), 1029 (s), 971 (s), 897 (s), 800 (m), 714 (s), 621 (m), 498 (s)
$[(CF_3)_2NO]_3PS$	[53]	–	IR: 1315 (vs), 1271 (vs), 1235 (s), 1212 (s), 1182 (m), 1062 (m), 1030 (s), 969 (s), 918 (m), 853 (s), 712 (m)
$[(CF_3)_2NO]_5P$	[59]	siehe [26)]	^{19}F-NMR: $\delta(CF_3)=67.4$ IR: 1312 (vs), 1268 (vs), 1227 (vs), 1213 (s), 1182 (w), 1029 (s), 971 (s), 896 (m), 712 (m)
$\{[(CF_3)_2NO]_2PN\}_n$ n=3	[103]	(70 bis 71)	IR: 1315, 1290, 1265, 1220, 1180, 1050, 1030, 965, 880
n=4		(209 bis 210)	IR: 1315, 1265, 1225, 1180, 1050, 1030, 970, 880
$[(CF_3)_2NO]_2AsCl$		(≈ −30) [73]	IR: ν(C-F)=1390 (w), 1320 (s), 1260 (vs), 1225 (vs); ν(N-O)=1026 (s); ν(C-N-C)=975 (s); ν(As-O)=800 (m); $\delta(CF_3)$=715 (m) [76]
$[(CF_3)_2NO]_3As$		(30) [5] (29.5) [76]	^{19}F-NMR: $\delta(CF_3)=68.8$ [5] IR (Gas): 1322 (sh), 1304 (vs), 1290 (sh), 1268 (vs), 1259 (sh), 1232 (vs), 1228 (sh), 1210 (s), 1024 (s), 970 (s), 799 (m), 744 (m), 710 (s), 700 (m) [5], ν(C-F)= 1306 (s), 1268 (vs), 1236 (vs), 1226 (vs); ν(N-O)=1026 (s); ν(C-N-C)=970 (s); ν(As-O)=880 (m); δ(C-N-C)=747; $\delta(CF_3)$=711; 583 (m), 553 (w), 400 (w) [76]
$[(CF_3)_2NO]_nAs(CF_3)_{3-n}$ (n=1, 2)	[76]	–	s. „Perhalogenorganoverbindungen der Hauptgruppenelemente" Tl. 3 (Erg.-Bd. 24), S. 197, 199
$[(CF_3)_2NO]_4Ge$	[53]	–	^{19}F-NMR: $\delta(CF_3)=69.2$ IR: 1309 (vs), 1290 (sh), 1265 (vs), 1231 (vs), 1215 (sh), 1185 (sh), 1038 (s), 970 (s), 806 (m), 763 (w), 711 (m), 583 (w), 473 (w)
$[(CF_3)_2NO]_3Sb$	[5]	–	^{19}F-NMR: $\delta(CF_3)=68.9$
$[(CF_3)_2NO]_3Al$	[123]	(104 bis 105)	–

Physical Properties

Fußnoten zu Tabelle 5

[1] Dipolmoment 1.8 D [1, 2], zur Struktur s. S. 102. – [2] ESR-Spektrum: 8 Linien, von denen jede zu Tripletts aufgespalten ist, Intensitätsverhältnis: 1:6:16:25:25:16:6:1; ΔH_N = 9.7 G, $\Delta H_{CF_3} = \Delta H_{CF_2}$ = 9.7 G, ΔH_{CF_2Cl} = 15 G. – [3] ESR-Spektrum: 8 Linien; ΔH_N = 9.8 G. – [4] ESR-Spektrum: 13 Linien, Intensitätsverhältnis: 1:3:2:5:6:4:10:4:6:5:2:3:1; $\Delta H_{N(O)}$ = 15 G, $\Delta H(CF_2)_a$ = 10 G, $\Delta H(CF_2)_b$ = 15 G. – [5] 69% Reinheit der Probe.

[6] Standard $(CH_3)_3SiOSi(CH_3)_2$; 10%ige Lösung in CCl_4. – [7] Äußerer Standard CF_3COOH, Werte nach $\delta(F_2) = \delta(CF_3COOH) + 507$ auf F_2 umgerechnet. – [8] Monoätherat: Siedepunkt 60 °C/91 Torr, $n_D^{20} = 1.3445$ [47]. – [9] Extrapoliert, lg p (Torr) = 7.576 – 1329.1/T (–1 bis +10 °C Halbwertsbreite W), ΔH_v = 6080, $\Delta H_v/T_s$ = 21.5. – [10] Das IR-Spektrum im Bereich 1400 bis 650 cm^{-1} wird in einem Korrelationsdiagramm angegeben.

[11] UV: λ_{min} (in nm) (ε): 447(6.5); 444(6.8); 4.38(7.5); 379(16.10); 374(16.60); 371(16.50); 367(16.40); 322.5(8.6); 316(9.3) [17], s. auch [49, 50]. – [12] Extrapoliert, lg p (Torr) = 7.773 – 1574/T, ΔH_v = 7290, $\Delta H_v/T_s$ = 22.7. – [13] Äußerer Standard CF_3COOH. – [14] Extrapoliert, lg p (Torr) = 8.96 – 2099/T. – [15] Extrapoliert, lg p (Torr) = 9.88 – 2633/T.

[16] Schwache Zersetzung oberhalb dieses Siedepunktes. – [17] Extrapoliert, lg p (Torr) = 8.88 – 2172/T, leichte Zersetzung oberhalb 80 °C. – [18] Extrapoliert, lg p (Torr) = 7.48 – 1479/T. – [19] Extrapoliert, lg p (Torr) = 12.51 – 2981/T. – [20] Äußerer Standard $Si(CH_3)_4$.

[21] Äußerer Standard $CFCl_3$. – [22] Extrapoliert, lg p (Torr) = 7.876 – 2054/T, ΔH_v = 9400, $\Delta H_v/T_s$ = 22.7. – [23] Extrapoliert, lg p (Torr) = 7.570 – 1963/T (303.0 bis 370.3 K), ΔH_v = 9000, $\Delta H_v/T_s$ = 21.5. – [24] Extrapoliert, lg p (Torr) = 7.927 – 1456/T (191 bis 273 K), ΔH_v = 6700, $\Delta H_v/T_s$ = 23.1. – [25] Extrapoliert, lg p (Torr) = 7.808 – 1697/T, ΔH_v = 7800, $\Delta H_v/T_s$ = 22.6.

[26] Hochsiedende Flüssigkeit, die sich oberhalb 125 °C zersetzt. – [27] Extrapoliert, lg p (Torr) = 8.032 – 1410/T (–47 bis –5 °C), ΔH_v = 6455, $\Delta H_v/T_s$ = 23.6. – [28] Zusätzliche schwache, breite Singuletts bei 66.2, 66.9, 73.6 ppm. – [29] Extrapoliert, Dampfdrücke p(Torr)/t(°C): 2/–79; 31/–52; 40.5/–44; 201/–19; 418/0; 575/8. – [30] Weitere Dampfdrücke p(Torr)/t(°C): 5/–46; 24/–28; 53/–16; 129/0; 227.5/13.

[31] Dampfdrücke p(Torr)/t(°C): 21/–39; 50/–26; 85/–17; 174/–3; 469/18; 565/23. – [32] Extrapoliert, lg p (Torr) = 8.19 – 1645/T, ΔH_v = 7500, $\Delta H_v/T_s$ = 24.3. – [33] Bestehend aus einem ziemlich breiten Dublett bei –8.8 ppm (Halbwertsbreite $W_{1/2}$ = 2.2 Hz) und einem 1:2:1-Triplett bei –8.5 ppm ($W_{1/2}$ = 2.2 Hz) annähernd gleicher Intensität und Aufspaltungen von 9.9 und 7.9 Hz. – [34] Zusätzlich wird eine schlecht aufgelöste Seitenbande bei –9.5 ppm beobachtet. – [35] Zusätzlich wird eine schlecht aufgelöste Seitenbande bei 11.5 ppm beobachtet.

[36] Das Spektrum zeigt drei schlecht aufgelöste Systeme von Banden. – [37] Ein aufgelöstes Septett. – [38] Triplett, das Anzeichen weiterer Aufspaltung aufweist. – [39] 1:3:3:1-Quartett mit zusätzlicher Aufspaltung, $J(CF_2\text{-cis-}C{=}CF) = J(CF\text{-}CF)$ = 15.8 Hz. – [40] Breite Bande, die den Bereich 235 bis 380 abdeckt.

[41] In diesem Isomer befinden sich die $(CF_3)_2NO$-Gruppen in exo-exo-Stellung. – [42] $(CF_3)_2NO$-Gruppen in exo-endo-Stellung. – [43] Isomerengemisch. – [44] Besteht zu 75% aus dem exo-Isomer. – [45] Extrapoliert, lg p (Torr) = 5.72 – 1510/T (24 bis 65 °C).

Literatur s. S. 146

Fußnoten zu Tabelle 5

Physical Properties

46) Innerer Standard CH_3CN. – 47) Gelöst in CH_3CN. – 48) Besteht aus zwei sich überlappenden Tripletts. – 49) Breites Oktett oder Dezett. – 50) AB-Quartett, σ_A-σ_B= 4.31 ppm, J (AB=230 Hz).

51) Standard CH_3COOH. – 52) Unrein. – 53) Verunreinigt mit einer geringen Menge $CFCl_2CF_2N(NO_2)CF_3$. – 54) Im Gemisch mit $O_2NCF_2CF_2(ClCF_2CF_2)NNO_2$. – 55) Im Gemisch mit $O_2NCF_2CF_2(CF_3)NNO_2$.

56) Standard H_3PO_4. – 57) Zersetzung bei >100 °C ohne zu schmelzen. – 58) Zersetzung beim Erhitzen auf 60 °C.

Textfortsetzung von S. 102

111°, α(C-N-C)=126°. Die N-O-Bindung bildet mit der C-N-C-Ebene einen Winkel von ≈10° [108].

Aus dem 584 Å-Photoelektronenspektrum von $(CF_3)_2NO$ ergeben sich folgende vertikale Ionisierungspotentiale: 10.7, 12.0, 14.7, 16.7, 17.3, 18.2±0.1 eV, Abbildung der Spektren von $(CF_3)_2NO$ und $(CF_3)_2NOH$ [109].

Röntgenstrukturuntersuchungen an Einkristallen von $[(CF_3)_2NOSN]_4$ ergeben, daß die Substanz tetragonal kristallisiert, Raumgruppe I $\bar{4}$-S_4^2 (Nr. 82), Gitterkonstanten a=b= 16.73(1), c=4.73 Å, Z=2. Die Molekülgeometrie (s. **Fig. 2**) ist ähnlich der von $N_4S_4F_4$, die zwei unabhängigen S-N-Bindungslängen betragen 1.56(1) und 1.62(1) Å, die Dimensionen der $(CF_3)_2NO$-Gruppen entsprechen denen des freien Radikals (s. oben) [71, 110], Strukturfaktoren, Atomkoordinaten s. [110].

Fig. 2

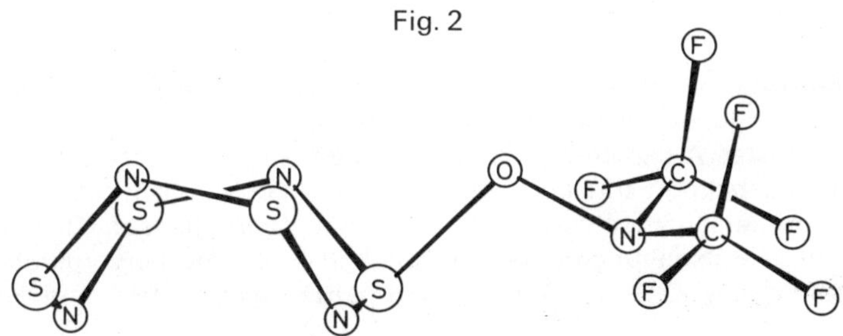

Struktur von $[(CF_3)_2NOSN]_4$ (aus Gründen der Übersichtlichkeit ist nur eine der vier $ON(CF_3)_2$-Gruppen wiedergegeben).

ESR-Spektren

ESR Spectra

Zu den ESR-Spektren von intermediär in Reaktionsgemischen aus CF_3NO, CF_2CFX(X= F,Cl,Br) und X_2(X_2=Cl_2,Br_2,J_2) auftretenden Radikalen s. [148].

$(CF_3)_2NO$:

Im ESR-Spektrum einer verdünnten Lösung von $(CF_3)_2NO$ in $CFCl_3$ beobachtet man 9 Linien (Intensitätsverhältnis 1:6:20.5:40:50:40:20.5:6:1). Hierbei ist die durch die 6 äquivalenten F-Atome und den Stickstoff hervorgerufene Aufspaltung gleich (Hyperfeinkopplungskonstanten $a_F \approx a_N$) [57], s. auch [1, 2]. Bei sehr niedrigen $(CF_3)_2NO$-Konzentrationen spalten die intensivsten Signale in Tripletts auf, wobei die Hyperfeinkopplungs-

Physical Properties

konstanten a_F=8.2 G und a_N=9.3 G betragen. Der g-Wert beträgt 2.0046 [57]. Die Analyse der Feinstruktur des Spektrums des Radikals in verschiedenen Lösungsmitteln ergibt, daß das Spektrum aus einem Triplett von Septetts besteht, somit also $a_N > a_F$ ist. Nachfolgend werden Lösungsmittel, g-Faktor (±0.0001), a_N (±0.0) und a_F (±0.1) in Gauss angegeben: Toluol, 2.0064, 9.5, 8.6; $CHCl_3$, 2.0066, 9.8, 8.6; C_6H_6, 2.0066, 10.0, 8.6. Die Lebensdauer des Radikals in den einzelnen Lösungsmitteln erweist sich als unterschiedlich (in C_6H_6 einige Tage, in Heptan nur einige Minuten) [111]. Messungen zwischen T=163 und 267 K zeigen, daß sich a_N und a_F (in G) gegenläufig mit T ändern. Bei 297 K: a_N=9.458±0.018, a_F=8.263±0.010; bei 236 K: a_N=9.328±0.032, a_F= 8.462±0.020; bei 210 K: a_N=9.276±0.026, a_F=8.527±0.014; bei 193 K: a_N= 9.231±0.041, a_F=8.628±0.018; bei 163 K: a_N=9.140±0.048, a_F=8.795±0.020. Diese Werte lassen sich wiedergeben durch: a_F=9.327−0.0036 T; a_N=8.776+0.0023 T. Deutung s. Original [112]; eine MO-Interpretation (INDO-Näherung) der Fluor-Hyperfein-Aufspaltung für $[(CF_3)_2CO]^-$ und $(CF_3)_2NO$ zeigt jedoch, daß hiermit die Temperaturabhängigkeit von a_F bzw. a_N nicht adäquat gedeutet werden kann [113], s. hierzu auch [108, 114]. – Das ESR-Spektrum des Radikals in der Gasphase besteht bei niedrigem Druck (<0.1 atm) aus einer 480 G breiten Gaußschen Linie, die vermutlich durch nichtaufgelöste Kernspin-Hyperfein- und Spin-Rotationslinien entsteht. Bei hohen Drücken (p>10 atm, Zusatz eines diamagnetischen Gases) sind die Linien vom Lorentz-Typ, Linienbreite ≈1/p, Deutung durch Relaxation der Spin-Rotations-Wechselwirkung durch intermolekulare Stöße [115]. – ESR-Untersuchungen von verdünnten Lösungen von $(CF_3)_2NO$ in $(CF_3)_2NOH$ zeigen, daß die bei 77 K violette, feste Lösung nach kürzerer Zeit sich gelb färbt. Die violette Farbe erscheint wieder, wenn man den Feststoff erwärmt. Die Farbänderung wird auf das Monomer-Dimer-Gleichgewicht des $(CF_3)_2NO$ zurückgeführt [116].

$(ClCF_2CF_2)_2NO$:

Das ESR-Spektrum einer konzentrierten Lösung von $(ClCF_2CF_2)_2NO$ in CCl_4 besteht aus einem breiten Singulett mit einem g-Wert von 2.0074. Man beobachtet ein symmetrisches 7-Linien-Muster, Aufspaltung 10.2 G, Intensitätsverhältnis 1:4.3:8.2:9.3:8.3:4.3:1. Eine zusätzliche Aufspaltung tritt auch bei größerer Verdünnung nicht auf. In $CFCl_3$ dagegen spalten die vier äußeren Linien in 1:4:6:4:1-Quintetts auf. Das mittlere Signal zeigt 7 Linien. Diese Aufspaltungen werden durch β-F-Atome hervorgerufen, Hyperfeinkopplungskonstante $a_{\beta\text{-}F}$≈1 G; $a_{\alpha\text{-}F}$ und a_N sind nahezu gleich (10.1 und 9.3 G) [9].

$(C_7F_{15})_2NO$:

Im ESR-Spektrum werden 7 Signale beobachtet (Intensitätsverhältnis: 1:4.6:10:12.5: 10:4.7:1), Aufspaltung 9.6 G, jedes Signal in 5 zusätzliche Linien aufgespalten (Intensität: 1:3.9:6:5:1.5), Aufspaltung 1 G [9].

$(CF_3)_2C{=}NO$:

Das ESR-Spektrum von $(CF_3)_2C{=}NO$ zeigt zwei Signale, hervorgerufen durch zwei CF_3-Gruppen. Die Hyperfeinkopplungskonstante a_F für die cis-CF_3-Gruppe beträgt 6.85 G und für die trans-CF_3-Gruppe 0.50 G [117].

$R_f(C_6F_5)NO$:

Nachfolgend werden g-Werte und Hyperfeinkopplungskonstanten a (in G) von Pentafluorphenyl-perfluoralkylaminooxyl-Radikalen angegeben [12]:

Literatur s. S. 146

Radikal	t in °C	g-Wert	a_N	$a_{\beta-F}$	$a_{\gamma-F}$	$a_{o-,p-F}$	a_{m-F}
$CF_3(C_6F_5)NO$	40	2.0068	9.41	7.78	–	a)	a)
	25		9.52	7.75	–	0.96	0.30
	0		9.48	7.68	–	0.96	0.29
	−30		9.45	7.62	–	0.98	0.30
$C_2F_5(C_6F_5)NO$	40	2.0069	9.38	11.59	1.56	0.94	0.31
	25		9.32	11.54	1.60	0.95	0.32
	0		9.30	11.39	1.63	0.97	0.32
	−30		9.16	11.29	1.72	1.00	0.33
$(CF_3)_2CF(C_6F_5)NO$	40	2.0068	10.10	4.71	1.67	1.03	0.32
	25		10.09	4.53	1.64	1.01	0.32
	0		10.08	4.32	1.65	1.02	0.32
	−30		10.08	4.04	1.68	1,02	0.32

a) Bei dieser Temperatur instabil; Hyperfeinkopplungskonstanten nicht gemessen.

2.1.4 Chemisches Verhalten

Chemical Reactions

2.1.4.1 Comment

Comment in English

Those reactions of the aminooxy and iminooxy compounds that lead to title compounds (cyclic or linear perfluoro-halogenoorgano nitrogen compounds) are not completely, treated here but rather with the preparation of the compound formed. However, these preparative reactions can be found in the index also under the chemical reactions (CV) of the aminooxy and iminooxy compounds. The index is in the last volume of this series.

Vorbemerkung

Comment in German

Diejenigen Reaktionen der hier behandelten Aminooxy- und Iminooxy-Verbindungen, die zu Titelverbindungen führen (d.h. zu zyklischen oder linearen Perfluorhalogenorgano-Stickstoff-Verbindungen) werden im folgenden nicht vollständig aufgeführt; sie sind bei der Darstellung der jeweiligen Titelverbindungen zu finden. Hinweise auf diese Stellen werden unter dem „Chemischen Verhalten" (CV) der Aminooxy- und Iminooxy-Verbindungen im Register (siehe letzter Band dieser Reihe über Stickstoff-Verbindungen) gebracht.

2.1.4.2 Pyrolyse, thermische Beständigkeit

Pyrolysis. Thermal Stability

Die Perfluorhalogenorgano-Aminooxy- und Iminooxy-Verbindungen sind unter Ausschluß von Licht bei 20 °C beständig. Als eine Ausnahme erwies sich ein flüssiges Gemisch von exo- und trans-Isomeren von Perfluor-[5,6-bis(dimethylaminooxy)-bicyclo[2.2.0]-hex-2-en], das beim Erwärmen auf 20 °C heftig explodierte [95]. FClC=NOH polymerisiert beim Aufbewahren als konzentrierte ätherische Lösung nach einigen Tagen zu farblosen Kristallen, die sich beim Erhitzen zersetzen (keine physikalischen Daten) [35].

$(CF_3)_2NO$ zerfällt bei 350 °C (5 h) in einem Quarzrohr (Verweilzeit 2 min) zu $CF_3N{=}CF_2$, $(CF_3)_2NOCF_3$ und Stickoxiden (NO_2, NO) nach:

1a) $(CF_3)_2NO \rightarrow CF_3 + NO$

1b) $(CF_3)_2NO \rightarrow (CF_3)_2N + NO_2$

2) $(CF_3)_2N \rightarrow CF_3N{=}CF_2 + F$

3) $(CF_3)_2NO + CF_3 \rightarrow (CF_3)_2NOCF_3$

Bis 200 °C ist $(CF_3)_2NO$ unter den angegebenen Bedingungen stabil [19, 20].

Literatur s. S. 146

Chemical Reactions

Pyrolysis. Thermal Stability

Beim Erhitzen von $(CF_3)_2NONO$ auf 100 °C (1 h) beobachtet man eine geringfügige Entfärbung der rötlich-braunen Flüssigkeit. Nach drei Tagen treten geringe Mengen eines nicht kondensierbaren Gases einer nicht näher charakterisierten flüssigen Verbindung auf, die im IR Banden bei 1667 (s) und 1504 (s) cm^{-1} aufweist. Nach vierwöchigem Erhitzen wird das Quarzrohr angegriffen [49]. Erhitzen auf 78 °C (14 d, Bombenrohr) führt zur N-Nitro-Verbindung $(CF_3)_2NNO_2$ (6%), $CF_3N{=}CF_2$ (6%), CF_3NCO (17%), CF_3NO_2 (12%), Spuren von $(CF_3)_2NN(CF_3)_2$ und $(CF_3)_2NOCF_3$ sowie 20% N_2, CO_2, COF_2, SiF_4 (Reaktionsmechanismus s. Original).

48% $(CF_3)_2NONO$ werden zurückgewonnen. In Gegenwart eines doppelten Überschusses O_2 entstehen 29% CF_3NO_2, 30% CF_3NCO, 4% $(CF_3)_2NNO_2$, 4% $CF_3N{=}CF_2$, 10% N_2O_4 und 50% Ausgangsverbindung bleiben unzersetzt [18]. Die Strömungspyrolyse von $(CF_3)_2NONO$ (730 °C, 5 bis 6 ml Gas/min, 2 bis 3 Torr, Quarzrohr) führt primär zur Bildung der Radikale $(CF_3)_2N$ und $(CF_3)_2NO$, die weiterreagieren zu $CF_3N{=}CF_2$ (28%), CF_3NCO (12%), $(CF_3)_2NF$ (8%), $(CF_3)_3N$ (6%), COF_2, SiF_4 und Stickoxiden [52].

Leitet man $(CF_3)_2NON(CF_3)_2$ durch ein auf 180 °C erhitztes Pt-Rohr, so entsteht $(CF_3)_2NO$, das durch fraktionierte Kondensation entfernt wurde. Der Rückstand wird erneut pyrolysiert, wobei zusätzlich $(CF_3)_2NN(CF_3)_2$ und Spuren von $(CF_3)_2NOH$ anfallen [62].

$(CF_3)_2NOCF_3$ ist bei 205 °C (2.5 d) beständig. Beim Durchleiten durch ein auf 500 °C erhitztes Quarzrohr (1 bis 2 Torr) trat ebenfalls keine Zersetzung ein. Erst bei 775 °C (5 bis 6 ml Gas/min, 2 bis 3 Torr) erfolgt Pyrolyse zu 39% $CF_3N{=}CF_2$, 6% COF_2, 35% $(CF_3)_2NF$, CF_4, SiF_4 und Stickoxiden [52]. Oberhalb 70 °C zerfällt $(CF_3)_2NOCBr_3$ [73]. Das bis 350 °C stabile $(CF_3)_2NOCF_2CF_2ON(CF_3)_2$ zersetzt sich oberhalb 350 °C in einem Quarzrohr zu $CF_3N{=}CF_2$, COF_2 und Stickoxiden [20].

$(C_3F_7)_2NOC_3F_7$ zerfällt bei 24stündigem Erhitzen auf 260 °C (in einer Pyrex-Ampulle) nur zu 8%, bei 6stündigem Erhitzen auf 310 °C zu 70%. Die Zersetzung führt im Primärschritt zu $(C_3F_7)_2N$- und C_3F_7O-Radikalen, deren weitere Reaktion (Reaktionsschema s. Original) zu C_2F_5CN (35%), $C_2F_5C(O)F$ (7%), C_4F_{10} (100%), C_3F_7NCO (10%), n-$C_3F_7N{=}CF_3$ (55%), COF_2 (24%), CO_2 und SiF_4 führt [80].

In einem mit Pt ausgekleideten Autoklav pyrolysiert $(CF_3)_2NOC(O)CF_3$ bei 220 °C zu 33% $(CF_3)_3N$, 50% $(CF_3)_2NOCF_3$, CO_2 und CO [94]. Pyrolyse von $(CF_3)_2NOSF_5$ bei 350 °C (12 h) in einem Autoklav führt zu CF_4, C_2F_6, SOF_4, $(CF_3)_2NNO$ und $(CF_3)_2NN(CF_3)_2$. Die bei 500 °C in einem Quarzrohr (300 mm lang, 12 mm Durchmesser) vorgenommene Strömungspyrolyse (N_2-Strom, Strömungsgeschwindigkeit 3 l/h) liefert CF_4, SOF_4, $CF_3N{=}CF_2$ und $(CF_3)_3N$ [70]. – $(CF_3)_2NOPF_2$ isomerisiert bei 25 °C langsam zu $(CF_3)_2NP(O)F_2$. Erhitzt man $(CF_3)_2NOPF_2$ auf 70 °C (1 h), so ist die Umwandlung zu $(CF_3)_2NP(O)F_2$ quantitativ, ferner werden noch Spuren von $CF_3N{=}CF_2$ und OPF_3 nachgewiesen [101]. – Pyrolyse von $\{[(CF_3)_2NOCF_2](CF_3)N\}_2Hg$ s.[86].

Photolysis

2.1.4.3 Photolyse

Bei UV-Photolyse von $(CF_3)_2NO$ in einem Quarzgefäß erfolgt zu 60% Dimerisierung zu $(CF_3)_2NOON(CF_3)_2$ (s. S. 90). Zusätzlich bilden sich bei $\approx$30 °C unter Normaldruck $(CF_3)_2NONO$ und $(CF_3)_2NOCF_3$ [19]. Abweichend hiervon wird bei der 19stündigen UV-Photolyse von $(CF_3)_2NO$ mit einer Hanovia 250 Watt-Lampe (Abstand 19 cm, Cariusrohr aus Quarz) als Hauptzersetzungsprodukt $(CF_3)_2NON(CF_3)_2$ gefunden, daneben entstehen $(CF_3)_2NOCF_3$, $(CF_3)_2NONO$, CF_3NO_2, COF_2, O_2 sowie Spuren von CF_3NO, SiF_4 und einer farblosen Flüssigkeit, die bei -46 °C kondensiert. Verkürzt man die Bestrahlungsdauer auf 8 h, so entstehen O_2, $(CF_3)_2NON(CF_3)_2$, $(CF_3)_2NOCF_3$, $(CF_3)_2NONO$, CF_3NO_2, CF_3NO sowie Spuren von COF_2 und SiF_4 [62].

Chemical Reactions

Photolysis

Die Untersuchung der Photolyse von $(CF_3)_2NOCF_3$ in einem senkrecht angeordneten Quarzrohr, dessen unteres Ende abgedunkelt ist, mit einer Hanovia S 500 UV-Lampe (12 d) ergibt, daß als Primärschritt eine Aufspaltung der N-O-Bindung erfolgt nach

$$(CF_3)_2NOCF_3 + h\nu \rightarrow (CF_3)_2N + CF_3O$$

mit nachfolgender Dimerisierung der $(CF_3)_2N$-Radikale zu $(CF_3)_2NN(CF_3)_2$ und Zerfall der CF_3O-Radikale an der Gefäßwand unter Bildung von COF_2, CO_2 und SiF_4. Ferner wird eine geringe Menge $(CF_3)_2NON(CF_3)_2$ gefunden [52]. Einen Nachweis der Bildung von CF_3N-Radikalen ergibt die Photolyse von $(CF_3)_2NOCF_3$ in Isopentanlösung, bei der $(CF_3)_2NH$ in hoher Ausbeute (95%) gefunden wird [60]. Bei der Photolyse von gasförmigem (1.7 bis 2.7 atm) und flüssigem $(CF_3)_2NOCF_3$ in einem abgeschmolzenen Quarzrohr mit einer Hanovia S 500 bzw. S 250 UV-Lampe unter unterschiedlichen Bedingungen entstehen folgende Verbindungen (Ausbeute bezogen auf zerfallene Ausgangsverbindung) [60]:

$(CF_3)_2NN(CF_3)_2$	20 bis 80%	$(CF_3)_2NOC(O)F$	1 bis 8%
$(CF_3)_2NON(CF_3)_2$	0 bis 73%	$(CF_3)_2NOCF_2N(CF_3)_2$	
$(CF_3)_2NN(CF_3)(OCF_3)$	2 bis 21%	oder	0 bis 4%
$(CF_3)_3N$	0 bis 2%	$(CF_3)_2N^+(O^-)CF_2N(CF_3)_2$	

$(CF_3)_2NONO$ zerfällt bei 29stündiger UV-Bestrahlung (Anfangsdruck 127 Torr) unter Bildung von CF_3NO (20%), CF_3NO_2 (10%), N_2O_4 (43%) und insgesamt 52% COF_2, SiF_4, CO_2. 84% $(CF_3)_2NONO$ werden zurückerhalten. Bricht man die Photolyse nach 7 h ab, so fallen bei gleichem Umsatz 25% CF_3NO, 12% CF_3NO_2 und 25% nicht identifizierter Zersetzungsprodukte an [18].

2.1.4.4 Hydrolyse, Acidolyse, Alkoholyse

Hydrolysis. Acidolysis. Alcoholysis

Im allgemeinen sind Bis(perfluorhalogenorgano)-Aminooxy- und -Iminooxy-Verbindungen an feuchter Luft und gegenüber H_2O unter Normalbedingungen beständig, sofern sie nicht funktionelle hydrolyseempfindliche Gruppen enthalten.

$(CF_3)_2NO$ reagiert weder mit Wasser noch mit einer alkalischen wäßrigen Lösung [123]. $(CF_3)_2NOH$, in wäßriger Lösung eine schwache Säure ($pK_a = 1.5 \times 10^{-9}$) [25], ist gegenüber wäßriger HCl-Lösung nach 16stündigem Schütteln beständig. Dagegen wird es von 2%igem NaOH bei 20 °C (20 h, schütteln) zu 61% hydrolysiert. Das Hydrolysat enthält F^- und NO_2^- [17]. – Versetzt man das azeotrope Gemisch $(CF_3)_2C{=}NOH$-Äther mit konzentriertem H_2SO_4 bei −78 °C und erwärmt auf 80 bis 135 °C innerhalb von 1.5 h, so erhält man 80% $(CF_3)_2CO$ [43]. Die Umsetzung von $(CF_3)_2NOON(CF_3)_2$ mit KJ im sauren Medium erfolgt nach $(CF_3)_2NOON(CF_3)_2 + 2HJ \rightarrow (CF_3)_2NOH + J_2$ [20]. – Mit H_2O bzw. 20%igem HCl setzt sich $(CF_3)_2NONO$ bei 20 oder 50 °C (6 h) nicht um. Vollständige Zersetzung wird aber mit 10%igem NaOH bei 20 °C (24 h) erreicht. Das sich nur in geringen Mengen bildende Gas enthält eine Spur C_2F_6, das Hydrolysat F^- und NO_2^- [49]. Saure Hydrolyse mit konzentriertem HCl in Gegenwart von Hg bzw. Methanolyse des $(CF_3)_2NONO$ führen zu $(CF_3)_2NOH$ [17, 124].

Wasserfreies HJ reduziert $(CF_3)_2NON(CF_3)_2$ bei 20 °C (24 h) unter Ausscheidung von J_2 sowie Bildung von $(CF_3)_2NOH$, $(CF_3)_2NH$ und Spuren von SiF_4. Augenblickliche Jodausscheidung tritt beim Einleiten von $(CF_3)_2NON(CF_3)_2$ in eine Lösung von KJ in Aceton/H_2O ein. Nach 1 h sind 80% des Jods freigesetzt [62].

Literatur s. S. 146

Chemical Reactions
Hydrolysis
Acidolysis
Alcoholysis

Auffallend hydrolysestabil ist $(CF_3)_2NOCF_3$, das weder mit konzentriertem HCl noch mit 20%igem NaOH beim Erhitzen auf 100 °C (16 h) im abgeschmolzenen Rohr reagiert [52]. – Keine Reaktion tritt zwischen $[(CF_3)_2NO]_2SO_2$ und H_2O bzw. 0.2normalem NaOH bei 80 °C (12 h) ein. Für mindestens 18 h bei 20 °C ist auch $[(CF_3)_2NO]_2SO$ gegen H_2O stabil. Eine mit R_fSO_2F bzw. $(R_f)_2SO_2$ vergleichbare Hydrolysebeständigkeit weisen auch $(CF_3)_2NOS(O)F$ und $(CF_3)_2NOSO_2F$ auf [59]. Gegen wäßrige und alkoholische Basen ist $(CF_3)_2NOSF_5$ beständig [70]. Hydrolyseempfindlich dagegen ist $(CF_3)_2NOSN$, das bei 20 °C innerhalb weniger Minuten mit H_2O zu $(CF_3)_2NOH$ und einem farblosen Polymer, vermutlich $[-NHS(O)-]_x$ reagiert [67]. $ClS[N(CF_3)OCF_2CF_2]_2Cl$ wird beim Erhitzen mit Wasser zersetzt unter Bildung von elementarem Schwefel, $ClCF_2COOH$ und CF_3NHCF_2COOH [148]. – Hydrolyse von $[(CF_3)_2NO]_4M$ mit verdünntem HCl ergibt $(CF_3)_2NOH$ und M im Verhältnis 4:1, M=Se, Te [72].

Eine 10%ige äthanolische KOH-Lösung zersetzt $C_6F_5C(O)ON(CF_3)_2$ sofort bei 20 °C und liefert fast quantitativ $C_6F_5C(O)OH$ [81]. Äquimolare Mengen von $(CF_3)_2NOC(O)F$ und CH_3OH reagieren bei 20 °C (2 h) zu $(CF_3)_2NOC(O)OCH_3$ mit folgenden Eigenschaften: Siedepunkt 78±2 °C, IR: 2917 (w), 1833 (s), 1445 (m), 1318 (s), 1275 (s), 1228 (s), 1192 (s), 1025 (s), 973 (s), 924 (m), 810 (w), 768 (m), 715 (s) [125]. $CF_3N[OP(O)Cl_2]CF_2CF{=}NCF_3$ hydrolysiert mit H_2O bei –0 bis 5 °C (48 h) zu $CF_3N(OH)$-$C(O)C(O)NHCF_3$ (s. S. 22); mit C_2H_5OH reagieren die Verbindungen zu $CF_3N[O$-$P(O)(OC_2H_5)_2]CF_2C(OC_2H_5){=}NCF_3$ (Siedepunkt 69 bis 71 °C/2 Torr, $n_D^{20}=1.3615$, $D_{20}^{20}=1.3570$ g/cm³, IR: $\nu(C{=}N)=1780$; $\nu(P{=}O)=1355$) [29]. Alkoholyse von $(CF_3)_2NOPCl_4$ bzw. $(CF_3)_2NOPCl_2$ führt zu $(CF_3)_2NOP(OC_2H_5)_4$ (Siedepunkt 125 °C/1 Torr, $n_D^{20}=1.3993$) bzw. $(CF_3)_2NOP(OC_2H_5)_2$ (Siedepunkt 67 °C/5 Torr, $n_D^{20}=1.3870$, $D_{20}^{20}=1.3280$ g/cm³) [19]. Die Acidolyse von $[(CF_3)_2NO]_3As$ mit wasserfreiem HCl (Molverhältnis 1:2) bei 20 °C (12 h) führt zu $(CF_3)_2NOH$ und $AsCl_3$. Mit einem Mol HCl bildet sich $[(CF_3)_2NO]_2AsCl$ [76].

Reactions of $(CF_3)_2NO$

2.1.4.5 Reaktionen von $(CF_3)_2NO$

Zur Pyrolyse, Photolyse, Hydrolyse, Acidolyse und Alkoholyse s. die vorstehenden Kapitel.

$(CF_3)_2NO$ greift Glas, V4A-Stahl, Cu und Hg nicht an, es ist beständig gegen Luft und $CFCl_3$ [57]. – Das Radikal löscht Triplettpositronen in gasförmigem Ar mit einer Geschwindigkeitskonstante $k=(187\pm40)\times10^9\ l\cdot mol^{-1}\cdot s^{-1}$. Im flüssigen Benzol sinkt k auf $(18\pm5)\times10^9\ l\cdot mol^{-1}\cdot s^{-1}$. Dabei tritt eine Konversion auf, von der eine chemische Reaktion zu nicht näher beschriebenen stabilisierten Produkten führt [126, 127].

$(CF_3)_2NO$ wird beim Überleiten im Gemisch mit H_2 über einen Pd-Al_2O_5-Katalysator in einer exothermen Reaktion zu $(CF_3)_2NOH$ hydriert [3].

Mit NH_3 wird selbst bei erhöhten Temperaturen keine Umsetzung beobachtet [8].

Innerhalb von vier Monaten tritt zwischen feinverteiltem Schwefel und $(CF_3)_2NO$ keine Reaktion ein. Bei 155 °C (4 h) erfolgt Reaktion zu $(CF_3)_2NN(CF_3)_2$, SO_2 und $[(CF_3)_2NO]_2SO_2$. Führt man die Umsetzung mit in CS_2 gelöstem Schwefel bei 20 °C (10 d) durch, so enthalten die flüchtigen Bestandteile eine Verbindung, die die $(CF_3)_2NO$-Gruppe enthält. Unter diesen Bedingungen setzt sich CS_2 nicht um [68]. Während $(CF_3)_2NO$ mit SOF_2 bei 20 °C (15 h), 100 °C (18 h) und 150 °C (8 h) nicht reagiert, setzt sich das Gemisch in Gegenwart geringer Mengen H_2O bei 20 °C (15 d) zu $(CF_3)_2NOSO_2ON(CF_3)_2$ um [21]. Mit FSO_2OOSO_2F reagiert $(CF_3)_2NO$ zu CF_3OSO_2F (Siedepunkt –4 bis –3 °C) [149].

Umsetzungen von $(CF_3)_2NO$ und PF_3 führen zu $(CF_3)_2NOON(CF_3)_2$, OPF_3 und $CF_3N{=}CF_2$ [19].

Reactions of $(CF_3)_2NO$

$GeBr_4$ reagiert bei 100 °C (10 d) nicht mit dem Radikal [73].

Mit $Hg[ON(CF_3)_2]_2$ und NH_3 bzw. $(CH_3)_2NH$ erfolgt bei 20 °C (12 h) Bildung von $(CF_3)_2NOH$ sowie eines nicht flüchtigen gelben bzw. rotgelben Feststoffes [5]. – Erhitzt man $(CF_3)_2NO$ mit frisch reduziertem Fe-Pulver auf 225 °C (4 h), so bilden sich $CF_3N{=}CF_2$ (88%), verunreinigt mit CF_3NCO und SiF_4 [3]. Mit $Fe(CO)_5$ reagiert $(CF_3)_2NO$ bei 20 °C zu CO, CO_2, FeF_2, FeF_3 und $(CF_3)_2NON(CF_3)_2$ [61]. Bei der Umsetzung mit $HMn(CO)_5$ erfolgt eine Wasserstoffabstraktion nach $(CF_3)_2NO + HMn(CO)_5 \rightarrow (CF_3)_2NOH + (CF_3)_2NOMn(CO)_5$ [8] (keine physikalischen Daten). H-Abstraktion erfolgt zwischen $(CF_3)_2NO$ und CH_3OH bei 20 °C unter Bildung von 42.6% $(CF_3)_2NOCH_2OH$ (Siedepunkt 75 bis 77 °C) [128].

Polarographische Daten für die Reduktion von $(CF_3)_2NO$ werden graphisch angegeben. In CH_3CN beträgt das Halbstufenpotential −0.4 V und der Diffusionskoeffizient des Radikals 2.73×10^{-6} cm^2/s [129].

Reaktionen mit Aminen, Silanen, Phosphanen, Arsanen, Stibanen

Reactions with Amines, Silanes, Phosphanes, Arsanes, Stibanes

Eine Wasserstoffabstraktionsreaktion beobachtet man bei der Umsetzung von $(CF_3)_2NO$ mit RH gemäß: $(CF_3)_2NO + RH \rightarrow (CF_3)_2NOH + (CF_3)_2NOR$; $R = (CH_3)_2N$, $(n\text{-}C_4H_9O)_2P(O)$, $(CH_3)_3Si$, $(CH_3)_2ClSi$. Physikalische Daten für die hier angegebenen Verbindungen werden nicht aufgeführt [8].

Nach demselben Reaktionstyp setzt sich das Radikal mit den Silanen $(CH_3)_nSiCl_{4-n}$ (n = 1, 2, 3, 4) um [98]. So erhält man aus einem äquimolaren Gemisch von $(CF_3)_2NO$ und $(CH_3)_4Si$ bei 20 °C (4 h) 36% CO_2, 6% $CF_3N{=}CF_2$, 8% $(CF_3)_2NH$; 49% $(CF_3)_2NOH$, 6% $(CH_3)_3SiF$, 8% $(CH_3)_3SiON(CF_3)_2$ und 11% $(CH_3)_3SiCH_2ON(CF_3)_2$ (Siedepunkt 90 bis 91 °C) neben anderen nicht identifizierten Produkten. 61% $(CH_3)_4Si$ werden zurückgewonnen. Mit $(CH_3)_3SiCl$ reagiert es bei 20 °C (12 d) im Molverhältnis 1:1, wobei 58% unumgesetztes $(CH_3)_3SiCl$ zurückgewonnen werden. Es entstehen 58% CO_2, 30% HCl, Spuren $CF_3N{=}CF_2$, 26% $(CF_3)_2NH$, 28% $(CF_3)_2NOH$, 36% $(CH_3)_3SiON(CF_3)_2$, 53% $(CH_3)_2SiClON(CF_3)_2$, 7% $(CH_3)_2Si[ON(CF_3)_2]_2$, Siedepunkt 113 bis 114 °C, $n_D^{20} = 1.3000$ (Ausbeute auf verbrauchtes Silan bezogen). Da die Reaktivität der Silane mit zunehmendem Cl-Gehalt abnimmt, erhitzt man das Gemisch aus Radikal und $(CH_3)_2SiCl_2$ (Molverhältnis 2:1) auf 70 °C (21 d) (bei 20 °C in 28 Tagen erfolgt keine Umsetzung) und isoliert aus dem Reaktionsgemisch 68% CO, 11% CO_2, 2% $CF_3N{=}CF_2$, 25% $(CF_3)_2NH$, 51% $(CF_3)_2NOH$ und 84% $CH_3SiCl_2ON(CF_3)_2$. Zurückgewonnen werden 48% $(CH_3)_2SiCl_2$. CH_3SiCl_3 reagiert bei 70 °C erst nach 12 Wochen und liefert neben 55% CO, 43% CO_2, 30% $(CF_3)_2NH$ und 49% $(CF_3)_2NOH$ noch 84% $(CF_3)_2NOSiCl_3$. 74% CH_3SiCl_3 werden zurückgewonnen. Mit $(CH_3O)_4Si$ entstehen bei 20 °C (4 h) neben 60% nicht umgesetztem Silan, 50% $(CF_3)_2NOH$ und 73% $(CF_3)_2NOCH_2Si(OCH_3)_3$ (Siedepunkt 148 bis 149 °C, $n_D^{20} = 1.3313$) und 27% $[(CF_3)_2NOCH_2]_2Si(OCH_3)_2$ (Siedepunkt 176 bis 177 °C, $n_D^{20} = 1.3191$). Reaktiver ist $(CH_3O)_3SiCH_3$, das sich schon bei 20 °C (1 h) zu 43% umsetzt. Hierbei bilden sich 50% $(CF_3)_2NOH$, 95% $(CF_3)_2NOCH_2OSi(OCH_3)_2CH_3$ (Siedepunkt 132 bis 133 °C, $n_D^{20} = 1.3330$) und geringe Mengen eines Stoffes, vermutlich $[(CF_3)_2NOCH_2O]_2Si(CH_3)OCH_3$ [98].

Vinyl- bzw. 2-Chlorvinylsilane reagieren mit $(CF_3)_2NO$ gemäß [130]:

$$X_3SiCH{=}CHY + 2\,(CF_3)_2NO \rightarrow X_3SiCH[ON(CF_3)_2]CHYON(CF_3)_2$$

Reactions of $(CF_3)_2NO$

Für Y=H ist SiX_3=$(CH_3)_2SiCl$; CH_3SiCl_2; $SiCl_3$; $Si(CH_3O)_3$; $(CH_3)_2SiF$; für Y=Cl ist SiX_3=$Si(CH_3)_3$; $SiCl_3$. Reaktionsbedingungen und physikalische Daten werden nicht angegeben [130]. – Keine Reaktion erfolgt zwischen $(CF_3)_2NO$ und $HSiF_3$ bei 20 °C (7 d) [98].

With Phosphanes

Schrittweises Behandeln der Phosphane $[(CH_3)_2N]_3P$ mit $(CF_3)_2NO$ bei –50 °C führt zu geringen Mengen $(CF_3)_2NOH$, $(CF_3)_2NON(CH_3)_2$ und $(CF_3)_2NOP[N(CH_3)_2]_2$. Für die Reaktionsprodukte werden folgende physikalischen Daten angegeben [131]:

$(CF_3)_2NON(CH_3)_2$: Siedepunkt 124 °C, extrapoliert aus der Dampfdruckgleichung aus lg p (Torr) = 7.67 – 1900/T (14 bis 83 °C), Verdampfungsenthalpie ΔH_v=8730 cal/mol, Trouton-Konstante $\Delta H_v/T_s$=21.9 cal · mol^{-1} · K^{-1}; ^{1}H-NMR (innerer Standard $Si(CH_3)_4$): $\delta(CH_3)$ = –3 ppm; ^{19}F-NMR (innerer Standard $CFCl_3$): $\delta(CF_3)$ = 69.4 ppm; IR: 2940 (s), 2800 (s), 2768 (s), 1457 (m), 1295 (vs), 1268 (vs), 1215 (vs), 1058 (s), 960 (s), 729 (m) cm^{-1}.

$(CF_3)_2NOP[N(CH_3)_2]_2$: Siedepunkt 161 °C, extrapoliert aus lg p (Torr) = 8.00 – 2230/T (34 bis 98 °C), ΔH_v=10200 cal/mol, $\Delta H_v/T_s$=23.5 cal · mol^{-1} · K^{-1}; ^{1}H-NMR: $\delta(CH_3)$ = –2.66 ppm (Dublett, J(P-CH_3) = 8.97 Hz); ^{19}F-NMR: $\delta(CF_3)$ = 69.9 ppm; IR: 2896 (w), 1310 (vs), 1268 (vs), 1228 (s), 1210 (s), 1048 (m), 968 (m), 894 (w), 716 (m) cm^{-1}.

Das Gemisch $(CH_3O)_3P$ und $(CF_3)_2NO$ setzt sich erst bei 50 °C (5 h) um und liefert $(CH_3O)_3P[ON(CF_3)_2]_2$, Siedepunkt 148 °C aus lg p (Torr) = 8.1 – 2200/T, ΔH_v= 10010 cal/mol, $\Delta H_v/T_s$=23.8 cal · mol^{-1} · K^{-1}; ^{1}H-NMR: $\delta(CH_3)$ = –3.3 ppm (Dublett, J(P-CH_3) = 12.1 Hz); ^{19}F-NMR: $\delta(CF_3)$ = 69.9 ppm; IR: 2946 (m), 2906 (w), 2860 (w), 1308 (vs), 1267 (vs), 1225 (vs), 1058 (m), 1036 (m), 965 (m), 851 (m), 730 (m) cm^{-1} [131].

With Arsanes and Stibanes

Das Arsan $[(CH_3)_2N]_3As$ reagiert mit dem Radikal bei –60 °C, hierbei entstehen geringe Mengen $(CF_3)_2NOH$, $(CF_3)_2NON(CH_3)_2$ und das Arsan $(CF_3)_2NOAs[N(CH_3)_2]_2$ mit folgenden Eigenschaften: Siedepunkt 54 bis 55 °C/10 Torr; ^{1}H-NMR: $\delta(CH_3)$ = –2.80 ppm, ^{19}F-NMR: $\delta(CF_3)$ = 67.2 ppm, IR: 2865 (w), 2790 (w), 1294 (vs), 1270 (vs), 1215 (vs), 1051 (m), 963 (m), 755 (m), 719 (m) cm^{-1} [131].

Bei der Umsetzung von $(CF_3)_2NO$ mit $(CF_3)_2AsCH_3$ im Molverhältnis 2:1 entsteht ein Gemisch, das im Vakuum bei –10 °C kondensiert und aus zwei Isomeren der Formel $[(CF_3)_2NO]_2AsCH_3(CF_3)_2$ besteht. Sie lassen sich durch fraktionierte Kristallisation trennen und schmelzen bei 22 bzw. 33 °C unter Vakuum. Zusätzlich entstehen $(CF_3)_2NOCF_3$ und $(CF_3)_2NOAs(CH_3)CF_3$. Nur das Produkt $[(CF_3)_2NO]_2As(CH_3)_2CF_3$ bildet sich mit $CF_3As(CH_3)_2$, während $(CH_3)_3As$ mit $(CF_3)_2NO$ wieder zwei Isomere der Formel $[(CF_3)_2NO]_2As(CH_3)_3$ liefert. Analog entsteht mit dem Stiban $(CH_3)_3Sb$ die Verbindung $[(CF_3)_2NO]_2Sb(CH_3)_3$. Zusätzliche Angaben werden nicht gemacht [132].

Reactions with Alkanes and Derivatives

Reaktionen mit Alkanen und Derivaten

Reaktionen mit Alkanen und $(CF_3)_2NO$-substituierten Alkanen werden in einem Cariusrohr im Dunkeln bei 20 °C durchgeführt, s. hierzu Ausgangsverbindungen, Reaktionsbedingungen und Produkte in Tabelle 6 (S. 129), physikalische Daten in Tabelle 7 (S. 130) [133].

$(CF_3)_2NO$ reagiert nicht mit CH_4 bei 20 °C in 9 Monaten (im Dunkeln) [92], mit CCl_4 bei 20 °C in 4 Monaten (im Dunkeln) [52, 92], mit CBr_4 nach 5 d bzw. CJ_4 nach 25 d [73]. Auch ein Gemisch aus HCl, Isobuten sowie CCl_4 verhält sich gegenüber

Tabelle 6: Umsetzungen von $(CF_3)_2NO$ mit Alkanen und $(CF_3)_2NO$-substituierten Alkanen, durchgeführt bei Raumtemperatur unter Ausschluß von Licht (τ = Reaktionszeit, V = Volumen des Cariusrohres in ml) [133].

Reactions of $(CF_3)_2NO$ with Alkanes and Derivatives

Reaktant (in mmol)	$(CF_3)_2NO$ (in mmol)	τ, V	Produkt (in mmol)
CH_4 (3.00)	6.00	9 Monate (60)	CH_4 (2.88), $(CF_3)_2NO$ (5.84)
C_2H_6 (28.90)	34.1	3 d (300)	C_2H_6 (20.13), $(CF_3)_2NO$ (1.02), $(CF_3)_2NOH$ (15.21), $(CF_3)_2NH$ (0.484), $(CF_3)_2NON(CF_3)_2$ (4.31), $C_2H_5ON(CF_3)_2$ (1.63), $[(CF_3)_2NOCH_2]_2$ (0.929), $CH_3CO_2N(CF_3)_2$ (4.37)
C_3H_8 (26.59)	47.55	4 h (300)	C_3H_8 (9.45), $(CF_3)_2NOH$ (25.15), $(CF_3)_2NH$ (1.15), $(CH_3)_2CHON(CF_3)_2$ (9.38), $(CF_3)_2NOCH(CH_3)CH_2ON(CF_3)_2$ (3.92), $(CH_3)_2CO$ (1.38)
$(CH_3)_3CH$ (3.00)	6.00	15 min (65)	$(CH_3)_3CH$ (1.26), $(CF_3)_2NOH$ (3.02), $(CH_3)_3CON(CF_3)_2$ (0.675), $(CF_3)_2NOC(CH_3)_2CH_2ON(CF_3)_2$ (0.89)
$(CH_3)_2CH(C_2H_5)$ (7.50)	15.0	1 h (250)	$(CH_3)_2CH(C_2H_5)$ (3.28), $(CF_3)_2$-NOH (7.93), $(CF_3)_2NOC(CH_3)_2C_2H_5$ (1.22), $(CF_3)_2NOCH_2C(CH_3)(C_2H_5)$-$ON(CF_3)_2$ (1.90), $(CF_3)_2NOC(CH_3)_2CH(CH_3)$-$ON(CF_3)_2$ (0.58)
$(CH_3)_4C$ (16.9)	34.1	4 d (250)	$(CH_3)_4C$ (3.80), $(CF_3)_2NOH$ (17.0), $(CF_3)_2NON(CF_3)_2$ (2.95), $(CH_3)_3CCH_2ON(CF_3)_2$ (7.36), $(CH_3)_3CCO_2N(CF_3)_2$ (3.02)
$(CH_3)_3CON(CF_3)_2$ (3.38)	13.45	7 d (60)	$(CF_3)_2NO$ (12.3), $(CH_3)_2CON$-$(CF_3)_2$ (2.80), $(CF_3)_2NOH$ (0.41), $(CF_3)_2NOC(CH_3)_2CH_2ON(CF_3)_2$ (0.34)
$(CH_3)_2CHCH_2ON(CF_3)_2$ (0.85)	3.45	13 d (65)	$(CF_3)_2NO$ (1.36), $(CF_3)_2NOH$ (0.95), $(CF_3)_2NOC(CH_3)_2CH_2$-$ON(CF_3)_2$ (0.765)
$(CH_3)_2CHON(CF_3)_2$ (1.38)	5.53	47 h (65)	$(CF_3)_2NO$ (2.62), $(CF_3)_2NOH$ (1.33), $(CH_3)_2CO$ (1.22), $(CF_3)_2NON(CF_3)_2$ (1.31)

Reactions of $(CF_3)_2NO$ with Alkanes and Derivatives

Tabelle 6 [Fortsetzung]

Reaktant (in mmol)	$(CF_3)_2NO$ (in mmol)	τ, V	Produkt (in mmol)
$(CH_3)_3CCH_2ON(CF_3)_2$ (0.63)	2.62	11 d (70)	$(CF_3)_2NO$ (0.49), $(CH_3)_3CCH_2ON(CF_3)_2$ (0.105), $(CF_3)_2NON(CF_3)_2$ (0.46), $(CF_3)_2NOH$ (1.08), $(CH_3)_3CCO_2N(CF_3)_2$ (0.47)
$(CF_3)_2NOC(CH_3)_2CH_2$ (1.55) $(CF_3)_2NO$ (attached to CH_2)	6.47	5.5 Monate (60)	$(CF_3)_2NO$ (2.02), $(CF_3)_2NOH$ (1.89), $(CF_3)_2NH$ (0.29), $(CF_3)_2NON(CF_3)_2$ (0.66), $(CF_3)_2NOC(CH_3)_2CO_2N(CF_3)_2$ (1.22)

Tabelle 7: Physikalische Eigenschaften von durch Reaktion von $(CF_3)_2NO$ mit Alkanen, $(CF_3)_2NO$-substituierten Alkanen und Aldehyden entstandenen Verbindungen. Siedepunkt (Sdp.) in °C/Druck in Torr, Brechungsindex n_D^{20}, chemische Verschiebung δ und Spin-Spin-Kopplungskonstante im NMR-Spektrum (d, tr, qu, sept, oct = Dublett, Triplett, Quartett, Septett, Octett).

Verbindung	Sdp./Torr in °C (n_D^{20})	^1H-NMR (innerer Standard: $Si(CH_3)_4$) (in ppm) ^{19}F-NMR (äußerer Standard: CF_3COOH)	IR-Spektrum (in cm^{-1}) ν(C=O)	ν(C-F)	ν(N-O)	ν(C-N)	δ(CF_3)
$(CF_3)_2NOC(O)CH_3$ [j] [133]	–	^1H-NMR [a]: $\delta(CH_3) = 4.76$ ^{19}F-NMR: $\delta(CF_3) = -8.6$	1852	1321 bis 1166	1054	980	715
$(CF_3)_2NOCH_2CH_3$ [j] [133]	–	^1H-NMR [a]: $\delta(CH_2) = 2.58$ (qu), $\delta(CH_3) = 5.47$ (tr), J = 7.2 Hz ^{19}F-NMR: $\delta(CF_3)$ [b] $= -9.16$	–	1309 bis 1229	1060	977	710
$(CF_3)_2NOCH(CH_3)_2$ [j] [133]	55/762 (1.2956)	^1H-NMR [a]: $\delta(CH) = 2.64$ (sept), $\delta(CH_3) = 5.64$ (d), J = 7 Hz ^{19}F-NMR: $\delta(CF_3) = -8.78$	–	1305 bis 1225	1050	971	710
$(CF_3)_2NOC(CH_3)_3$ [j] [133]	77/759 (1.3159)	^1H-NMR: $\delta(CH_3) = -1.29$ ^{19}F-NMR: $\delta(CF_3) = -10.66$	–	1309 bis 1188	1040	968	714
$(CF_3)_2NOC(=O)C(CH_3)_3$ [j] [133]	104/762 (1.3218)	^1H-NMR [a]: $\delta(CH_3) = 5.70$ ^{19}F-NMR: $\delta(CF_3) = -8.98$	1832	1318 bis 1185	1052	978	712

Literatur s.S. 146

Tabelle 7 [Fortsetzung]

Verbindung	Sdp./Torr in °C (n_D^{20})	^{1}H-NMR (innerer Standard: $Si(CH_3)_4$) (in ppm) ^{19}F-NMR (äußerer Standard: CF_3COOH)	IR-Spektrum (in cm^{-1}) $\nu(C{=}O)$	$\nu(C{-}F)$	$\nu(N{-}O)$	$\nu(C{-}N)$	$\delta(CF_3)$
$(CF_3)_2NOCH_2C(CH_3)_3$[j)] [133]	84/762	^{1}H-NMR[a)]: $\delta(CH_2)=3.19$, $\delta(CH_3)=5.95$ ^{19}F-NMR: $\delta(CF_3)=-8.20$	–	1300 bis 1183	1065	969	712, 702
$(CF_3)_2NOCH_2$-$CH(CH_3)_2$[j)] [133]	76/757	^{1}H-NMR: $\delta(CH_2)=-3.81$ (d), $\delta(CH)=-1.9$ (oct), $\delta(CH_3)=-0.94$ (d), J=6.6 Hz ^{19}F-NMR: $\delta(CF_3)=-8.06$	–	1302 bis 1183	1060	979, 969	713, 708
$(CF_3)_2NOC(CH_3)_2$-CH_2CH_3[j)] [133]	136/759 (1.3107)	^{1}H-NMR: $\delta(CH_2)$[c)] $=-1.60$ (qu), J=7.2 Hz, $\delta[(CH_3)_2C]=-1.23$, $\delta(CH_3)=-0.91$ (tr) ^{19}F-NMR: $\delta(CF_3)=-10.85$	–	1304 bis 1202	1038	968	710
$(CF_3)_2^a NOCH(CH_3)$-$CH_2ON(CF_3)_2^b$[j)] [133]	123/762	^{1}H-NMR: $\delta(CH_2$, $CH)=-4.5$ bis -4.1 (komplex), $\delta(CH_3)=-1.32$ (d), J=6.0 Hz ^{19}F-NMR: $\delta(CF_3)_b=-7.68$, $\delta(CF_3)_a=-8.48$	–	1350 bis 1205	1060	967	708
$(CF_3)_2^a NOC(CH_3)_2$-$C(O)ON(CF_3)_2^b$[j)] [133]	132/757	^{1}H-NMR: $\delta(CH_3)=-1.64$ ^{19}F-NMR: $\delta(CF_3)_b=-8.8$, $\delta(CF_3)_a=-9.2$	1832	1302 bis 1157	1068, 1053, 1040	977, 966	709
$(CF_3)_2^a NOC(CH_3)_2$-$CH_2ON(CF_3)_2^b$[j)]	129 bis 129.5 [134]	^{1}H-NMR: $\delta(CH_2)=-4.06$, $\delta(CH_3)=-1.37$ ^{19}F-NMR: $\delta(CF_3)_b=-8.1$, $\delta(CF_3)_a=-10.1$ [133]	–	1300 bis 1149	1065	969, 966	710 [133]

Literatur s.S. 146

Tabelle 7 [Fortsetzung]

Verbindung	Sdp./Torr in °C (n_D^{20})	^{1}H-NMR (innerer Standard: $Si(CH_3)_4$) (in ppm) ^{19}F-NMR (äußerer Standard: CF_3COOH)	IR-Spektrum (in cm^{-1}) $\nu(C{=}O)$	$\nu(C-F)$	$\nu(N-O)$	$\nu(C-N)$	$\delta(CF_3)$
$(CF_3)_2NO$ (a) – CH_2 (c) – C(H_3C (f, b))(CH_2CH_3 (d, e)) – $ON(CF_3)_2$ [133]	146/757 (1.3218)	^{1}H-NMR: $\delta(CH_2^c) = -4.16$, $\delta(CH_2^d) = -1.78$ (qu), J = 7.2 Hz, $\delta(CH_3^e) = -0.98$ (tr), $\delta(CH_3^f) = -1.37$ ^{19}F-NMR: $\delta(CF_3)_a = -8.0$, $\delta(CF_3)_b = 10.0$	–	1299 bis 1200	1055	963	708
$(CF_3)_2NOC(CH_3)_2$-$CH(CH_3)ON(CF_3)_2$ [j)] [133]	142/757	^{1}H-NMR: $\delta(CH) = -4.14$ (qu), $\delta(CH_3) = -1.35$ (d) ^{19}F-NMR: $\delta(CF_3)_b = -9.6$, $\delta(CF_3)_a = -10.4$	–	1300 bis 1149	1075, 1042	964	710
$(CF_3)_2NOC(CH_3)_2$-$C(CH_3)_2ON(CF_3)_2$ [j)] [133]	164/757 (1.3350)	^{1}H-NMR: $\delta(CH_3) = -1.39$ ^{19}F-NMR: $\delta(CF_3) = -11.0$	–	1300 bis 1195	1040	959	710
$(CF_3)_2NOC(O)C_6H_5$ [81]	182/755	^{1}H-NMR: $\delta(H^2, H^6)$ [d)] $= -8.13$ (komplex), $\delta(H^3, H^4, H^5) = -7.57$ (komplex) ^{19}F-NMR: $\delta(CF_3)$ [d)] $= -10.82$	1799 (weitere Angaben s. [e)])	1305, 1263, 1229, 1208	1046	994, 972,	712 699
4-CH_3-$C_6H_4C(O)O$-$N(CF_3)_2$ [81]	198/750 (1.4329)	^{1}H-NMR: $\delta(CH_3) = -2.29$, $\delta(CH) = -7.09$, -7.89 (d), AA'BB'-Muster, J = 8.6 Hz ^{19}F-NMR: $\delta(CF_3) = -9.53$	1795	–	–	–	–
3-CH_3-$C_6H_4C(O)O$-$N(CF_3)_2$ [f)] [81]	155	^{1}H-NMR: $\delta(CH_3) = -2.28$, $\delta(CH) = -7.3$ und -7.8 (komplex) ^{19}F-NMR: $\delta(CF_3) = -9.42$	1802	–	–	–	–
1,4-$[(CF_3)_2NOC(O)]_2$-C_6H_4 [h)] [81]	94 [g)]	^{1}H-NMR: $\delta(CH)$ [d)] $= -8.17$ ^{19}F-NMR: $\delta(CF_3)$ [i)] $= -11.28$	1799	–	–	–	–

Literatur s.S. 146

Fußnoten zu Tabelle 7

Reactions of $(CF_3)_2NO$

[a] Äußerer Standard C_6H_6. – [b] 30% in CCl_4. – [c] 60% in $(CH_3)_4Si$. – [d] 20% in CCl_4. – [e] $\nu(CH) = 3077$ (vw), 3040 (vw), 3021 (vw); $\nu(C{=}C$, aromatisch$) = 1603$ (m), 1590 (w), 1497 (vw), 1456 (m); $\delta(CH$, in der Ebene$) = 1078$ (w); $\delta(CH$, aus der Ebene$) = 861$ (w), 803 (w), 795 (w); Massenspektrum: m/e = 273, $C_9H_5F_6NO_2^+$ (1); 105, $C_6H_5CO^+$ (100).

[f] Massenspektrum: m/e = 287, $C_{10}H_7F_6NO_2^+$ (1.5); 119, $CH_3C_6H_4CO^+$ (100). – [g] Schmelzpunkt in °C. – [h] Massenspektrum: 468, $C_{12}H_4F_{12}N_2O_4^+$ (7); 300, $(CF_3)_2NCO_2C_6H_4CO^+$ (100). – [i] 20% in $CDCl_3$. – [j] Massenspektrum s. Original [133].

Textfortsetzung von S. 128

dem Radikal bei 20 °C (5 min, im Dunkeln) inert. Dagegen setzt es sich mit einem HCl-$(CH_3)_3CH$-CCl_4-Gemisch bei 20 °C (3 h, im Dunkeln) zu 95% $(CF_3)_2NOH$, 91% $(CH_3)_3CCl$ und 9% $(CF_3)_2NOC(CH_3)_3$ um [133]. Führt man die Umsetzung von $(CH_3)_3CH$ mit $(CF_3)_2NO$ in CCl_4 bei 20 °C (1 h, im Dunkeln) durch, so bilden sich 53% $(CF_3)_2NOH$, 71% $(CH_3)_3CH$, 19% $(CF_3)_2NOC(CH_3)_3$, 53% $(CF_3)_2NOCH_2C(CH_3)_2ON(CF_3)_2$, 15% $(CF_3)_2NOCH_2C(CH_3){=}CH_2$ (s. Tabelle 6, S. 129, physikalische Daten s. S. 134) und ein Gemisch nicht identifizierter Verbindungen [134].

Ein 1:1-Gemisch aus $(CF_3)_2NO$ und $(CH_3)_3CCl$ reagiert bei 20 °C (5 d) zu 1,2-Bis-[bis(trifluormethyl)-aminooxy]-2-methylpropan. Der Umsatz beträgt 30%, und das zusätzlich sich bildende Öl enthält mindestens 8 Komponenten. Setzt man das Radikal mit einem Gemisch aus Isobuten und Isobutan bei 20 °C (1 h) um, so werden 99% Isobutan und nur 7% Isobuten zurückgewonnen. Es entstehen $(CF_3)_2NOH$, 1,2-Bis[bis(trifluormethyl)aminooxy]-2-methylpropan und nicht identifizierte Stoffe [133].

Beim Aufbewahren äquimolarer Mengen von $(CH_3)_3CNC$ und $(CF_3)_2NO$ bei 20 °C (3 d) bilden sich 47% $(CH_3)_3CN{=}C[ON(CF_3)_2]N(CF_3)_2$, bei Reaktion mit 2 mol $(CF_3)_2NO$ bei 0 °C (2 d) sinkt die Ausbeute auf 21%, zusätzlich fallen 17% $(CH_3)_3CN{=}C[ON(CF_3)_2]_2$ an. Steigert man den Überschuß auf 4 mol Radikal zu 1 mol Isonitril, so steigt die Ausbeute an $(CH_3)_3CN{=}C[ON(CF_3)_2]_2$ auf 28%, während die von $(CH_3)_3CN{=}C[ON(CF_3)_2]N(CF_3)_2$ auf 11% fällt [63].

Beim Einleiten eines Gemisches von $(CF_3)_2NO$ und O_2 in kräftig gerührtem C_6H_{12} bei 25 °C (2.5 h) bzw. 35 °C (1.5 h) bildet sich Cyclohexanon und Cyclohexanol. Analog entsteht mit n-Docecan bei 25 °C (0.25 h) Dodecanon und Dodecanol. Mit Methylcyclohexan bildet sich bei 25 °C (2.5 h) $(CH_2)_5C(OOH)CH_3$ [135].

Reaktionen mit Alkenen

Reactions with Alkenes

Ein Gemisch aus äquimolaren Mengen $(CF_3)_2NO$ und $CH_2{=}CH_2$ setzt sich um bei 20 °C (18 h) zu 99% $(CF_3)_2NOCH_2CH_2ON(CF_3)_2$, Siedepunkt 113.5 °C/757 Torr; $n_D^{12} = 1.2921$; ^1H-NMR (innerer Standard $Si(CH_3)_4$): $\delta(CH_2) = -4.29$ ppm; ^{19}F-NMR (äußerer Standard CF_3COOH): $\delta(CF_3) = -7.75$ (breit) ppm; IR: $\nu(CH) = 2967$ (w), 2907 (w); $\delta(CH_2) = 1464$ (w); $\nu(C{-}F) = 1305$ bis 1230 (vs); $\nu(N{-}O) = 1081$ (s); $\nu(C{-}N) = 970$ (s); $\delta(CF_3) = 709$ (s); Massenspektrum s. Original [3]. – Beim Mischen von $(CF_3)_2NO$ mit $CH_2{=}CH_2$ tritt innerhalb 48 h Reaktion zu 90% $(CF_3)_2NOCH_2CH_2ON(CF_3)_2$ ein (Siedepunkt 64 °C/114 Torr; $n_D^{20} = 1.2850$, $D_{20}^{20} = 1.5740$ g/cm³) [19, 20].

Mit einem äquimolaren Gemisch von $CH_2{=}CH_2$ und $CF_2{=}CF_2$ reagiert das Radikal bei 20 °C (2 h) zu 98% $(CF_3)_2NOCF_2CF_2ON(CF_3)_2$, (s. S. 95) und nur zu ≈1% $(CF_3)_2NOCH_2CH_2ON(CF_3)_2$ [3].

Reactions of $(CF_3)_2NO$ with Alkenes

Bei 20 °C (15 bis 20 min) addiert $CHF{=}CF_2$ 2 mol $(CF_3)_2NO$ zu 80.5% $(CF_3)_2$-$NOCHFCF_2ON(CF_3)_2$ (Siedepunkt 89 °C, Schmelzpunkt −45 °C, $D_4^{20}=1.6802$ g/cm³). In einer ähnlichen Reaktion entstehen aus $CH_2{=}CF_2$ und dem Radikal bei 50 °C (2 h) 82.2% $(CF_3)_2NOCH_2CF_2ON(CF_3)_2$ (Siedepunkt 98 °C, $D_4^{20}=1.6480$ g/cm³) [84].

Geschwindigkeitskonstanten k in 10^{-6} $min^{-1} \cdot mm^{-1}$ bei der angegebenen Temperatur und Aktivierungsenergien E_A (in kcal/mol^{-1}) werden für die Additionsreaktionen von $(CF_3)_2NO$ an $CF_2{=}CHF$ gemessen: Bei 0 °C k=16.12±2.6, E_A=7.0±0.1, bei 7 °C k=16.7±2.7, E_A=7.0±0.1, bei 22 °C k=47.3±7.5, E_A=7.0±0.1. Analog werden erhalten mit $CF_3CF{=}CF_2$: Bei 0 °C k=2.67±0.3, E_A=7.4±0.1, bei 22 °C k=7.4±0.7, E_A=7.4±0.1, bei 50 °C k=228±9.4, E_A=7.4±0,1. Für $(CF_3)_2C{=}CF_2$: Bei 100 °C k=4.2±1.4, E_A=9.4±0.1, bei 140 °C k=10.6±0.9, E_A=9.4±0.1, bei 170 °C k=31.0±4.1, E_A=9.4±0.1. Für $CF_2{=}CF_2$: Bei 70 °C k=5.43±0.6, E_A=9.4±0.1, für 100 °C k=13.74±4.6, E_A=9.4±0.1. Für Perfluorcyclobuten: Bei 170 °C k=3.4±0.8, E_A=9.9±0.1, bei 225 °C k=12.57±1.0, E_A=9.9±0.1 [136].

Die Addition von $(CF_3)_2NO$ an C_2F_4 [83] nach

$$1)\quad 2(CF_3)_2NO + C_2F_4 \rightarrow (CF_3)_2NOCF_2CF_2ON(CF_3)_2$$

erfolgt in folgenden Schritten:

1a) $(CF_3)_2NO + C_2F_4 \rightarrow (CF_3)_2NOCF_2CF_2$ und
1b) $(CF_3)_2NOCF_2CF_2 + (CF_3)_2NO \rightarrow (CF_3)_2NOCF_2CF_2ON(CF_3)_2$

Messung der Reaktionsgeschwindigkeit zwischen 295 und 355 K, Drücken von 10 bis 108 Torr und Radikal-Olefin-Verhältnissen von 4:1 bis 1:9 ergeben für den geschwindigkeitsbestimmenden Teilschritt 1a) die Arrhenius-Parameter lg A=7.61±0.05 $dm^3 \cdot mol^{-1} \cdot s^{-1}$ und E_A=44.6±0.4 kJ/mol. Die Reaktionsenthalpie der Bruttoreaktion 1) beträgt $\Delta H°=-246\pm6$ kJ/mol. Berücksichtigung dieser Exothermizität bei den kinetischen Messungen ergibt für die Geschwindigkeitskonstante k_{1a} (in $dm^3 \cdot mol^{-1} \cdot s^{-1}$) die Beziehung lg k_{1a}=(7.56±0.05)−(44.4±0.3) kJ·mol^{-1}/2.303 RT [83].

Beim Einleiten von $(CF_3)_2NO$ in $(CH_3)_2C{=}CH_2$ bei −60 °C (1 h) fallen 84% $(CF_3)_2NOCH_2C(CH_3)_2ON(CF_3)_2$ an. Bei 200 °C (5.25 h und 1 Torr) erhält man bei 21% Umsatz 40% $(CF_3)_2NOCH_2C(CH_3)_2ON(CF_3)_2$ und 49% $(CF_3)_2NOCH_2C(CH_3){=}CH_2$; für diese zweite Verbindung werden folgende Eigenschaften ermittelt: Siedepunkt 75 °C; ^{1}H-NMR (innerer Standard $(CH_3)_4Si$): $\delta(=CCH_3)=-1.80$ (Multiplett), $\delta(=CCH_2)=-4.42$, $\delta(CH_2)=-5.00$ (m) ppm; ^{19}F-NMR (äußerer Standard CF_3COOH): $\delta(CF_3)=-7.88$ ppm; IR (Gas): $\nu_{as}(=CH_2)=3096$; $\nu(C{=}C)=1667$; $\nu(N{-}O)=1050$ [134].

Weitere Umsetzungen von $(CF_3)_2NO$ mit Alkenen (Konzentrationen in mmol) bei Raumtemperatur im Dunkeln (τ=Reaktionszeit, V=Volumen des Cariusrohres in ml) sind in der Tabelle auf S. 135 angegeben [133].

Es werden folgende physikalischen Eigenschaften (Massenspektrum s. Original) bestimmt [92]: $(CH_3)_2C{=}CHCH_2ON(CF_3)_2$: Siedepunkt 108 °C/759 Torr; $n_D^{20}=1.3315$; ^{1}H-NMR (innerer Standard $(CH_3)_4Si$): $\delta(CH)=-5.35$ (Triplett), $\delta(CH_2)=-4.48$ (Dublett, J=7.8 Hz), $\delta(CH_3)=-1.75$ und −1.70 ppm; IR: $\nu(C{=}C)=1684$, ν (C-F)=1307 bis 1190, $\nu(N{-}O)=1049$, $\nu(C{-}N)=976$, $\delta(CF_3)=714$, 711 cm^{-1}. $CH_2{=}CHC(CH_3)_2$-$ON(CF_3)_2$: ^{1}H-NMR (innerer Standard $(CH_3)_4Si$, 50%ige Lösung): $\delta(CH_2{=}CH)=-6.2$ bis 5.0 (komplex), $\delta(CH_3)=-1.37$ ppm, ^{19}F-NMR (äußerer Standard CF_3COOH): $\delta(CF_3)=-11.20$ ppm; IR: $\nu(C{-}F)=1305$ bis 1205, $\nu(N{-}O)=1040$, $\nu(C{-}N)=966$, $\delta(CF_3)=710$ cm^{-1}.

$CF_2{=}CHSO_2F$ reagiert mit dem Radikal bei 90 °C (5 d) nicht [90].

Literatur s. S. 146

Auch $F_5SCH{=}CH_2$ addiert 2 mol $(CF_3)_2NO$ in einem Ni-Autoklav bei 20 °C (3 d) und liefert 93% $(CF_3)_2NOCH(SF_5)CH_2ON(CF_3)_2$, Siedepunkt 62 °C/50 Torr; $n_D^{20}=1.3029$; $D_4^{20}=1.7800$ g/cm³; ^1H-NMR (Standard $Si(CH_3)_4$): $\delta(CH)=-4.3$ und -5.25 ppm; ^{19}F-NMR (Standard $CFCl_3$): $\delta(CF_3)=68.0$ und 61.0, $\delta(SF_5)=-49.0$ und -53.0 ppm; IR: $\nu(CH)=3020$ bis 2990; $\nu(C-F)=1300$ bis 1000; $\nu(SF)=960$, 900, 869, 600 cm^{-1} [137].

Reactions of $(CF_3)_2NO$

Reaktant (in mmol)	$(CF_3)_2NO$ (in mmol)	τ, V	Reaktionsprodukte (in mmol)
$(CH_3)_2C{=}CH_2$ (2.00)	4.00	1 h (65)	$(CH_3)_2C{=}CH_2$ (0.464), $(CF_3)_2NOH$ (0.817), $(CF_3)_2NOC(CH_3)_2CH_2ON(CF_3)_2$ (1.46)
$(CH_3)_2CHCH{=}CH_2$ (23.4)	23.4	5 min (250)	$(CH_3)_2CHCH{=}CH_2$ (13.6), $(CF_3)_2NOH$ (10.4), $(CH_3)_2C{=}CHCH_2ON(CF_3)_2$ (5.87), $CH_2{=}CHC(CH_3)_2ON(CF_3)_2$ (3.18)
$CH_3(C_2H_5)C{=}CH_2$ (2.00)	4.0	40 min (60)	$CH_3(C_2H_5)C{=}CH_2$ (0.57), $(CF_3)_2NOH$ (0.65), $(CF_3)_2NOCH_2C(CH_3)(C_2H_5)ON$-$(CF_3)_2$ (1.02)
$(CH_3)_2C{=}CHCH_3$ (2.00)	4.00	1 h (65)	$(CH_3)_2C{=}CHCH_3$ (0.90), $(CF_3)_2NOH$ (0.83), $(CF_3)_2NOC(CH_3)_2CH(CH_3)ON$-$(CF_3)_2$ (1.00)
$(CH_3)_2C{=}C(CH_3)_2$ (4.06)	8.11	30 min (60)	$(CH_3)_2C{=}C(CH_3)_2$ (0.48), $(CF_3)_2NOH$ (3.08), $(CF_3)_2NOC(CH_3)_2C$-$(CH_3)_2ON(CF_3)_2$ (1.86)

Reaktionen mit Acetylenen

Reactions with Acetylenes

Mit $HC{\equiv}CH$ tritt keine Addition von $(CF_3)_2NO$ ein. In einer sehr langsam ablaufenden Umsetzung bilden sich $(CF_3)_2NOH$ und flüssige, ungesättigte, polymere Kohlenwasserstoffe, die weder F noch N enthalten [19, 20]. Dies steht im Gegensatz zu Beobachtungen, daß $(CF_3)_2NO$ mit $HC{\equiv}CH$ im Molverhältnis 1:1 im Dunkeln bei 20 °C (25 d) zu 26% $(CF_3)_2NON(CF_3)_2$, 20% $(CF_3)_2NOH$, Spuren $(CF_3)_2NH$ und 58% $[(CF_3)_2NO]_2CH$-$C(O)ON(CF_3)_2$ (bezogen auf verbrauchtes Acetylen) reagieren. 80% $HC{\equiv}CH$ sind zurückgewonnen worden [137]:

$[(CF_3)_2NO]_2CHC(O)ON(CF_3)_2$: ^1H-NMR (äußerer Standard C_6H_6): $\delta(CH)=0.98$ (s, br) ppm; ^{19}F-NMR (äußerer Standard CF_3COOH): $\delta(CF_3)=-8.1$ (s) ppm; IR (Film): $\nu(C{=}O)=1859$ (sh), 1852 (m); $\nu(C-F)=1311$ bis 1211 (s); $\nu(N-O\,?)=1080$ (m), 1040 (s); $\nu(C-N)=987$ (s), 971 (s); $\delta(CF_3)=719$ (s); Massenspektrum [m/e, Bruchstück, Intensität in (%)]: 545, $C_8HF_{18}N_3O_4^+$ (<1); 377, $C_6HF_{12}N_2O_3^+$ (16); 349, $C_5HF_{12}N_2O_2^+$ (36); 169, $C_2HF_6NO^+$ (15); 150, $C_2HF_5NO^+$ (12); 69, CF_3^+ (100).

Setzt man das Radikal und $HC{\equiv}CH$ im Molverhältnis 8:1 um, so werden 41% $(CF_3)_2NO$ zurückgewonnen und es entstehen CO, 14% $(CF_3)_2NOH$, 32% $(CF_3)_2NH$, 40% $[(CF_3)_2NO]_2CHC(O)ON(CF_3)_2$ (bezogen auf $HC{\equiv}CH$), SiF_4, CF_3NCO sowie einige nicht identifizierte Verbindungen. Im Molverhältnis 2:1 setzt sich $(CF_3)_2NO$ mit $CF_3C{\equiv}CH$ im Dunkeln bei 20 °C (vier Monate) um, wobei 65% $CF_3C{\equiv}CH$ und 33% Radikal unumgesetzt bleiben. Es fallen 45.5% $(CF_3)_2NON(CF_3)_2$ und ein Gemisch aus 85% $[(CF_3)_2NO]_2CHC(O)CF_3$ (A) und 15% $CF_3C(O)CH[N(CF_3)_2]ON(CF_3)_2$ (B) mit folgen-

Reactions of $(CF_3)_2NO$

den Eigenschaften an: IR (Gas): ν(C=O)=1795 (A) und 1783 (B); ^{1}H-NMR (äußerer Standard C_6H_6): δ(CH)=0.97 (A) und 0.87 (B) ppm; ^{19}F-NMR (äußerer Standard CF_3COOH): $\delta[CF_3C(O)]$=0.5 (A) und −0.3 (B); $\delta(CF_3NO)$=−8.4 (A, B); $\delta(CF_3N)$= −21.4 (B) (s, br) ppm [91].

Reactions with Aldehydes

Reaktionen mit Aldehyden

Eine glattablaufende H-Abstraktion erfolgt zwischen $(CF_3)_2NO$ und Aldehyden gemäß: $(CF_3)_2NO + RC(O)H \rightarrow (CF_3)_2NOH + (CF_3)_2NOC(O)R$. Die Reaktionen sind exotherm und in 2 min beendet. Anschließend werden R, Reaktionstemperatur in °C und physikalische Daten aufgeführt [81]:

R=CH_3, −78 °C, physikalische Eigenschaften s. Tabelle 7 (S.130).

R=C_2H_5, −78 °C, Siedepunkt 94 °C/751 Torr; ^{1}H-NMR (innerer Standard $Si(CH_3)_4$, 50% in CCl_4): $\delta(CH_3)$=−1.21 (Triplett), $\delta(CH_2)$=−2.47 ppm (Quartett, J=7.9 Hz); ^{19}F-NMR (Standard CF_3COOH, 50% in CCl_4): $\delta(CF_3)$=−9.4 ppm, IR: ν(C=O)=1845; ν(N-O)=1050; ν(C-N)=963; $\delta(CF_3)$=715 cm^{-1}, Massenspektrum [m/e, Bruchstück, Intensität in (%)]: 150, $CF_2N(OH)CF_3^+$ (4%), 57, $M^+-(CF_3)_2NO$ (100) (s. S. 141).

R=$C(CH_3)_3$, −45 °C; R=C_6H_5, 20 °C; R=4-CH_3-C_6H_4, 20 °C; R=3-CH_3-C_6H_4, 24 °C; R=(Cyclohexenyl-Ring), 20 °C, zu den physikalischen Daten dieser fünf Verbindungen s. Tabelle 7, S. 130.

Anders verlaufen dagegen Umsetzungen von $(CF_3)_2NO$ mit $C_6F_5C(O)H$. Bei 221 °C (18 min) bzw. 60 °C (1 h) entstehen 29.3 bzw. 40% $HC(O)-C_6F_5[ON(CF_3)_2]_4$, Siedepunkt 102 °C/3 Torr; n_D^{20}=1.3266; D_4^{20}=1.8593 g/cm^3; Siedepunkt 70.5 °C, Schmelzpunkt −19 °C, n_D^{20}=1.3232, D_4^{20}=1.8630 g/cm^3 (unterschiedliche Angaben beruhen vermutlich auf verschieden zusammengesetzten Isomerengemischen). Bei 60 °C (10 h) fallen 66.3% $HC(O)-C_6F_5[ON(CF_3)_2]_6$ (Schmelzpunkt 92 bis 94 °C) an [93].

Reactions with Benzenes and Alkylbenzenes

Reaktionen mit Benzolen und Alkylbenzolen

Das Radikal reagiert mit C_6H_6 bzw. C_6H_5F bei 20 °C (2 bis 3 d) zu 12.5% 1,2,4-$[(CF_3)_2NO]_3$-C_6H_3 [128] (Siedepunkt 73 bis 75 °C/3 Torr [128], 73 °C/3 Torr [19], n_D^{20}=1.3289, D_4^{20}=1.743 g/cm^3 [19, 128]) bzw. 11.8% $[(CF_3)_2NO]_2C_6H_3F$ (Siedepunkt 63 bis 64 °C/3 Torr, n_D^{20}=1.3292, D_4^{20}=1.7685 g/cm^3). Zusätzlich bildet sich $(CF_3)_2C{=}NOH$ [128].

Umsetzungen von $(CF_3)_2NO$ mit Methylbenzolen und deren α-$(CF_3)_2NO$-Derivaten sind in Tabelle 8 (S. 137) aufgeführt. Mit $C_2H_5C_6H_5$ reagiert $(CF_3)_2NO$ beim langsamen Aufwärmen von −196 auf +20 °C in einer exothermen Reaktion zu 49% $(CF_3)_2NOH$ (geringfügig verunreinigt mit $(CF_3)_2NH$), 75% $C_6H_5CH[ON(CF_3)_2]CH_3$, Siedepunkt 166 °C/773 Torr; ^{1}H-NMR (innerer Standard $(CH_3)_4Si$): $\delta(C_6H_5)$=−7.23, δ(CH)= −4.96 (Quartett), J=6.8 Hz, $\delta(CH_3)$=−1.42 (Dublett) ppm; ^{19}F-NMR (äußerer Standard CF_3COOH): $\delta(CF_3)$=−9.78 ppm, und 6% $C_6H_5CH{=}CH_2$. 15% $C_6H_5C_2H_5$ werden zurückgewonnen. Setzt man das Monosubstitutionsprodukt mit dem Radikal weiter bei 20 °C (1.75 h) um, so erhält man neben 43% $(CF_3)_2NOH$ und 34% $(CF_3)_2NON(CF_3)_2$ noch 19% $C_6H_5CHXCH_2X$ (X=$ON(CF_3)_2$), Siedepunkt 197 °C/758 Torr, ^{1}H-NMR: $\delta(C_6H_5)$= −6.88 (s), δ(CH)=−4.75 (komplex), $\delta(CH_2)$=−3.95 (komplex) ppm; ^{19}F-NMR: $\delta(CF_3)$=−9.99 (s) und −8.81 (s) ppm; Massenspektrum: m/e=272, M^+-X (98); 150, X^+-F (7); 120, $C_8H_8O^+$ (75); 104, C_8H_8 (100); 69, CF_3^+ (30) [64].

Tabelle 8: Umsetzungen von $(CF_3)_2NO$ mit Methylbenzolen sowie deren α-$(CF_3)_2NO$-Derivaten bei 20 °C (τ = Reaktionszeit, V = Volumen des Cariusrohres in ml); zu den physikalischen Daten einiger Reaktionsprodukte s. Fußnoten dieser Tabelle (innerer Standard $Si(CH_3)_4$ im ^1H-NMR-Spektrum, äußerer Standard CF_3COOH im ^{19}F-NMR-Spektrum) [64]:

Reactions of $(CF_3)_2NO$

Reaktant (in mmol)	$(CF_3)_2NO$ (in mmol)	τ (V)	Produkte (in mmol)
$C_6H_5CH_3$ (15.56)	29.9	5 min [a)] (60)	$C_6H_5CH_3$ (1.14), $(CF_3)_2NOH$ (14.3), $(CF_3)_2NO$, $(CF_3)_2NH$, $(CF_3)_2NON(CF_3)_2$, $C_6H_5CH_2ON(CF_3)_2$ (9.31) [b)], $C_6H_5CO_2N(CF_3)_2$ (0.48) [b), c)] nicht identifizierte Produkte [d)]
$C_6H_5CH_3$ (2.7)	16.2	45 min [a)] (60)	$(CF_3)_2NOH$ (6.8), $(CF_3)_2NO$ (1.64), $(CF_3)_2NON(CF_3)_2$ (1.96), $C_6H_5CH[ON(CF_3)_2]_2$ (0.28) [b), e)], $C_6H_5CO_2N(CF_3)_2$ (1.72) [b), c)] nicht identifizierte Produkte [d)]
$C_6H_5CH_2ON(CF_3)_2$ (1.98)	3.95	15 min [f)] (20)	$(CF_3)_2NOH$ (1.66), $(CF_3)_2NO$ (0.15), $(CF_3)_2NON(CF_3)_2$ (0.72), $C_6H_5CH_2ON(CF_3)_2$ (0.79) [b)], $C_6H_5CH[ON(CF_3)_2]_2$ (0.17) [b), e)], $C_6H_5CO_2N(CF_3)_2$ (0.84) [b), c)] nicht identifizierte Produkte [d)]
$C_6H_5CH_2ON(CF_3)_2$ (1.98)	7.86	30 min [f)] (60)	$(CF_3)_2NOH$ (3.40), $(CF_3)_2NO$ (0.72), $(CF_3)_2NON(CF_3)_2$ (1.50), $C_6H_5CH[ON(CF_3)_2]_2$ (0.36) [b), e)], $C_6H_5CO_2N(CF_3)_2$ (1.54) [b), c)] nicht identifizierte Produkte [d)]
$C_6H_5CH[ON(CF_3)_2]_2$ (2.01)	4.11	14 d (25)	$(CF_3)_2NOH$ (1.01), $(CF_3)_2NO$ (1.05), $(CF_3)_2NON(CF_3)_2$ (0.16), $C_6H_5CH[ON(CF_3)_2]_2$ (1.70) [b)], $C_6H_5CO_2N(CF_3)_2$ (ca. 4%) [b), c)]
4-Cl-$C_6H_4CH_3$ (5.13)	10.24	3 min [a)] (20)	$(CF_3)_2NOH$ (4.98), $(CF_3)_2NON(CF_3)_2$ (0.45), 4-Cl-$C_6H_4CH_3$ (0.79), 4-Cl-$C_6H_4CO_2N(CF_3)_2$ (0.14) [g)], 4-Cl-$C_6H_4CH_2ON(CF_3)_2$ (4.18) [g), h)]
4-Cl-$C_6H_4CH_2ON(CF_3)_2$ (5.56)	16.7	10 min [a)] (20)	$(CF_3)_2NOH$ (7.91), $(CF_3)_2NO$ (1.05), $(CF_3)_2NON(CF_3)_2$ (3.2), 4-Cl-$C_6H_4CO_2N(CF_3)_2$ (3.73) [i), j)], 4-Cl-$C_6H_4CH[ON(CF_3)_2]_2$ (1.43) [i), k)]
$C_6F_5CH_3$ (19.9)	39.8	≈3 h (80)	$(CF_3)_2NOH$ (17.3), $(CF_3)_2NO$, $(CF_3)_2NON(CF_3)_2$, $C_6F_5CH_3$ (3.51) [m)], $C_6F_5CH_2ON(CF_3)_2$ (12.5) [m), n)], $C_6F_5CH[ON(CF_3)_2]_2$ [m)] nicht identifizierte Produkte [o)]

Reactions of $(CF_3)_2NO$

Tabelle 8 [Fortsetzung]

Reaktant (in mmol)	$(CF_3)_2NO$ (in mmol)	τ (V)	Produkte (in mmol)
$C_6F_5CH_2ON(CF_3)_2$ (6.06)	12.0	47 h (20)	$(CF_3)_2NOH$ (5.14), $(CF_3)_2NO$ (1.73), $(CF_3)_2NON(CF_3)_2$ (0.54), $C_6F_5CH_2ON(CF_3)_2$ (0.34) [p)], $C_6F_5CH[ON(CF_3)_2]_2$ (2.25) [p), q)], $C_6F_5CO_2N(CF_3)_2$ [p), r)] (0.19)

[a)] Merklich exotherme Reaktion. — [b)] Diese Produkte kondensieren in einer auf −24 °C gekühlten Falle und werden IR-spektroskopisch und gaschromatographisch analysiert. — [c)] Siehe S. 132. — [d)] Nichtflüchtiges orange gefärbtes öliges Gemisch, das IR-Banden von $(CF_3)_2NO$-Derivaten aufweist. — [e)] Siehe S. 144.

[f)] Schwach exotherme Reaktion. — [g)] Diese beiden Produkte und unumgesetztes 4-Cl-$C_6H_4CH_3$ kondensieren bei −24 °C und sind schwerflüchtig. Sie werden gaschromatographisch bei 150 °C getrennt. — [h)] Zeigt im Massenspektrum M^+; ^{1}H-NMR: δ(CH) = −7.12 und $\delta(CH_2)$ = −4.84 ppm (relative Intensität 2:1); ^{19}F-NMR: $\delta(CF_3)$ = −8.94 ppm. — [i)] Das schwerflüchtige, schwach gelbe Öl besteht aus den beiden Chlorbenzolderivaten, die bei 15 °C gaschromatographisch getrennt werden. Zusätzlich beobachtet man noch geringe Mengen unbekannter Verbindungen. — [j)] Flüssigkeit; IR (Film): ν(C=O) = 1802 cm^{-1}; ^{1}H-NMR: δ(CH) = −7.68 ppm (AB-Muster); ^{19}F-NMR (50% in CCl_4): $\delta(CF_3)$ = −9.97 ppm.

[k)] Flüssigkeit, n_D^{20} = 1.3794; ^{1}H-NMR: δ(CH-Ring) = −7.37, δ(CH) = −6.03 ppm (Intensitätsverhältnis 4:1); ^{19}F-NMR (40% in CCl_4): $\delta(CF_3)$ = −10.23 ppm. — [l)] Siehe G. Shaw (Diss. Manchester University 1968). — [m)] Kondensiert bei −24 °C mit weiteren unbekannten Verbindungen. — [n)] Gaschromatographisch isoliert; Siedepunkt 164 °C/753 Torr; n_D^{20} = 1.3971; im Massenspektrum wird der Molekülpeak beobachtet; ^{1}H-NMR: $\delta(CH_2)$ = −5.25 ppm; ^{19}F-NMR: $\delta(CF_3)$ = −7.85 (Triplett, J = 1.2 Hz), $\delta(F^2, F^6)$ = 67.0 (komplex), $\delta(F^4)$ = 76.6 (Triplett von Tripletts), $\delta(F^3, F^5)$ = 87.5 ppm (komplex; Intensitätsverhältnis 6:2:1:2). — [o)] Besteht aus 0.14 g flüchtigen Verbindungen und 1.6 g eines farblosen, öligen Gemisches.

[p)] Kondensiert bei −24 °C. — [q)] Geringe Mengen eines verunreinigten Produktes konnten gaschromatographisch isoliert werden, vermutlich $C_6F_5CH[ON(CF_3)_2]_2$: ^{1}H-NMR: δ(CH) = −6.26 ppm; ^{1}F-NMR: $\delta(CF_3)$ = −8.5 ppm (komplex); Massenspektrum [m/e, Bruchstück, relative Intensitäten (%)]: 348, M^+ (11); 196, $C_7HF_5O^+$ (81); 195, $C_7F_5O^+$ (88); 167, $C_6F_5^+$ (16); 69, CF_3^+ (55). — [r)] Siehe S.111.

Reactions of $(CF_3)_2$-NOH and $(CF_3)_2$-NOH · CsF

2.1.4.6 Reaktionen von $(CF_3)_2NOH$ und $(CF_3)_2NOH \cdot CsF$

Zur Pyrolyse, Photolyse, Hydrolyse, Acidolyse und Alkoholyse s. die Kapitel 2.1.4.2 bis 2.1.4.4.

Mit primären, sekundären und tertiären Aminen, im Überschuß eingesetzt, bildet $(CF_3)_2NOH$ bei 20 °C 1:1- und 1:2-Addukte; Produkte, Ausbeuten und physikalische Daten werden in Tabelle 9 angegeben [25].

Literatur s.S. 146

Tabelle 9: Physikalische Eigenschaften der Addukte aus Umsetzungen von $(CF_3)_2NOH$ mit Aminen. Schmelzpunkt (Schmp.), chemische Verschiebung δ und Spin-Spin-Kopplungskonstante J im ^1H- (innerer Standard $Si(CH_3)_4$, tr=Triplett, qu=Quartett) und ^{19}F-NMR-Spektrum (innerer Standard $CFCl_3$) [25].

Reactions of $(CF_3)_2NOH$

Verbindung	Schmp. in °C	Ausbeute in %	^1H- und ^{19}F-NMR δ in ppm	IR-Spektrum (in cm^{-1})
$CH_3NH_2 \cdot (CF_3)_2$-NOH	28.0 bis 28.5	≈99	$\delta(NH) = -4.63$, $\delta(CH_3) = -7.55$, $\delta(CF_3) = 69.41$	IR [a]: 3619 (w), 3173 (w, br), 2400 bis 3050 (br), 2600 (w), 2780 (s), 2980 (m), 1393 (vw), 1300 (vs), 1278 (vs), 1220 (vs), 1064 (m), 972 (s), 711 (s); IR [b]: 1270 (s), 1180 (m), 1055 (w), 960 (m), 702 (w)
$(CH_3)_2NH \cdot (CF_3)_2$-NOH	35.0	≈98	$\delta(NH) = -2.44$, $\delta(CH_3) = -7.57$, $\delta(CF_3) = 69.62$	IR [a]: 3619 (m), 2400 bis 3000 (br), 2850, 2977 (w), 1395 (m), 1300 (vs), 1272 (vs), 1220 (vs), 1049, 1060 (m), 972 (s), 710 (m); IR [b]: 1270 (vs), 1180 (m), 1050 (w), 960 (w), 700 (w)
$(CH_3)_3N \cdot [(CF_3)_2$-$NOH]_2$	28.0 bis 28.5	98	$\delta(OH) = -12.78$, $\delta(CH_3) = -7.63$, $\delta(CF_3) = 69.60$	IR [a]: 3619 (w), 2350 bis 3000 (br, komplex), 1393 (w), 1292 (vs), 1265 (vs), 1210 (vs), 1057 (s), 963 (s), 700 (m); IR [b]: 1270 (m), 1180 (w), 1050 (vw), 963 (vw), 700 (vw)
$C_2H_5NH_2 \cdot (CF_3)_2$-NOH	–	>99	$\delta(NH) = -5.17$, $\delta(CH_3) = -1.13$ (tr), $\delta(CH_2) = -2.76$ (qu), $J(CH_2\text{-}CH_3) = 7.0$ Hz, $\delta(CF_3) = 69.48$	IR [a]: 3619 (vw), 3165 (w, br), 2500 bis 3000 (br), 2600 (w), 2770 (m), 2980 (m), 1395 (w), 1300 (vs), 1275 (vs), 1220 (vs), 1064 (m), 973 (s), 712 (m); IR [b]: 3305, 3370 (w), 2977 bis 2880 (br, w), 1270 (vs, br), 1185 (s, br), 1057 (m), 962 (s), 704 (m)
$(C_2H_5)_2NH \cdot [(CF_3)_2$-$NOH]_2$	41.5 bis 42.5	≈98	$\delta(NH) = -9.27$, $\delta(CH_3) = -1.22$ (tr), $\delta(CH_2) = -2.80$ (qu), $J(CH_2\text{-}CH_3) = 7$ Hz, $\delta(CF_3) = 69.51$	IR [a]: 3619 (w), 2400 bis 3000 (br), 2560 (w, br), 2850, 2970 (w), 1395 (w), 1300 (vs), 1270 (vs), 1220 (vs), 1048 bis 1061 (m), 970 (s), 710 (m); IR [b]: 1270 (br, w), 1150 (br, w)

Literatur s.S. 146

Tabelle 9 [Fortsetzung]

Verbindung	Schmp. in °C	Ausbeute in %	^1H- und ^{19}F-NMR δ in ppm	IR-Spektrum (in cm^{-1})
$(C_2H_5)_3N \cdot (CF_3)_2$-NOH	–	≈93	$\delta(OH) = -11.7$, $\delta(CH_3) = -1.03$ (tr), $\delta(CH_2) = -2.57$ (qu), $J(CH_2\text{-}CH_3) = 7.0$ Hz, $\delta(CF_3) = 69.89$	IR [a]: 2750 bis 3000 (br), 2805 (m), 2983 (s), 1390 (m), 1298 (vs), 1275 (vs), 1220 (vs), 1068 (m), 969 (m), 708 (w); IR [c]: 3800 bis 3020 (br), 2850, 2880, 2940 (w), 2980 (m), 1270 (br, s), 1190 (br, s), 1057 (m), 960 (s), 702 (m)

[a] Gasförmig. – [b] Fest. – [c] Flüssig.

$(CH_3)_3SiCl$ und $(CF_3)_2NOH$ setzen sich bei 20 °C (1 h) zu 50% $(CF_3)_2NOSi(CH_3)_3$ um (s. S. 144) [138], s. auch [98]. $(CF_3)_2NOH$ reagiert mit $Fe(CO)_5$ bei 160 bis 170 °C (1 h) zu $(CF_3)_2NH$ (und CO, CO_2, FeF_2, FeF_3) [61]. In einem Bombenrohr setzt sich ein großer Überschuß an PCl_5 mit $(CF_3)_2NOH$ bei 20 °C (4.5 h), 50 °C (21 h) und dann 20 °C (20 h) zu Cl_2, HCl, 80% $(CF_3)_2NH$ und 89% $OPCl_3$ um. Verkürzt man die Reaktionszeit bei 20 °C auf 40 min, so entstehen 99.5% HCl, $OPCl_3$ und $(CF_3)_2NCl$ [17]. Eine Chlorierung von $(CF_3)_2NOH$ zu $(CF_3)_2NCl$ wird mit PCl_5 erreicht [124]. – $(CF_3)_2NOH$ und $(CH_3)_2C{=}CH_2$ reagieren bei 20 °C (24 h) nicht; setzt man aber 18 molares H_2SO_4 (0.05 cm^3) zu, so bildet sich $(CF_3)_2NOCH_2C(CH_3){=}CH_2$ (physikalische Daten s. S. 134) [134].

$(CF_3)_2NOH \cdot CsF$, hergestellt aus $(CF_3)_2NOH$ und CsF in Tetramethylensulfon, reagiert mit $H_2C{=}CHCH_2Cl$ bei 20 °C (10 h) zu $H_2C{=}CHCH_2ON(CF_3)_2$ mit folgenden physikalischen Eigenschaften ([a]: äußerer Standard $Si(CH_3)_4$, [b]: innerer Standard $CFCl_3$): Siedepunkt 58 °C, extrapoliert aus lg p (Torr) = 8.11 – 1730/T (Dampfdrücke im Bereich 254 bis 328 K angegeben), Verdampfungsenthalpie: $\Delta H_v = 7900$ cal/mol, Trouton-Konstante $\Delta H_v/T_s = 23.8$ $cal \cdot mol^{-1} \cdot K^{-1}$; ^1H-NMR [a]: $\delta(CH_2) = -4.25$ (Dublett), $J({=}CH\text{-}CH_2) = 6$ Hz, $\delta({=}CH_2) = -5.10$ (2 Sätze komplexer Dubletts), $J(HC\text{-}H_2C{=}) = 18$ und 19 Hz, $\delta({=}CH) = -5.73$ ppm (komplex), Kopplung zwischen den nicht äquivalenten Protonen der $={CH_2}$-Gruppe ist vermutlich kleiner als 1 Hz; ^{19}F-NMR [b]: $\delta(CF_3) = 68.8$ ppm; IR: 3100 (vw), 2975 (w), 2900 (vw), 1485 (vw), 1420 (m), 1350 (sh), 1300 (s), 1260 (s), 1220 (s), 1195 (sh), 1105 (w), 1050 (s), 990 (sh), 972 (s), 940 (m), 805 (w), 720 (m) cm^{-1} [125].

Ohne Lösungsmittel setzt sich $(CF_3)_2NOH \cdot CsF$ mit RC(O)Cl analog um zu $RC(O)ON(CF_3)_2$, R = CH_3, C_2H_5 [125]:

$CH_3C(O)ON(CF_3)_2$: Siedepunkt 66 °C, extrapoliert aus lg p (Torr) = 9.37 – 2200/T (Dampfdruck im Bereich 268 bis 336 K angegeben), $\Delta H_v = 9900$ cal/mol, $\Delta H_v/T_s = 29.1$ $cal \cdot mol^{-1} \cdot K^{-1}$; ^1H-NMR [a]: $\delta(CH_3) = -1.81$ ppm; ^{19}F-NMR [b]: $\delta(CF_3) = 68.8$ ppm; IR: 1845 (s), 1365 (m), 1315 (s), 1270 (s), 1220 (s), 1160 (s), 1100 (w), 1050 (s), 995 (sh), 975 (s), 850 (s), 820 (w), 725 (m) cm^{-1}. Massenspektrum s. Original.

Literatur s. S. 146

$C_2H_5C(O)ON(CF_3)_2$: Siedepunkt 93 °C, extrapoliert aus lg p (Torr) = 8.86 − 2197/T (Dampfdrücke im Bereich 278 bis 361 K angegeben), $\Delta H_v = 10000$, $\Delta H_v/T_s = 27.5$ cal · $mol^{-1} \cdot K^{-1}$; ^{1}H-NMR[a)]: $\delta(CH_3) = -0.82$ (Triplett), $\delta(CH_2) = -2.15$ (Quartett) ppm, J = 1.5 Hz; ^{19}F-NMR[b)]: $\delta(CF_3) = 68.8$ ppm; IR: 3000 (w), 1850 (s), 1460 (w), 1420 (w), 1325 (s), 1270 (s), 1220 (s), 1160 (s), 1100 (w), 1050 (s), 980 (s), 860 (m), 805 (w), 715 (s) cm^{-1}; Massenspektrum s. Original.

2.1.4.7 Reaktionen von $(CF_3)_2C{=}NOH$

Reactions of $(CF_3)_2$-C=NOH

In wasserfreiem HF wird $(CF_3)_2C{=}NOH$ von CrO_3, H_2O_2 und N-Cl-Verbindungen zu $(CF_3)_2CFNO$ oxidiert [139]. Chlorierung von $(CF_3)_2C{=}NOH$ mit Cl_2 führt zu einem blauen Gas, vermutlich $(CF_3)_2CClNO$ [46]. Äquimolare Mengen $(CF_3)_2C{=}NOH$ und N_2O_5 reagieren bei 50 °C (5 h) zu 61% $(CF_3)_2CHNO_2$, Siedepunkt 52 bis 53 °C/749 Torr, $n_D^{20} = 1.2920$, $D_4^{20} = 1.581$ g/cm^3 [42]. $(CF_3)_2C{=}NOH$ bildet mit $(CH_3)_2NC(O)H$ bzw. $(CH_3)_2CO$ die 1:1-Addukte $(CF_3)_2C{=}NOH \cdot HC(O)N(CH_3)_2$ (Siedepunkt 72 °C/12 Torr, $n_D^{20} = 1.2905$) bzw. $(CF_3)_2C{=}NOH \cdot O{=}C(CH_3)_2$ (keine physikalischen Daten) [40].

Mit $Hg(CH{=}CH_2)_2$ setzt es sich bei 180 °C zu 41% $(CF_3)_2C{=}NOCH{=}CH_2$ um (Siedepunkt 50 bis 51.5 °C, $n_D^{20.5} = 1.3210$, $D_4^{20.5} = 1.3120$ g/cm^3) [140]. – In Gegenwart von $(C_2H_5)_3N$ als Katalysator addiert $(CF_3)_2C{=}NOH$ bei 20 °C (24 h) $(CF_3)_2C{=}CF_2$ und liefert $(CF_3)_2C{=}NOCF_2CH(CF_3)_2$. Die ohne Katalysator in $(CH_3)_2NC(O)H$ durchgeführte Reaktion (Verfahren A) führt unter den angegebenen Bedingungen zu 47% der Additionsverbindung, die in geringen Mengen sich auch aus $(CF_3)_2C{=}CF_2$ und $NaNO_2$ in $(CH_3)_2NC(O)H$ (Verfahren B) bildet, Siedepunkt 96 °C/745 Torr (A), 95 bis 97 °C (B), $n_D^{20} = 1.2905$ (A), 1.2903 (B), IR: $\nu(C{-}H) = 2985$ (vw), $\nu(C{=}N) = 1165$ (w) cm^{-1} [40]. Ähnlich addiert $CF_3CF{=}CF_2$ in Anwesenheit von $(C_2H_5)_3N$ in 49.5% Ausbeute $(CF_3)_2C{=}NOH$ zu $(CF_3)_2C{=}NOCF_2CHFCF_3$, Siedepunkt 80 bis 83 °C, ^{1}H-NMR (in CCl_4, Standard $(CH_3)_3SiOSi(CH_3)_3$): $\delta(CH) = -5.0$ ppm, J(CH-CF) = 44 Hz, $J(CF_2{-}CH) = J(CH{-}CF_3) = 6$ Hz [38].

Kondensation von $(CF_3)_2C{=}NOH$ mit $C_2H_5OC(O)Cl$ in Äther liefert 65.8% $(CF_3)_2C{=}NOC(O)OC_2H_5$, Siedepunkt 42 bis 43 °C/20 Torr, $n_D^{20} = 1.3405$; ^{1}H-NMR (in CCl_4, Standard $(CH_3)_3SiOSi(CH_3)_3$): $\delta(CH_3) = -1.35$ (Triplett), $\delta(CH_2) = -4.35$ (Quartett) ppm, J = 7.2 Hz; ^{19}F-NMR (in CCl_4, Standard CF_3COOH): $\delta(CF_3) = -11.4$ und −14.2 ppm, $J(CF_3{-}CF_3) = -6.5$ Hz; IR (Film): $\nu(C{=}O) = 1820$; $\nu(C{=}N) = 1652$ cm^{-1}. Bei Verwendung von optisch aktivem ROC(O)Cl eröffnet dieser erste Reaktionsschritt die Möglichkeit, Diastereoisomere herzustellen [141].

Das in wasserfreiem Pyridin gelöste $(CF_3)_2C{=}NOH$ reagiert mit $C_6H_5C(O)Cl$ bei 20 °C (48 h) zu 81% $(CF_3)_2C{=}NOC(O)C_6H_5$, Siedepunkt 220 bis 222 bzw. 59 bis 60 °C/5 Torr, Schmelzpunkt 34 bis 35 °C; ^{19}F-NMR (äußerer Standard CF_3COOH, in CCl_4): $\delta(CF_3) = -11.5$, −14.0 (zwei Quartetts), $J(CF_3{-}CF_3) = 6.5$ Hz; IR: $\nu(OC{=}O) = 1810$; $\nu(C{=}N) = 1665$ cm^{-1} [44].

Zu in Äther gelöstem RC(O)Cl (s. Tabelle 10, S. 142) tropft man in Gegenwart von Pyridin bei −60 °C eine ätherische Lösung von $(CF_3)_2C{=}NOH$ unter Rühren hinzu. Nach zweistündigem Rühren bei 20 °C werden die Produkte durch Destillation isoliert. Ähnlich erfolgt die Kondensation von $(CH_3)_2CHOP(O)(CH_3)Cl$ mit dem Oxim zu $(CF_3)_2C{=}NO$-$P(O)(CH_3)OCH(CH_3)_2$. Nachfolgende Tabelle 10 (S. 142) enthält eine Auswahl an synthetisierten Verbindungen, Ausbeuten und physikalischen Daten [38].

Literatur s.S. 146

Reactions of $(CF_3)_2$-C=NOH

Tabelle 10: Produkte der Umsetzung von $(CF_3)_2C{=}NOH$ mit $(CH_3)CHOP(O)(CH_3)Cl$ und Verbindungen des Types RC(O)Cl. Siedepunkt (Sdp.) in °C/Druck in Torr, chemische Verschiebung δ und Spin-Spin-Kopplungskonstante J im ^{1}H-NMR-(Standard $(CH_3)_2SiOSi(CH_3)_2$) und ^{19}F-NMR-Spektrum (äußerer Standard CF_3COOH), beide Spektren in CCl_4 gemessen [38]:

Verbindung (Ausbeute in %)	Sdp./Torr in °C	^{1}H-NMR, ^{19}F-NMR (δ in ppm), n_D^{20}, IR-Spektrum (in cm^{-1})
$(CF_3)_2C{=}NOP(O)$-$(CH_3)OCH(CH_3)_2$ (78)	46 bis 48/1	^{1}H-NMR: $\delta(CH_3) = -1.35, -1.25$, $J(CH_3\text{-}CH) = 6.25$ Hz, $\delta(CH_3P) = -1.73$, $J(CH_3\text{-}P) = 18$ Hz, $\delta(CH) = -4.75$, $J(CHOP) = 8.25$ Hz; ^{19}F-NMR: $\delta(CF_3) = -14.6, -12.3$, $J(F\text{-}F) = 6.45$ Hz; $n_D^{20} = 1.3615$; IR: $\nu(C{=}N) = 1655$, $\nu(P{=}O) = 1263$
$(CF_3)_2C{=}NOC(O)N(CF_3)_2$ (31)	29 bis 31/1	^{1}H-NMR: $\delta(CH_3) = -2.75, 3.00$; ^{19}F-NMR: $\delta(CF_3) = -11.7, -13.3$, $J = 6.45$ Hz; $n_D^{22} = 1.3690$; IR (in CCl_4) $= \nu(C{=}O) = 1785$, $\nu(C{=}N) = 1640$
$(CF_3)_2C{=}NOC(O)$-$N[CH(CH_3)_2]_2$ (76)	79 bis 82/4	^{1}H-NMR: $\delta(CH_3) = -1.26$, $J(CH_3\text{-}CH) = 6.7$ Hz, $\delta(CH) = -3.95$; ^{19}F-NMR: $\delta(CF_3) = -11.6, -13.5$, $J = 6.45$ Hz; $n_D^{20} = 1.3872$; IR (in CCl_4) $= \nu(C{=}O) = 1785$, $\nu(C{=}N) = 1645$
$(CF_3)_2C{=}NOC(O)OCH_3$ (76)	55 bis 58/56	^{1}H-NMR: $\delta(CH_3) = -3.9$; ^{19}F-NMR: $\delta(CF_3) = -10.9, -13.7$; $n_D^{20} = 1.3311$, IR: $\nu(C{=}O) = 1830$, $\nu(C{=}N) = 1656$
$(CF_3)_2C{=}NOC(O)OC_2H_5$ (65.5)	42 bis 43/20	^{1}H-NMR: $\delta(CH_3) = -1.35$, $\delta(CH_2) = -4.35$, $J = 7.2$ Hz; ^{19}F-NMR: $\delta(CF_3) = -11.4, -14.2$, $J = 6.5$ Hz; $n_D^{20} = 1.3405$; IR: $\nu(C{=}O) = 1820$, $\nu(C{=}N) = 1652$
$(CF_3)_2C{=}NOC(O)CH(CH_2CH_3)CH_3^b$ (81.8)	58 bis 61/12	^{1}H-NMR: $\delta(CH_3^a) = -1.06$, $\delta(CH_2) = -1.85$, $J = 7.0$ Hz, $\delta(CH_3^b) = -1.5$, $\delta(CH) = -5.05$, $J(CH\text{-}CH_3) = J(CH\text{-}CH_2) = 6.5$ Hz; $n_D^{20} = 1.3537$
$(CF_3)_2C{=}NOC(O)CH(CH_3)C(O)OCH_3$ (55)	67 bis 68/4	^{1}H-NMR: $\delta(CF_3) = -1.53$, $J = 7$ Hz, $\delta(CH_3O) = -3.72$, $\delta(CH) = -5.1$; ^{19}F-NMR (flüssig): $\delta(CF_3) = -10.3, -13.1$, $J = 6.45$ Hz; $n_D^{20} = 1.3665$; IR: $\nu(OCOO) = 1820$, $\nu(COO) = 1760$, $\nu(C{=}N) = 1665$

In Gegenwart von $(C_2H_5)_3N$ kondensiert $(CF_3)_2C{=}NOH$ mit $(C_2H_5O)_2P(O)Cl$ in Petroläther zu 36.8% $(CF_3)_2C{=}NOP(O)(OC_2H_5)_2$ (Siedepunkt 73.5 bis 74.5 °C/7 Torr, $n_D^{20} = 1.3630$, $D_4^{20} = 1.3354$ g/cm^3) [102]. Analog reagiert es mit $(CH_3)_2CHOP(O)(CH_3)Cl$ in Äther bei −30 °C (1 h) und +20 °C (1 h) zu 61.6% $(CF_3)_2C{=}NOP(O)(CH_3)OCH(CH_3)_2$ (Siedepunkt 40 bis 41 °C/1 Torr, $n_D^{22} = 1.3612$, $D_4^{22} = 1.3450$ g/cm^3, IR: $\nu(C{=}N) = 1655$; $\nu(P{=}O) = 1263$ cm^{-1}) [142].

Literatur s.S. 146

Reactions of $(CF_3)_2$-C=NOH

Zur Synthese von $(CF_3)_2C{=}NOSO_2C_6H_4$-4-CH_3 wird eine Lösung von 4-$CH_3C_6H_4SO_2Cl$, gelöst in wasserfreiem Pyridin, zu $(CF_3)_2C{=}NOH$ zugetropft und bei 20 °C (0.5 h) gerührt. Nach 5 d fallen 75% Sulfonyloxim an, Schmelzpunkt 88 bis 90 °C, ^{19}F-NMR (in CH_3CN, äußerer Standard CF_3COOH): $\delta(CF_3) = -10.8$ und -13.7 ppm (zwei Quartetts), J(F-F) = 6.8 Hz; IR: $\nu(C{=}N) = 1650\ cm^{-1}$. Kondensation von $(CF_3)_2C{=}NOH$ mit C_6H_5NCO erfolgt in Gegenwart einiger Tropfen Pyridin bei 20 °C (14 d) zu 57% $(CF_3)_2C{=}NOC(O)NHC_6H_5$, Schmelzpunkt 88 bis 90 °C, ^{19}F-NMR (in C_6H_5CN): $\delta(CF_3) = -11.7$ und -16.8 ppm (zwei Quartetts), J(F-F) = 5.8 Hz, IR: $\nu(NH) = 3270$; $\nu(OC{=}O) = 1765$; $\nu(C{=}N) = 1650\ cm^{-1}$ [44].

Bei tropfenweiser Zugabe von $CH_3C[{=}NSi(CH_3)_3]OSi(CH_3)_3$ zu $(CF_3)_2C{=}NOH$ bei 0 °C und anschließendem Erhitzen im Vakuum destilliert bei 100 Torr $(CF_3)_2C{=}NOSi(CH_3)_3$ über, das zur Reinigung erneut fraktioniert wird, Ausbeute 71.5%; Siedepunkt 88 bis 89 °C; ^1H-NMR (äußerer Standard $(CH_3)_4Si$): $\delta(CH_3) = 0.29$ ppm; ^{19}F-NMR (äußerer Standard CF_3COOH): $\delta(CF_3) = -10.0$ (Quartett) und -12.3 (Quartett) ppm, J(F-F) = 6.9 Hz; IR: $\nu(C{=}N) = 1630\ cm^{-1}$ [44]. Das durch Metallierung von $(CF_3)_2C{=}NOH$ mit C_4H_9Li in C_6H_6 (trockene Ar-Atmosphäre) hergestellte $(CF_3)_2C{=}NOLi$ setzt sich bei portionsweiser Zugabe von $(C_6H_5)_3SiCl$, gelöst in C_6H_6, im Rückfluß (1.5 h) bzw. mit $(C_2H_5)_2SO_4$ bei 80 °C zu 42% $(CF_3)_2C{=}NOSi(C_6H_5)_3$ bzw. 48% $(CF_3)_2C{=}NOC_2H_5$ um mit folgenden physikalischen Eigenschaften [44]:

$(CF_3)_2C{=}NOSi(C_6H_5)_3$: Siedepunkt 108 bis 110 °C/0.001 Torr, ^1H-NMR (in CCl_4): $\delta(C_6H_5) = -6.9$ bis -7.3 (Multiplett) ppm; ^{19}F-NMR (in CCl_4): $\delta(CF_3) = -12.4$ (Quartett) und -14.4 (Quartett) ppm, J(F-F) = 7.4 Hz.

$(CF_3)_2C{=}NOC_2H_5$: Siedepunkt 63 bis 65 °C bzw. ≈20 °C/150 Torr, ^1H-NMR[a)]: $\delta(CH_3) = -0.8$ (Triplett), $\delta(CH_2) = -3.7$ (Quartett) ppm, J(H-H) = 7.0 Hz; ^{19}F-NMR: $\delta(CF_3) = -10.0$ (Quartett) und -11.5 (Quartett) ppm, J(F-F) = 5.6 Hz.

Bei der Umsetzung von $(CF_3)_2C{=}NOH$ mit C_2H_5J in Gegenwart äquimolarer Mengen KOH in Dioxan-H_2O (50:50) entsteht in 42.8% Ausbeute $(CF_3)_2C{=}NOC_2H_5$ [143]. In Dibutyläther wird $(CF_3)_2C{=}NOH$ von CH_2N_2 zu 37% $(CF_3)_2C{=}NOCH_3$ methyliert, Siedepunkt 43 bis 46 °C, $n_D^{20} = 1.2985$, ^1H-NMR (in CCl_4, innerer Standard $(CH_3)_3SiO$-$Si(CH_3)_3$): $\delta(CH_3) = -4.2$ ppm [38, 144]. Mit Tosylchlorid kondensiert $(CF_3)_2C{=}NOH$ zu 85% $(CF_3)_2C{=}NOTs$ (Ts = Tosyl-Rest), Schmelzpunkt 86 bis 88 °C [144], Siedepunkt 64.5 bis 65.6 °C, $n_D^{20} = 1.3089$, $D_4^{20} = 1.2832\ g/cm^3$, IR: $\nu(C{=}N) = 1626\ cm^{-1}$ [143].

2.1.4.8 Reaktionen von $(CF_3)_2NON(CF_3)_2$

Reactions of $(CF_3)_2$-$NON(CF_3)_2$

Zur Pyrolyse, Hydrolyse und Acidolyse s. die Kapitel 2.1.4.2 und 2.1.4.4.

$(CF_3)_2NON(CF_3)_2$ reagiert bei Umsetzung mit $Fe(CO)_5$ bei 160 °C zu $CF_3N{=}CF_2$, COF_2, CO, CO_2, FeF_2, FeF_3 [61]. Mit $X_3SiCH{=}CH_2$ erfolgt eine Addition zu X_3Si-$CH[ON(CF_3)_2]CH_2N(CF_3)_2$, $SiX_3 = Si(CH_3)_3$; $(CH_3)_2SiCl$; CH_3SiCl_2 und $SiCl_3$; Reaktionsbedingungen und physikalische Daten werden nicht angegeben [98].

Glatt und vollständig verläuft die Addition von $(CF_3)_2NON(CF_3)_2$ an $(CH_3)_3CN{=}C$ zu $(CH_3)_3CN{=}C[ON(CF_3)_2]N(CF_3)_2$ bei 20 °C innerhalb von 2 d (keine physikalischen Daten) [63]. Mit $HFC{=}CF_2$ reagiert $(CF_3)_2NON(CF_3)_2$ (Molverhältnis 1:1) bei 20 °C (108 h) zu einem Gemisch aus 80% $(CF_3)_2NOCF_2CHFN(CF_3)_2$ und 20% $(CF_3)_2NOCHFCF_2N(CF_3)_2$, Siedepunkt des Gemisches 96 °C/756 Torr; ^1H-NMR (äußerer Standard C_6H_6): $\delta(CH) = 1.16$ (Dublett von Tripletts, J(CF-H) = 43.2 und J(CH-CF_2) = 6.0 Hz) und 1.03 ppm (Dublett von Tripletts, J(CF-H) = 57.0 und J(CH-CF_2) = 6.0 Hz); ^{19}F-NMR (äußerer Standard CF_3COOH): $\delta(CF_3NO) = -8.3$ (Triplett, J = 8.2 Hz) und

-8.0 (breit); $\delta(CF_2)=9.7$ (unaufgelöstes Dublett von Septetts) und 20.0 (komplex, breit), $\delta(CF)=91.0$ (Dublett von Septetts oder Nonetts) und 67.7 (Dublett, br), $\delta(CF_3N)=-20.1$ (Quartett, J=7.5 Hz) und -22.5 ppm (Triplett von Dubletts, $J(CF_2\text{-}NCF_3)=12.7$ und $J(CF\text{-}NCF_3)=3.4$ Hz) [62].

Reactions of $(CF_3)_2$-NOM ($M={}^1/_2Hg$, Na)

2.1.4.9 Reaktionen von $(CF_3)_2NOM$ ($M={}^1/_2$ Hg, Na)

Mit CH_3J bzw. $(CH_3)_3SiCl$ reagiert $(CF_3)_2NONa$ zu $(CF_3)_2NOCH_3$ (82%) bzw. $(CF_3)_2NOSi(CH_3)_3$ (47%) [54]. Die Hg-Verbindung liefert mit $(CH_3)_3SiCl$ bei 20 °C (18 h) 94% $(CF_3)_2NOSi(CH_3)_3$, Siedepunkt 78 bis 79 °C, $n_D^{20}=1.3139$ [98], 69 °C/720 Torr [138]. Analog entstehen aus $[(CF_3)_2NO]_2Hg$ und $(CH_3)_2SiCl_2$ zu 78% $[(CF_3)_2NO]_2Si(CH_3)_2$ und 22% $(CF_3)_2NOSiCl(CH_3)_2$ (s. S. 127). Kondensationen des Hg-Salzes mit Dimethylaminohalogenphosphanen bzw. -arsanen verlaufen bei 20 °C (16 bis 18 h) gemäß $[(CH_3)_2N]_nACl_{3-n}+Hg[ON(CF_3)_2]_2 \rightarrow [(CH_3)_2N]_nA[ON(CF_3)_2]_{3-n}$ mit A=P, n=1 oder 2 und A=As, n=2 (s. S. 128) [131]. Bei 20 °C (48 h) reagiert das Hg-Salz mit $C_6H_5C(O)Cl$ nahezu quantitativ zu $(CF_3)_2NOC(O)C_6H_5$. ^{1}H-NMR (innerer Standard $(CH_3)_4Si$): $\delta(C_6H_5)=-7.8$ (komplex) ppm, ^{19}F-NMR (innerer Standard $CFCl_3$): $\delta(CF_3)=68.3$ (s) ppm; IR: 1815 (m), 1318 (s), 1263 (s), 1246 (sh), 1220 (s), 1183 (sh), 1054 (m), 995 (m), 975 (m), 713 (m) cm^{-1}. Ähnlich reagiert CH_3J bei 20 °C (24 h) zu ≈100% $(CF_3)_2NOCH_3$, Siedepunkt 19 °C; ^{1}H-NMR: $\delta(CH_3)=-3.9$ ppm, ^{19}F-NMR: $\delta(CF_3)=70.5$ (s) ppm; IR: 3020 (w), 2998 (w), 2958 (w), 2916 (vw), 2815 (vw), 1304 (vs), 1269 (vs), 1232 (vs), 1191 (s), 1070 (s), 978 (s), 971 (vs), 800 (w), 710 (m), 552 (w) cm^{-1}. Bei 20 °C (48 h) liefert $CH_3C(O)Cl$ in guter Ausbeute $(CF_3)_2NOC(O)CH_3$ (s. Tabelle 7, S. 130) [53].

In einer exothermen Reaktion setzt sich $[(CF_3)_2NO]_2Hg$ mit $(CH_3)_3CN{=}CCl_2$ bei 21 °C primär zu $(CH_3)_3CN{=}CClON(CF_3)_2$, das dann weiter zu $(CH_3)_3CN{=}C[ON(CF_3)_2]_2$ reagiert (s. S. 133) [27]. Umsetzungen von Halogenmethylbenzolen mit $[(CF_3)_2NO]_2Hg$ werden nachfolgend tabellarisch angegeben (V=Inhalt des Cariusrohres (ml)) [64]:

Substrat (mmol)	$[(CF_3)_2NO]_2Hg$ (mmol)	Reaktionszeit, -temperatur (V)	Produkt (mmol)
$C_6H_5CH_2Br$ (8.00)	5.01	5 min 20 °C (40)	$C_6H_5CH_2ON(CF_3)_2$ [a)] (7.67)
$C_6H_5CHCl_2$ (7.02)	9.26	20 min 0 °C (60)	$C_6H_5CH[ON(CF_3)_2]_2$ [b)] (5.76)
$C_6H_5CCl_3$ (4.44) [c)]	6.09	20 min 0 °C (80)	$C_6H_5C[ON(CF_3)_2]_3$ [d)] (3.77)

[a)] IR-spektroskopisch identifiziert (s. S. 138). — [b)] Gaschromatographisch gereinigt; ^{1}H-NMR (innerer Standard $Si(CH_3)_4$): $\delta(C_6H_5)=-7.37$, $\delta(CH)=-6.07$ ppm (Intensitätsverhältnis 5:1); ^{19}F-NMR (50% in CCl_4, äußerer Standard CF_3COOH): $\delta(CF_3)=-9.54$ ppm. — [c)] Mit 2 g CCl_4 verdünnt. — [d)] Gaschromatographisch isoliert, Siedepunkt 203 °C/754 Torr; ^{1}H-NMR: $\delta(H^2, H^6)=-7.75$ (komplex), $\delta(H^3, H^4, H^5)=-7.27$ (komplex) ppm; ^{19}F-NMR: $\delta(CF_3)=-10.95$ ppm.

$[(CF_3)_2NO]_2Hg$ reagiert mit $(CH_3)_2CHCH_2J$ bei 20 °C zu $(CF_3)_2NOCH_2CH(CH_3)_2$ und mit $(CH_3)_3CJ$ zu $(CF_3)_2NOC(CH_3)_3$ (s. Tabelle 7, S. 130) [133].

2.1.4.10 Reaktionen von $CF_3N(NO)OM$, M = H, Na

Reactions of CF_3-$N(NO)OM$, M = H, Na

Eine ätherische Lösung von $CF_3N(NO)OH$ (s.S. 87) wird bei −70 °C tropfenweise mit in Äther gelöstem $(C_2H_5)_2NH$ versetzt, wobei farblose Kristalle von $[(C_2H_5)_2NH_2]ON(NO)CF_3$ (Schmelzpunkt 52 bis 62 °C) entstehen. Erhitzt man eine wäßrige Lösung von $CF_3N(NO)ONa$ mit NaOCl im Rückfluß, so bildet sich CF_3NO_2. Aus dem Natriumsalz und HNO_3 entsteht CF_3NO. Die bei Siedetemperatur vorgenommene Methanolyse des $CF_3N(NO)ONa$ führt zu CF_3NO_2, $CF_3NN(O)CF_3$, $CF_3OCH_3N_2O$ und CH_3ONa [146].

2.1.4.11 Reaktionen weiterer Aminooxy- und Iminooxy-Verbindungen

Reactions of Other Aminooxy and Iminooxy Compounds

Zur Pyrolyse, Photolyse, Hydrolyse, Acidolyse und Solvolyse s. die Kapitel 2.1.4.2 bis 2.1.4.4.

Bei 100 °C ist $(ClCF_2CF_2)_2NO$ gegenüber O_2 beständig [10]. Mit PCl_5 reagiert $ClCF_2CF_2(CF_3)NOH$ zu $CF_3N{=}CFCF_2Cl$ [11].

Versuche, $(CF_3)_2NOP(O)Cl_2$ aus $(CF_3)_2NONO$ und $OPCl_3$ herzustellen, waren erfolglos, und auch $(CF_3)_2NOPCl_4$ reagiert mit SO_2 nicht zum gewünschten Produkt. $(CF_3)_2NONO$ und PCl_5 setzen sich zu $(CF_3)_2NOPCl_4$ (s. S. 100) um [19]. Kondensation von $(CF_3)_2NONO$ mit $C_6H_5NH_2$ führt zu $(CF_3)_2NOH$ und $C_6H_5N{=}NNHC_6H_5$ [1].

$(CF_3)_2NOS$ wird durch gasförmiges HCl zu $(CF_3)_2NOH$ und $N_3S_3Cl_3$ gespalten. Ähnlich setzt sich $[(CF_3)_2NO]_3O_3S_3N_3$ mit HCl-Gas bei 20 °C (2 d) zu $(CF_3)_2NOH$ und einem festen Rückstand um, der nachfolgendes Massenspektrum aufweist (m/e, Bruchstück, Intensität in %): 256, $S_3N_3O_3Cl_2^+$ (12.9); 205, $S_3N_3O_2Cl^+$ (37); 168 $(CF_3)_2NO^+$ (3.7); 138, $S_3N_3^+$ (16.2); 92, $S_2N_2^+$ (100); 81, $NSCl^+$ (55); 69, CF_3^+ (12.9). Nicht zuordnen ließen sich Peaks bei m/e = 278 (16.2) und m/e = 223 (54.9) [67].

Während $[(CF_3)_2NO]_3B$ mit tertiären Aminen bei 25 °C 1:1-Addukte in hohen Ausbeuten bildet, setzt es sich mit $(CH_3)_2NH$ unter Abspaltung von $(CF_3)_2NOH$ quantitativ zu $[(CF_3)_2NO]_2BN(CH_3)_2$ um. Nachfolgend werden Verbindung, Schmelzpunkt in °C, ^1H-NMR (äußerer Standard $Si(CH_3)_4$) und ^{19}F-NMR (äußerer Standard $CFCl_3$, δ in ppm) aufgeführt. $[(CF_3)_2NO]_3B \cdot NC_5H_5$, 42 bis 43 °C, $\delta(H) = -2.8$ bis -2.2, -1.38, $\delta(F) = 68.1$; $[(CF_3)_2NO]_3B \cdot N(CH_3)_3$, 50 bis 53 °C, $\delta(H) = -7.28$, $\delta(F) = 67.5$; $[(CF_3)_2NO]_2B \cdot N(CH_3)_2$, 68 bis 70 °C, $\delta(H) = -7.42$, $\delta(F) = 67.6$ [74].

Versuche, $(CF_3)_2NOP(O)Cl_2$ mit KHF zu fluorieren, führten quantitativ zu $(CF_3)_2NOH$ und vermutlich $OPCl_2F$ [19]. – Keine Reaktion erfolgt zwischen $[(CF_3)_2NO]_2PF_3$ und wasserfreiem HCl bei 25 °C bzw. Schwefel bei 160 °C. $(CF_3)_2NOPF_2$ setzt sich mit Hg nicht um [101]. Bei −40 °C reagiert $[(CF_3)_2NO]_2PF_3$ mit $(CH_3)_3SiN(CH_3)_2$ zu $(CH_3)_3SiF$, $(CF_3)_2NOH$ und $(CH_3)_3SiON(CF_3)_2$. Zusätzlich fällt eine gelbe nicht flüchtige Verbindung an [101].

Beständig gegenüber Fe-Pulver bei 210 °C (3 h) sind $(CF_3)_2NOCF_2CF_2ON(CF_3)_2$ und $(CF_3)_2NOCF_2CF(CF_3)ON(CF_3)_2$, die in 96 bis 97% Ausbeute zurückgewonnen werden. Unter diesen Bedingungen zersetzt sich Perfluor-[1,2-bis(dimethylaminooxy)-cyclobutan] zu 88% $CF_3N{=}CF_2$ (verunreinigt mit geringen Mengen CF_3NCO) und 98% Perfluorsuccinylfluorid [3].

Bei der Umsetzung von $CF_3C(Cl){=}NOH$ mit $(C_2H_5)_3N$ bildet sich intermediär das unbeständige, nicht isolierbare $CF_3C{\equiv}NO$, das sehr reaktiv ist [91]. In $(CH_3)_2NC(O)H$ reduziert $NaBH_4$ bei 20 °C $(CF_3)_2C{=}NOC(CF_3)_3$ zu $(CF_3)_3COH$ und $(CF_3)_2CHNH_2$ [87].

Literatur s.S. 146

Die Reaktion zwischen $CF_3CBr{=}NOH{\cdot}C_2H_5OC_2H_5$ und $(C_2H_5)_2NH$ bzw. $C_6H_5NH_2$ in Äther bei 0 bis 10 °C liefert $CF_3C({=}NOH)N(C_2H_5)_2$ (Siedepunkt 57 bis 58 °C/2 Torr, $n_D^{20}=1.4149$, $D_4^{20}=1.960$ g/cm³, IR: $\nu(C{=}N)=1670$ cm^{-1}) bzw. $CF_3C({=}NOH)NHC_6H_5$ (Schmelzpunkt 70.5 bis 71.5, Siedepunkt 98 bis 100 °C/3 Torr) [31]. – Nach dem Durchleiten von $CF_2{=}CFH$ durch $(CF_3)_2C{=}NONO$ wird das Gasgemisch durch einen auf 180 bis 190 °C erhitzten Reaktor geleitet, wobei sich 36% $(CF_3)_2C{=}NOCF_2CFHON{=}C(CF_3)_2$ bilden, Siedepunkt 30 °C/17 Torr; $n_D^{20}=1.3100$; $D_4^{20}=1.6334$ g/cm³; ^{19}F-NMR (Standard CF_3COOH): $\delta(CF_3)=-8.4$ und -10.7, $\delta(CF_2)=12.1$, $\delta(CF)=18.8$ ppm; IR: $\nu(C{=}N)=1656$ (vs), 1601 (vs) [88]. Auf Zugabe von $(C_6H_5)_4AsCl$ zu einer wäßrigen Lösung von $CF_3N(\dot{O})SO_3^-K^+$ entsteht $[(C_6H_5)_4As]^+[CF_3N(\dot{O})SO_3]^-$, ESR-Spektrum: $a_F=1.04$ und $a_N=1.10$ mT; g-Wert$=2.0062\pm0.0001$ [147].

Literatur:

[1] S.P. Makarov, A.Ya. Yakubovich, S.S. Dubov, A.N. Medvedev (Dokl. Akad. Nauk SSSR **160** [1965] 1319/22; Dokl. Chem. Proc. Acad. Sci. USSR **160** [1965] 195/8; C.A. **62** [1965] 14481). – [2] S.P. Makarov, A.Ya. Yakubovich, S.S. Dubov, A.N. Medvedev (Zh. Vses. Khim. Obshchestva **10** [1965] 106/7; C.A. **62** [1965] 16034). – [3] R.E. Banks, R.N. Haszeldine, M.J. Stevenson (J. Chem. Soc. C **1966** 901/4). – [4] A.P. Tomilov, Yu.D. Smirnov, A.F. Videiko (Elektrokhimya **2** [1966] 603; Soviet Electrochem. **2** [1966] 559). – [5] H.J. Emeléus, J.M. Shreeve, P.M. Spaziante (J. Inorg. Nucl. Chem. **31** [1969] 3417/9).

[6] Texaco Inc., R.R. Reinhard, W.D. Blackley (U.S.P. 3644449 [1969/72]; C.A. **76** [1972] Nr. 112666). – [7] Texaco Inc., R.R. Reinhard, W.D. Blackley (U.S.P. 3718695 [1969/73]; C.A. **78** [1973] Nr. 124007). – [8] H.G. Ang (Chem. Commun. **1968** 1320/1). – [9] W.D. Blackley (J. Am. Chem. Soc. **88** [1966] 480/4). – [10] Texaco Inc., W.D. Blackley (U.S.P. 3336389 [1964/67]; C.A. **67** [1967] Nr. 74197).

[11] V.A. Ginsburg, L.L. Martynova, M.F. Lebedeva, B.I. Tetel'baum, A.N. Medvedev (Zh. Obshch. Khim. **37** [1967] 1077/83; J. Gen. Chem. USSR **37** [1967] 1020/5; C.A. **68** [1968] Nr. 48950). – [12] S. Terabe, R. Konaka (Bull. Chem. Soc. Japan **46** [1973] 825/9; C.A. **78** [1973] Nr. 158534). – [13] R.E. Banks, K.C. Eapen, R.N. Haszeldine, A.V. Holt, T. Myerscough, S. Smith (J. Chem. Soc. Perkin Trans. I **1974** 2532/81). – [14] United Kingdom Secretary of State for Defence, London, R.E. Banks, R.N. Haszeldine (Deut. Offenlegungsschrift 2304712 [1972/73]; C.A. **80** [1974] Nr. 27667). – [15] R.E. Banks, R.N. Haszeldine, P. Mitra, T. Myerscough, S. Smith (J. Macromol. Sci. Chem. **8** [1974] 1325/43).

[16] R.E. Banks, K.C. Eapen, R.N. Haszeldine, P. Mitra, T. Myerscough, S. Smith (J. Chem. Soc. Chem. Commun. **1972** 833/4). – [17] R.N. Haszeldine, B.J.H. Mattinson (J. Chem. Soc. **1957** 1741/5). – [18] A.H. Dinwoodie, R.N. Haszeldine (J. Chem. Soc. **1965** 1675/81). – [19] S.P. Makarov, M.A. Énglin, A.F. Videiko, V.A. Tobolin, S.S. Dubov (Dokl. Akad. Nauk SSSR **168** [1966] 344/7; Dokl. Chem. Proc. Acad. Sci. USSR **168** [1966] 483/5; C.A. **65** [1966] 8742). – [20] S.P. Makarov, A.F. Videiko, V.A. Tobolin, M.A. Énglin (Zh. Obshch. Khim. **37** [1967] 1528/31; J. Gen. Chem. USSR **37** [1967] 1450/2; C.A. **68** [1968] Nr. 12361).

[21] M.D. Vorob'ev, A.S. Filatov, M.A. Énglin (Zh. Org. Khim. **10** [1974] 998/9; J. Org. Chem. [USSR] **10** [1974] 1009/10; C.A. **81** [1974] Nr. 49198). – [22] V.A. Ginsburg, K.N. Smirnov, M.N. Vasil'eva, A.N. Medvedev (Zh. Obshch. Khim. **37** [1967] 2354/5; J. Gen. Chem. USSR **37** [1965] 2240; C.A. **68** [1968] Nr. 77628). – [23] V.A. Ginsburg, K.N. Smirnov, M.N. Vasil'eva (Zh. Obshch. Khim. **39** [1969] 1333/7;

J. Gen. Chem. USSR **39** [1969] 1304/7; C.A. **71** [1969] Nr. 70014). – [24] D.P. Babb, J.M. Shreeve (Inorg. Chem. **6** [1967] 351/4). – [25] G.G. Flaskerud, J.M. Shreeve (Inorg. Chem. **8** [1969] 2065/9).

[26] Yu.A. Cheburkov, N.S. Mirzabekyaits, I.L. Knuyants (UdSSR P. 187027 [1965/66]; C.A. **67** [1967] Nr. 53644). – [27] J.L. Gerlock, E.G. Janzen (J. Am. Chem. Soc. **90** [1968] 1652/4). – [28] G.S. Shchegoleva, M.I. Kollegova, V.A. Barkhash (Izv. Sibirsk. Otd. Akad. Nauk SSSR Ser. Khim. Nauk **1971** Nr. 6, S. 126/8; C.A. **77** [1972] Nr. 101494). – [29] V.A. Ginsburg, L.L. Martynova, M.F. Lebedeva, S.S. Dubov, A.N. Medvedev, B.I. Tetel'baum (Zh. Obshch. Khim. **37** [1967] 1073/7; J. Gen. Chem. USSR **37** [1967] 1016/9; C.A. **68** [1968] Nr. 12367). – [30] N.N. Yarovenko, S.P. Motornyi (Zh. Obshch. Khim. **30** [1960] 4066/9; J. Gen. Chem. USSR **30** [1960] 4029/31; C.A. **1961** 20928).

[31] B.L. Dyatkin, A.A. Gevorkyan, I.L. Knunyants (Zh. Obshch. Khim. **36** [1966] 1326/30; J. Gen. Chem. USSR **36** [1966] 1340/3; C.A. **65** [1966] 16855). – [32] B.J. Wakefield, D.J. Wright (J. Chem. Soc. C **1970** 1165/8). – [33] L.W. Kissinger, W.E. McQuistion, M. Schwarz (Tetrahedron Suppl. Nr. 4 [1963] 137/41). – [34] A.M. Krzhizhevskii, N.S. Mirzabekyants, Yu.A. Cheburkov, I.L. Knunyants (Izv. Akad. Nauk SSSR Ser. Khim. **1974** 2513/7; Bull. Acad. Sci. USSR Div. Chem. Sci. **1974** 2421/4; C.A. **82** [1975] Nr. 111513). – [35] V.A. Ginsburg, N.F. Privezentseva, V.A. Shpanskii, N.P. Rodionova, S.S. Dubov, A.M. Khokhlova, S.P. Makarov, A.Ya. Yakubovich (Zh. Obshch. Khim. **30** [1960] 2409/15; J. Gen. Chem. USSR **30** [1960] 2391/5; C.A. **1961** 10299).

[36] V.A. Ginsburg, N.F. Privezentseva, N.P. Rodionova, S.S. Dubov, S.P. Makarov, A.Ya. Yakubovich (Zh. Obshch. Khim. **30** [1960] 2406/9; J. Gen. Chem. USSR **30** [1960] 2388/90; C.A. **1961** 10301). – [37] V.L. Isaev, R.N. Sterlin, V.M. Izmailov, I.L. Knunyants (Zh. Vses. Khim. Obshchestva **18** [1973] 713/4; C.A. **80** [1974] Nr. 81996). – [38] R.G. Kostyanovskii, G.K. Kadorkina, M. Zaripova, Z.E. Samoilova (Izv. Akad. Nauk SSSR Ser. Khim. **1974** 1615/9; Bull. Acad. Sci. USSR Div. Chem. Sci. **1974** 1537/9; C.A. **81** [1974] Nr. 135387). – [39] N. Mukhamadaliev, Yu.A. Cheburkov, I.L. Knunyants (Izv. Akad. Nauk SSSR Ser. Khim. **1965** 1982/7; Bull. Acad. Sci. USSR Div. Chem. Sci. **1965** 1949/53; C.A. **64** [1966] 11077). – [40] Yu.A. Cheburkov, I.L. Knunyants (Izv. Akad. Nauk SSSR Ser. Khim. **1967** 829/33; Bull. Acad. Sci. USSR Div. Chem. Sci. **1967** 797/800; C.A. **68** [1968] Nr. 38987).

[41] B.L. Dyatkin, E.P. Mochalina, L.T. Lanceva, I.L. Knunyants (Zh. Vses. Khim. Obshchestva **10** [1965] 469/70; C.A. **63** [1965] 14691). – [42] Yu.A. Cheburkov, N. Mukhamadaliev, I.L. Knunyants (Izv. Akad. Nauk SSSR Ser. Khim. **1966** 2119/22; Bull. Acad. Sci. USSR Div. Chem. Sci. **1966** 2053/5; C.A. **66** [1967] Nr. 75637). – [43] Yu.V. Zeifman, N.P. Gambaryan, I.L. Knunyants (Izv. Akad. Nauk SSSR Ser. Khim. **1965** 450/6; Bull. Acad. Sci. USSR Div. Chem. Sci. **1965** 435/41; C.A. **60** [1964] 9187). – [44] Yu.V. Zeifman, E.G. Abduganiev, E.M. Rokhlin, I.L. Knunyants (Izv. Akad. Nauk SSSR Ser. Khim. **1972** 2737/41; Bull. Acad. Sci. USSR Div. Chem. Sci. **1972** 2667/71; C.A. **78** [1973] Nr. 97752). – [45] I.L. Knunyants, B.L. Dyatkin, L.S. German, I.N. Rozhkov, V.A. Komarov (Zh. Vses. Khim. Obshchestva **8** [1963] 709/10; C.A. **60** [1964] 9132).

[46] I.L. Knunyants, L.S. German, I.N. Rozhkov, B.L. Dyatkin (Izv. Akad. Nauk SSSR Ser. Khim. **1966** 250/3; Bull. Acad. Sci. USSR Div. Chem. Sci. **1966** 226/8; C.A. **64** [1966] 15724). – [47] B.L. Dyatkin, S.R. Sterlin, I.L. Knunyants (Zh. Vses. Khim. Obshchestva **13** [1968] 468/9; C.A. **70** [1969] Nr. 46898). – [48] L.W. Kissinger, W.E. McQuistion, M. Schwartz, L. Goodman (Tetrahedron Suppl. Nr. 4 [1963] 131/5). –

[49] J. Jander, R.N. Haszeldine (J. Chem. Soc. **1954** 696/8). – [50] J. Mason (J. Chem. Soc. **1963** 4531/7).

[51] J. Mason (J. Chem. Soc. **1963** 4537/44). – [52] A.H. Dinwoodie, R.N. Haszeldine (J. Chem. Soc. **1965** 1681/4). – [53] H.J. Emeléus, J.M. Shreeve, P.M. Spaziante (J. Chem. Soc. A **1969** 431/3). – [54] H.J. Emeléus, B.W. Tattershall (Z. Anorg. Allgem. Chem. **327** [1964] 147/50). – [55] R.E. Banks, M.G. Barlow, R.N. Haszeldine, M.K. McCreath, H. Sutcliffe (J. Chem. Soc. **1965** 7209/11).

[56] D.A. Barr, R.N. Haszeldine, C.J. Willis (J. Chem. Soc. **1961** 1351/62). – [57] W.D. Blackley, R.R. Reinhard (J. Am. Chem. Soc. **87** [1965] 802/5). – [58] V.L. Isaev, L.Yu. Mal'kevitch, T.D. Truskanova, R.N. Sterlin, I.L. Knunyants (Zh. Vses. Khim. Obshchestva **20** [1975] 233/4; C.A. **83** [1975] Nr. 9068). – [59] J.A. Lott, D.P. Babb, K.E. Pullen, J.M. Shreeve (Inorg. Chem. **7** [1968] 2593/6). – [60] R.N. Haszeldine, A.E. Tipping (J. Chem. Soc. C **1966** 1236/41).

[61] A.F. Videiko, M.A. Énglin (Zh. Org. Khim. **8** [1972] 2049/50; J. Org. Chem [USSR] **8** [1972] 2095/6; C.A. **78** [1973] Nr. 29146). – [62] R.E. Banks, R.N. Haszeldine, T. Myerscough (J. Chem. Soc. Perkin Trans. I **1972** 1449/52). – [63] R.E. Banks, R.N. Haszeldine, C.W. Stephens (Tetrahedron Letters **35** [1972] 3699/701). – [64] R.E. Banks, D.R. Chaudhury, R.N. Haszeldine (J. Chem. Soc. Perkin Trans. I **1973** 1092/9). – [65] R.E. Banks, R.N. Haszeldine, T. Myerscough (J. Chem. Soc. Perkin Trans. I **1972** 2336/8).

[66] R.E. Banks, R.N. Haszeldine, T. Myerscough (J. Chem. Soc. C **1971** 1951/7). – [67] H.J. Emeléus, R.J. Poulet (J. Fluorine Chem. **1** [1971/72] 13/21). – [68] J.S. Coombes, P.M. Spaziante (J. Inorg. Nucl. Chem. **31** [1969] 2634/6). – [69] M.D. Vorob-'ev, A.S. Filatov, M.A. Énglin (Zh. Obshch. Khim. **44** [1974] 2724/7; J. Gen. Chem. USSR **44** [1974] 2677/7; C.A. **82** [1975] Nr. 67612). – [70] M.D. Vorob'ev, A.S. Filatov, M.A. Énglin (Zh. Org. Khim. **9** [1973] 324/6; J. Org. Chem. [USSR] **9** [1973] 326/8; C.A. **78** [1973] Nr. 123909).

[71] H.J. Emeléus, R.A. Forder, R.J. Poulet, G.M. Sheldrick (J. Chem. Soc. D **1970** 1483). – [72] H.G. Ang, J.S. Coombes, V. Sukhoverkhov (J. Inorg. Nucl. Chem. **31** [1969] 877/8). – [73] H.J. Emeléus, P.M. Spaziante, S.M. Williamson (J. Inorg. Nucl. Chem. **32** [1970] 3219/24). – [74] S.I. Anderson, J.M. Shreeve (Inorg. Nucl. Chem. Letters **6** [1970] 1/4). – [75] R.E. Banks, M.G. Barlow, R.N. Haszeldine, M.K. McCreath (J. Chem. Soc. C **1966** 1350/3).

[76] H.G. Ang, K.F. Ho (J. Organometal. Chem. **27** [1971] 349/55). – [77] K.O. Christe, C.J. Shack, R.D. Wilson, D. Pilipovich (J. Fluorine Chem. **4** [1974] 423/31). – [78] H.G. Ang, W.S. Lien (J. Fluorine Chem. **4** [1974] 447/8). – [79] J.M. Shreeve, D.P. Babb (J. Inorg. Nucl. Chem. **29** [1967] 1815/7). – [80] R.E. Banks, M.G. Barlow, R.N. Haszeldine, M.K. McCreath (J. Chem. Soc. **1965** 7203/9).

[81] R.E. Banks, D.R. Choudhury, R.N. Haszeldine (J. Chem. Soc. Perkin Trans. I **1973** 80/2). – [82] K.J. Wright, J.M. Shreeve (Inorg. Chem. **12** [1973] 77/80). – [83] P.E. Coles, R.N. Haszeldine, A.J. Owen, P.J. Robinson, B.J. Tyler (J. Chem. Soc. Chem. Commun. **1975** 340/1). – [84] S.P. Makarov, M.A. Énglin, A.V. Mel'nikova (Zh. Obshch. Khim. **39** [1969] 538/40; J. Gen. Chem. USSR **39** [1969] 507/8; C.A. **71** [1969] Nr. 38223). – [85] S.P. Makarov, M.A. Énglin, A.V. Mel'nikova, O.K. Denisov, V.A. Ginsburg, A.I. Shekotikhin, L.I. Kostikin, (UdSSR P. 239349 [1966/69]; C.A. **71** [1969] Nr. 49229).

[86] R.E. Banks, D.R. Chaudhury, R.N. Haszeldine, C. Oppenheim (J. Organometal. Chem. **43** [1972] C20/C22). – [87] B.L. Dyatkin, L.G. Martynova, B.I. Martynov, S.R. Sterlin (Tetrahedron Letters **1974** 273/4). – [88] V.L. Isaev, T.D. Truskonova, L.Yu. Mal'kevich, R.N. Sterlin, I.L. Knunyants (Zh. Vses. Khim. Obshchestva **20** [1975] 595/6; C.A. **84** [1976] Nr. 58517). – [89] E.C. Stump, W.H. Oliver, C.D. Padgett (J. Org. Chem. **33** [1968] 2102/4). – [90] K.C. Eapen (Current Sci. **1974** 179/80; C.A. **81** [1974] Nr. 64073).

[91] D.P. Del'tsova, E.S. Ananyan, N.P. Gambaryan (Izv. Akad. Nauk SSSR Ser. Khim. **1971** 362/6; Bull. Acad. Sci. USSR Div. Chem. Sci **1971** 296/9; C.A. **75** [1971] Nr. 63699). – [92] R.E. Banks, W.M. Cheng, R.N. Haszeldine, G. Shaw (J. Chem. Soc. C **1970** 55/6). – [93] M.A. Énglin, A.V. Mel'nikova (Zh. Vses. Khim. Obshchestva **13** [1968] 594/6; C.A. **70** [1969] Nr. 28503). – [94] R.E. Banks, R.N. Haszeldine, D.L. Hyde (Chem. Commun. **1967** 413/4). – [95] M.G. Barlow, R.N. Haszeldine, W.D. Morton, D.R. Woodward (J. Chem. Soc. Perkin Trans. I **1972** 2170/80).

[96] H.J. Emeléus, P.M. Spaziante, S.M. Williamson (J. Chem. Soc. D **1969** 768). – [97] H.J. Emeléus, J.M. Shreeve, P.M. Spaziante (Chem. Commun. **1968** 1252/3). – [98] R.N. Haszeldine, D.J. Rogers, A.E. Tipping (J. Chem. Soc. Dalton Trans. **1975** 2225/9). – [99] I.V. Martynov, Yu.L. Kruglyak, N.F. Privezentseva (Zh. Obshch. Khim. **37** [1967] 1125/30; J. Gen. Chem. USSR **37** [1967] 1068/71; C.A. **67** [1967] Nr. 116497). – [100] H.J. Emeléus, P.M. Spaziante (Chem. Commun. **1968** 770).

[101] C. Shiow-Chyn Wang, J.M. Shreeve (Inorg. Chem. **12** [1973] 81/3). – [102] H.G. Ang, K.F. Ho (J. Organometal. Chem. **19** [1969] P19/P20). – [103] P.O. Gitel', L.F. Osipova, L.I. Kostikin (Zh. Obshch. Khim. **41** [1971] 1409; J. Gen. Chem. USSR **41** [1971] 1416; C.A. **75** [1971] Nr. 104643). – [104] D.P. Babb, J.M. Shreeve (Intra-Sci. Chem. Rept. **5** Nr. 1 [1971] 55/67). – [105] Texaco Inc., W.D. Blackley (U.S.P. 3200158 [1964/65]; C.A. **63** [1965] 13076).

[106] C. Glidewell, D.W.H. Rankin, A.G. Robiette, G.M. Sheldrick, S.M. Williamson (J. Chem. Soc. A **1971** 478/81). – [107] C. Glidewell, C.J. Marsden, A.G. Robiette, G.M. Sheldrick (J. Chem. Soc. Dalton Trans. **1972** 1735/7). – [108] G.R. Underwood, V.L. Vogel (Mol. Phys. **19** [1970] 621/4; C.A. **74** [1971] Nr. 8229). – [109] A.B. Cornford, D.C. Frost, F.G. Herring, C.A. McDowell (Faraday Discussions Chem. Soc. Nr. 54 [1972] 56/63; C.A. 80 [1974] Nr. 42669). – [110] R.A. Forder, G.M. Sheldrick (J. Fluorine Chem. **1** [1971/72] 23/9).

[111] I.V. Miroshnichenko, G.M. Larin, S.P. Makarov, A.F. Videnko (Zh. Strukt. Khim. **6** [1965] 776/7; J. Struct. Chem. [USSR] **6** [1965] 737/8; C.A. **64** [1966] 5976). – [112] P.J. Scheidler, J.R. Bolton (J. Am. Chem. Soc. **88** [1966] 371/3). – [113] K. Morokuma (J. Am. Chem. Soc. **91** [1969] 5412/3). – [114] G.R. Underwood, V.L. Vogel, I. Krefting (J. Am. Chem. Soc. **92** [1970] 5019/22). – [115] T.J. Schaafsma, D. Kivelson (J. Chem. Phys. **49** [1968] 5235/40).

[116] S.H. Chin, S.I. Weissman (J. Chem. Phys. **53** [1970] 841). – [117] R.O.C. Norman, B.C. Gilbert (J. Phys. Chem. **71** [1967] 14/20). – [118] F.J. Weigert (J. Org. Chem. **37** [1972] 1314/6). – [119] I.L. Knunyants, B.L. Dyatkin, E.P. Mochalina, L.T. Lantseva (Izv. Akad. Nauk SSSR Ser. Khim. **1966** 179/80; Bull. Acad. Sci. USSR Div. Chem. Sci. **1972** 164/5; C.A. **64** [1966] 12521). – [120] A.A. Gevorkyan, B.L. Dyatkin, I.L. Knunyants (Izv. Akad. Nauk SSSR Ser. Khim. **1965** 1599/606; Bull. Acad. Sci. USSR Div. Chem. Sci. **1965** 1563/9; C.A. **64** [1966] 1944).

[121] R.G. Kostyanovskii, V.P. Nechiporenko (Teor. i Eksperim. Khim. **2** [1966] 558/62; Theor. Exptl. Chem. [USSR] **2** [1966] 420/3; C.A. **66** [1967] Nr. 23467). – [122] A.Ya. Yakubovich, S.P. Makarov, V.A. Ginsburg, N.F. Privezentseva, L.L. Martynova (Dokl. Akad. Nauk SSSR **141** [1961] 125/8; Dokl. Chem. Proc. Acad. Sci. USSR **141** [1961] 1112/5; C.A. **56** [1962] 11429). – [123] H.J. Emeléus (Record Chem. Progr. **32** [1971] 135/44). – [124] R.N. Haszeldine, B.J.H. Mattinson (Chem. Ind. [London] **1956** 81/2). – [125] L.L. Nash, D.P. Babb, J.J. Couville, J.M. Shreeve (J. Inorg. Nucl. Chem. **30** [1968] 3373/5).

[126] V.I. Gol'danskii, A.D. Mokrushin, A.O. Tatar (Khim. Vysokikh Energ. **3** [1969] 27/33 nach C.A. **70** [1969] Nr. 81367). – [127] L.G. Aravin, B.V. Sobolev, V.P. Shantarovich (Khim. Vysokikh Energ. **7** [1973] 528/32; High Energ. Chem. [USSR] **7** [1973] 467/70; C.A. **80** [1974] Nr. 89903). – [128] S.P. Makarov, A.F. Videiko, T.V. Nikolaeva, M.A. Englin (Zh. Obshch. Khim. **37** [1967] 1975/7; J. Gen. Chem. USSR **37** [1967] 1875/6; C.A. **68** [1968] Nr. 29359). – [129] A.P. Tomilov, Yu.D. Smirnov, S.S. Dubov, S.P. Makarov (Zh. Vses. Khim. Obshchestva **11** [1966] 473/4; C.A. **65** [1966] 16501). – [130] T.R. Fernandes, R.N. Haszeldine, A.E. Tipping (J. Fluorine Chem. **6** [1975] 195/200).

[131] Y.O. El Nigumi, H.J. Emeléus (J. Inorg. Nucl. Chem. **32** [1970] 3213/7). – [132] H.G. Ang, W.S. Lien (J. Fluorine Chem. **3** [1973/74] 235/6). – [133] R.E. Banks, R.N. Haszeldine, B. Justin (J. Chem. Soc. C **1971** 2777/85). – [134] R.E. Banks, J.M. Birchall, A.K. Brown, R.N. Haszeldine, F. Moss (J. Chem. Soc. Perkin Trans. I **1975** 2033/4). – [135] Texaco Inc., W.D. Blackley (U.S.P. 3462494 [1966/69]; C.A. **71** [1969] Nr. 90932).

[136] A.V. Mel'nikova, M.K. Baranaev, S.P. Makarov, M.A. Englin (Zh. Obshch. Khim. **40** [1970] 381/5; J. Gen. Chem. USSR **40** [1970] 350/2; C.A. **72** [1970] Nr. 131715). – [137] M.D. Vorob'ev, A.S. Filatov, M.A. Englin (Zh. Org. Khim. **10** [1974] 407/8; J. Org. Chem. [USSR] **10** [1974] 407; C.A. **80** [1974] Nr. 120152). – [138] A.C. Delany, R.N. Haszeldine, A.E. Tipping (J. Chem. Soc. C **1968** 2537/9). – [139] B.L. Dyatkin, E.P. Mochalina, I.L. Knunyants (Izv. Akad. Nauk SSSR Ser. Khim. **1965** 1715/6; Bull. Acad. Sci. USSR Div. Chem. Sci. **1965** 1688; C.A. **63** [1965] 17882). – [140] R.N. Sterlin, B.N. Evplov, I.L. Knunyants (Zh. Vses. Khim. Obshchestva **12** [1967] 591/3; C.A. **68** [1968] Nr. 49706).

[141] R.G. Kostyanovskii, G.K. Kadorkina (Izv. Akad. Nauk SSSR Ser. Khim. **1972** 1676; Bull. Acad. Sci. USSR Div. Chem. Sci. **1972** 1628; C.A. **77** [1972] Nr. 151367). – [142] R.N. Sterlin, B.N. Evplov, V.M. Izmailov (Zh. Vses. Khim. Obshchestva **13** [1968] 118/9; C.A. **69** [1968] Nr. 19254). – [143] B.L. Dyatkin, E.P. Mochalina, Yu.S. Konstantinov, S.R. Sterlin, I.L. Knunyants (Izv. Akad. Nauk SSSR Ser. Khim. **1967** 2297/305; Bull. Acad. Sci. USSR Div. Chem. Sci. **1967** 2200/7; C.A. **68** [1968] Nr. 77632). – [144] R.G. Kostyanovskii, G.K. Kadorkina, A.A. Fomichev (Izv. Akad. Nauk SSSR Ser. Khim. **1972** 1672/3; Bull. Acad. Sci. USSR Div. Chem. Sci. **1972** 1623; C.A. **77** [1972] Nr. 151371). – [145] B.L. Dyatkin, E.P. Mochalina, I.L. Knunyants (Tetrahedron **21** [1965] 2991/5).

[146] V.A. Ginsburg, L.L. Martynova, M.N. Vasil'eva (Zh. Obshch. Khim. **37** [1967] 1083/90; J. Gen. Chem. USSR **37** [1967] 1026/32). – [147] R.E. Banks, D.J. Edge, J. Freear, R.N. Haszeldine (J. Chem. Soc. Perkin Trans. I **1974** 721/2). – [148] V.A. Ginsburg, A.N. Medvedev, P.O. Gitel', Z.N. Lagutina, L.L. Martynova, M.F. Lebedeva, S.S. Dubov (Zh. Org. Khim. **8** [1972] 500/12; J. Org. Chem. [USSR] **8** [1972] 504/14). – [149] V.A. Ginsburg, A.A. Tumanov, L.V. Abramova, A.D. Koval'chenko (Zh. Obshch. Khim. **38** [1968] 1195; J. Gen. Chem. USSR **38** [1968] 1148).

2.2 Perfluorhalogenorgano-Nitroso-Verbindungen

Perfluorohalogeno-organo-Nitroso Compounds

2.2.1 Introduction

General in English

Perfluorohalogenoorganonitroso compounds generally have a deep blue color. Two characteristic chemical properties are their dimerization under the influence of UV light to $(R_f)_2NONO$ and their reaction with alkenes to 1,2-oxazetidines or 1:1 copolymers.

Allgemeines

General in German

Perfluorhalogenorganonitroso-Verbindungen sind im allgemeinen tiefblau gefärbt. Zu den herausragenden Eigenschaften gehört ihre Fähigkeit, unter dem Einfluß von UV-Licht zu $(R_f)_2NONO$ zu dimerisieren und mit Olefinen je nach Reaktionsbedingungen zu den entsprechenden 1,2-Oxazetidinen oder zu 1:1-Copolymeren zu reagieren.

2.2.2 Trifluornitrosomethan CF_3NO

Trifluoronitrosomethane

2.2.2.1 Bildung und Darstellung

Formation. Preparation

CF_3NO, das erstmals von Ruff und Giese [1, 2] 1936 bei der Fluorierung von mit feingemahlenem CaF_2 vermischtem AgCN beobachtet wurde, ist ein blaues Gas, das in sauberen Glasapparaturen, in Gegenwart von Hg und in Abwesenheit von Licht stabil ist und bei −86.6 °C zu einer tiefblauen Flüssigkeit kondensiert, s. beispielsweise [3].

2.2.2.1.1 Aus CF_3J und NO

From CF_3I and NO

UV-Photolyse eines Gemisches aus CF_3J und NO in Gegenwart von Hg (zur Entfernung von Jod und von N_2O_4 als Nebenprodukt) in einem Quarzbombenrohr (3 bis 7 d) ergibt CF_3NO in 75% Ausbeute, bezogen auf verbrauchtes CF_3J [4, 5]. Die Ausbeute konnte bei Anwendung von Atmosphärendruck auf 90% gesteigert werden [5, 6], das so erhaltene CF_3NO ist sehr rein [6]. Bei $p > 1$ atm ist die Ausbeute hoch (80%, bezogen auf verbrauchtes CF_3J), jedoch der Umsatz gering (20 bis 40%); bei $\leqq 1$ atm ist der Umsatz hoch (90%), dieses Verfahren eignet sich besonders zur Darstellung kleiner Mengen [3]. Als optimale Bedingungen werden angegeben: CF_3J/NO-Molverhältnis 1:1, Anfangsdruck 760 bis 700 Torr, 500 W-Quecksilber-UV-Lampe, Gegenwart von Hg, Entfernung von überschüssigem NO durch Oxidation mit Luft, dann Reaktion mit Hg, Reaktionstemperatur 35 bis 50 °C (3 bis 4 h, Reaktionsende bei 50% Druckabfall). Die Ausbeute beträgt hier 85% bei einem 57%igem Umsatz [7]. Eine ausführliche Beschreibung der Synthese aus CF_3J, NO und Hg sowie Reinigung von CF_3NO wird in [8] gegeben. Anstelle von Hg kann auch eine saure KJ-Lösung verwendet werden. Die Ausbeute sinkt jedoch auf 47% [8]. Die IR-spektroskopisch verfolgte Photolyse eines CF_3J/NO-Gemisches zeigt, daß neben CF_3NO sich auch N_2 und NO_2 bilden nach [9]:

1) $CF_3J + h\nu \rightarrow CF_3 + J$ 3) $CF_3NO + 2NO \rightarrow CF_3 + N_2 + NO_3$
2) $CF_3 + NO \rightarrow CF_3NO$ 4) $NO_3 + NO \rightarrow 2NO_2$

In nur 3% Ausbeute bildet sich CF_3NO beim Erhitzen von CF_3J mit NO auf 100 bis 140 °C (4 d) und anschließend auf 160 °C (12 h) in Gegenwart von Hg und unter Ausschluß von Licht [3].

2.2.2.1.2 Aus $CF_3C(O)OAg$ und NOCl bzw. aus $CF_3C(O)ONO$

From CF_3-$C(O)OAg$ and NOCl or from $CF_3C(O)$-ONO

CF_3NO (in 30% Ausbeute) wird durch Erhitzen von $CF_3C(O)OAg$ mit NOCl (10 d) erhalten. Die Temperatur wird so erhöht, daß immer eine Blaufärbung (durch CF_3NO) zu sehen ist [5], s. auch [10].

Literatur s.S. 170

Formation and Preparation

Die Ausbeute läßt sich beträchtlich erhöhen, wenn das intermediär auftretende $CF_3C(O)ONO$ isoliert und in einer zusätzlichen Operation pyrolysiert wird. Hierbei ist der explosive Charakter dieser Verbindung zu beachten. Beim Durchleiten von N_2 durch ein auf 75 bis 80 °C erwärmtes $CF_3C(O)ONO$ wird der mit Substanz beladene Gasstrom bei 190 bis 192 (3.5 h; Kontaktzeit 12 s) thermisch zersetzt. Die Ausbeute steigt bei einer solchen Reaktionsführung auf 56 bis 59% [11, 12, 13]. Verlängert man die Verweilzeit auf 20 s und pyrolysiert bei 190 °C (4 h), so bilden sich 42% CF_3NO. Eine ausführliche Beschreibung der Synthese von CF_3NO durch Pyrolyse von $CF_3C(O)ONO$ wird in [14] gegeben. Die bei 175 °C durchgeführte Zersetzung führt ebenfalls zu CF_3NO. Ein mit $CF_3C(O)ONO$-Gas beladener N_2-Strom pyrolysiert in einem Pt-Rohr bei 200 °C zu 12% [15] und bei 190 bis 192 °C (3.5 h) zu 56% CF_3NO [16]. In einer speziellen Apparatur wird $CF_3C(O)ONO$ bei 180 °C (Verweilzeit 70 s) zu 60% CF_3NO bei einem Umsatz von 90% umgewandelt [17, 89]. Auch aus $[CF_3C(O)]_2O$ und NOCl entsteht beim Bestrahlen mit UV-Licht bei 20 °C (48 h) $CF_3C(O)ONO$, das bei 200 °C zu 85% CF_3NO zersetzt werden kann [18]. Die Kinetik der Gasphasenpyrolyse von $CF_3C(O)ONO$ ist im Temperaturbereich 119 bis 172 °C [19] und der explosive Zerfall zwischen 178 und 232 °C untersucht worden [20]. Ohne Gefahr kann $CF_3C(O)ONO$ in einem inerten Lösungsmittel (z.B. Perfluorhalogenkohlenwasserstoff) beim Erwärmen im Rückfluß zu CF_3NO decarboxyliert werden [21].

Photolyse von $CF_3C(O)ONO$ (Hanovia R.T.M-UV-Lampe) in einem Quarzgefäß (46 h) ergibt 39% CF_3NO, bezogen auf umgesetztes $CF_3C(O)ONO$. Verbindet man den Reaktionskolben über einen auf −76 °C gekühlten Kühler mit einer Falle (−196 °C), so erhält man nach sechsstündiger Bestrahlung 52% CF_3NO [15]. Bei Photolyse mit einer Hanovia-Lampe (500 Watt) fallen nach 6.5 h 52% CF_3NO an [13].

By Other Reactions

2.2.2.1.3 Durch weitere Reaktionen

UV-Photolyse eines CF_3Br-NO-Gemisches (24 h, $\lambda = 253.7$ nm) in Gegenwart von Hg ergibt CF_3NO in 60% Ausbeute [22], analog die Photolyse eines CF_3NNCF_3-NO-Gemisches [23]. Aus CF_3H und NOCl entstehen beim Bestrahlen mit UV-Licht (400 bis 230 nm) bei 160 °C (5 h) in einem Quarzrohr quantitativ CF_3NO bei 18.6%igem Umsatz des NOCl [24]. Als Nebenprodukt fällt es beim Bestrahlen von CF_3J und N_2F_4 bzw. in 12% Ausbeute von CF_3J, NO und N_2F_4 bei 26 °C (1 h) an. Photolyse des $CF_3N(O)=NF$ bei 26 °C (1 h) führt zu 35% CF_3NO [25]. Aus $CF_3C(O)J$, NO und Hg werden beim Bestrahlen bei 100 °C (4 d) nur 4% CF_3NO erhalten [3]. Unter dem Einfluß eines induktiven Hochfrequenzplasmas (12 MHz) reagiert C_2F_6 bzw. CF_3Br mit NO zu 5 bzw. 1% CF_3NO bei 30- bzw. 2%igem Umsatz [26].

Bei der Umsetzung von $(CN)_2$ mit ClF oder ClF_3 bildet sich CF_3NO [27]. Als Nebenprodukt (5%) tritt CF_3NO auch bei der Umsetzung von ClCN mit AgF_2 bei 10 bis 15 °C (2 h) auf [28].

Bei der Fluorierung von CCl_3NO mit Metallfluoriden fällt CF_3NO an. Mit AgF entstehen bei 40 °C (8.5 h) etwa 2% CF_3NO und bei Verwendung des Lösungsmittels $(CH_3)_2NC(O)H$ 1.6%. Keine Fluorierung tritt mit NaF bei 40 °C (5.5 h) ein, und auch der Einsatz eines Lösungsmittels wie $(CH_3)_2NC(O)H$ bei 40 °C (7 h) sowie 80 °C (5.2 h) führt nicht zu CF_3NO [29].

Bei der Umsetzung von $CF_3N(NO)ONa$ mit Cl(CO)R (R = CH_3, C_6H_5) bzw. mit HNO_3 bildet sich CF_3NO [90].

Literatur s.S. 170

2.2.2.2 Molekül und physikalische Eigenschaften

The Molecule and Physical Properties

Schmelzpunkt: ≈ -150 °C [1].

Siedepunkt $t_s = -84$ °C, aus gemessenen Werten des Dampfdrucks (in Torr) p=21.5 (bei −131.4 °C), 90 (−114.4 °C), 177.7 (−105.8 °C), 450.4 (−93.2 °C), 747.3 (−84.4 °C); Verdampfungsenthalpie $\Delta H_v = 4018$ cal/mol, Troutonsche Konstante $\Delta H_v/T_s = 21.2$ cal·mol^{-1}·K^{-1} [2]; $t_s = -86.6$ °C [11]; $t_s = -86.0$ °C/767 Torr [7]; $t_s = -86.6$ °C, extrapoliert aus lg p (Torr) = 7.674 − 895.86/T, $\Delta H_v = 4097$ cal/mol, $\Delta H_v/T_s = 21.9$ cal·mol^{-1}·K^{-1} [6]; $t_s = -84.5$ °C, extrapoliert aus lg p (Torr) = 7.690 − 907.2/T, $\Delta H_v = 4133$ cal/mol, $\Delta H_v/T_s = 21.9$ cal·mol^{-1}·K^{-1} [30]; $t_s = -86$ °C [31].

Struktur: Aus Elektronenbeugungsmessung in der Gasphase werden folgende Kernabstände r und Winkel α erhalten: r(C−F) = 1.326 ± 0.003 Å, r(C−N) = 1.546 ± 0.008 Å, r(N=O) = 1.197 ± 0.005 Å, α(C−N−O) = 113.2° ± 1.3°, α(N−C−F) = 109.0° ± 0.4°; in der Konformation für das Energieminimum besitzt CF_3NO eine koplanare OCNF-Anordnung. Die Rotationsbarriere entlang der C−N-Bindung beträgt 1100 cal/mol [32]. Ebenfalls durch Elektronenbeugung bestimmt sind die Werte: r(C−F) = 1.321 ± 0.004 Å, r(C−N) = 1.555 ± 0.015 Å, r(N=O) = 1.171 ± 0.008 Å, α(F−C−F) = 111.9° ± 0.4°, α(C−N−O) = 121° ± 1.6° [33].

Für die obere Grenze des Dipolmomentes ergibt sich aus der Molpolarisation von 14.0 ± 0.2 cm^3/mol bei 296 °C und der geschätzten Elektronenpolarisation von 10.9 ± 0.2 cm^3/mol ein Wert von $\mu = 0.31 \pm 0.03$ D. Es wird das Vorliegen einer ionischen Struktur $CF_3^-N{\equiv}O^+$ diskutiert [34].

Die diamagnetische Suszeptibilität, gemessen nach der Gouyschen Methode, bei 20 °C in einem Einschlußrohr, beträgt -44.4×10^{-6} [5].

Mittels einer Elektronenstoßmethode wird die Bindungsdissoziationsenergie D(F_3C−NO) = 31 ± 3 kcal/mol ermittelt [35].

^{19}F-NMR (innerer Standard $CFCl_3$): $\delta(CF_3) = 89.83 \pm 0.02$ ppm bei −100 °C [36]. ^{14}N-NMR (äußerer Standard gesättigte wäßrige Nitritlösung): δ(N) = −193 ppm ($w_{1/2} = 140$ Hz) bei −130 bis −90 °C [37], δ(N) = −195 ppm ($w_{1/2} = 450$ Hz) bei −90 °C und −190 ppm ($w_{1/2} = 390$ Hz) bei −130 °C [38].

Massenspektrum (in Klammern relative Intensität): m/e = 99, CF_3NO^+ (0.11); 69, CF_3^+ (56.82); 66, CF_2O^+, $CClF^+$ (0.11); 64, CF_2N^+ (0.46); 50, CF_2^+ (4.43); 47, CFO^+, CCl^+ (0.34); 46, NO_2^+ (16.20); 45, CFN^+ (1.19); 42, CNO^+, $C_2H_4N^+$, $CH_2N_2^+$ (0.11); 31, CF^+ (2.22); 30, NO^+ (16.30); 20, HF^+, $C_2H_2N^+$ (0.34); 19, F^+ (0.17); 16, O^+ (0.17); 14, CH_2N^+ (0.17); 12, C^+ (0.17) [39], m/e = 99 (3); 69 (50); 50 (11); 45 (2); 31 (6); 30 (100); 20 (4); 12 (2) [35].

UV-Spektrum (Gas): λ_{max} (in nm) = 718 (ε=6.7), 705 (ε=10.5), 683 (ε=23), 665 (ε=21.5), 654 (ε=18.5), 628 (ε=11.5), 624 (ε=12.0), 608 (ε=9.0), 600 (ε=7.0), 578 (ε=4.0), 566 (ε=2.5), 266 (ε=20); λ_{min} (in nm) = 715 (ε=6.5), 704 (ε=10.0), 676 (ε=17.0), 658 (ε=17.5), 632 (ε=11.0), 626 (ε=11.0), 614 (ε=8.5), 602 (ε=6.5), 580 (ε=3.5), 568 (ε=2.3), 510 bis 310 (ε<0) [37], s. auch [40]. UV-Spektrum (Gas): λ_{max} (in nm) = 692.5 (ε=23.8), 673.0 (ε=21.3), 269.5 (ε=1.8); λ_{min} (in nm) = 687.0 (ε=17.3), 240.0 (ε=0.8). UV-Spektren von gasförmigen und in Cyclohexan, $CHCl_3$ sowie H_2O gelöstem CF_3NO sind abgebildet. Die durch das Lösungsmittel verursachte Rotverschiebung beträgt beim Übergang von gasförmigem zu in Cyclohexan gelöstem CF_3NO 70 cm^{-1}, bei den Übergängen Cyclohexan→$CHCl_3$ wird eine Blauverschiebung von 100 cm^{-1} bzw. für Cyclohexan→H_2O von 350 cm^{-1} beobachtet [34].

Literatur s.S. 170

Physical Properties

In CH_3COOH, C_2H_5 bzw. Dimethylformamid verschieben sich die Absorptionsmaxima nach 674, 670 bzw. 665 nm [42].

Schwingungsspektren

Nach einer ersten Analyse der Spektren [30], s. auch [3, 6, 10], wird bei größerem Meßbereich und höherer Auflösung das IR-Spektrum von gasförmigem CF_3NO zwischen 4000 und 35 cm^{-1}, von CF_3NO in kondensierten Phasen und das Raman-Spektrum aufgenommen. Im folgenden werden Banden (in cm^{-1}) und ihre Zuordnung zu den 12 Fundamentalschwingungen des Moleküls angegeben (C_s-Symmetrie, irreduzible Darstellung $\Gamma = 8A' + 4A''$) [41]:

IR-Spektren			Raman-	
Gasphase		Festphase	Spektrum[a)]	Zuordnung
1602, 1597, 1594, 1590	vs	1593.5 vs	1596 w	$\nu_1(A')$, NO-Valenzschwingung
1292, 1283, 1276	vs	1280 vvs	1286 w	$\nu_2(A')$, CF-Valenzschwingung; $\nu_5+\nu_6$ (1282)
1249, 1240, 1233	vs	1220 vvs	1236 m	$\nu_4+\nu_7$ (1237); $\nu_3(A')$, CF-Valenzschwingung; $\nu_2-\nu_{12}$ ($\approx$1230)
1189, 1181, 1176, 1173	vs	1165.5 vvs	1172 w	$\nu_4+\nu_{11}$ (1183); $\nu_9(A'')$, CF-Valenzschwingung; $\nu_7+2\nu_{11}$ (1173)
817, 810, 798	s	809 vs	811 w	$\nu_4(A')$, CN-Valenzschwingung
741, 731, 723	s	729 vs	731 m	$\nu_5(A')$, CF_3-Deformationsschwingung
551, 541, 533	s	551 vs	551 m	$\nu_6(A')$, CF_3-Deformationsschwingung
		533.5 vs	529 m	$\nu_{10}(A'')$, CF_3-Deformationsschwingung
436, 427, 418	m	421.5 s	423 m	$\nu_7(A')$, Deformationsschwingung
382, 373, 362	w	370 m	379 ms	$\nu_{11}(A'')$, CF_3-Schaukelschwingung

Literatur s.S. 170

Physical Properties

IR-Spektren Gasphase		Festphase	Raman-Spektrum a)	Zuordnung
303, 296, 292, 287	w	296 m	300 vw	$\nu_8(A')$, CF_3-Schaukelschwingung
–		–	≈50 sh	$\nu_{12}(A'')$, Torsionsschwingung

a) Infolge sofortiger Photolyse ist es sehr schwierig Raman-Spektren für CF_3NO aufzunehmen. Die angegebenen Streuungen stammen vermutlich vom CF_3NO.

Bei einer Normalkoordinatenanalyse ergeben sich folgende Valenzkraftkonstanten (in mdyn/Å; Symmetriekraftkonstanten und Potentialenergieverteilung s. Original):

Diagonalkonstanten	Zuordnung	Wechselwirkungskonstanten	Zuordnung
4.900	ν(CF)	1.053	CF-CF
3.626	ν(CN)	0.253	CF-FCF
10.101	ν(N=O)	0.316	CN-CNO
1.034	δ(FCF)	0.015	FCF-FCF
0.504	δ(FCN)	−0.002	FCF-FCN
1.290	δ(CNO)	0.063	FCF-CNO
0.004	FCNO Torsion	0.065	FCN-FCN

Die innere Rotationsbarriere liegt bei ≈150 cm^{-1} (≙ ≈425 cal/mol) [41].

2.2.2.3 Elektrochemisches Verhalten

Electrochemical Behavior

Polarographische Untersuchungen ergaben, daß CF_3NO in verschiedenen Lösungsmitteln Charge-Transfer-Komplexe mit den Lösungsmittelmolekülen bildet und hierbei in einer Oxidations-Reduktionsreaktion als Elektronenakkzeptor wirkt. In $(CH_3)_2NC(O)H$ beträgt das Halbstufenpotential $-E'_{1/2}=0.50$ V und $-E''_{1/2}=0.90$ V. In C_2H_5OH ist $-E_{1/2}=0.70$ V und in CH_3COOH $-E_{1/2}=0.18$ V [42]. In $(CH_3)_2NC(O)H$, CH_3CN und $(CH_3)_2SO$ wird $-E_{1/2}=0.25$ V gemessen [43].

2.2.2.4 Chemisches Verhalten

Chemical Reactions

2.2.2.4.1 Comment

Comment in English

Those reactions of trifluoronitrosomethane that lead to title compounds (cyclic or linear perfluorohalogenoorgano nitrogen compounds) are not completely treated here but rather with the preparation of the compound formed. However, these preparative reactions can be found in the index also under the chemical reactions (CV) of CF_3NO. The index is in the last volume of this series.

Vorbemerkung

Comment in German

Diejenigen Reaktionen von Trifluornitrosomethan, die zu Titelverbindungen führen (d.h. zu zyklischen oder linearen Perfluorhalogenorgano-Stickstoff-Verbindungen) werden im folgenden nicht vollständig aufgeführt; sie sind bei der Darstellung

Chemical Reactions

der jeweiligen Titelverbindung zu finden. Hinweise auf diese Stellen werden unter dem „Chemisches Verhalten" (CV) von CF_3NO im Register (siehe letzter Band dieser Reihe über Stickstoff-Verbindungen) aufgeführt.

General

2.2.2.4.2 Allgemeines

Der folgende Abschnitt gibt einen Überblick über Reaktionen von CF_3NO, die zu Titelverbindungen führen:

Oxidationsmittel oxidieren CF_3NO zu CF_3NO_2. Mit NH_4OH reagiert CF_3NO zu $CF_3N{=}NH$, das in CH_3OH oder Äther stabilisiert wird. In der Gasphase liefert CF_3NO mit NH_3 70% $(CF_3)_2NOH \cdot H_2O$. In Gegenwart von CF_3J führt die Bestrahlung von CF_3NO mit UV-Licht zu $(CF_3)_2NOCF_3$ und $(CF_3)_2NONO$. CF_3NO addiert CF_3-Radikale zu $(CF_3)_2NO\cdot$, das mit CF_3 weiter zu $(CF_3)_2NOCF_3$ reagiert. Die katalytische Fluorierung von CF_3NO führt zu $(CF_3)_2NOCF_3$ [90]. Elektrolytische Reduktion bei einem Halbstufenpotential von −0.25 V gegen eine gesättigte Kalomelelektrode in Äther, $(CH_3)_2NC(O)H$, CH_3CN oder $(CH_3)_2SO$ führt zur Bildung von $CF_3N(O\cdot)N(O^-)CF_3$. Unter dem Einfluß von UV-Licht setzt es sich mit N_2F_4 bei 46 °C (1 h) zu 14% $CF_3N(O)NF$ um. Unter diesen Bedingungen tritt mit N_2F_2 keine Reaktion ein. Bei 20 °C (6 h) reagiert ein Gemisch aus CF_3NO und N_2F_4 im Autoklav hauptsächlich zu $CF_3N(O)NF$ und $(CF_3)_2NOCF_3$. In Gegenwart von $CF_2{=}CF_2$ entsteht bei −25 bis −35 °C nur ein $\{N(CF_3)OCF_2CF_2\}_n$-Polymer. Bei 20 °C dagegen bildet sich $CF_3N(O)NF$, $(CF_3)_2NNO_2$ und $O_2NCF_2CF_2NO$. Mit NO entsteht $CF_3N(NO)ONO$, das oberhalb −55 °C instabil ist und über einen Radikalmechanismus in $(CF_3)_2NONO$ zerfällt. In der Gasphase setzt sich CF_3NO mit NO (48 h) zu CF_3NO_2, $(CF_3)_2NONO$ und NO_2 um. Innerhalb von 14 d fallen CF_3NO_2 und Stickoxide an. Ein Gemisch aus CF_3NO, $CF_2{=}CF_2$ und NO reagiert bei 20 °C (20 h) zu $O_2NCF_2CF_2NO$, $O_2NCF_2CF_2NO_2$ und Perfluormethyl-1,2-oxazetidin. Die Umsetzung von CF_3NO mit NO in CH_3OH bei −100 bis −110 °C bzw. −70 °C führt intermediär zu $CF_3N(NO)ONO$. Mit $MHSO_3$ (M = Na, K) reagiert CF_3NO in wäßriger Lösung zu $CF_3N(OH)$-SO_3M. Beim Einleiten von NH_3 in eine ätherische Lösung bei −115 bis −110 °C entstehen $CF_3N(O)NCF_3$, CF_3NO und $(CF_3)_2NOH \cdot C_2H_5OC_2H_5$. Radikalbildung von $CF_3\dot{N}O^-$ und $O_2NCF_2CF_2\dot{N}O^-$ tritt bei der Umsetzung von CF_3NO mit $ONCF_2CF_2NO_2$ bei −90 bis −70 °C auf. Analog entsteht aus CF_3NO und $O_2NCF_2CF_2ONO$ bei −40 °C $CF_3N(O^\cdot)NO$ und bei 20 °C zusätzlich $O_2NCF_2ON(O^\cdot)OCF_2NO_2$. Mit X_3SiH (X = F, Cl) bildet es $CF_3N(H)OSiX_3$. Ein 5- oder 7gliedriger Ring bildet sich aus CF_3NO, $CF_2{=}CF_2$ und PCl_3, s. „Perfluorhalogenorgano-Verbindungen der Hauptgruppenelemente" Teil 5, S. 68.

Thermal Stability. Pyrolysis

2.2.2.4.3 Thermische Stabilität, Pyrolyse

Das im Dunkeln in einem gereinigten Glaskolben bei 20 °C aufbewahrte CF_3NO bleibt auch nach 5 Wochen in der Gasphase unverändert [8], auch nach 2 Jahren war keine Farbänderung festzustellen [2]. Flüssiges CF_3NO weist nach einigen Jahren lediglich einen Zersetzungsgrad <1% auf [8]. Die Beobachtung, daß sich CF_3NO bei 20 °C in der Gasphase zersetzt [5], konnte somit nicht bestätigt werden [8].

Beim Erhitzen von CF_3NO auf 100 °C (14 d) entfärbt sich die tiefblau gefärbte Verbindung und es bildet sich CF_3NO_2 (48%) neben N_2, CO_2 und SiF_4 [44]. Sehr sorgfältig gereinigtes CF_3NO muß dagegen sechs Monate auf 100 °C erhitzt werden, um eine vollständige Pyrolyse zu erreichen [45]. Es entstehen CF_3NO_2 (50%), $CF_3N{=}NCF_3$ (28%), $CF_3N{=}CF_2$ (10%) (ferner CF_3NCO und $(CF_3)_2NH$ als Sekundärprodukte durch Reaktion von $CF_3N{=}CF_2$ mit Spuren von H_2O, zusätzlich N_2, CO_2 sowie Spuren von C_2F_6 und nitrosen Gasen). Zusatz einer geringen Menge CF_3J beeinflußt nicht die Bildung von

$CF_3N{=}NCF_3$ und $CF_3N{=}CF_2$. Bei 160 °C (24 h, Bombenrohr) beträgt der Zerfall 97%, es bilden sich CF_3NO_2, $CF_3N{=}NCF_3$, $CF_3N{=}CF_2$, N_2, CO_2, SiF_4 im Molverhältnis 53:9:12:9:2:4, zusätzlich Spuren von COF_2, C_2F_6 und nitrosen Gasen. Strömungspyrolyse (Kontaktzeit ≈3 s, 3 Torr, 250 bzw. 300 °C) führt zur 98- bzw. 93%igen Rückgewinnung von CF_3NO, als einziges Zersetzungsprodukt wird $(CF_3)_2NONO$ beobachtet. Bei 400 °C (3 Torr, 3 s Verweilzeit) erfolgt 86%iger Zerfall, es können 66% $(CF_3)_2NOCF_3$, 9% $CF_3N{=}CF_2$, 18% C_2F_6, 61% NO, 11% N_2O_4, COF_2 und SiF_4 sowie Spuren von CF_3NCO und nitrose Gase nachgewiesen werden [45]. Beim Erhitzen von CF_3NO in einem Stahlautoklav auf 100 bis 150 °C zerfällt es zu CF_3NO_2 und $CF_3N{=}CF_2$. Die bei 250 bis 300 °C (Verweilzeit 1 bis 2 min) durchgeführte Strömungspyrolyse liefert CF_3NO_2, $(CF_3)_2NOCF_3$ und $(CF_2NF)_n$ [46].

In Gegenwart von Aktivkohle wird flüssiges CF_3NO entfärbt [2]. Mit bei 150 °C (1 h) aktivierter Aktivkohle bilden sich bei 100 °C (48 h) CF_3NO_2 (7%) und $CF_3N(O)NCF_3$ (47%) [47].

2.2.2.4.4 Photolyse

Photolysis

UV-Photolyse von CF_3NO-Gas (20 l-Reaktor, 7 h, 66%iger Zerfall) führt zu $(CF_3)_2NOCF_3$ (79%), CF_3NO_2 (4%) sowie zu N_2, N_2O_4, CO_2, COF_2 und SiF_4 [7]. Bei der Blitzlichtphotolyse von CF_3NO wird nur das Spektrum des NO beobachtet, CF_3-Radikale können wegen ihrer schnellen Weiterreaktion nicht nachgewiesen werden [48]. – Im Dunkeln kann CF_3NO 4 bis 5 Jahre unzersetzt aufbewahrt werden. Bestrahlt man jedoch mit Tageslicht [49] bzw. mit UV-Licht [50, 51] bzw. mit Wellenlängen $\lambda<300$ nm [31], so bildet sich $(CF_3)_2NONO$.

2.2.2.4.5 Solvolyse

Solvolysis

Schütteln mit H_2O bei 20 °C (48 h) führt nicht zur Zersetzung von CF_3NO [8]. Gegen 96%iges H_2SO_4, 60%iges HNO_3 und 35%iges HCl ist CF_3NO bei 20 °C (3 h) beständig. Während Eisessig es nur mit blauer Farbe löst, wird es von 25%igem HJ schon nach 5 min bei 20 °C unter Jodausscheidung angegriffen [2].

Beim Schütteln mit 8%igem NaOH verschwindet die blaue Farbe des CF_3NO allmählich, nach 2.5 h vollständig. Die wäßrige Phase enthält Spuren von F^- und NO_3^- [2]. Schüttelt man CF_3NO mit 10%igem NaOH in einem Bombenrohr bei 10 °C (12 h), so bilden sich CF_3NO_2 (80%) und $CF_3N(O)NCF_3$ (20%). Bereits nach 25 min reagiert 7.5%iges NaOH mit CF_3NO zu einem Gasgemisch aus CF_3NO, CF_3NO_2 und $CF_3N(O)NCF_3$ (Verhältnis 1:6:3). Nach 85 min ist alles CF_3NO verbraucht, CF_3NO_2 und $CF_3N(O)NCF_3$ liegen im Verhältnis 2:1 vor. Qualitativ werden in der wäßrigen Phase F^-, NO_2^- oder NO_3^- nachgewiesen [47], s. auch [52]; analoge Umsetzung mit KOH s. [6]. Setzt man CF_3NO mit 10%igem NaOCl um, so bildet sich CF_3NO_2 in 90% Ausbeute. Wird dagegen der 10%igen NaOH-Lösung 10 bis 12% NaH_2PO_2 zugesetzt, so entsteht $CF_3N(O)NCF_3$ in 90% Ausbeute [52].

Eine wäßrige NH_3-Lösung wandelt CF_3NO in N_2 und CF_3H um [57].

Die D i s p r o p o r t i o n i e r u n g von CF_3NO zu CF_3NO_2 und $CF_3N(O){=}NCF_3$ in Anwesenheit von OH^- infolge von Oxidations-Reduktions-Reaktionen verläuft über intermediär auftretende, ESR-spektroskopisch nachgewiesene Radikal-Ionen wie z.B. $CF_3\dot{N}{-}O^-$ und $CF_3N(O^-){-}\dot{N}(O)CF_3$. Diese Reaktion findet auch statt, wenn anstelle von OH^- H-haltige Lösungsmittel wie z.B. Äther, Hexan oder Toluol verwendet werden [53]. Die Disproportionierung in wäßrigem oder alkalischem Medium kann durch nachfolgendes Schema [54] wiedergegeben werden:

Literatur s.S. 170

$$CF_3NO + OH^- \rightleftharpoons CF_3N(OH){-}O^- \xrightarrow{-(e^-)} CF_3\dot{N}(OH)\rightarrow O \rightleftharpoons CF_3NO + \cdot OH$$

$$CF_3\dot{N}(OH)\rightarrow O \xrightarrow{\cdot OH} CF_3NO_2 + H_2O$$

$$CF_3NO + e^- \rightarrow CF_3\dot{N}{-}O^- \xrightleftharpoons{CF_3NO} CF_3N(O^-){-}N(\rightarrow O)CF_3 \xrightarrow[-HO\cdot]{+H^+} CF_3N{=}N(\rightarrow O)CF_3$$

Für das System CF_3NO/Äther/20%iges NaOH sind ESR-Spektren und Hyperfeinkopplungskonstanten bei −120, −100 und −20 °C angegeben [54, 55], analog auch für die Systeme CF_3NO-$C_2H_5OC_2H_5$, -$C_6H_5CH_3$, -C_2H_5OH und -$CHCl_3$ bei verschiedenen Temperaturen [54]. Ferner ist das System $CF_3NO/C_2H_5OC_2H_5$/20% NH_4OH bei −120 und −100 °C untersucht worden. ESR-Spektren sind abgebildet. Hyperfeinkopplungskonstanten werden aufgeführt [56].

Reactions with NH_3, N_2H_4, and NH_2OH

2.2.2.4.6 Reaktionen mit NH_3, N_2H_4 und NH_2OH

Mit NH_3 setzt sich CF_3NO in alkoholischer oder ätherischer Lösung zum instabilen $CF_3N{=}NH$ um, das durch Sekundärreaktionen nachgewiesen werden konnte; so reagiert es z.B. mit X_2 (X=Cl, J) zu N_2 und CF_3X [40].

Unter normalen Bedingungen wird CF_3NO von N_2H_4 vollständig zerstört, wobei nur anorganische Salze entstehen. Bei −70 °C in CH_3OH bildet sich das instabile $CF_3N{=}NNH_2$, das mit Cl_2 zu HCl und CF_3N_3 reagiert. Ähnlich verläuft die Umsetzung mit NH_2OH zunächst zu $CF_3N{=}NOH$, das aber sofort mit dem Lösungsmittel ROH zu N_2, H_2O und CF_3OR (R=CH_3, C_2H_5) reagiert. In Gegenwart von alkoholischem KOH wird aus CF_3NO und NH_2OH primär $CF_3N(OH)NHOH$ gebildet, das aber unter HF-Abspaltung zunächst $CF_2{=}N(O)NHOH$ liefert. Dieses zersetzt sich unter Bildung des Zwischenproduktes $CF_2{=}N(O)OH$ zu CF_2HNO_2, NH_3 und N_2 [57, 58].

Reactions with Amines, Hydroxylamines, Nitroso Compounds, Nitrites

2.2.2.4.7 Reaktionen mit Aminen, Hydroxylaminen, Nitrosoverbindungen, Nitriten

Lösungen von Aminen in Äther oder Alkohol kondensieren bei −70 bis −100 °C oder in Gegenwart von CH_3COOH zu $CF_3N{=}NR$. Analog reagieren $RNHNH_2$ und $R'ONH_2$ zu $CF_3N{=}NNHR$ und $CF_3N{=}NOR'$. Aliphatische, alicyclische und aromatische Amine sowie Hydrazine und Hydroxylamine reagieren nach: $CF_3NO+H_2NR\rightarrow\langle CF_3N(OH)NHR\rangle\rightarrow CF_3N{=}NR$. Mit abnehmender Basizität sinkt die Reaktivität der Amine [57]. In CH_3OH gelöstes $C_6H_5NH_2$ reagiert mit CF_3NO bei 20 °C unter Rühren zu 64% $CF_3N{=}NC_6H_5$ und einem fluorfreien Feststoff. Bei −78 °C entstehen 92% und in CH_3COOH bei 0 bis 5 °C 77% $CF_3N{=}NC_6H_5$. Ähnlich verlaufen die Umsetzungen mit den anderen primären aromatischen Aminen [59]. Nachfolgend werden in der Tabelle auf S. 159 R, Siedepunkt Sdp. in °C/Torr (Schmelzpunkt Schmp. in °C), n_D^{20}, D_{20}^{20} (g/cm³) und Ausbeute α angegeben. Zusätzlich wird für $C_6H_5N{=}NCF_3$ erhalten: ^{19}F-NMR (äußerer Standard $CFCl_3$, Werte auf F_2 umgerechnet): δ (CF_3)=503.7 ppm [61].

Ein Gemisch aus CF_3NO und CH_3NH_2 reagiert heftig beim Aufwärmen von −196 auf +20 °C unter Bildung von $CF_3N{=}NCH_3$ (57%), Siedepunkt 2.6 °C, extrapoliert aus der Dampfdruckgleichung lg p (Torr)=7.876−1377/T (Bereich −33 bis 0 °C); Verdampfungsenthalpie ΔH_v=6300 cal/mol, $\Delta H_v/T_s$=22.9 cal·mol⁻¹·K⁻¹; IR: 3003 (m), 2933 (m), 2857 (m), 2457 (w), 2096 (m), 1592 (m), 1439 (s), 1393 (s), 1244 (vs),

Literatur s.S. 170

R	Sdp./Torr (Schmp.)	n_D^{20}	D_{20}^{20}	α	Lit.
C_2H_5	27.5 bis 28	–	1.072	95%	[57, 60]
C_3H_7	52	1.3193	1.037	67%.	[57, 60]
C_4H_9	77	1.3375	1.015	60%	[57, 60]
C_6H_{11}	52/42	1.3870	1.100	–	[57]
C_6H_5	141/752	1.4660	1.222	64%	[57, 59]
2-NO_2-C_6H_4	111/16(28)	–	–	–	[57, 59]
4-NO_2-C_6H_4	(62)	–	–	–	[57, 59]
3-NO_2-C_6H_4	104/2	1.5035	1.440	–	[57, 59]
2-CH_3-C_6H_4	56/16	1.4747	1.194	50%	[57, 59]
4-CH_3-C_6H_4	82/50	1.4450	1.196	75%	[57, 59]
3-CH_3-C_6H_4	68/30	1.4625	1.187	50%	[57, 59]
2-CH_3O-C_6H_4	76/4 (17)	1.5125	1.292	50%	[57, 59]
4-CH_3O-C_6H_4	53/3 (29)	–	–	75%	[57, 59]
4-HOC(O)-C_6H_4	(215)	–	–	–	[57, 59]
4-NH_2-C_6H_{11}-C_6H_4	(194)	–	–	90%	[57, 59]
-$C_6H_4C_6H_4$-	(194)	–	–	–	[57, 59]
-CH_2CH_2-	99	1.3226	1.328	–	[57]
$(C_6H_5)_2N$	117 bis 119/1 (58 bis 60)	–	–	–	[57]
$CH_3C(O)NH$	(51)	–	–	–	[57]
C_6H_5NH	(91)	–	–	–	[57, 58]
CH_3O	22 bis 23/60	–	1.452	–	[57, 58]

1224 (vs), 990 (s), 985 (s), 881 (m), 871 (m), 727 (s), 722 (s), 718 (s); UV: λ_{max}= 353 nm (ε=3.58) [62], s. auch [63]. Beim Einleiten von CF_3NO (6 g/h) und CH_3NH_2 (1.1 l/h) in CH_3OH bei −40 °C (1 h, analog in Eisessig bei 20 °C) und Erwärmen auf −15 °C bildet sich ebenfalls $CF_3N{=}NCH_3$ (95%), Siedepunkt 3.5 °C, D_4^{-5}=1.0135 g/cm³ [60]; ^{19}F-NMR (äußerer Standard $CFCl_3$, Werte auf F_2 umgerechnet): $\delta(CF_3)$=508 ppm, ^1H-NMR (äußerer Standard $C_6H_6C_2H_5$): $\delta(CH_3)$=−2.58 ppm [61].

Leitet man in eine Lösung von $CH_2FCH_2NH_2$ in Toluol bei −80 °C CF_3NO ein und setzt dies bei 0 °C bis zur Sättigung fort, so bildet sich $CF_3N{=}NCH_2CH_2F$, Siedepunkt 66 °C/770 Torr; n_D^{20}=1.3460; D_{20}^{20}=1.1800 g/cm³. Mit $C_2H_5NH_2$ kondensiert CF_3NO bei −40 °C (2 h, rühren) in CH_3OH zu $CF_3N{=}NC_2H_5$ (80%). Analog sind nachfolgende Verbindungen gemäß $CF_3NO + H_2NR' \rightarrow H_2O + CF_3N{=}N{-}R'$ synthetisiert worden (R', Siedepunkt/Torr in °C, n_D^{20}, D_{20}^{20} in g/cm³ und Ausbeute): CF_3CH_2, 28, –, D_{20}^{20}=1.3600, 50%; $CH_2{=}CHCH_2$, 47, n_D^{20}=1.3325, D_{20}^{20}=1.0730, 50%; CH_2CH_2OH, 34/9, n_D^{20}=1.3530, D_{20}^{20}=1.3201, 70% [60], $(CH_3)_2CH$, 39 bis 40, –, D_{20}^{20}=1.017, 80%; $CH_3CH_2CH(CH_3)$, 50/100; n_D^{20}=1.3520, D_{20}^{20}=1.0245, 80%, -$(CH_2)_6$-, 46/3, n_D^{20}=1.3580, D_{20}^{20}=1.1890, 75%; -$(CH_2)_4$-, 38/10; n_D^{20}=1.3380, D_{20}^{20}=1.2050, 75% [64]. Auch in der Gasphase reagiert es unter dem Einfluß von UV-Licht (350 bis 380 nm) mit CH_3NH_2 bzw. $C_2H_5NH_2$ in ≈60% Ausbeute zu CF_3NNCH_3 (A) bzw. $CF_3NNC_2H_5$ (B); UV-Spektren für A: λ_{max}= 351 nm (ε=3.7); für B: λ_{max}=359 nm (ε=5.6) [65].

Umsetzungen von CF_3NO mit aliphatischen und aromatischen Aminen sind ESR-spektroskopisch verfolgt worden, wobei mit $(C_2H_5)_3N$ bereits bei −160 °C ESR-Spektren beobachtet werden können. Wird die Basizität der Amine verringert, so steigt die Temperatur des Auftretens der Radikale, so mit Pyridin auf −45 °C und mit $C_6H_5NH_2$ auf −20

Literatur s.S. 170

Reactions With Amines

bis −10 °C. Mit tertiären Aminen wie $(C_2H_5)_3N$, C_5H_5N und $C_6H_5N(CH_3)_2$ beobachtet man das Kationenradikal $R_2\overset{+}{N}$-N($\dot{O}$)CF_3 und das Anionenradikal $CF_3\dot{N}O^-$. Dies zeigt, daß eine Elektronenübertragung vom Amin zum CF_3NO stattfindet. Mit primären oder sekundären Aminen beobachtet man $CF_3\dot{N}O^-$, aber nicht das entsprechende Kationenradikal. Dies ist vermutlich auf eine Protonenwanderung zurückzuführen gemäß $CF_3N(\dot{O})\overset{+}{N}(H)R_2 \rightarrow CF_3N(OH)NR_2$. Die ESR-Spektren der in den Systemen CF_3NO-$(C_2H_5)_3N$ bzw. CF_3NO-C_5H_5N bzw. CF_3NO-$C_6H_5N(CH_3)_2$ bzw. CF_3NO-$(C_2H_5)_2NH$ auftretenden Radikale sind abgebildet. Aufspaltungsmuster und Hyperfeinkopplungskonstanten werden angegeben. Bei −115 bis −100 °C (2 h) wird eine ätherische Lösung von CF_3NO von $(CH_3)_3N$ entfärbt. Nach Aufarbeitung des Reaktionsgemisches isoliert man eine viskose Flüssigkeit der Zusammensetzung $2\,CF_3NO \cdot (CH_3)_3N$, Siedepunkt 57 bis 58 °C/4 Torr; $n_D^{20}=1.3752$, IR: 1645 (w), 1695 (w), 1755 (w); ^{19}F-NMR (äußerer Standard CF_3COOH, Werte auf F_2 umgerechnet): $\delta(CF_3)=502$ und 503 ppm. Analog umgesetzt liefert $(C_2H_5)_2NH$ folgende Addukte [63]:

$2\,CF_3NO \cdot (C_2H_5)_2NH$: Siedepunkt 47 °C/40 Torr, $D_{20}^{20}=1.3400$ g/cm³, $n_D^{20}=1.3438$, UV: $\lambda_{max}=260$ nm, ^{19}F-NMR: $\delta(CF_3)=503$ und 504 ppm.
$2\,CF_3NO \cdot 2\,(C_2H_5)_2NH$: Siedepunkt 57 bis 58 °C/4 Torr, $D_{20}^{20}=1.2523$ g·cm^{-3}, $n_D^{20}=1.3912$, IR: ν(N-OH)$=3315$ cm^{-1}, ^{19}F-NMR: $\delta(CF_3)=494.0$ und 497.0 ppm.

Umsetzung mit $(CH_3)_2NH$ führt zu $CF_3NO \cdot (CH_3)_2NH$; Siedepunkt 56 bis 58 °C/122 Torr, $D_{20}^{20}=1.4691$, $n_D^{20}=1.3328$, UV: $\lambda_{max}=260$ nm. Die gasförmigen Produkte der einzelnen Umsetzungen enthielten $CF_3N(O)NCF_3$. Setzt man eine ätherische Lösung vom m-Toluidin bei −115 bis −110 °C (3 h) zu in Äther gelöstem CF_3NO und erwärmt anschließend auf 80 °C (12 h), so erhält Trifluormethylazo-3-methylbenzol (Siedepunkt 77 °C/30 Torr, $D_{20}^{20}=1.1959$ g·cm^{-3}, $n_D^{20}=1.4723$, IR: ν(C-H)$=2900$; ν(N=N)$=1513$ und 1483 cm^{-1}) sowie 3,4-$CH_3(HONCF_3)C_6H_3NNCF_3$ (Siedepunkt 94 °C/4 Torr, Schmelzpunkt 39 bis 40 °C, $D_{20}^{20}=1.4384$ g·cm^{-3}, $n_D^{20}=1.4682$, IR: ν(N-OH)$=3430$ (br); 2900, 1515, 1490 cm^{-1}) [63].

Bei −78 °C entstehen beim Einleiten von CF_3NO in eine Lösung eines aliphatischen α-Aminosäureesters in CH_3OH oder Äther unter kräftigem Rühren $CF_3N{=}NR'$, das sich auch bei −10 °C aus CF_3NO und in CH_3OH gelösten Aminosäuren bildet. Nachfolgend werden R', Siedepunkt in °C/Torr, n_D^{23}, D_4^{20} in g·cm^{-3}; λ_{max} (C_2H_5OH) in nm und Ausbeute in % angegeben: $C_2H_5OC(O)CH_2$, 65.5/6, $n_D^{23}=1.3648$, $D_4^{20}=1.4730$, $\lambda=375$, 33.6%; $C_2H_5OC(O)CHCH(CH_3)_2$, 84/8, $n_D^{23}=1.3751$, $D_4^{20}=1.0071$, $\lambda=370$, 62.0%; C_2H_5O-$C(O)CHCH_2CH(CH_3)_2$ (instabil), 52/0.03, $n_D^{23}=1.4080$, −, −, 75.0%; C_2H_5O-$C(O)CHCH_2C_6H_5$, 74/0.03, $n_D^{23}=1.4835$, $D_4^{20}=1.3045$, $\lambda=360$, 84%; $(CH_3)_2CHC(O)OC_2H_5$, 48/30, $n_D^{23}=1.3648$, $D_4^{20}=1.1325$, $\lambda=370$, 62.0%; $C_2H_5OC(O)$-CH-$CH_2C(O)OC_2H_5$, 115/0.01, $n_D^{23}=1.3648$, $D_4^{20}=1.3168$, −, 56.0%; -$CH_2CH_2CH_2COOH$, 80.5/5, $n_D^{23}=1.3835$, $D_4^{20}=1.3177$, $\lambda=365$, 74.0% [66, 67].

Aus 2- bzw. 3-NH_2-C_5H_4N und CF_3NO bilden sich bei −78 °C/3 h in CH_3OH 38% 2-Trifluormethylazopyridine (Siedepunkt 72 °C/1 Torr; UV: $\lambda_{max}=410$ nm) bzw. 53% 3-Trifluormethylazopyridin (Siedepunkt 43.5 °C/6 Torr, UV: $\lambda_{max}=410$ nm) [68]. In einem Autoklav kondensieren 2-, 3-, 4-NH_2-C_6H_4COOH und 4-NH_2-$C_6H_4SO_3H$ bei 20 °C in CH_3OH mit CF_3NO zu 2-, 3-, 4-$CF_3N{=}N$-C_6H_4COOH und $CF_3N{=}N$-$C_6H_4SO_3H$, Siedepunkt/Torr (Schmelzpunkt) in °C, UV-Spektren (in Heptan λ_{max} in nm) und Ausbeute in % werden nachfolgend angegeben: 4-$CF_3N{=}NC_6H_4COOH$; − (215), 410, 62; 2-$CF_3N{=}NC_6H_4COOH$: − (171), 410, 36; 3-$CF_3N{=}NC_6H_4COOH$, 112 bis 112 (−), 410, 62; 4-$CF_3N{=}NC_6H_4SO_3H$: − (122), 410, 42 [69].

With Hydroxylamines

N-substituierte Hydroxylamine kondensieren mit CF_3NO in C_2H_5OH bei −70 °C gemäß $CF_3NO + RN(H)OH \rightarrow RN{=}N(O)CF_3 + H_2O$ [52, 61]. Anschließend werden R, Siedepunkt in °C/Torr, n_D^{20}, D_4^{20} in g/cm³ sowie die chemische Verschiebung $\delta(CF_3)$ bzw. δ(CH) im ^{19}F- bzw. ^{1}H-NMR-Spektrum (äußerer Standard $CFCl_3$, Werte auf F_2 umgerechnet, bzw. $C_6H_5C_2H_5$, δ in ppm) aufgeführt: CH_3, −15/150, −, 1.3490, 504, −2.18; C_2H_5, 53, −, 1.18001 −, −; $(CH_3)_2CH$, 60, −, 1.145, −, −; C_6H_5, 63/5, 1.4830, 1.3450, 497, − [61].

Umsetzungen von CF_3NO und RNO (C_6H_5, −30 bis −20 °C; $(CH_3)_2CCl$, −60 °C; $(CH_3)_2N$, −30 °C; $(C_2H_5)_2N$, −20 °C) bzw. R'ONO (R'=CH_3, −120 bis −80 °C; C_2H_5, −100 °C) führen zur Bildung von Radikalen, deren ESR-Spektren abgebildet und Hyperfeinkopplungskonstanten angegeben sind [55].

Zur Reaktion mit NOCl in Gegenwart von CF_2=CFX (X=H, F, Cl) [70] s. S. 166.

Durch Photolyse von 1-Adamantylnitrit, gelöst in C_6H_5Cl/CH_3CN, bei −30 °C entsteht das entsprechende Alkoxyradikal, das mit CF_3NO (1.5 h) zu $RO(CF_3)N$-$N(CF_3)OR$ in 80% Ausbeute kombiniert, R=1-Adamantyl: Schmelzpunkt 150 bis 151 °C; IR: 1220 (br), 1065 cm^{-1}; ^{1}H-NMR (innerer Standard $Si(CH_3)_4$): δ(CH)=−1.65 (br), −1.88 (br), −2.18 (br) ppm; ^{19}F-NMR (innerer Standard $CFCl_3$): $\delta(CF_3)$=67.2 ppm. Analog führt Cholestan-3β-yl-nitrit in 45% Ausbeute zu $R'O(CF_3)N$-$N(CF_3)OR'$, R'=Cholestan-3β-yl: Schmelzpunkt 188 bis 190 °C; IR: 1245, 1190, 1010 cm^{-1}; ^{19}F-NMR: $\delta(CF_3)$=70.0 ppm [71].

2.2.2.4.8 Reaktionen mit Olefinen, Acetylenen, Dienen

Reactions with Olefins, Acetylenes, Dienes

Die physikalischen Eigenschaften der Reaktionsprodukte sind, soweit sie nicht im folgenden Text stehen, in Tabelle 11 (S. 162) angegeben.

Mit Perfluorhalogenolefinen reagiert CF_3NO zu Oxazetidinen (s. „Perfluorhalogenorgano-Verbindungen der Hauptgruppenelemente", Teil 5, S. 30) und 1:1-Copolymeren (s. S. 206). Ein Gemisch aus CF_3NO und CF_2=CFH (Molverhältnis 1:1) setzt sich bei 100 °C (7 atm) zu einem Oxazetidin (90%) und zu einem 1:1-Copolymeren (10%) um [72]. Eine gaschromatographische Auftrennung des Oxazetidingemisches führt zu 3,3,4-Trifluor-2-trifluormethyl-1,2-oxazetidin sowie 1% cis- und trans-3,4,4-Trifluor-2-trifluormethyl-1,2-oxazetidin zu gleichen Teilen. Mit CH_2=CF_2 (Molverhältnis 1:1) erfolgt bei 70 °C (7 d) keine Reaktion. Bei 100 °C (46 atm, 17 Wochen) bildet sich ein braunes Öl der Zusammensetzung $[\text{-}N(CF_3)OCH_2CF_2N(CF_3)OCH{=}CF\text{-}]_n$ (IR: ν(C=CH)=3030 und 1675 cm^{-1}) sowie CF_3CH_3, $(CF_3)_2NH$, $CF_3N(O)NCF_3$, CF_3NNCF_3, COF_2, CO_2, SiF_4 und vermutlich $CF_3CHF(CF_3)NH$ (IR: 3460 und 1524 cm^{-1}), jedoch kein Oxazetidin. Bei 150 °C/46 atm (5 Wochen) fallen CF_3CH_3, CF_3NO_2, $(CF_3)_2NH$, $CF_3N(O)NCF_3$, CF_3NNCF_3, COF_2, SiF_4 und ein zwischen 65 bis 110 °C siedendes Gemisch unbekannter Zusammensetzung an. Ferner entstehen 18% des 1:1-Copolymeren [72]. Ein äquimolares Gemisch aus CF_3NO und CH_2=CHF blieb bei 20 °C (10 atm, 23 Monate) unverändert. Bei 28 atm (10 d) erhält man CF_3NO_2, $CF_3N(O)NCF_3$, SiF_4 und eine braune, viskose Flüssigkeit, die Säuredämpfe abgab und erstarrte. Bei 100 °C (10 atm, 6 Monate) entstehen SiF_4, N_2, CF_3NO_2, $CF_3N(O)NCF_3$, CF_3NNCF_3, $(CF_3)_2NH$, Spuren CO_2 sowie nicht identifizierte Produkte [72].

Mit CH_2=CH_2 bei 20 °C (Anfangsdruck 7 atm, 22 Monate) bilden sich CF_3NO_2, CF_3NNCF_3, $CF_3N(O)NCF_3$, CF_3N=CF_2 und ein farbloses, elastomeres 1:1-Copolymer $[\text{-}N(CF_3)OCH_2\cdot CH_2\text{-}]_n$. Bei 100 °C (8 atm, 6 Monate) werden N_2, SiF_4, $(CF_3)_2NH$, $CF_3N(O)NCF_3$, CF_3NNCF_3 und ein brauner Feststoff erhalten, der CF_3NO und CH_2=CH_2 im Verhältnis 2:1 enthält. Bei hohen Drücken (40 atm) explodiert ein CF_3NO-C_2H_4-Gemisch beim Erwärmen von −196 °C auf Raumtemperatur [72], s. auch [73].

Literatur s.S. 170 Textfortsetzung auf S. 165

Reactions with Olefins, Acetylenes, Dienes

Tabelle 11: Physikalische Eigenschaften von Produkten der Umsetzung von CF_3NO mit ungesättigten Verbindungen. Siedepunkt (Sdp.) in °C/Druck in Torr, Schmelzpunkt (Schmp.) in °C, Brechungsindex n, Dichte D, chemische Verschiebung δ und Spin-Spin-Kopplungskonstante J im ^{1}H- und ^{19}F-NMR-Spektrum (s=Singulett, d=Dublett, qu=Quartett), IR-, UV- und Massenspektrum (MS).

Verbindung		Sdp./Torr (Schmp.) in °C	^{1}H- und ^{19}F-NMR (δ in ppm, innerer Standard $(CH_3)_4Si$, äußerer Standard CF_3COOH), IR-Spektrum (in cm^{-1}), n_D^{20}, D_{20}^{20} (in g/cm^3), Massenspektrum [4]
F_3C—N(—O—CF_2—CHF—) (Ring: N, O, F_2, H, F)	[72]	15.1 [1]	IR: ν(Ring)=1410 [3]
F_3C—N(—O—CHF—CF_2—) (Ring: N, O, F_2, H, F)	[72]	28.0 [2]	IR: ν(Ring)=1401
3,6-Dihydro-2-CF_3-1,2-oxazin (Ring: NCF_3, O)	[73]	108/748	^{1}H-NMR: δ(CH=CH)=−6.01, δ(CH_2O)=−4.41, δ(CH_2N)=−2.60. IR: ν(=C-H)=3052; ν(C=C-CH_2)=2958, 2905, 2860; ν(C=C)=1653; δ(CH_2)=1435; MS: m/e=153 (61.6); 69 (47.4); 54 (100.0); 42 (12.0); 40 (12.1); 39 (36.2); 29 (20.5); 27 (14.2)
H_2C=C(CH_3)CH_2N(CF_3)OH	[73]	–	^{1}H-NMR: δ(OH)=−6.12 ($w_{1/2}$=2.7 Hz), δ(=CH_2)=−5.00 ($w_{1/2}$=3.9 Hz), δ(CH_2N)=−3.46, δ(CH_3)=−1.77 (d), J=0.7 Hz; IR (Film): ν(OH)=3571 (sh), 3406 (br); ν(=CH_2)=3077; ν_{as}(CH_3)=2976; ν(CH_3 und CH_2)=2946, 2920, 2857; 1828, ν(C=C)=1661; δ_{as}(CH_3 und CH_2)=1453; δ_s(CH_3)=1381; 1314, 1287, 1227, 1152, 1091, 1073, 1056, 1033, 997, 970, 909, 825, 719, 692, 680; MS: m/e=155 (7.2); 140 (1.5); 119 (1.7); 118 (2.7); 114 (4.4); 113 (2.9); 104 (5.6); 98 (2.3); 97 (2.7) [5]
$(CF_3)_2$NC(=O)CH=NCF_3	[74]	86.2	^{1}H-NMR: δ(CH)=−8.17 (d), J(F-H)=1.0 Hz; ^{19}F-NMR: δ[$(CF_3)_2$N]=−22.0 (d), δ(CF_3N)=−9.7 (d); IR: ν(CH)=2874 (w); ν(C=O)=1761 (m); ν(C=N)=1689 (m); ν(C-F)=1355 (s), 1316 (s), 1263 (s); 1235 (s), 1192 (s), 1178 (s), 1032 (m), 1000 (m); δ(CF_3)=755 (m), 742 (m); 660; MS: m/e=202, $C_3F_8N^+$ (2.9); 181, $(CF_3)_2NCHO^+$ (0.7); 133, $C_2F_5N^+$ (1.2); 124, $C_3HF_3NO^+$ (2.3); 114, $C_2F_4N^+$ (3.3); 98, CF_3NCH^+ (8.9); 92, CF_2NCO (3.9); 85, C_3FNO^+, CF_3O^+ (0.9); 76, $C_2F_2N^+$ (2.2); 69, CF_3^+ (100); 55, C_2HNO^+ (1.1); 50, CF_2^+ (3.9)

Literatur s.S. 170

Tabelle 11 [Fortsetzung]

Reactions with Olefins, Acetylenes, Dienes

Verbindung	Sdp./Torr (Schmp.) in °C	^{1}H- und ^{19}F-NMR (δ in ppm, innerer Standard $(CH_3)_4Si$, äußerer Standard CF_3COOH), IR-Spektrum (in cm^{-1}), n_D^{20}, D_{20}^{20} (in g/cm^3), Massenspektrum [4)]
$(CF_3)_2NC(C(O)H)=NCF_3$ [74]	–	^{1}H-NMR: $\delta(CH) = -9.20$ (m), J(F-H) = 0.8 Hz; ^{19}F-NMR: $\delta[(CF_3)_2N] = -21.6$ (d), $\delta(CF_3N) = -17.8$ (s, br)
$(CF_3)_2NC(O)C(CH_3)=NCF_3$ [74]	–	^{1}H-NMR: $\delta(CH_3) = -2.40$ (qu), $J(CF_3\text{-}CH_3) =$ 1.8 Hz; ^{19}F-NMR: $\delta[(CF_3)_2N] = -23.1$ (s), $\delta(CF_3N) = -20.3$ (qu)
$(CF_3)_2N$–CH ring (=CH_2, O–N–CF_3) [75]	107/732	^{1}H-NMR: $\delta(CH) = -6.68$, $\delta(CH_2) = -5.0$; ^{19}F-NMR: $\delta[(CF_3)_2N] = -21.6$, $\delta(CF_3N) = -1.5$; IR: $\nu(C{=}C) = 1715$; MS: m/e = 290, M^+ (14); 191, $(CF_3)_2NC_3H_2^+$ (22); 153, $(CF_3)_2NH^+$ (15); 121, $CF_3NC_3H_2^+$ (18); 69, CF_3^+ (100)
$(CF_3)_2N$–CH ring (=CH–$N(CF_3)_2$, O–N–CF_3) [75] cis-Isomer	118/745	^{1}H-NMR: $\delta(CH) = -6.66$, $\delta({=}CH) = -5.67$; ^{19}F-NMR: $\delta[(CF_3)_2N] = -17.5$, $\delta[(CF_3)_2NCH{=}] = -21.2$, $\delta(CF_3N) = -3.7$; IR: $\nu(C{=}C) = 1776$ (w), 1751 (w); MS: m/e = 441, M^+ (12); 342, $M^+ - CF_3NO$ (7); 273, $C_6H_2F_9N_2^+$ (17); 260, $C_5HF_9N_2^+$ (34); 191, $C_4HF_6N^+$ (21); 96, CF_3NCH^+ (13); 69, CF_3^+ (100)
trans-Isomer	135/745	^{1}H-NMR: $\delta(CH) = -6.73$, $\delta({=}CH) = -5.81$; ^{19}F-NMR: $\delta[(CF_3)_2NC{=}] = -20.7$, $\delta[(CF_3)_2N] = -17.6$, $\delta(CF_3N) = -1.9$; IR: $\nu(C{=}C) = 1745$; MS: m/e = 441, M^+ (10); 342, $M^+ - CF_3NO$ (8); 273, $C_6H_2F_9N_2^+$ (17); 260, $C_5HF_9N_2^+$ (32); 191, $C_4HF_6N^+$ (22); 96, CF_3NCH^+ (15); 60, CF_3^+ (100)
C_6H_5–CX ring (–CX_2, O–N–CF_3) [8)] X = H	90/5 [53], 92/5 [82],	$n_D^{20} = 1.4730$; $D_{20}^{20} = 1.250$ [53], $n_D^{20} =$ 1.4740; $D_{20}^{20} = 1.2550$ [82]; ^{19}F-NMR [9)]: $\delta(CF_3) = 502.8$ [53], Dipolmoment 3.0 D
X = F	73/75 [53, 82],	$n_D^{20} = 1.4065$; $D_{20}^{20} = 1.4010$ [53, 82]; ^{19}F-NMR [9)]: $\delta(CF_3) = 500.2$, $\delta(CF_2) = 522.0$, $\delta(CF) = 541.7$ [53]
$(C_2H_4 \cdot CF_3NO)_5$ [53]	95/2	$D_{20}^{20} = 1.980$
$CF_3N(OH)CH{=}C(CH_3)CO_2CH_3$	99/5 [53], 99/3 [82]	$n_D^{20} = 1.6150$; $D_{20}^{20} = 1.338$ [53, 82]; IR: siehe [8)]
$CF_3N(OH)CH{=}CHCO_2CH_3$	125/10 [53], 125/5 [82],	$n_D^{20} = 1.4017$; $D_{20}^{20} = 1.4584$ [53, 82]; IR: siehe [8)]

Literatur s.S. 170

Reactions with Olefins, Acetylenes, Dienes

Tabelle 11 [Fortsetzung]

Verbindung	Sdp./Torr (Schmp.) in °C	^{1}H- und ^{19}F-NMR (δ in ppm, innerer Standard $(CH_3)_4Si$, äußerer Standard CF_3COOH), IR-Spektrum (in cm^{-1}), n_D^{20}, D_{20}^{20} (in g/cm^3), Massenspektrum [4)]
$CF_3N(OH)CH=CHCOOH$ [53, 82]	(100)	IR: siehe [8)]
$CF_3N(OH)CH=CHOC(O)CH_3$ [6)]	60/2 [53] 50 bis 52/2 [82]	$n_D^{20}=1.380$; $D_{20}^{20}=1.400$ [53, 82]
$CF_3N(OH)CH_2CH=NNHR'$ [7)] [53]	(290)	—
RON—NOR / F_3C—N—O (ring), $R=C_2H_5C(O)$ [83]	60/3	$n_D^{20}=1.3866$; $D_{20}^{20}=1.294$
$[CF_3N(O)CH_2]_5$ [83]	95	—
$(C_6H_5)_3P=NCF_3$ [83]	162	—
$H_3CN=C—C=N$ / $F_3CN—O$ CH_3 (ring) [83]	52 bis 54/44	$n_D^{20}=1.349$; $D_{20}^{20}=1.273$
$CF_3N(OH)CH=CHC(O)Cl$ [82]	45/2	$n_D^{20}=1.6100$; $D_{20}^{20}=1.4830$; IR: siehe [8)]
$CF_3N(NO_2)CF_2CFClH$ [70]	84 bis 86	$n_D^{20}=1.3380$; $D_{20}^{20}=1.6190$; ^{19}F-NMR [9)]: $\delta(CF_3)=488.3$, $\delta(CF_2)=532$, $\delta(CF)=581$ (d), $J=48$ Hz; UV: $\lambda_{max}=285$ nm; IR: $\nu(NO_2)=1640$
$CF_3N(ONO)CF_2CFClH$ [70]	—	^{19}F-NMR [9)]: $\delta(CF_3)=496.3$, $\delta(CF_2)=530.0$, $\delta(CF)=589.0$ (d), $J=484$ Hz; IR: $\nu(ONO)=1850$; UV: $\lambda_{max}=345$ nm
$CF_3N(OH)CH_2$-$CH=CH_2$ [81]	45/100	$n_D^{20}=1.3550$; $D_{20}^{20}=1.2253$
$F_3CN(OH)CH_2$—(H)C—C(H)—$N(OH)CF_3$ / F_3C—N—O (ring) [81]	(64)	—
$CF_3N(OH)CH_2C(CH_3)=CH_2$ [81]	72/185	$n_D^{20}=1.3680$; $D_{20}^{20}=1.2010$
$F_3CN(OH)CH_2$—C(CH_3)—CH_2 / F_3C—N—O (ring) [81]	(76)	—
$CF_3N(OH)CH=CHCH_2Cl$ [81]	65 (40)	$n_D^{20}=1.3990$; $D_{20}^{20}=1.4254$

Literatur s.S. 170

Reactions with Olefins, Acetylenes, Dienes

Tabelle 11 [Fortsetzung]

Verbindung		Sdp./Torr (Schmp.) in °C	^1H- und ^{19}F-NMR (δ in ppm, innerer Standard $(CH_3)_4Si$, äußerer Standard CF_3COOH), IR-Spektrum (in cm^{-1}), n_D^{20}, D_{20}^{20} (in g/cm^3), Massenspektrum 4)
F_3CN—O / H_2C—C(H)—$OC(O)CH_3$ (Ring)	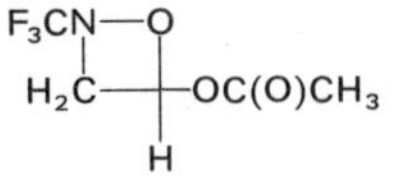 [81]	77/3	$n_D^{20}=1.3482$; $D_{20}^{20}=1.5636$
F_3C—N—O / H_2—C(H)—$OC(O)CH_3$ (Ring)	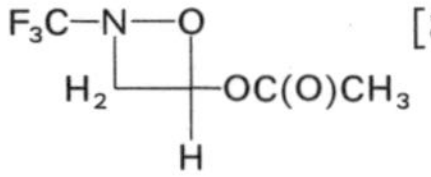 [81]	58/10	$n_D^{20}=1.3690$; $D_{20}^{20}=1.2793$
$CF_3N(OH)CH_2C(CH_3)C(O)OCH_3$	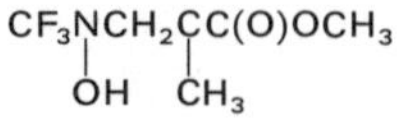 [81]	85/5	$n_D^{20}=1.4032$; $D_{20}^{20}=1.3438$
F_3C—N(→O)—CH(C_6H_5)—CH_2—O—N(CF_3)— (Ring)	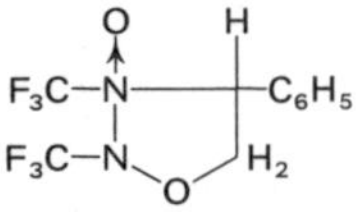 [82]	(72)	Dipolmoment=4.5 D; ^{19}F-NMR 9): $\delta(CF_3N\rightarrow O)=494.7$; $\delta(CF_3N\langle_O)=502.3$
F_3C—N(→O)—N(→O)(CF_3)—CF_2—CF(C_6H_5)— (Ring)	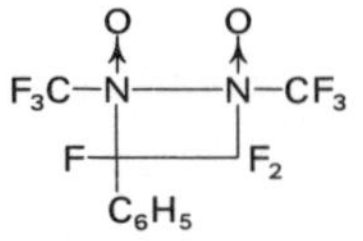 [82]	(76)	Dipolmoment=5.5 D; ^{19}F-NMR 9): $\delta(CF_3)=495.7$, $\delta(CF_2)=525.5$, $\delta(CF)=568.8$

1) Extrapoliert; lg p (Torr) = 6.56 − 1060/T, $\Delta H_v/T_s=16.8$ $cal\cdot mol^{-1}\cdot K^{-1}$. — 2) Extrapoliert, lg p (Torr) = 7.81 − 1483/T, $\Delta H_v/T_s=22.5$ $cal\cdot mol^{-1}\cdot K^{-1}$. — 3) Ein Isomeres zeigt ν(Ring) = 1355, weitere Angaben werden nicht gemacht. — 4) MS: m/e, Bruchstück, Intensität in (%). — 5) Weitere 40 Bruchstücke werden angegeben.

6) IR: $\nu(OH)=3360$; $\nu(C{=}O)=1760$; $\nu(C{=}C)=1683$ cm^{-1} [82]. Zusätzlich entstehen Oligomere: a) Siedepunkt 80 bis 90 °C/2 Torr, $n_D^{20}=1.3860$, $D_{20}^{20}=1.445$ g/cm^3, b) Siedepunkt 110 °C/2 Torr, $n_D^{20}=1.3885$, $D_{20}^{20}=1.4870$ g/cm^3, c) Schmelzpunkt 168 °C [53, 82]. — 7) R' = 2,4-$(NO_2)_2$-C_6H_3. — 8) IR: $\nu(OH)=3370$; $\nu(C{=}O)=1705$; $\nu(C{=}C)=1637$ cm^{-1} [82]. — 9) Werte von CF_3COOH auf F_2 umgerechnet.

Textfortsetzung von S. 161

Mit $CH_2{=}CHCH{=}CH_2$ setzt sich CF_3NO bei −78 °C (40 min) zu 97% 2-Trifluormethyl-3,6-dihydro-1,2-oxazin um. Mit $(CH_3)_2C{=}CH_2$ bildet sich bei −78 °C (0.5 h) $CH_2{=}C(CH_3)CH_2N(OH)CF_3$ (96% Ausbeute) [60].

Substituierte Acetylene wie $(CF_3)_2NC{\equiv}CX$ mit X = H reagieren bei 85 °C (14 d) bei 65% Umsatz zu 89% $(CF_3)_2NC(O)CH{=}NCF_3$ und $(CF_3)_2NC[C(O)H]{=}NCF_3$; für X = CH_3 bilden sich bei 120 °C (7 d) bei 24% Umsatz 30% $(CF_3)_2NC(O)C(CH_3){=}NCF_3$ sowie zwei weitere, nicht identifizierte Produkte [74].

Die Umsetzung von $(CF_3)_2NCH{=}C{=}CH_2$ mit CF_3NO bei 70 °C (7 h) liefert in 47% Ausbeute

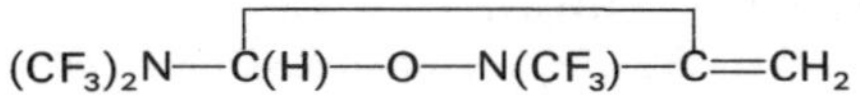

$$(CF_3)_2N\text{—}C(H)\text{—}O\text{—}N(CF_3)\text{—}C{=}CH_2 \quad \text{(Ring)}$$

Literatur s.S. 170

Reactions with Olefins, Acetylenes, Dienes

sowie ein 1:1-Copolymer (33%) und 10% Zersetzungsprodukte. Mit $[(CF_3)_2N]_2C{=}C{=}CH_2$ erfolgt bei 85 °C (48 h) keine Reaktion. Dagegen setzt es sich mit $(CF_3)_2NCH{=}C{=}CHN(CF_3)_2$ bei 25 °C (24 h) zu einem cis-trans-Gemisch (Verhältnis 32:57) von

$$(CF_3)_2N{-}\overline{C(H){-}O{-}N(CF_3){-}C}(H){-}N(CF_3)_2$$

in 89% Ausbeute um. Vier 1:1-Addukte (Verhältnis 7:29:34:30) bilden sich aus CF_3NO und $[(CF_3)_2N]_2C{=}C{=}CHN(CF_3)_2$ bei 70 °C (24 h) in einer Gesamtausbeute von 98%. Durch Pyrolyse ist eines der vier Produkte als

$$(CF_3)_2N{-}\overline{C(H){-}O{-}N(CF_3){-}C}{=}C[N(CF_3)_2]_2$$

identifiziert worden [75, 76]. CF_3NO addiert zwei Mol CH_3CN zu

$$CH_3N{=}\overline{C{-}C({=}NCH_3){-}O{-}N}{-}CF_3$$

(keine physikalischen Daten) [77].

ESR-spektroskopische Untersuchungen ergaben, daß die Reaktion in CF_3NO-Polyfluorolefin-Systemen über die Bildung von Ionenradikalen

$$CF_3\dot{N}(\rightarrow O)CF_2{-}\overset{(-)}{C}XY \qquad (X, Y = H, F, Cl)$$

oder deren Telomeren

$$CF_3\dot{N}(\rightarrow O)CF_2CXY[N(CF_3)OCF_2CXY]_nN(CF_3)OCF_2\overset{(-)}{C}XY$$

verläuft, jedoch nicht über Biradikale $CF_3\dot{N}(\rightarrow O)CF_2\dot{C}XY$ [53]. Umsetzungen von CF_3NO mit $CH_2{=}CHR$ haben ergeben, daß das Auftreten dieser paramagnetischen Teilchen temperaturabhängig ist und durch die nukleophilen bzw. elektrophilen Eigenschaften von R hervorgerufen wird. Die Radikale $CF_3\dot{N}(O)CH_2CHR$ und $CF_3\dot{N}(O)CHRCH_2$ treten im Bereich von −35 bis +20 °C auf. Substituenten mit einem +I-Effekt wie z.B. CH_3 begünstigen die Radikalbildung. Während der Umsetzung von CF_3NO mit $CH_2{=}CHCH_3$ bzw. $CH_2{=}C(CH_3)_2$ werden ESR-Spektren schon bei −75 bzw. −95 °C beobachtet. Dagegen werden im System CF_3NO und $CH_2{=}CH_2$ Radikale erst nach längerem Stehen bei 20 °C beobachtet. Die durchgeführten Umsetzungen sind in der Tabelle auf S. 167 wiedergegeben [78] (Siedepunkt (Sdp.) in °C/Druck in Torr, Dichte D in g/cm³, Brechungsindex n_D).

Reaktionen mit NOCl in Gegenwart von $CF_2{=}CFX$ (X=F, Cl, H) führen zu 1:1:1-Addukten, bestehend hauptsächlich aus $CF_3N(ONO)CF_2CFClX$ und $CF_3N(NO_2)CF_2CFClX$ (X=F, Cl, H). CF_3NO, NOCl und $CF_2{=}CFH$ werden bei −40 °C (72 h) in einem Autoklav umgesetzt, wobei ein Isomerengemisch aus $CF_3N(Z)CF_2CFClH$ mit Z=ONO, NO_2 entsteht [70].

Die während der Reaktion von CF_3NO mit $CF_2{=}CFX$ (X=F, Cl, Br, J, H) bzw. $CF_2{=}CFR$ (R=CF_3, OCH_3, C_6H_5, CF=CF_2) bzw. CFY=CFOR′ (Y=H, Cl, CF_3 und R′=CH_3,

Reactions with Olefins, Acetylenes, Dienes

Olefin	Verbindung	Sdp./Torr in °C	D_4^{20} (n_D^{20})	IR-Spektrum (in cm^{-1})
$CH_2{=}CHCH_3$	$CF_3N(OH)CH_2CH{=}CH_2$	45/110	1.1668 (1.3570)	$\nu(NOH)=3600$; $\nu(CH_2{=})=3100$; $\nu(CH{=})=3035$; $\nu(RCH_2)=2930$; $\nu(C{=}C)=1645$
$CH_2{=}C(CH_3)_2$	$CF_3N(OH)CH_2C(CH_3){=}CH_2$	72/185	1.2009 (1.3680)	$\nu(NOH)=3600$; $\nu(CH)=3100$; 2998, 2950; $\nu(C{=}C)=1660$
$CH_2{=}CHCH_2Cl$	$CF_3N(OH)CH{=}CHCH_2Cl$	65/40	1.4254 (1.3992)	$\nu(NOH)=3470$; $\nu(C{=}C)=1645$
$CH_2{=}CHCH_2Br$	$CH_3N(OH)CH{=}CHCH_2Br$	80/40	1.6819 (1.4300)	$\nu(NOH)=3500$; $\nu(C{=}C)=1630$
$CH_2{=}CHCH_2SiCl_3$	$CF_3N(OH)CH{=}CHCH_2SiCl_3$	76/160	1.3709 (–)	$\nu(NOH)=3450$; $\nu(C{=}C)=1645$
$CH_2{=}CHCH_2NCS$	$CF_3N(OH)CH{=}CHCH_2NCS$	94/2	1.3855 (1.5012)	–
$CH_2{=}CHOC_4H_9$	$(CF_3NOCH{=}CHOC_4H_9)_n$	–	–	–
$H_2C{=}C(CH_3)COOCH_3$	$CF_3N(OH)CH_2C({=}CH_2)C(O)CH_3$	99/5	1.3565 (1.4047)	–

C_2H_5) auftretenden Radikale sind ESR-spektroskopisch charakterisiert worden. Spektren sind abgebildet. Die Umsetzung von CF_3NO mit $CF_2{=}CFCl$ wurde in verschiedenen Lösungsmitteln durchgeführt [79]. Umsetzungen von CF_3NO mit $CF_2{=}CXY$ mit $X=Y=F$, H; $X=F$, $Y=Cl$, CF_3, C_6H_5, oder mit $CH_2{=}CAB$ mit $A=H$, $B=CN$, C_6H_5; $A=CH_3$, $B=OC(O)CH_3$, werden in [80] bei -196 bis $+90$ °C ebenfalls ESR-spektroskopisch untersucht [80].

Wiederholte Umsetzungen von CF_3NO mit $CH_3CH{=}CH_2$ im Molverhältnis 1:1 bzw. 3:1 führen bei -40 bis $+20$ °C (72 bis 96 h) zu $CF_3N(OH)CH_2CH{=}CH_2$ bzw. zum Oxazetidin A (Ausbeute 50%). Analog durchgeführte Reaktionen mit $(CH_3)_2C{=}CH_2$ liefern im

A: Oxazetidinring F_3C–N–O mit Substituenten $CF_3N(OH)CH_2$, H, H, $N(OH)CF_3$

B: Oxazetidinring F_3C–N–O mit Substituenten $CF_3N(OH)CH_2$, CH_3, H_2

C: Oxazetidinring F_3C–N–O mit Substituenten CH_2Cl, H, H_2

Molverhältnis 1:1 $CF_3N(OH)CH_2C(CH_3){=}CH_2$ und im Molverhältnis 2:1 das Oxazetidin B. Mit $ClCH_2CH{=}CH_2$ reagiert CF_3NO unter den genannten Reaktionsbedingungen über den instabilen Ring C zu $CF_3N(OH)CH{=}CHCH_2Cl$. Ein 1:1-Gemisch aus CF_3NO und $CH_3C(O)OCH{=}CH_2$ bildet ein Produktgemisch, bestehend aus Oligomeren und einem Feststoff. Das niedrigsiedende 1:1-Addukt ist 4-Acetoxy-2-trifluormethyl-1,2-oxazetidin. Die Oligomeren haben vermutlich nachfolgende Konstitution [81]:

$$\overline{CF_3NCH_2CH(OCOCH_3)[ON(CF_3)CH_2CHOC(O)CH_3]_nO}$$

Literatur s.S. 170

Reactions with Olefins, Acetylenes, Dienes

Umsetzung mit $CH_2=CHC(O)OCH_3$ führt zu einer Reihe von Stoffen, wobei das 1:1-Addukt ein 4-Methoxycarbonyl-2-trifluormethyl-1,2-oxazetidin darstellt. Anders verhält sich $CH_2=C(CH_3)C(O)OCH_3$, das zu $CF_3N(OH)CH_2C(=CH_2)C(O)OCH_3$ führt [81].

Umsetzungen von $CH_2=CXC(O)OCH_3$ mit CF_3NO im Autoklav bei 20 °C (24 h) führen zu $CF_3N(OH)CH=CXC(O)OCH_3$, X=H, CH_3 [82]. Mit $CH_2=CHC(O)Y$ bilden sich entsprechend $CF_3N(OH)CH=CHC(O)Y$, Y=OH, Cl. Für X=Cl werden auch höher siedende Produkte gleicher Zusammensetzung erhalten. Mit $CH_3C(O)OCH=CH_2$ entsteht $CF_3N(OH)CH=CHOC(O)CH_3$ und höher siedende Produkte. Bei −70 °C (24 h) setzt sich $C_6H_5CH=CH_2$ mit CF_3NO zu einem öligen 1:1-Produkt und zum Ring A′ um. Bei 80 bis 90 °C fällt lediglich das 1:1-Addukt an. Mit $C_6H_5CF=CF_2$ liefert es bei −70 bis −80 °C den Ring B′ und bei 80 °C nur das 1:1-Addukt [82], s. auch [53]. Beim Einleiten von CF_3NO in $(C_6H_5)_2C=CO$ bildet sich der Ring C′ (keine physikalischen Daten) [83].

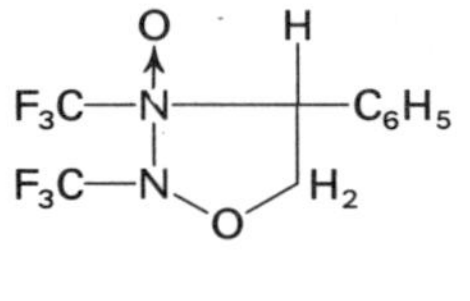

A′ 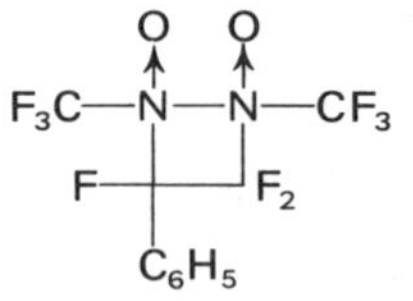 B′ 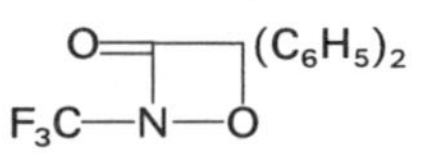 C′

Mit Acetylenen $R_fC{\equiv}CX$ ($R_f=CF_3$, X=Cl, Br; $R_f=CF_2Cl$, $CFCl_2$, X=Cl) erfolgt 1:1-Addition zu $CF_3NO{\cdot}R_fC{\equiv}CX$ [83].

Ähnlich wie Polyfluorolefine setzen sich auch Diene wie z.B. $CF_2=CFCF=CF_2$, $CF_2=CHCH=CF_2$, $CH_2=CHCH=CH_2$, Cyclohexadien, Cyclopentadien, $CH_2=C(CH_3)$-$C(CH_3)=CH_2$ und $CHCl=CHCH=CH_2$ um. Als Zwischenverbindungen treten bei der Umsetzung von CF_3NO mit $CF_2=CFCF=CF_2$ bzw. $CF_2=CHCH=CF_2$ Anionenradikale der Formel $CF_3N(O^{\cdot})CF_2R^-$ ($R=CFCF=CF_2$, $CHCH=CF_2$) auf. Fluorfreie Diene wirken als Donatoren und führen zu den Radikalen $CF_3N^{\cdot}O^-$ und $CF_3N(O^{\cdot})CH_2R'$($R'=[C(CH_3)C(CH_3)=CH_2]^+$ und $[CHCH=CHCl]^+$. Mit $CH_2=CHCH=CH_2$ bzw. $CH_2=C(CH_3)C(CH_3)=CH_2$ bildet CF_3NO das Oxazin [84]

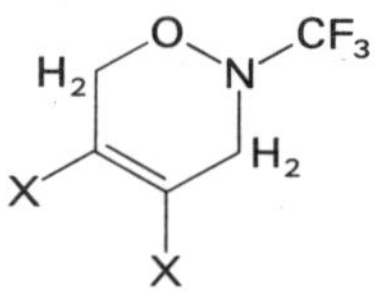

[mit X=H (s. auch S. 165 sowie Tabelle 11, S. 165), $X=CH_3$ (keine physikalischen Daten)].

Reactions with PH_3, $(RO)_3P$, H_2S, RSH, RCHO

2.2.2.4.9 Reaktionen mit PH_3, $(RO)_3P$, H_2S, RSH, RCHO

Ätherische Lösungen von H_2S bzw. PH_3 bilden primär instabile Addukte, die im Überschuß von H_2S oder PH_3 weiter zerfallen. Am Beispiel der Umsetzung mit C_2H_5SH wird nachfolgend der Reaktionsablauf angegeben:

$$CF_3NO + C_2H_5SH \rightarrow CF_3N(OH)SC_2H_5 \xrightarrow{C_2H_5SH} CF_3NHOH + (C_2H_5)_2S$$

Ähnlich verhält es sich gegenüber $(C_2H_5O)_3P$ bzw. $(CH_3)_3N$. In einem wasserfreien Lösungsmittel bildet es bei −70 °C 1:1-Addukte, die mit überschüssigem CF_3NO zu $CF_3N(O)NCF_3$ reagieren [52].

Literatur s.S. 170

ESR-spektroskopische Untersuchungen der Systeme CF_3NO mit $(RO)_3P$, RSH und RCHO [85] haben ergeben, daß bei tiefen Temperaturen paramagnetische Zwischenstufen auftreten. Im System $CF_3NO-(i\text{-}C_4H_9O)_3P$ bilden sich bei −120 bis −80 °C die Radikale $CF_3N^{\cdot}O^-$, $CF_3N(O^{\cdot})\overset{+}{P}(OR)_3$ sowie $CF_3N(O^{\cdot})P(O)(OR)_2$. Unter analogen Bedingungen beobachtet man bei der Umsetzung von CF_3NO mit $(n\text{-}C_4H_9O)_3P$ oder $(C_2H_5O)_3P$ Radikale des Typs $CF_3N^{\cdot}OR$, $HN^{\cdot}OR$, $CF_3N(O^{\cdot})OR$, $CF_3N(O^{\cdot})R$ und $CF_3N^{\cdot}O^-$ ($R = n\text{-}C_4H_9$ und C_2H_5). Primär treten hierbei Donor-Akzeptor-Komplexe auf. Mit $(C_6H_{11}O)_3P$ und $(C_6H_5O)_3P$ verlaufen die Umsetzungen langsamer, ESR-Signale werden erst bei −10 °C beobachtet. Die Spektren zeigen, daß $CF_3N(O^{\cdot})-P(F)(OR)_3$, aber kein $CF_3N^{\cdot}O$ auftritt. CF_3NO reagiert mit $(C_2H_5O)_3P$ in Äther bei 20 °C unter Schütteln zu $(C_2H_5O)_2C_2H_5PO$, $(C_2H_5O)_2P(O)F$ und $(C_2H_5O)_3PO$, ferner zu einem bei 20 °C schmelzenden Addukt $CF_3NO \cdot 2\,(C_2H_5O)_3P$. Die Reaktion bei −70 °C in Äther ergibt $CF_3N(O)NCF_3$ [85].

Mercaptane reagieren mit CF_3NO bei 0 °C analog und geben ESR-Spektren mit identischen Hyperfeinstrukturen, die auf $CF_3N(O^{\cdot})-SR$ ($R = C_6H_5$, $n\text{-}C_4H_9$ und C_2H_5) zurückzuführen sind. In den Systemen $CF_3NO-C_6H_5CHO$, CF_3NO-CH_3CHO und $CF_3NO-CH_3(CH_2)_2CHO$ wird das Anionenradikal $CF_3N^{\cdot}-O^-$ und das Kationenradikal $R\overset{+}{C}HO^{\cdot}$ ($R = CH_3$, C_3H_7) beobachtet. Zusätzlich tritt $CF_3N(O^{\cdot})R'$ ($R' = C_6H_5$, CH_3, C_3H_7) auf. Im CF_3NO-CF_3CHO-System sind auch $CF_3N(O^{\cdot})C(O)CH_3$ und CH_3CHO nachgewiesen worden. Bei der Umsetzung von CF_3NO mit CH_3CHO in Anwesenheit von $CF_2{=}CF_2$ bei −40 °C (24 h) in einem Autoklav entstehen folgende zwei Produkte [85]:

$CF_3C(O)N(CF_3)NOH$: Siedepunkt 37.5 °C/2 Torr, $n_D^{20} = 1.3522$, $D_{20}^{20} = 1.4950$ g/cm³; IR: $\nu(OH) = 3300$; $\nu(C{=}O) = 1777$ cm^{-1}; ^{19}F-NMR (äußerer Standard CF_3COOH, Werte auf F_2 umgerechnet): $\delta(CF_3) = 500$ ppm.

$CH_3C(O)ON(CF_3)CF_2CF_2N(OH)CF_3$: Siedepunkt 47.5 °C/2 Torr, $n_D^{20} = 1.3305$, $D_{20}^{20} = 1.6900$ g/cm³, IR: $\nu(OH) = 3350$; $\nu(C{=}O) = 1750$ cm^{-1}; ^{19}F-NMR: $\delta(CF_3) = 492$ und 498, $\delta(CF_2) = 521.6$ und 539 ppm.

2.2.2.4.10 Reaktionen mit $(CH_3)_3SiH$

Reactions with $(CH_3)_3SiH$

In einem Quarzrohr werden CF_3NO und $(CH_3)_3SiH$ unter dem Einfluß von UV-Licht (18 h) umgesetzt. Hierbei bilden sich bei 93%igem Umsatz 9% N_2, 4% $CF_3N(O)NCF_3$, 15% $(CH_3)_3SiF$, 28% $(CF_3)_2NOSi(CH_3)_3$, 43% $CF_3N(H)OSi(CH_3)_3$, geringe Mengen $(CH_3)_3SiOSi(CH_3)_3$ und nicht identifizierte Verbindungen. Die mittels H_2PtCl_6 katalysierte Reaktion von äquimolaren Mengen CF_3NO und $(CH_3)_3SiH$ unter Ausschluß von Licht führt nach 5 d zu 5% N_2, 1% $CF_3N(O)NCF_3$, 10% $(CH_3)_3SiH$, 74% $CF_3N(H)OSi(CH_3)_3$, 16% $(CF_3)_2NOSi(CH_3)_3$ sowie geringen Mengen von $(CH_3)_3SiOSi(CH_3)_3$ und eines nicht flüchtigen Öls. Physikalische Eigenschaften der Verbindungen (äußerer Standard C_6H_6, äußerer Standard CF_3COOH) werden im folgenden angegeben [86]:

$CF_3N(H)OSi(CH_3)_3$: Siedepunkt 39 °C/720 Torr (Zersetzung); IR: 3676 (vw), 3378 (w), 1845 (w), 1462 (m), 1370 (s), 1361 (vs), 1272 (vs), 1220 (vs), 1182 (vs), 1026 (s), 917 (s), 823 (m); ^1H-NMR: $\delta(NH) = 0.8$ (br), $\delta(CH_3) = 6.83$ ppm; ^{19}F-NMR: $\delta(CF_3) = 7.4$ ppm (br); Massenspektrum (m/e, Bruchstück, Intensität in (%)): 159, $C_3H_8F_3NOSi^+$ (1.2); 147, $C_5H_8OSi_2^+$ (3.0); 131, $C_4H_{11}OSi_2^+$ (2.1); 84, CHF_3N^+ (3.5); 83, CF_3N^+ (18.4); 81, CHF_2NO^+ (100); 77, $C_2H_6FSi^+$ (49.0); 73, $C_3H_9Si^+$ (6.8); 69, CF_3^+ (78.5); 65, CHF_2N^+ (21.6); 62, CH_3FSi^+ (20.4); 51, CHF_2^+ (17.5); 50, CF_2^+ (5.7); 49, $CFSi^+$ (6.8); 47, FSi^+ (12.7); 46, $C_2H_3F^+$ (10.7); 44, CH_4Si^+ (8.1); 32, CHF^+ (6.6); 31, CF^+ (12.6); 30, H_2Si^+ (18.5).

$(CF_3)_2NOSi(CH_3)_3$: Siedepunkt 69 °C/720 Torr; IR: 3676 (vw), 2941 (w), 2427 (w), 1437 (w), 1393 (m), 1309 (vs), 1266 (vs), 1220 (vs), 1071 (s), 1046 (s), 971 (vs),

Literatur s.S. 170

907 (w), 851 (s), 833 (w), 797 (w), 758 (w), 714 bis 703 (s, tr). ^{1}H-NMR: $\delta(CH_3)=$ 6.86 ppm; ^{19}F-NMR, $\delta(CF_3)=8.1$ ppm. Massenspektrum (m/e, Bruchstück, Intensität in (%)): 169, $C_2HF_6NO^+$ (6.5); 150, $C_2HF_5NO^+$ (8.1); 149, $C_2F_5NO^+$ (2.7); 147, $C_5H_{15}OSi_2^+$ (25.6); 81, CHF_2NO^+ (11.6); 77, $C_2H_6FSi^+$ (4.8); 73, $C_3H_9Si^+$ (3.2); 69, CF_3^+ (100); 66, $CH_2F_2N^+$ (3.8) [86].

Other Reactions

2.2.2.4.11 Weitere Reaktionen

Oxidationsmittel wie $K_2Cr_2O_7$, CrO_3 in Eisessig, H_2SO_5, H_2O_2, $KMnO_4$ in 10%igem H_2SO_4 oder CH_3COOH reagieren bei 20 °C (2 h) nicht mit CF_3NO. Dagegen entfärbt Mn_2O_7 in Eisessig CF_3NO in 30 min. Entfärbt wird es auch durch Zn und CH_3COOH (3 min), durch H_2+Katalysator (Pd-Mohr in verdünntem HCl, 24 h) und durch F_2 [2]. Bei 150 bis 200 °C wird CF_3NO durch MnO_2 zu CF_3NO_2 oxidiert. Eine saure KJ-Lösung zerstört CF_3NO im Dunkeln bei 20 °C (18 h) vollständig, wobei als flüchtige Substanz 80% CO_2 entstehen. Heftiges Schütteln beschleunigt den Zersetzungsprozeß [8]. In Äther wird CF_3NO von HJ langsam zu CF_3NHOH reduziert [52].

Die Beobachtung, daß CF_3NO mit Hg bei 20 °C (20 h, schütteln) vollständig zerstört wird [5], ließ sich nicht reproduzieren. Beim Schütteln von CF_3NO unter Lichtausschluß (3 h) [2] bzw. (4 d) trat keine Reaktion ein. Lichteinfluß verursacht jedoch Zersetzung [8].

Polymere der Zusammensetzung $\{N(CF_3)OCH_2\}_n$ (s. S. 209) fallen bei der Reaktion von CF_3NO mit CH_2N_2 in Äther bzw. n-C_5F_{12} bei −78 oder −96 °C (0.5 bis 1 h) nahezu quantitativ an [87]. Aus CF_3NO und $C_2H_5OC(O)N{=}NC(O)OC_2H_5$ bildet sich bei 100 bis 150 °C der Ring A, mit CH_2N_2 verläuft die Kondensation bei −70 °C in Äther über die instabile Stufe $[CF_3N(O)N{=}NCH_2]$ zu $[CF_3N(O)CH_2]_5$ und N_2. Heftig setzt es sich mit $(C_6H_5)_3P{=}N{-}N{=}CH_2$ zum Endprodukt $(C_6H_5)_3P{=}NCF_3$ um und mit CH_3NC entsteht im Autoklav bei 25 °C der Ring B [67]:

```
        O—N—CF3                     O—N—CF3
        |  |                        |  |
C2H5O2C—N—N—CO2C2H5         H3CN═══╧══╧═══NCH3

          A                             B
```

Mit $(C_6H_5)_3P{=}NR$ setzt sich CF_3NO zu $(C_6H_5)_3PO$ und $CF_3N{=}NR$ um, $R{=}CH_3$: Siedepunkt 3.5 °C, $R{=}C_6H_5$: Siedepunkt 141 °C/752 Torr, $D_{20}^{20}=1.222$ g/cm^3, $n_D^{20}=1.4660$ [52].

Bereits bei −20 °C reagiert $Fe(CO)_5$ mit CF_3NO (in dreifachem Überschuß) exotherm zu $CF_3N(O)NCF_3$, CF_3NNCF_3, CF_4, COF_2 und CO_2. Bei Verwendung von 0.7 mol $Fe(CO)_5$ auf 1 mol CF_3NO bilden sich CF_4, CO_2, FeF_2, COF_2, N_2 und CO [88].

Die von Ruff und Giese [2] angegebene Isomerisierung von CF_3NO zu $FC(O)NF_2$ konnte später nicht bestätigt werden [5]. Es tritt keine einer C=O- oder C=N-Doppelbindung entsprechende IR-Absorptionsbande auf, so daß das Vorliegen von $FC(O)NF_2$ oder $F_2C{=}NOF$ ausgeschlossen werden kann [18]. Möglicherweise handelt es sich um C_2F_6 oder CF_3NF_2 [47]. Bei der Umsetzung von CF_3NO mit $(SO_3F)_2$ entsteht als Hauptprodukt CF_3OSO_2F (Siedepunkt −4 bis −3 °C [91].

Literatur:

[1] O. Ruff, M. Giese (Ber. Deut. Chem. Ges. **69** [1936] 598/603). – [2] O. Ruff, M. Giese (Ber. Deut. Chem. Ges. **69** [1936] 684/9). – [3] J. Jander, R.N. Haszeldine (J. Chem. Soc. **1954** 912/9). – [4] R.N. Haszeldine (J. Chem. Soc. **1953** 2075/81). – [5] J. Banus (J. Chem. Soc. **1953** 3755/61).

[6] J. Jander, R.N. Haszeldine (Naturwissenschaften **40** [1953] 579). – [7] A.H. Dinwoodie, R.N. Haszeldine (J. Chem. Soc. **1965** 1675/81). – [8] D.A. Barr, R.N. Haszeldine (J. Chem. Soc. **1955** 1881/9). – [9] J. Heicklen (J. Phys. Chem. **70** [1966] 112/8). – [10] R.N. Haszeldine, J. Jander (J. Chem. Soc. **1953** 4172/3).

[11] R.E. Banks, R.N. Haszeldine, M.K. McCreath (Proc. Chem. Soc. **1961** 64/5). – [12] C.W. Taylor, T.J. Brice, R.L. Wear (J. Org. Chem. **27** [1962] 1064/6). – [13] R.E. Banks, M.G. Barlow, R.N. Haszeldine, M.K. McCreath (J. Chem. Soc. C **1966** 1350/3). – [14] R.E. Banks, K.C. Eapen, R.N. Haszeldine, A.V. Holt, T. Myerscough, S. Smith (J. Chem. Soc. Perkin Trans. I **1974** 2532/8). – [15] National Research Development Corp., R.N. Haszeldine, R.E. Banks, M. McCreath (B.P. 1014221 [1961/65]; C.A. **64** [1966] 8033).

[16] Minnesota Mining and Manufacturing Corp., C.W. Tailor (U.S.P. 3342874 [1961/67]; C.A. **68** [1968] Nr. 21546). – [17] Minnesota Mining and Manufacturing Co., G.H. Crawford, D.E. Rice, D.R. Young (U.S.P. 3192260 [1962/65]; C.A. **63** [1965] 13084). – [18] J.D. Park, R.W. Rosser, J.R. Lacher (J. Org. Chem. **27** [1962] 1462). – [19] R. Gibbs, R.N. Haszeldine, R.F. Simmons (J. Chem. Soc. Perkin Trans. II **1972** 773/8). – [20] R. Gibbs, R.N. Haszeldine, R.F. Simmons (J. Chem. Soc. Perkin Trans. II **1972** 1340/3).

[21] Minnesota Mining and Manufacturing Co., G.H. Crawford, D.E. Rice (U.S.P. 3162692 [1963/64]; C.A. **62** [1965] 10336). – [22] Minnesota Mining and Manufacturing Co., G.H. Crawford (U.S.P. 3213009 [1961/65]; C.A. **64** [1966] 6869). – [23] H.S. Tan, F.W. Lampe (J. Phys. Chem. **77** [1973] 1335/41). – [24] Thiokol Chemical Corp., J.E. Paustian, H. Buerwasser (U.S.P. 3616359 [1968/71]; C.A. **76** [1972] Nr. 60702). – [25] J.W. Frazer, B.E. Holder, E.F. Worden (UCRL-6444 [1961] 3/19; C.A. **56** [1962] 5820).

[26] M. Schmeißer, W. Heuser, E. Danzmann (Z. Anorg. Allgem. Chem. **418** [1975] 109/15). – [27] W. Hückel (Nachr. Ges. Wiss. Göttingen **1946** 36/7; C.A. **1949** 6793). – [28] Farbwerke Hoechst Akt.-Ges. vorm. Meister Lucius und Brüning, O. Glemser, H. Schröder, H. Haeseler (D.P. 1005972 [1955/57]; C.A. **1960** 296). – [29] B.W. Tattershall (J. Chem. Soc. A **1970** 3263/5). – [30] J. Mason, J. Dunderdale (J. Chem. Soc. **1956** 754/9).

[31] R.N. Haszeldine, B.J.H. Mattinson (Chem. Ind. [London] **1956** 81/2). – [32] S.H. Bauer, A.L. Andreassen (J. Phys. Chem. **76** [1972] 3099/108). – [33] M.I. Davis, J.E. Boggs, D. Coffey, H.P. Hanson (J. Phys. Chem. **69** [1965] 3727/30). – [34] J. Mason (J. Chem. Soc. **1957** 3904/12). – [35] P.J. Carmichael, B.G. Gowenlock, C.A.P. Johnson (J. Chem. Soc. Perkin Trans. II **1973** 1853/6).

[36] J.E. Boggs, D. Coffey, J.C. Davis (J. Phys. Chem. **68** [1964] 2383/4). – [37] J. Mason (Chem. Commun. **1969** 357/8). – [38] L.D. Anderson, J. Mason, W. van Bronswijk (J. Chem. Soc. A **1970** 296/9). – [39] S.S. Dubov, A.M. Khokhlova (Zh. Obshch. Khim. **34** [1964] 1961/4; J. Gen. Chem. USSR **34** [1964] 1974/7; C.A. **61** [1964] 7820). – [40] D.A. Barr, R.N. Haszeldine (J. Chem. Soc. **1956** 3416/28).

[41] H.F. Shurvell, S.C. Dass, R.D. Gordon (Can. J. Chem. **52** [1974] 3149/57). – [42] V.A. Ginsburg, V.V. Smolyanitskaya, A.N. Medvedev, V.S. Faermark, A.P. Tomilov (Zh. Obshch. Khim. **41** [1971] 2284/9; J. Gen. Chem. USSR **41** [1971] 2309/13; C.A. **76** [1972] Nr. 98791). – [43] J.L. Gerlock, E.G. Janzen (J. Am. Chem. Soc. **90** [1968] 1652/4). – [44] D.A. Barr, R.N. Haszeldine, C.J. Willis (J. Chem. Soc. **1961** 1351/62). – [45] R.E. Banks, M.G. Barlow, R.N. Haszeldine, M.K. McCreath, H. Sutcliffe (J. Chem. Soc. **1965** 7209/11).

[46] A.Ya. Yakubovich, S.P. Makarov, V.A. Ginsburg, N.F. Privezentseva, L.L. Martynova (Dokl. Akad. Nauk SSSR **141** [1961] 125/8; Proc. Acad. Sci. USSR Chem. Sect. **136/141** [1961] 1112/5; C.A. **56** [1962] 11429). – [47] J. Jander, R.N. Haszeldine (J. Chem. Soc. **1954** 919/22). – [48] D. Husain (Nature **195** [1962] 796/7). – [49] J. Jander, R.N. Haszeldine (J. Chem. Soc. **1954** 696/8). – [50] R.N. Haszeldine, B.J.H. Mattinson (J. Chem. Soc. **1957** 1941/5).

[51] J. Mason (J. Chem. Soc. **1963** 4531/7). – [52] A.Ya. Yakubovich, V.A. Ginsburg, S.P. Makarov, V.A. Shpanskii, N.F. Privezentseva, L.L. Martynova, B.V. Kir'yan, A.L. Lemke (Dokl. Akad. Nauk SSSR **140** [1961] 1352/5; Proc. Acad. Sci. USSR Chem. Sect. **136/141** [1961] 1069/72; C.A. **56** [1962] 9937). – [53] V.A. Ginsburg, S.S. Bubov, A.N. Medvedev, L.L. Martynova, B.I. Tetel'baum, M.N. Vasil'eva, A.Ya. Yakubovich (Dokl. Akad. Nauk SSSR **152** [1963] 1104/7; Dokl. Chem. Proc. Acad. Sci. USSR **148/153** [1963] 796/9; C.A. **60** [1964] 1570). – [54] V.A. Ginsburg, A.N. Medvedev, M.F. Lebedeva, S.S. Dubov, A.Ya. Yakubovich (Zh. Obshch. Khim. **35** [1965] 1418/22; J. Gen. Chem. USSR **35** [1965] 1422/5; C.A. **63** [1965] 14672). – [55] V.A. Ginsburg, A.N. Medvedev, S.S. Dubov, M.F. Lebedeva (Zh. Obshch. Khim. **37** [1967] 601/11; J. Gen. Chem. USSR **37** [1967] 563/71; C.A. **67** [1967] Nr. 43233).

[56] V.A. Ginsburg, A.N. Medvedev, S.S. Dubov, M.F. Lebedeva (Dokl. Akad. Nauk SSSR **167** [1966] 1083/6; Dokl. Chem. Proc. Acad. Sci. USSR **166/171** [1966] 223/6; C.A. **65** [1966] 598). – [57] S.P. Makarov, A.Ya. Yakubovich, V.A. Ginsburg, A.S. Filatov, M.A. Énglin, N.F. Privezentseva, T.Ya. Nikoforova (Dokl. Akad. Nauk SSSR **141** [1961] 357/60; Proc. Acad. Sci. USSR Chem. Sect. **136/141** [1961] 1130/3; C.A. **56** [1962] 11425). – [58] S.P. Makarov, A.Ya. Yakubovich, A.S. Filatov, M.A. Énglin, T.Ya. Nikiforova (Zh. Obshch. Khim. **38** [1968] 709/15; J. Gen. Chem. USSR **38** [1968] 685/90; C.A. **69** [1968] Nr. 18506). – [59] S.P. Makarov, A.S. Filatov, A.Ya. Yakubovich (Zh. Obshch. Khim. **37** [1967] 158/63; J. Gen. Chem. USSR **37** [1967] 144/8; C.A. **67** [1967] Nr. 21526). – [60] A.S. Filatov, S.P. Makarov, A.Ya. Yakubovich (Zh. Obshch. Khim. **37** [1967] 837/41; J. Gen. Chem. USSR **37** [1967] 787/91; C.A. **67** [1967] Nr. 90343).

[61] V.A. Ginsburg, L.L. Martynova, N.F. Privezentseva, Z.A. Buchek (Zh. Obshch. Khim. **38** [1968] 2505/9; J. Gen. Chem. USSR **38** [1968] 2422/5; C.A. **70** [1969] Nr. 57055). – [62] A.H. Dinwoodie, R.N. Haszeldine (J. Chem. Soc. **1965** 2266/8). – [63] V.A. Ginsburg, A.N. Medvedev, M.F. Lebedeva, M.N. Vasil'eva, L.L. Martynova (Zh. Obshch. Khim. **37** [1967] 611/20; J. Gen. Chem. USSR **37** [1967] 572/9; C.A. **67** [1967] Nr. 43234). – [64] A.S. Filatov, M.A. Énglin (Zh. Obshch. Khim. **38** [1968] 26/7; J. Gen. Chem. USSR **38** [1968] 24/5; C.A. **69** [1968] Nr. 18500). – [65] N.L. Craig, D.W. Setser (Intern. J. Chem. Kinetics **6** [1974] 517/26).

[66] V.A. Ginsburg, M.N. Vasil'eva (Zh. Org. Khim. **9** [1973] 2028/31; J. Org. Chem. [USSR] **9** [1973] 2045/8; C.A. **80** [1974] Nr. 14512). – [67] V.A. Ginsburg, M.N. Vasil'eva (UdSSR P. 370202 [1971/73]; C.A. **79** [1973] Nr. 18139). – [68] V.A. Ginsburg, M.N. Vasil'eva (Zh. Org. Khim. **9** [1973] 1080; J. Org. Chem. [USSR] **9** [1973] 1108; C.A. **79** [1973] Nr. 66136). – [69] V.A. Ginsburg, M.N. Vasil'eva, N.S. Mirzabekova (Zh. Vses. Khim. Obshchestva **19** [1974] 579/81; C.A. **82** [1975] Nr. 16490). – [70] V.A. Ginsburg, L.L. Martynova, M.F. Lebedeva, B.I. Tetel'baum, A.N. Medvedev (Zh. Obshch. Khim. **37** [1967] 1077/83; J. Gen. Chem. USSR **37** [1967] 1020/5; C.A. **68** [1968] Nr. 48950).

[71] D.H.R. Barton, R.L. Harris, R.H. Hesse, M.M. Pechet, F.J. Urban (J. Chem. Soc. Perkin Trans. I **1974** 2344/6). – [72] R.E. Banks, R.N. Haszeldine, H. Sutcliffe, C.J. Willis (J. Chem. Soc. **1965** 2506/13). – [73] R.E. Banks, M.G. Barlow, R.N. Haszeldine (J. Chem. Soc. **1965** 4714/8). – [74] J. Freear, A.E. Tipping (J. Chem. Soc.

C **1969** 1963/7). – [75] D.H. Coy, R.N. Haszeldine, M.J. Newlands, A.E. Tipping (J. Chem. Soc. Perkin Trans. I **1973** 1561/4).

[76] D.H. Coy, R.N. Haszeldine, M.J. Newlands, A.E. Tipping (Chem. Commun. **1970** 456). – [77] B. Zeeh (Synthesis **2** [1969] 65/73). – [78] V.A. Ginsburg, A.N. Medvedev, L.L. Martynova, P.O. Gitel', G.E. Nikolaenko (Zh. Org. Khim. **8** [1972] 486/500; J. Org. Chem. [USSR] **8** [1972] 491/503; C.A. **77** [1972] Nr. 18912). – [79] V.A. Ginsburg, A.N. Medvedev, S.S. Dubov, P.O. Gitel', V.V. Smolyanitskaya, G.E. Nikolaenko (Zh. Obshch. Khim. **39** [1969] 282/98; J. Gen. Chem. USSR **39** [1969] 262/77; C.A. **71** [1969] Nr. 2777). – [80] V.A. Ginsburg, A.N. Medvedev, L.L. Martynova, M.N. Vasil'eva, M.F. Lebedeva, S.S. Dubov, A.Ya. Yakubovich (Zh. Obshch. Khim. **35** [1965] 1924/8; J. Gen. Chem. USSR **35** [1965] 1917/21; C.A. **64** [1966] 6455).

[81] V.A. Ginsburg, A.N. Medvedev, M.F. Lebedeva, L.L. Martynova (Zh. Org. Khim. **10** [1974] 1416/23; J. Org. Chem. [USSR] **10** [1974] 1427/33; C.A. **81** [1974] Nr. 104653). – [82] V.A. Ginsburg, L.L. Martynova, S.S. Dubov, B.I. Tetel'baum, A.Ya. Yakubovich (Zh. Obshch. Khim. **35** [1965] 851/7; J. Gen. Chem. USSR **35** [1965] 855/60; C.A. **63** [1965] 6995). – [83] S.P. Makarov, V.A. Shpanskii, V.A. Ginsburg, A.I. Shchekotikhin, A.S. Filatov, L.L. Martynova, I.V. Pavlovskaya, A.V. Golovaneva, A.Ya. Yakubovich (Dokl. Akad. Nauk SSSR **142** [1962] 596/9; Proc. Acad. Sci. USSR Chem. Sect. **142/147** [1962] 62/5; C.A. **57** [1962] 4528). – [84] V.A. Ginsburg, A.N. Medvedev, S.S. Dubov, M.F. Lebedeva, M.N. Vasil'eva, L.L. Martynova (Zh. Obshch. Khim. **37** [1967] 2023/9; J. Gen. Chem. USSR **37** [1967] 1919/24; C.A. **68** [1968] Nr. 104417). – [85] V.A. Ginsburg, A.N. Medvedev, N.S. Mirzabekova, M.F. Lebedeva (Zh. Obshch. Khim. **37** [1967] 620/33; J. Gen. Chem. USSR **37** [1967] 580/90; C.A. **67** [1967] Nr. 43235).

[86] A.C. Delany, R.N. Haszeldine, A.E. Tipping (J. Chem. Soc. C **1968** 2537/9). – [87] National Research Development Corporation, R.N. Haszeldine, R.E. Banks, W.T. Flowers (B.P. 981347 [1960/65]; C.A. **62** [1965] 10636). – [88] A.S. Filatov, M.A. Énglin (Zh. Obshch. Khim. **39** [1969] 783/5; J. Gen. Chem. USSR **39** [1969] 743/5; C.A. **71** [1969] Nr. 60587). – [89] Minnesota Mining and Manufacturing Co., G.H. Crawford, D.E. Rice, D.R. Yarian (U.S.P. 3192247 [1962/65]; C.A. **63** [1965] 13088). – [90] V.A. Ginsburg, L.L. Martynova, M.N. Vasil'eva (Zh. Obshch. Khim. **37** [1967] 1083/90; J. Gen. Chem. USSR **37** [1967] 1026/32).

[91] V.A. Ginsburg, A.A. Tumanov, L.V. Abramova, A.D. Koval'chenko (Zh. Obshch. Khim. **38** [1968] 1195; J. Gen. Chem. USSR **38** [1968] 1148).

2.2.3 Nitroso-Alkane, -Alkene und -Benzole

Nitrosoalkanes, Nitrosoalkenes, and Nitrosobenzenes

2.2.3.1 Bildung und Darstellung

Formation. Preparation

2.2.3.1.1 Nitrosomethane

Nitrosomethanes

Zu CF_3NO s.S.151.

Chlordifluornitrosomethan $ClCF_2NO$

Dichlorfluornitrosomethan Cl_2CFNO

Bromdifluornitrosomethan $BrCF_2NO$

Die Synthese von $ClCF_2NO$ erfolgt durch Umsetzung von $O_2NCF_2C(O)OC_2H_5$ mit 21%igem HCl bei 100 °C (Wasserbad) [1]. Anstelle des Esters kann auch $O_2NCF_2C(O)OH$

Formation and Preparation

mit HCl zu $ClCF_2NO$ umgesetzt werden [2, 3]. Es entsteht auch beim Durchleiten eines NOCl-Stromes durch eine Suspension von $ClCF_2C(O)ONa$ in $CH_3OCH_2CH_2OCH_3$ bei 148 °C (2 h) [4]. UV-Bestrahlung von $ClCF_2C(O)ONO$ bei 25 °C (20 Torr) führt in guten Ausbeuten zu $ClCF_2NO$ [5]. Auch die Pyrolyse von $ClCF_2C(O)ONO$ bei 190 bis 192 °C führt zu $ClCF_2NO$ [6]. CF_2ClBr und NO im Molverhältnis 1:2.5 reagieren beim Bestrahlen mit einer UV-Lampe (500 Watt) bei 20 °C (24 h) zu $ClCF_2NO$ [7]. Äquimolare Mengen von $ClCF_2H$ bzw. Cl_2CFH und NOCl setzen sich unter dem Einfluß von UV-Licht (500 Watt-Lampe) nach 21 h zu 15% $ClCF_2NO$ bzw. Cl_2CFNO um [8]. Umsetzungen von $ClCF_2SCl$ bzw. Cl_2CFSCl mit 33% HNO_2 führen bei 20 bis 30 °C (3 h) bzw. 20 bis 24 °C (4 h) zu 10.3% $ClCF_2NO$ bzw. 8.3% Cl_2CFNO [9]. Beim Durchleiten von N_2F_4 durch $ClCF_2C(O)CF_2Cl$ bzw. $Cl_2CFC(O)CFCl_2$ bei 10 °C (6 h) und anschließendem Erhitzen des Gasgemisches auf 140 bzw. 120 °C bildet sich $ClCF_2NO$ [10]. Tropft man $O_2NCFClC(O)OH$ während 1.5 h zu 21%igem HCl bei 100 °C, so bilden sich 60% Cl_2CFNO [11]. Leitet man in eine Suspension von $ClCF_2C(O)ONa$ in $CH_3OCH_2CH_2OCH_3$ bei 160 °C NOBr ein, so bilden sich nach 6 h in guter Ausbeute $BrCF_2NO$ [4]. Unter UV-Bestrahlung reagieren XCF_2J mit NO in Gegenwart von Hg zu XCF_2NO (s. S. 151). Für X=Cl bzw. Br werden 50% $ClCF_2NO$ bzw. 50% $BrCF_2NO$ erhalten (Ausbeuten bezogen auf verbrauchtes XCF_2J) [12].

Nitrosoethanes, Nitrosoethylene, Nitrosodifluoroacetyl Halides

2.2.3.1.2 Nitrosoäthane, Nitrosoäthylen, Nitrosodifluoracetylhalogenide

Pentafluornitrosoäthan C_2F_5NO

Trifluornitrosoäthylen $CF_2{=}CFNO$

Schütteln und Bestrahlen eines Gemisches aus C_2F_5J und NO in Gegenwart von Hg in einem Quarzkolben mit einer Hanovia S 250 UV-Lampe (20 h) führen zu 87% C_2F_5NO [13] (s. auch [12]), das sich auch beim Bestrahlen mit Licht der Wellenlänge 253.7 nm (20 h) bildet [14]. UV-Photolyse von $C_2F_5C(O)ONO$ bei 25 °C (20 Torr, nach 4 h 725 Torr) führt in 85% Ausbeute zu C_2F_5NO [5]. Analog verläuft auch die Pyrolyse [6]. Oxidation von C_2F_5NHOH mit $K_2Cr_2O_7$ liefert C_2F_5NO [15]. In einem Autoklav reagiert ein Gemisch aus $CF_2{=}CFH$ und NOF, gelöst in Perfluorcyclobutan, bei 20 °C (48 h) zu C_2F_5NO [16]. Beim Bestrahlen von $CF_2{=}CFJ$ mit NO mit einer Hanovia UV-Lampe (250 Watt) in einem Quarzkolben in Gegenwart von Hg bilden sich nach 48 bis 76 h 9% $CF_2{=}CFNO$ [17, 18]. Bestrahlt man $CF_2{=}CFJ$ in Gegenwart von NO, so bildet sich $CF_2{=}CFNO$ und ein Dimeres in nicht näher charakterisierten Zwischenstufen [19].

Perfluorchlornitrosoäthane $CF_3CFClNO$, CF_3CCl_2NO, $ClCF_2CF_2NO$, $ClCF_2CFClNO$, $ClCF_2CCl_2NO$, $Cl_2CFCFClNO$

$CF_3CFClNO$ wird durch Acidolyse von $CF_3CF(NO_2)C(O)OC_2H_5$ mit HCl erhalten [20]. In C_2H_5OH reagiert HCl mit CF_3CHFNO in der Siedehitze (20 h) zu 90% $CF_3CFClNO$ [21]. Bei der Addition von NOF an $CF_2{=}CFCl$ bei 30 bis 35 °C (4 h, Autoklav) bilden sich in Gegenwart von BF_3 in Tetramethylensulfon 31.6% $CF_3CFClNO$ [22, 23]. In Tetrachloräthan gelöstes $CF_3CF{=}NOH \cdot C_2H_5OC_2H_5$ reagiert in Gegenwart von Pyridin mit Cl_2 bei −40 °C (20 bis 40 min) zu $CF_3CFClNO$ [24]. Das aus C_2F_5NO durch katalytische Hydrierung in CH_3OH synthetisierte $CF_3CF{=}NOH$ wird sofort durch Einleiten von Cl_2 bei 20 bis 25 °C zu 51% $CF_3CFClNO$ oxidiert [25].

In $(CH_3)_2NC(O)H$ gelöstes $(CF_3CFCl)_2Hg$ wird mit NOCl so lange umgesetzt, bis eine bleibende Rotfärbung zu beobachten ist. Das Reaktionsgemisch wird von Zeit zu Zeit mit zusätzlichem NOCl versetzt und 3 bis 4 d aufbewahrt. Anschließend können 79% $CF_3CFClNO$ isoliert werden. Aus $(CF_3CFH)_2Hg$ bzw. $(CF_3CCl_2)_2Hg$ und NOCl werden analog 14% $CF_3CFClNO$ bzw. 28% CF_3CCl_2NO gewonnen [26]. In Tetrachloräthan gelöstes $CF_3CCl{=}NOH$ reagiert in Anwesenheit von Pyridin mit Cl_2 bei −40 °C zu 87.7% CF_3CCl_2NO [24].

Formation and Preparation

$ClCF_2CF_2NO$ bildet sich beim Einleiten von $CF_2{=}CF_2$ in ein Gemisch aus $AlCl_3$ und NOCl bei −20 °C (2 h), hierbei steigt die Temperatur auf 5 °C [27]. Im Einschlußrohr reagiert $CF_2{=}CF_2$ (im Überschuß) mit NOCl bei 100 °C (15 h) zu 3% $ClCF_2CF_2NO$ [28]. Die Synthese von $ClCF_2CF_2NO$ erfolgt aus $CF_2{=}CF_2$ und NO (Molverhältnis 1:2) in einem mit $FeCl_3$ und Glaspulver gefüllten Strömungsreaktor bei 45 °C (24 h) bzw. 90 °C (24 h). Aus dem sich bildenden Reaktionsgemisch werden 71.4 bzw. 44.8% $ClCF_2CF_2NO$ isoliert [29, 30]. In Gegenwart von $FeCl_3$ reagiert $CF_2{=}CF_2$ mit NOCl bei 45 °C (24 h) zu 79.6% $ClCF_2CF_2NO$ [31]. Die Verbindung (in 68% Ausbeute) wird auch erhalten, wenn $ClCF_2CF_2J$ mit NO in Gegenwart von Hg in einem Bombenrohr kräftig geschüttelt und mit einer Hanovia S 250 UV-Lampe bestrahlt wird [12].

Ein Gemisch aus $CF_2{=}CF_2$, NO und Cl_2 (Volumenverhältnis 1:1:0.5) setzt sich bei UV-Bestrahlung bei 20 °C (15 bis 18 h) zu 38% $ClCF_2CF_2NO$ um [32].

$ClCF_2CFClNO$ entsteht in 82% Ausbeute durch Reaktion von $CF_2{=}CFCl$ mit NOCl bei 45 °C (24 h) in Gegenwart von $FeCl_3$ [31]. Leitet man $CF_2{=}CFCl$ und NO (Volumenverhältnis 1:2) über Aktivkohle bei 20 °C (20 h), so bilden sich 15% $ClCF_2CFClNO$ [31]. In einer Strömungsapparatur, gefüllt mit einem Gemisch aus $FeCl_3$ und Glaspulver, reagiert NO mit $CF_2{=}CFCl$ (Molverhältnis 2:1) bei 45 °C (24 h) bzw. 80 bis 110 °C (24 h) zu einem Gemisch, aus dem 76.1 bzw. 23.2% $ClCF_2CFClNO$ isoliert werden konnten. Analog werden NOCl und $CF_2{=}CFCl$ (Molverhältnis 1:1.12) bei 45 °C (24 h) bzw. 90 °C (24 h) zu 82% bzw. 26.4% $ClCF_2CFClNO$ umgesetzt [30]. Unter Druck setzt sich $CF_2{=}CFCl$ mit NO bei 22 °C (24 h) zu $ClCF_2CFClNO$ um [33].

Im Bombenrohr addiert $CF_2{=}CFNO$ bei 20 °C (21 d, Lichtausschluß) Cl_2 zu 93% $ClCF_2CFClNO$ [17], das auch durch Addition von NOCl an $CF_2{=}CFH$ entsteht [13]. Erhitzen und Bestrahlen eines Gemisches aus $ClCF_2CFClJ$ und NO auf 60 °C (20 h) führt zu 13% $ClCF_2CFClNO$. Versuche, die Ausbeute durch Zugabe von Hg, verlängerte Bestrahlungszeit, Temperaturerniedrigung und höhere Strahlungsintensität zu erhöhen, waren erfolglos. Die erzielten Ausbeuten lagen zwischen 2 und 15% [17], s. auch Darstellung durch UV-Photolyse ($\lambda = 253.7$ nm) eines Gemisches von $ClCF_2CFClJ$, NO und Hg (20 h) [14]. Eine 35%ige Ausbeute wird erzielt, wenn ein Gemisch aus $CF_2{=}CFCl$, NO und Cl_2 (Volumenverhältnis 1:1:0.5) mit einer (PRK-2) Quecksilberquarzlampe bei 25 °C 45 h bestrahlt wird [32].

Achttägiges Aufbewahren eines Gemisches von $ClCF{=}CFCl$ und NOCl bei Raumtemperatur in einer Glasampulle führt zur Bildung von $Cl_2CFCFClNO$ [32]. In Gegenwart von $FeCl_3$ setzt sich $CF_2{=}CCl_2$ mit NO im Molverhältnis 1:2 im Temperaturbereich von 45 bis 75 °C (24 h) zu $ClCF_2CCl_2NO$ um [29]. Die Darstellung von $ClCF_2CCl_2NO$ erfolgt durch Überleiten von $CF_2{=}CCl_2$ und NOCl über ein Gemisch aus $FeCl_3$ und Glaspulver bei 45 °C (24 h) [29, 30]. In einer photochemisch induzierten Reaktion zwischen $CF_2{=}CCl_2$ und NOCl innerhalb 1 h bildet sich $ClCF_2CCl_2NO$ in 9.3% Ausbeute [31].

2-Bromtetrafluor-1-nitrosoäthan $BrCF_2CF_2NO$

2-Brom-1-chlor-trifluor-1-nitrosoäthan $BrCF_2CFClNO$

1-Nitroso-1-fluorsulfonyltetrafluoräthan $CF_3CF(SO_2F)NO$

1-Nitroso-2-cyanotetrafluoräthan $NCCF_2CF_2NO$

Literatur s.S. 202

Formation and Preparation

$CF_2=CF_2$ bzw. $CF_2=CFCl$ addieren unter dem Einfluß von UV-Licht bei 20 °C (15 bis 20 h bzw. 30.35 h) ein Gemisch aus NO und Br_2 zu 40% $BrCF_2CF_2NO$ bzw. $BrCF_2CFClNO$ [32]. $BrCF_2CF_2NO$ wird in 50% Ausbeute erhalten, wenn $BrCF_2CF_2J$ mit NO in Gegenwart von Hg in einem Bombenrohr kräftig geschüttelt und mit einer Hanovia S 250 UV-Lampe bestrahlt wird [12].

In Anwesenheit von Pyridin kondensiert CF_3CHFSO_2F mit NOCl bei −70 bis 0 °C (1 h) zu 50% $CF_3CF(SO_2F)NO$ [34]; s. auch „Perfluorhalogenorgano-Verbindungen der Hauptgruppenelemente", Teil 2, S. 139. Durch Entwässerung von $ONCF_2CF_2C(O)NH_2$ mittels P_2O_5 bei 150 °C/100 Torr gelangt man zu $NOCF_2CF_2NO$ (46.1%) [35].

Nitrosodifluoracetylhalogenide $ONCF_2C(O)X$, X=F, Cl

Ein Gemisch aus 30% $ONCF_2CF_2OC_2H_5$ und 70% $ONCF_2CO_2C_2H_5$ reagiert in $CCl_2=CCl_2$ bei 0 °C zu $ONCF_2C(O)X$ (X=F, Cl). Es wird unter Ausschluß von H_2O gearbeitet, $ONCF_2CO_2C_2H_5$ dient hauptsächlich als Verdünnungsmittel [36].

Nitrosopropanes, Nitrosopropionic Acid and Derivatives

2.2.3.1.3 Nitrosopropane, Nitrosopropionsäure und Derivate

Heptafluor-1-nitrosopropan C_3F_7NO

Beim Bestrahlen eines Gemisches von n-C_3F_7J mit einem geringen Überschuß NO (unterhalb Normaldruck, Osram Hg-Hochdrucklampe MB/V 125 Watt) in einem Quarzkolben entstehen 80% n-C_3F_7NO [37, 38]. Die in Gegenwart von Hg durchgeführte Photolyse von C_3F_7J und NO (3 bis 7 d, unter heftigem Schütteln) liefert 83% C_3F_7NO, bezogen auf verbrauchtes C_3F_7J [12]. Bestrahlt man mit einer Tauchlampe, so entstehen unter den angegebenen Bedingungen schon nach 20 bis 25 h 76% C_3F_7NO. Zu lange Bestrahlung führt zur Ausbeuteerniedrigung [31]. Aus C_3F_7J, NO und Hg (Bestrahlen mit Licht der Wellenlänge $\lambda=253.7$ nm, 20 h) entsteht C_3F_7NO [14].

Die in einem Pt-Rohr bei 5 Torr (Kontaktzeit 10 s) vorgenommene Vakuumpyrolyse von $C_3F_7C(O)ONO$ führt je nach der Temperatur zu unterschiedlichen Ausbeuten an C_3F_7NO. Anschließend werden Pyrolysetemperatur in °C, Ausbeute C_3F_7NO, Umsatz zu C_3F_7NO in % angegeben: 150, 8, 90; 175, 14, 64; 200, 53, 53; 225, 42, 42; 250, 10, 10. Tropft man $C_3F_7C(O)ONO$ in einen auf 125 bis 130 °C erhitzten Reaktionskolben, so erhält man 63.0% C_3F_7NO [39]. Führt man die Umsetzung $C_3F_7C(O)OAg$ mit NOCl bei 210 °C (10 d) als Eintopfreaktion durch, so bilden sich 13.5% C_3F_7NO [38]. Tropft man n-$C_3F_7C(O)ONO$ in einen auf 130 °C erhitzten Kolben, wobei die zu pyrolysierende Menge im Kolben 1 ml nicht überschreitet, so bildet sich n-C_3F_7NO in 67% Ausbeute. Das durch Einleiten von N_2 in auf 80 °C erwärmtes n-$C_3F_7C(O)ONO$ erhaltene N_2-Nitrit-Gemisch wird in einem Pt-Rohr bei 190 °C (Kontaktzeit 16 s) pyrolysiert. Hierbei fallen 91% n-C_3F_7NO an. Erniedrigt man den Druck auf 5 Torr, die Temperatur auf 175 °C (Verweilzeit 9 s), so bilden sich 90% [40] bzw. 85% [41] n-C_3F_7NO und bei 200 °C (5 Torr, Verweilzeit 24 s) nur noch 69%. Photolyse im Quarzgefäß (Hanovia Lampe 500 Watt, 26 h) liefert 41% n-C_3F_7NO [40].

2-Nitrosoheptafluorpropan $(CF_3)_2CFNO$

In Gegenwart von mit $CaSO_4$ imprägnierter Aktivkohle reagiert $CF_3CF=CF_2$ mit NOF (Volumenverhältnis 2.5:1) in einem Bombenrohr bei 140 bis 150 °C (7 h) zu $(CF_3)_2CFNO$ [16]. Aus $[(CF_3)_2CF]_2Hg$ und NOCl entstehen 64% $(CF_3)_2CFNO$ [26]. Schüttelt man ein Gemisch aus $CF_3CF=CF_2$ und FNO bzw. N_2O_4 in einen Autoklav bei 30 bis 35 °C bzw. 40 °C (9 h, Tetramethylensulfon, KF), so erhält man 88% bzw. 10.6% $(CF_3)_2CFNO$ bezogen auf eingesetztes $CF_3CF=CF_2$ [23].

Die Darstellung von $(CF_3)_2CFNO$ kann auch analog aus $CF_3CF{=}CF_2$ und FNO bei 35 bis 40 °C (6 h) in Gegenwart eines Gemisches aus CsF und KF (Tetramethylensulfon, Autoklav) in 71.4% Ausbeute erfolgen [42]. *Formation and Preparation*

In flüssigem HF wird $(CF_3)_2C{=}NOH$ von CrO_3, H_2O_2 oder N-Chloraminen zu 45% $(CF_3)_2CFNO$ oxidiert [43]. Bei der Umsetzung von $CF_3CF{=}CF_2$ mit HNO_3 (D=1.52 g/cm^3) in HF bilden sich auch 5% $(CF_3)_2CFNO$ [44].

Hexafluor-2-chlor-2-nitrosopropan $(CF_3)_2CClNO$

1-Chlor-2-nitroso-hexafluorpropan $CF_3CF(NO)CF_2Cl$

2,3-Dichlorpentafluor-1-nitrosopropan $ClCF_2CFClCF_2NO$

1,3-Dichlorpentafluor-1-nitrosopropan $ClCF_2CF_2CFClNO$

1-Nitroso-2-chlorpentafluorpropan-2-ol $CF_3CCl(OH)CF_2NO$

1-Nitrosopentafluorpropan-2,2-diol $CF_3C(OH)_2CF_2NO$

2-Nitroso-2-cyanoperfluorpropan $(CF_3)_2C(CN)NO$

3-Nitrosotetrafluorpropionsäure und **Salze** $ONCF_2CF_2C(O)OM$, M=H, Ag, K

3-Nitrosotetrafluorpropionylhalogenide $ONCF_2CF_2C(O)X$, X=F, Cl

3-Nitrosotetrafluorpropionylcyanid und **-isocyanat** $ONCF_2CF_2C(O)Y$, Y=CN, NCO

3-Nitrosotetrafluorpropionylamid und **-nitrit** $ONCF_2CF_2C(O)X'$, X'=NH_2, ONO

3-Nitrosotetrafluorpropionsäureanhydrid $[ONCF_2CF_2C(O)]_2O$

In Äther gelöstes $(CF_3)_2C{=}NOH$ wird bei −78 °C mit flüssigem Cl_2 und anschließend tropfenweise mit Pyridin versetzt. Nach dem langsamen Aufwärmen aus 20 °C lassen sich 98.2% $(CF_3)_2CClNO$ aus der ätherischen Phase herausdestillieren [45]. Umsetzung von $(CF_3)_2CHC(O)F \cdot N(C_2H_5)_3$ mit NO_2Cl bei −78 °C und anschließend bei +20 °C führt zu 17.5% $(CF_3)_2CClNO$ [46]. Zur Synthese von $CF_3CF(NO)CF_2Cl$ wird $CF_3CF{=}CF_2$ und NOCl bei 20 °C (8 h) mit Sonnenlicht bestrahlt [30]. Photolyse [5] bzw. Pyrolyse von $ClCF_2CFXCFYC(O)ONO$ führt zu $ClCF_2CFXCFYNO$, X=Cl, Y=F und X=F, Y=Cl [6]. Gasphasenpyrolyse von $R_fC(O)ONO$ bei 160 bis 200 °C (300 Torr) führt in 55 bis 65% Ausbeute zu R_fNO (nur allgemeine Angaben) [47]. Primär bildet sich bei der tropfenweisen Zugabe von $CF_3C(OH){=}CF_2$ zu NOCl bei −78 °C $CF_3C(OH)ClCF_2NO$, das mit Eiswasser zu 65.1% $CF_3C(OH)_2CF_2NO$ hydrolysiert [48].

$(CF_3)_2C(CN)NO$ entsteht in 54% Ausbeute beim Zutropfen eines Gemisches aus $(CF_3)_2CHCN$ und C_5H_5N zu auf −60 bis −50 °C gekühltem N_2O_3. Bei Verwendung von NOCl bzw. NOBr entstehen zusätzlich noch die entsprechenden Halogencyanide [49, 50]. In $(CH_3)_2NC(O)H$ reagieren $(CF_3)_2CHCN$ mit $CF_3C(O)ONO$ bei 20 °C (0.5 h) zu 40% $(CF_3)_2C(CN)NO$ [51].

Durch Erhitzen im Rückfluß (40 min) läßt sich $ONCF_2CF_2C(O)OC_2H_5$ mit 70%igem CH_3COOH zu $ONCF_2CF_2COOH$ verseifen. Die Säure reagiert mit M_2CO_3 in Äther bei 20 °C (2 h) zu $ONCF_2CF_2C(O)OM$ (M=K, Na, Ag) [52]. Hydrolyse von $ONCF_2CF_2$-$C(O)ONO$ führt zu $ONCF_2CF_2C(O)OH$ [53, 54]. Mit NaF reagiert $ONCF_2CF_2C(O)Cl$ bei 20 °C (18 h, Schütteln) zu 78% $ONCF_2CF_2C(O)F$. Analog entstehen aus dem Säurechlorid und NaOCN bzw. AgCN in C_6H_6 bei 20 °C (24 h) bzw. bei 70 °C (18 h) 32% $ONCF_2CF_2C(O)NCO$ bzw. 82% $ONCF_2CF_2C(O)CN$. Beim Einleiten von NH_3 in eine ätherische Lösung von $ONCF_2CF_2C(O)OH$ bei −78 °C und anschließendem Erwärmen auf 20 °C entstehen 48% $ONCF_2CF_2C(O)NH_2$. Entwässerung der Säure mit P_2O_5 führt

Formation and Preparation

zu 33% $[ONCF_2CF_2C(O)]_2O$. Setzt man zu $ONCF_2CF_2C(O)OAg$ bei −78 °C NOCl hinzu und rührt bei −20 °C (5 h), so erhält man 63.9% $ONCF_2CF_2C(O)ONO$ [35]. Bestrahlt man $ONOC(O)CF_2CF_2C(O)ONO$ in einer Quarzampulle mit einer UV-Lampe bei 0 °C (18 h, 1 Torr), so entsteht $ONCF_2CF_2C(O)ONO$ [53, 54].

Nitrosobutanes, Nitrosobutyric Acid and Derivatives

2.2.3.1.4 Nitrosobutane, Nitrosobuttersäure und Derivate

1-Nitrosoperfluorbutan C_4F_9NO

2-Nitrosoperfluorbutan $C_2F_5CF(CF_3)NO$

2-Nitrosoperfluor-(1,1-dimethyläthan) $(CF_3)_3CNO$

Bestrahlung eines Gemisches aus C_4F_9J bzw. $C_2F_5CF(CF_3)J$ und NO in Gegenwart von Hg mit einer Hanovia S 250-Lampe (Abstand 5 bis 10 cm, 3 bis 7 d, kräftiges Schütteln) führt zu 81% C_4F_9NO bzw. 86% $C_2F_5CF(CF_3)NO$, bezogen auf verbrauchtes C_4F_9J [12]. Photolyse eines mit $C_4F_9C(O)ONO$ beladenen N_2-Stromes führt zu C_4F_9NO [5], das auch durch Pyrolyse (190 bis 192 °C) von $C_4F_9C(O)ONO$ synthetisiert werden kann [6]. In einem Cariusrohr setzt sich $(CF_3)_2C{=}CF_2$ mit NOF in Anwesenheit von kalziniertem KF bei 20 °C (24 h) zu $(CF_3)_3CNO$ um [16].

An Luft oxidiert $(CF_3)_3CNHOH$ zu $(CF_3)_3CNO$. Mischt man bei −78 °C $(CF_3)_3CNH_2$ mit 10%igem H_2SO_4, erwärmt das Gemisch auf 0 °C und fügt eine wäßrige Lösung von $NaNO_2$ hinzu, so bilden sich unter N_2-Entwicklung $(CF_3)_3COH$ und 30% $(CF_3)_3CNO$ [55]. Eine Lösung von $(CF_3)_2C{=}CF_2$ und N_2O_4 in Tetramethylensulfon reagiert beim Schütteln in Gegenwart von KF in einem Autoklav bei 20 °C (24 h) zu $(CF_3)_3CNO$ [23]. In $(CH_3)_2NC(O)H$ setzt sich $(CF_3)_3CK$ mit $CF_3C(O)ONO$ bei −0 °C (0.5 h) unter $CF_3C(O)OK$-Abspaltung zu 47% $(CF_3)_3CNO$ um [51]. Bei der Umsetzung von $(CF_3)_2C{=}CF_2$ mit $NaNO_2$ in $(CH_3)_2NC(O)H$ bildet sich intermediär $(CF_3)_3C(O)F$ [56], das mit $NaNO_2$ zu 30% $(CF_3)_3CNO$ weiterreagiert [56]. Ein äquimolares Gemisch aus $(CF_3)_3C(O)F$ und $NaNO_2$ setzt sich in $(CH_3)_2NC(O)H$ bei 20 °C (3 h) zu 71% $(CF_3)_3CNO$ um. Feuchtigkeit, 100% Überschuß $NaNO_2$ oder höhere Temperaturen senken die Ausbeute bis auf 46% [57].

1-Nitroso-4-chlorperfluorbutan $ClCF_2(CF_2)_3NO$

2,4,4,4-Tetrachlor-1-nitrosoperfluorbutan $CCl_3CF_2CFClCF_2NO$

3-Nitrosoperfluorbuttersäure und Salze $ONCF_2CF_2CF_2C(O)OM$, M = H, Ag, K, NO

3-Nitrosoperfluorbutyrylhalogenide $ONCF_2CF_2CF_2C(O)X$, X = F, Cl

2-Nitrosoperfluor-(2-methylpropionylfluorid) $(CF_3)_2C(NO)C(O)F$

Nitrosoperfluorcyclobutan (Strukturformel: Cyclobutanring mit F und NO an einem C-Atom; F_2, F_2, F_2 an den übrigen C-Atomen)

Photolyse [5] bzw. Pyrolyse [6] von $Cl(CF_2)_4C(O)ONO$ bzw. $Cl_3CCF_2CFClCF_2$-$C(O)ONO$ führt zu $Cl(CF_2)_4NO$ bzw. $Cl_3CCF_2CFClCF_2NO$. Heptafluorcyclobutylnitrit lagert sich beim Erwärmen in einem Autoklav auf 100 °C (0.5 h) zu 25% $ON(CF_2)_3C(O)F$ um [58]. $ONCF_2CF_2CF_2C(O)OC_2H_5$ hydrolysiert mit 70% H_2SO_4 beim Erhitzen im Rück-

Literatur s.S. 202

Formation and Preparation

fluß (1.5 h) zu $ON(CF_2)_3COOH$, das mit in Äther aufgeschlämmten Carbonaten zu den entsprechenden Salzen reagiert:

$$2\ ON(CF_2)_3C(O)OH + M_2CO_3 \rightarrow 2\ ON(CF_2)_3C(O)OM + CO_2 + H_2O,\ M = K,\ Ag$$

Hydrolyse von $ONCF_2CF_2CF_2C(O)ONO$ liefert $ON(CF_2)_3C(O)OH$. Durch Bestrahlung von $ONOC(O)(CF_2)_3C(O)ONO$ bildet sich $ON(CF_2)_3C(O)ONO$ (s. S. 178) [53, 54]; keine physikalischen Daten.

Das Säurechlorid erhält man durch Erhitzen der Säure mit $C_6H_5C(O)Cl$ im Rückfluß (7 h) in 34 bis 48% Ausbeute [52]. Im Zweiphasengemisch $(CF_3)_2C{=}C{=}O$/Hexan setzt sich NOF mit dem Keten bei −78 °C (0.5 h) zu 74% $(CF_3)_2C(NO)C(O)F$ um [59]. In einem Quarzkolben addiert $CF_2{=}C(CF_3)C(O)F$ bei −78 °C (12 h) NOF und es bilden sich 56% $(CF_3)_2C(NO)C(O)F$ [60].

Die Hydrolyse von $ON(CF_2)_3C(O)OCH_3$ in schwach saurem bzw. neutralem Medium bei 20 °C (24 h bzw. 4 bis 5 d) führt zu $O_2NCF_2CF_2CF_2C(O)OH$, wobei die Ausbeuten bei pH = 7 höher sind und bei 75% liegen [61]. In Gegenwart von in Tetramethylensulfon aufgeschlämmtem KF reagiert Perfluorcyclobuten mit FNO bzw. N_2O_4 beim Schütteln in einem Autoklav bei 35 °C (6 h) bzw. 40 °C (9 h) zu 73.9 bzw. 20% Nitrosoperfluorcyclobutan, bezogen auf eingesetztes Perfluorcyclobuten [23]. Bei Verwendung von FNO und KF + CsF kann die Reaktionszeit auf 3 h herabgesetzt werden, wobei die Ausbeute 70% beträgt [42].

2.2.3.1.5 Weitere Nitrosoalkylverbindungen

Other Nitrosoalkyl Compounds

$(CF_3)_2C{=}NOCF_2CFClNO$ und $(CF_3)_2C{=}NOC(O)C(NO)(CF_3)_2$ werden auf S. 96/97 behandelt.

2-Nitroso-perfluor-(2-methylpropionylacetat) $(CF_3)_2C(NO)OC(O)CF_3$

1-Nitrosoperfluoralkane $CF_3(CF_2)_nNO$, n = 5, 7, 8, 9, 12

1-Nitroso-2-perfluoralkoxyäthane $C_xF_{2x+1}OCF_2CF_2NO$, x = 1, 2, 3, 4, 6, 8

1-Nitroso-2,4,5-trichlorperfluorpentan $ClCF_2CFClCF_2CFClCF_2NO$

1-Nitroso-2,4,6,7-tetrachlorperfluorheptan $ClCF_2CFCl(CF_2CFCl)_2CF_2NO$

1-Nitroso-2,4,6,7,10,11-hexachlorperfluorundecan $ClCF_2CFCl(CF_2CFCl)_4CF_2NO$

1-Nitroso-2,4,6,6,6-pentachlorperfluorhexan $Cl_3C(CF_2CFCl)_2CF_2NO$

1-Nitroso-2,4,5,8,8,8-hexachlorperfluoroctan $Cl_3C(CF_2CFCl)_3CF_2NO$

1-Nitroso-2,4,6,8,10,12,12,12-octachlorperfluordodecan $Cl_3C(CF_2CFCl)_5CF_2NO$

1-Nitroso-6-chlorperfluorhexan $ClCF_2(CF_2)_5NO$

Tropft man zu einem Gemisch aus $(CF_3)_2C(OH)NO_2$ und $[CF_3C(O)]_2O$ bei −50 °C langsam $(C_2H_5)_3N$ innerhalb 1 h zu, so bilden sich 34% $(CF_3)_2C(NO)OC(O)CF_3$ [62]. Die hier aufgeführten Nitrosoperfluorhalogenalkane werden entweder durch Photolyse [5] oder Pyrolyse von $R_fC(O)ONO$ synthetisiert. Bei höhergliedrigen Verbindungen evakuiert man zweckmäßigerweise das Pyrolysesystem [6]. Lediglich $C_5F_{11}NO$ und $C_7F_{15}NO$ werden zusätzlich noch durch Bestrahlung von $C_5F_{11}J$ bzw. $C_7F_{15}J$ mit NO in Gegenwart von Hg (kräftig schütteln) synthetisiert [12]. Aus $C_8F_{17}J$, NO und Hg erhält man nach Bestrahlen ($\lambda = 253.7$ nm, 20 h) $C_8F_{17}NO$ [14].

Literatur s.S. 202

Formation and Preparation

Nitrosoaryl Compounds

2.2.3.1.6 Nitroso-Aryl-Verbindungen

Nitrosopentafluorbenzol C_6F_5NO

4-Nitrosotetrafluorhalogenbenzol 4-NO-C_6F_4X, X=Cl, Br, J

4-Nitrosotetrafluorbenzoesäure 4-NO-$C_6F_4C(O)OH$

Ein Gemisch aus 98%igem HC(O)OH und 90% H_2O_2, gelöst in CH_2Cl_2, oxidiert $C_6F_5NH_2$ nach Erhitzen im Rückfluß (5 h) zu C_6F_5NO [63, 64]. Beim Durchleiten von $C_6F_5C(O)ONO$ durch ein Pt-Rohr bei 300 °C/2 Torr (Kontaktzeit 5.6 s) entstehen 18% C_6F_5NO [39, 65]. Aus kinetischen Daten des thermischen Zerfalls von C_6F_5NO wird eine Bildungsenthalpie von $\Delta H_f = -160 \pm 2$ kcal/mol abgeschätzt [68].

Ein Gemisch aus 90%igem H_2O_2 und 98%igem HC(O)OH oxidiert in CH_2Cl_2 4-Br-$C_6F_4NH_2$ beim Erhitzen im Rückfluß (5 h) zu 64.2% 4-NO-C_6F_4Br. Analog wird 4-NO-$C_6F_4C(O)OH$ aus 4-NH_2-$C_6F_4C(O)OH$ (Rückfluß, 5 bis 6 h) in 34% Ausbeute synthetisiert [66, 67], ebenso 4-NO-C_6F_4X aus 4-NH_2-C_6F_4X (X=Cl, J) (keine physikalischen Daten) [67].

Dinitrosoalkanes and Nitrosonitroalkanes

2.2.3.1.7 Dinitroso- und Nitrosonitro-Alkane

1,2-Dinitrosotetrafluoräthan $ONCF_2CF_2NO$

1,2-Dinitroso-1-chlortrifluoräthan $ONCF_2CFClNO$

1,2-Dinitrosoperfluorpropan $CF_3CF(NO)CF_2NO$

2-Nitroso-1-nitroperfluorpropan $CF_3CF(NO)CF_2NO_2$

In Gegenwart von Hg (zur Aufnahme von NO_2) werden 66.6 Vol.-% NO mit 33.3 Vol.-% $CF_2{=}CF_2$ unter striktem O_2-Ausschluß bei 20 °C (3 d) gerührt. Die destillative Auftrennung des Reaktionsgemisches ergab eine bei 10 bis 21 °C siedende Fraktion von $ONCF_2CF_2NO$. Analog erhält man aus NO und $CF_2{=}CFCl$ nach 5 Tagen das bei 64 °C siedende $ONCF_2CFClNO$. Im Molverhältnis 1:1 setzt sich $CF_3CF{=}CF_2$ mit NO in einem Cariusrohr bei 20 °C (60 h) zu einem Gemisch aus $CF_3CF(NO)CF_2NO$ und $CF_3CF(NO)CF_2NO_2$ bzw. $CF_3CF(NO_2)CF_2NO$ um (keine physikalischen Daten) [69].

Unter Druck reagiert $CF_3CF{=}CF_2$ mit NO bei 22 °C (24 h) zu $CF_3CF(NO_2)CF_2NO$, das sich auch bei Normaldruck bei 22 °C (1 Monat) bildet [33]. In einem Autoklav setzt sich $CF_3CF{=}CF_2$ mit NO bei 65 °C (48 h) und einem Anfangsdruck von 6 atm zu 25% $CF_3CF(NO_2)CF_2NO$ um, bezogen auf verbrauchtes Propen [70].

1-Nitroso-2-nitrotetrafluoräthan und Radikalanion $O_2NCF_2CF_2NO$ und $O_2NCF_2CF_2N^{\cdot}O^-$

1-Nitroso-1-chlor-2-nitrotrifluoräthan $O_2NCF_2CFClNO$

NO_2 und $CF_2{=}CF_2$ reagieren im Molverhältnis 2:1 bei 20 °C (48 h) im Dunkeln zu 70% $O_2NCF_2CF_2NO$, bezogen auf verbrauchtes C_2F_4 [71, 72]. Erhöht man den Überschuß NO auf 3:1 bzw. 8:1, so sinkt die Ausbeute an $O_2NCF_2CF_2NO$ auf 45 bzw. 18%. In Gegenwart von N_2O_4 reagiert $CF_2{=}CF_2$ mit NO (1:2:2) bei 20 °C (48 h) zu 44% $O_2NCF_2CF_2NO$. Unter Druck liefert NO mit $CF_2{=}CF_2$ (2:1) bei 20 °C (Anfangsdruck 6.5 atm, 24 h) nur noch 5% $O_2NCF_2CF_2NO$ [72].

Eine 60%ige Ausbeute wird durch Reaktion äquimolarer Mengen $CF_2{=}CF_2$ und NO bei 20 °C (16 bis 24 h, Druckabfall auf 0.5 bis 0.6 atm) erhalten [33].

Literatur s.S. 202

Leitet man gleiche Volumina $CF_2{=}CF_2$, NO_2 und NO bei 100 bis 130 °C durch ein Glas- oder Ni-Rohr, so bildet sich $O_2NCF_2CF_2NO$ [73]. Die Gasphasenreaktion von $CF_2{=}CF_2$ mit NO und NO_2 im Temperaturbereich 30 bis 90 °C wird untersucht. Eine maximale Ausbeute von 57.5% $O_2NCF_2CF_2NO$ wird bei 80 °C (0.25 h) und einem Molverhältnis von C_2F_4:NO:O_2 wie 1:4.96:0.76 erreicht [74].

Beim Bestrahlen eines Gemisches aus NO und $CF_2{=}CF_2$ (2:1) mit einer PRK-2 Hg-Quarzlampe (Abstand 30 bis 50 cm, 40 h) bilden sich 35% $O_2NCF_2CF_2NO$ [75]. Bei der Umsetzung von $CF_2{=}CF_2$ mit N_2O_3 in der Gasphase (Volumenverhältnis 1:2) bildet sich in Gegenwart katalytischer Mengen O_2 bzw. $ONCF_2CF_2NO_2$ bei 20 °C (48 h) bzw. CF_3NO bei 20 °C (20 h) $O_2NCF_2CF_2NO$ in guten Ausbeuten [118]. In Gegenwart von $FeCl_3$ setzt sich NO mit $CF_2{=}CFX$ (2:1) bei 45 °C (24 h) zu 2% O_2NCF_2CFXNO (X=Cl) bzw. 2.4% O_2NCF_2CFXNO (X=F) um [29].

Bei 20 °C (36 h) reagieren $CF_3C(O)ONO$ und $CF_2{=}CF_2$ zu einem Gemisch, das $O_2NCF_2CF_2NO$ enthält [76]. Aus $CF_2{=}CFX$ und N_2O_3 (Molverhältnis 1:1) bilden sich noch 6 bzw. 4 h 42% $O_2NCF_2CF_2NO$ bzw. 61% $O_2NCF_2CFClNO$, bezogen auf verbrauchtes $CF_2{=}CFX$ (X=F bzw. Cl) [75].

Bei der Pyrolyse von $[CF_3C(O)]_2O$ mit $CF_2{=}CF_2$ sowie mit Stickoxiden bildet sich $O_2NCF_2CF_2NO$ [77]. In Gegenwart von $FeCl_3$ setzt sich $CF_2{=}CF_2$ mit NOCl bei 45 °C (24 h) zu 1% $O_2NCF_2CF_2NO$ um [31]. Beim Einleiten von $CF_2{=}CFCl$ in technisches NO_2, gelöst in CCl_4, bei 2 bis 5 °C entstehen bis zu 61% $O_2NCF_2CFClNO$, bezogen auf eingesetztes NO_2 [78]. Beim Überleiten eines Gemisches $CF_2{=}CFCl$ und NO (Volumenverhältnis 1:2) bei 20 °C (20 h) über Aktivkohle fallen 23.8% $O_2NCF_2CFClNO$ an, das sich auch in Spuren aus $CF_2{=}CFCl$ und NOCl in Anwesenheit von $FeCl_3$ bei 45 °C (24 h) bildet [31]. Ausbeuten von 2.17 bzw. 4.6% an $O_2NCF_2CFClNO$ erzielt man beim Überleiten eines Gemisches von $CF_2{=}CFCl$ und NO (Molverhältnis 1:2) bei 45 °C (24 h) bzw. 80 bis 110 °C (24 h) über $FeCl_3$ und Glaspulver. Bei Verwendung von NOCl fallen analog nur noch Spuren von $O_2NCF_2CFClNO$ an [30].

Das Radikalanion $O_2NCF_2CF_2N^{\cdot}O^-$ bildet sich aus $O_2NCF_2CF_2NO$ im C_2H_5OH, Äther oder Pyridin (ESR-Spektren abgebildet, Hyperfeinkopplungskonstanten werden angegeben) [79].

2.2.3.2 Physikalische Eigenschaften

Physical Properties

Physikalische Daten der Perfluorhalogenorganonitrosoverbindungen sind in Tabelle 12 (S. 182) aufgeführt. Darüber hinausgehende Untersuchungen werden nachfolgend angegeben.

Kristallstruktur und Bindungsdissoziationsenergie von C_6F_5NO

Crystal Structure and Bond Dissociation Energy of C_6F_5NO

C_6F_5NO kristallisiert monoklin, Gitterkonstanten a=9.224, b=17.059, c=11.478 Å, β=111°, D_{gem}=1.93, D_{ber}=1.94 g/cm³, Z=10; Raumgruppe $P2_{1/c}-C^5_{2h}$ (Nr. 14). Die Kristalle bestehen aus dem Dimeren $(C_6F_5NO)_2$ (s. **Fig. 3**, S. 188) und dem Monomeren im Molekularverhältnis 1:2. Es werden folgende Strukturdaten (Bindungslängen r und Winkel α, s. auch Original [180]) für das Dimere erhalten: r(N-O)=1.267 (s), r(N-N)=1.324 (s), r(C-N)=1.439 (s), Bindungswinkel am N-Atom α=120°±0.8°, die N-Atome der fast ebenen $(CNO)_2$-Gruppe liegen 0.013 bzw. 0.019 über bzw. unter der besten Ebene durch die zwei C- und zwei O-Atome, die Torsionswinkel C-N-N-C bzw. O-N-N-O betragen 7.5° bzw. 2.4°. Die ebenen C_6F_5-Gruppen bilden mit der besten Ebene der C-C-O-O-Atome Winkel von 73.4° und 106.1°. Der Diederwinkel

 Textfortsetzung auf S. 187

Physical Properties

Tabelle 12: Physikalische Eigenschaften der Nitroso-Alkane, -Alkene und -Benzole (zu CF_3NO s. S. 153). Siedepunkt (Sdp.) in °C/Druck in Torr, Schmelzpunkt (Schmp.) in °C, Dampfdruck p in Torr, Verdampfungsenthalpie ΔH_v in cal/mol, Troutonsche Konstante $\Delta H_v/T_s$ in cal·mol^{-1}·K^{-1}, Dichte D in g/cm^3, Brechungsindex n, chemische Verschiebung δ und Spin-Spin-Kopplungskonstante J im ^{19}F-NMR-Spektrum (d=Dublett, tr=Triplett), IR-Spektrum (ν_s, ν_{as}: symmetrische und antisymmetrische Valenzschwingung), Wellenlängen λ und Extinktionskoeffizient ε im UV-Spektrum, Massenspektrum MS (m/e, Bruchstück, relative Intensität).

Verbindung	Sdp./Torr (Schmp.) in °C	^{19}F-NMR (δ in ppm, innerer Standard $CFCl_3$), IR-Spektrum (in cm^{-1}), UV-Spektrum, n_D, D, Massenspektrum
$ClCF_2NO$	−35 bis −36 [1], −35 [5, 6, 12], −36 [9]	UV (in CH_3COOH, C_2H_5, Dimethylformamid): λ_{max}=650 nm [81]
Cl_2CFNO	12 [9]	UV (in C_2H_5OH): λ_{max}=630 nm [81]
$BrCF_2NO$	−12 [12]	–
C_2F_5NO	−42 [5, 6, 12], −45.7[14] [13], −42 bis −43 [16]	IR: ν(N=O)=1603; ν(C-F)=1235; UV[15]: λ_{max}=708 nm (ε=23.4), 692 nm (ε=23.6), λ_{min}=702 nm (ε=2.22), λ=647 nm (infl., ε=14.2), 625 nm (ε=11.4) [13]
CF_2=CFNO [17]	−23.7[18]	UV (Gas): λ_{max}=679.5 (ε=5.15), 666 (ε=5.47), 663 nm (ε=5.38), λ_{min}=677 (ε=5.06), 664 nm (ε=5.34), schwache Maxima bei 619 und 611 nm
$CF_3CFClNO$	−3 bis −4.5 [25], −3.5 bis −4.5 [21], −3 bis −5 [22], −5 [26]	^{19}F-NMR[3]: $\delta(CF_3)$=6.6, δ(CF)=61.8 [22, 23]
$ClCF_2CF_2NO$	−5 [27, 32], −2 [12], −7/630 [29]	^{19}F-NMR[3]: $\delta(CF_2)$=15.6, $\delta(CF_2Cl)$=55.0 [22, 23]
$ClCF_2CFClNO$ 36.2[17] [17]	36 [32], 0/119 [30], 31.7/630 [29, 33], ≈40 [14], −8/125 [32]	^{19}F-NMR: δ(CF)=73.8 (tr), $\delta(CF_2)$=96.5 (d von tr), J(CF-CF_2)=8.1 Hz, J(N-CF)=11.2 Hz [33]; n_D^{20}=1.3410, D_{20}^{20}=2.042 [14]; n_D^0=1.3455, D_4^0=1.5422 [29, 33]; UV (Gas): λ_{max}=681 nm (ε=9.3), UV (Petroläther): λ_{max}=680 nm (ε=15.5) [17]
CF_3CCl_2NO	36 [24, 26]	n_D^{20}=1.3350, D_4^{20}=1.5020
$Cl_2CFCFClNO$ [14]	81.5	n_D^{20}=1.3975, D_{20}^{20}=1.575
$ClCF_2CCl_2NO$	72.5/630 [29], 14 bis 16/200 [31]	n_D^{25}=1.3942, D_4^{25}=1.5859 [29]

Literatur s.S. 202

Physical Properties

Tabelle 12 [Fortsetzung]

Verbindung	Sdp./Torr (Schmp.) in °C	^{19}F-NMR (δ in ppm, innerer Standard $CFCl_3$), IR-Spektrum (in cm^{-1}), UV-Spektrum, n_D, D, Massenspektrum
$BrCF_2CF_2NO$	18 [32, 82]	$D_{20}^{20}=1.863$ [32]
$BrCF_2CFClNO$ [32]	10.5/100	$n_D^{20}=1.3634$, $D_{20}^{20}=1.665$
$CF_3CF(SO_2F)NO$ [34]	40	^{19}F-NMR [1]: $\delta(SO_2F)=-138.0$, $\delta(CF_3)=-4.0$, $\delta(CF)=-76.0$, J=6.5; 7.0; 8.0 Hz; $n_D^{20}=1.2950$; $D_4^{20}=1.5835$; MS: m/e=213, M^+ (0.01); 164, $C_2F_3SO_2F^+$(0.01); 130, $C_2F_4NO^+$ (0.15); 111, $C_2F_3NO^+$ (0.88); 83, SO_2F^+ (1.3); 69, CF_3^+ (10.5); 67, SOF^+ (4.3); 64, SO_2^+ (7.7); 51, SF^+ (2.3); 50, CF_2^+ (2.6); 48, SO^+ (6.8); 31, CF^+ (6.1); 30, NO^+ (49.0); IR (in CCl_4): $\nu(N{=}O)=1615$, $\nu_{as}(SO_2)=1470$, $\nu_s(SO_2)=1250$, $\nu(C{-}NO)=625$; UV (CCl_4): $\lambda(NO)=650$ nm; 220 (br) nm
$ONCF_2C(O)F$ [36]	–	^{19}F-NMR: $\delta(CF_2)=105.5$, $\delta(CF)=-29.2$
$ONCF_2C(O)Cl$ [36]	–	^{19}F-NMR: $\delta(CF_2)=103.6$
C_3F_7NO [13]	(−151), −14.5 [4] [37, 38], −9.7 [16] [13, 39], −12 [12], −9.5 [40]	IR: $\nu(N{=}O)=1605$, $\nu(C{-}F)=1261$, 1239 [13]; UV (Gas): $\lambda_{max}=684.0$ nm ($\varepsilon=19.0$), 700.0, 650.0, 600 [37]; λ_{max} [15] = 686 nm ($\varepsilon=22.0$), $\lambda=705$ nm (infl., $\varepsilon=19.3$), 695 nm ($\varepsilon=20.5$), 645 nm ($\varepsilon=13.3$), 612 nm ($\varepsilon=7.7$) [13]
$(CF_3)_2CFNO$	−13 [17], −11 bis −9 [23]	–
$(CF_3)_2CClNO$	22 [45]	UV (in CH_3COOH): $\lambda_{max}=640$ nm, UV (in C_2H_5OH, Dimethylformamid): $\lambda_{max}=650$ nm [81]
$CF_3CF(NO)CF_2Cl$ [30]	20.5/630	$n_D^0=1.3003$, $D_4^0=1.5729$
$ONCF_2CF_2CN$ [35]	2/747	IR: $\nu(C{\equiv}N)=2270$, $\nu(NO)=1605$; UV (Gas): $\lambda_{max}=660$ nm ($\varepsilon=11.5$)
$ClCF_2CFClCF_2NO$ [5, 6]	65	–
$ClCF_2CF_2CFClNO$ [5, 6]	50/10	–

Literatur s.S. 202

Physical Properties

Tabelle 12 [Fortsetzung]

Verbindung	Sdp./Torr (Schmp.) in °C	^{19}F-NMR (δ in ppm, innerer Standard $CFCl_3$), IR-Spektrum (in cm^{-1}), UV-Spektrum, n_D, D, Massenspektrum
$CF_3CCl(OH)CF_2NO$ [48]	–	^{19}F-NMR[5)]: $\delta(CF_3)$[6)] = 81.0, $\delta(CF_2)$ = 113.8, J(A-B) = 194.0 Hz, J(AX) = J(B-X) = 8.4 Hz
$CF_3C(OH)_2CF_2NO$[8)] [48]	41 bis 43/20	^{19}F-NMR[7)]: $\delta(CF_3)$ = 4.8, $\delta(CF_2)$ = 39.8, J = 8.8 Hz; IR: ν(N=O) = 1595
$ONCF_2CF_2C(O)OH$	56/40 [52]	IR: ν(N=O) = 1602; UV (in Äther): λ_{max} = 685 nm (ε = 12); n_D^{20} = 1.3205; D_4^{20} = 1.5670 [52]; UV (in Äthanol): λ_{max} = 685 nm, UV (in Dimethylformamid): λ_{max} = 670 nm [81]
$ONCF_2CF_2C(O)OK$ [52]	–	UV (in Äther): λ_{max} = 670 nm (ε = 9.85)
$ONCF_2CF_2C(O)F$ [35]	9/746	IR (Gas): ν(C=O) = 1888, ν(N=O) = 1601
$ONCF_2CF_2C(O)Cl$ [52]	34/756	IR: ν(NO) = 1602; UV (in Äther): λ_{max} = 680 nm (ε = 13.7); n_D^{20} = 1.3138; D_4^{20} = 1.4857
$ONCF_2CF_2C(O)CN$ [35]	75/60	IR (in CCl_4): ν(C≡N) = 2255; ν(C=O) = 1826, 1775; ν(NO) = 1610; n_D^{20} = 1.3390; D_4^{20} = 1.5783
$ONCF_2CF_2C(O)NCO$ [35]	23/746	IR (Gas): ν_{as}(NCO) = 2260; ν(N=O) = 1602; ν_s(NCO) = 1460
$ONCF_2CF_2C(O)NH_2$ [35]	(59), 54/3	–
$[ONCF_2CF_2C(O)]_2O$ [35]	71/150	IR (Gas): ν(C=O) = 1878, 1780; ν(NO) = 1602; n_D^{20} = 1.3135; D_4^{20} = 1.5831
$ONCF_2CF_2C(O)ONO$ [35]	51/13	UV (in Heptan): λ_{max} = 684 nm (ε = 2.10), 343 nm (ε = 14.70); n_D^{20} = 1.3666; D_4^{20} = 1.7023
n-C_4F_9NO	16 [5, 6], 16 bis 17/730 [12]	–
$C_2F_5CF(CF_3)NO$ [12]	23 bis 25	–
$(CF_3)_3CNO$	24 [16, 23], 24 bis 25 [51]	D_4^{20} = 1.6630 [17]
$ClCF_2(CF_2)_3NO$ [5, 6]	60	–
CCl_3CF_2CFCl-CF_2NO [5, 6]	51/10	–

Literatur s.S. 202

Tabelle 12 [Fortsetzung]

Verbindung	Sdp./Torr (Schmp.) in °C	^{19}F-NMR (δ in ppm, innerer Standard $CFCl_3$), IR-Spektrum (in cm^{-1}), UV-Spektrum, n_D, D, Massenspektrum
$ON(CF_2)_3C(O)OH$ [52]	70	IR: $\nu(NO)=1595$; UV (in Äther): $\lambda_{max}=685$ nm ($\varepsilon=12$); $n_D^{20}=1.3200$; $D_4^{20}=1.6326$
$ON(CF_2)_3C(O)OAg$ [52]	–	UV (in Äther): $\lambda_{max}=668$ nm ($\varepsilon=15.06$)
$ON(CF_2)_3C(O)OK$ [52]	–	UV (in Äther): $\lambda_{max}=665$ nm ($\varepsilon=14.18$)
$ON(CF_2)_3C(O)Cl$ [52]	59	IR: $\nu(NO)=1595$; UV (in Äther): $\lambda_{max}=670$ nm ($\varepsilon=11.37$); $n_D^{20}=1.3162$; $D_4^{20}=1.5720$
$ON(CF_2)_3C(O)F$ [12)] [58]	26 bis 30	^{19}F-NMR[1)]: $\delta(CF)=99.5$; $\delta(CF_2)=38.75$, 42.7, 48.75 ppm; IR: $\nu[C(O)F]=1890$; $\nu(CF_2N{=}O)=1630$; $\nu(C\text{-}F)=1200$ (br)
$(CF_3)_2C(CN)NO$	28 [49, 50], −7/130, 31 bis 32 [51]	^{19}F-NMR[1)]: $\delta(CF_3)=-9.8$ [49, 50]; $n_D^{20}=1.296$; $D_4^{20}=1.482$ [49, 50]; $n_D^{20}=1.2900$; $D_4^{22}=1.3650$ [51]
$CF_3(CF_2)_5NO$	50 [5, 6, 12], 19 bis 20/230 [12]	–
$CF_3(CF_2)_7NO$	95, 39 bis 40/63 [12]	–
$CF_3(CF_2)_8NO$	30/15 [5, 6], 28/15 [76]	–
$CF_3(CF_2)_9NO$ [5, 6]	45/14	–
$CF_3(CF_2)_{12}NO$ [5, 6]	57/1.5	–
$CF_3OCF_2CF_2NO$	−10 [5, 6]	–
$C_2F_5OCF_2CF_2NO$	15 [5, 6]	–
$C_3F_7OCF_2CF_2NO$	50 [5, 6]	–
$C_5F_{11}OCF_2CF_2NO$	48/100 [5, 6]	–
$C_6F_{13}OCF_2CF_2NO$	43/20 [5, 6]	–
$C_8F_{17}OCF_2CF_2NO$	65/10 [5, 6]	
$ClCF_2CFCl(CF_2CFCl)$-CF_2NO [5, 6]	51/10	–
$ClCF_2CFCl(CF_2CFCl)_2$-CF_2NO [5, 6]	65/1	–
$ClCF_2CFCl(CF_2CFCl)_4$-CF_2NO [5, 6]	<100 [9)]	–

Literatur s.S. 202

Physical Properties

Tabelle 12 [Fortsetzung]

Verbindung	Sdp./Torr (Schmp.) in °C	^{19}F-NMR (δ in ppm, innerer Standard $CFCl_3$), IR-Spektrum (in cm^{-1}), UV-Spektrum, n_D, D, Massenspektrum
$CCl_3(CF_2CFCl)_2CF_2NO$ [5, 6]	57/1	–
$CCl_3(CF_2CFCl)_3$-CF_2NO [5, 6]	78/0.5	–
$CCl_3(CF_2CFCl)_5$-CF_2NO [5, 6]	<100 [9)]	–
$ClCF_2(CF_2)_4NO$ [5, 6]	55/80	–
C_6F_5NO	(44 bis 45) [39], (44.5 bis 45) [63, 65], 44 [64]	^{19}F-NMR [1)]: δ(o-F) = δ(m-F) = 81.5, δ(p-F) = 64.7 [83]; δ(o-F) [2)] = δ(m-F) = 161.1, δ(p-F) = 144.3 [84]; UV (in n-Hexan): λ_{max} = 221 nm (ε = 5.100), 276 nm (ε = 9.600), 269 nm (infl., ε = 7500), 295 nm (ε = 3000); UV (in C_2H_5OH): λ_{max} = 750 (ε = 45) [29], 760 nm [81], UV (in CH_3COOH): λ_{max} = 700 nm, UV (in Dimethylformamid): λ_{max} = 710 nm [103]; λ_{max} = 710 nm [103]; MS: m/e = 167 (2); 112 (12); 95 (3); 93 (7); 31 (20); 30 (100); 31 (20) [106]; D = 1.93 (röntgenographisch D = 1.94) [80]
$ONCF_2CF_2NO$	10 bis 21 [69]	–
$ONCF_2CFClNO$	64 [69]	–
$O_2NCF_2CF_2NO$	24.2 [10)] [71, 72], 23 bis 24 [85], 24.5 bis 25.5 [33], 24 bis 25 [86], 19.5 bis 20.5, 25 [29, 38]	^{19}F-NMR [1)]: $\delta(CF_2NO_2)$ = 23 (tr), J = 11.5 Hz, $\delta(CF_2NO)$ = 18 (s) [85]; UV (Gas): λ_{max} = 282.5 nm (ε = 54), 681 nm (ε = 18), λ_{min} = 244 nm (ε = 22), 420 bis 440 nm (ε < 0.1) [72]; IR: ν(NO) = 1621 [33]; n_D^0 = 1.3354; D_4^0 = 1.5357 [29]; D_{20}^{20} = 1.513 [75]; n_D^0 = 1.290; D_4^0 = 1.505 [85]; D_4^{20} = 1.503 [86]
$O_2NCF_2CFClNO$	62 [29], 57, 8/50 [75], 0/33 [78], 10 bis 12/90 [33], 62 bis 63/630 [30]	n_D^{25} = 1.349; D_D^{25} = 1.5494 [25, 31]; n_D^{20} = 1.3360; D_{20}^{20} = 1.557 [75]; n_D^{20} = 1.3560; D_4^{20} = 1.5952 [78]
$CF_3CF(NO)CF_2NO_2$	42/630 [33], 47.4 [11)] [70]	^{19}F-NMR: $\delta(CF_3)$ = 73.8, $\delta(CF_2)$ = 91.0, δ(CF) = 167.5 [33]; n_D^0 = 1.306; D_4^0 = 1.6224 [33]
4-NO-C_6F_4Br [66, 67]	(39 bis 40)	IR: ν(N=O) = 1530 (s), 1510 (s), 1480 (s), 1360 (s)

Literatur s.S. 202

Tabelle 12 [Fortsetzung]

Verbindung	Sdp./Torr (Schmp.) in °C	^{19}F-NMR (δ in ppm, innerer Standard $CFCl_3$), IR-Spektrum (in cm^{-1}), UV-Spektrum, n_D, D, Massenspektrum
$4\text{-}NO\text{-}C_6F_4C(O)OH$	(150 bis 151) [66], 224 bis 226 [67], 22.5 bis 23.5 [23], 23.5 bis 24 [42]	IR: ν(C=O) = 1715; ν(N=O) = 1555 [66]; UV (in CH_3OH): λ_{max} = 780 nm (ε = 34.3), 302 nm (sh); 281 nm ($\varepsilon = 1.02 \times 10^4$) [66] IR: 1593 (s) [80, 114], 1627 (m) [114]
$(CF_3)_2C(NO)C(O)F$	48 bis 52 [60], 26 bis 28/730 [59]	IR: 1860 (vs), 1815 (m), 1720 (w), 1685 (w), 1585 (m), 1560 (m), 1300 (m), 1245 (s), 1205 (vs), 1140 (m), 1100 (m), 960 (m), 935 (m), 670 (m); UV (in Petroläther): λ_{max} = 637 nm (ε = 8.6) [100]
$(CF_3)_2C(NO)OC(O)\text{-}CF_3$ [62]	55	^{19}F-NMR: $\delta[(CF_3)_2C] = -46.5$ (s), $\delta(CF_3) = 6.0$ (s); IR: ν(C=O) = 1840; UV: λ_{max} = 640 nm (ε = 1030), λ_{max} = 217

1) Äußerer Standard CF_3COOH. — 2) 5 Mol-% in CCl_4; innerer Standard C_6F_6, Werte auf $CFCl_3$ umgerechnet. — 3) Innerer Standard $C_6H_5CF_3$. — 4) Extrapoliert aus lg p (Torr) = 9.035 − 1.593/T; ΔH_v = 7270, $\Delta H_v/T_s$ = 28.0 [37]. — 5) Äußerer Standard $CFCl_3$.

6) ABX_3-Spektrum. — 7) Innerer Standard CF_3COOH. — 8) Als Ätherat isoliert; ^{1}H-HMR (innerer Standard $Si(CH_3)_4$): $\delta(OH) = -5.65$, $\delta(CH_3) = -0.82$, $\delta(CH_2) = -3.28$ ppm. — 9) Unterhalb 100 °C bei sehr niedrigem Druck. — 10) Extrapoliert aus lg p (Torr) = 7.933 − 1503/T (−40 bis 20 °C), ΔH_v = 6880, $\Delta H_v/T_s$ = 23.1 [72].

11) Extrapoliert aus lg p (Torr) = 7.732 − 1555/T (5 bis 40 °C), ΔH_v = 7120, $\Delta H_v/T_s$ = 22.2. — 12) Massenspektrum m/e, Bruchstück (Intensität in %): 197, $C_4F_7O^+$ (2.9); 169, $C_3F_7^+$ (22.4); 150, $C_3F_6^+$ (2.3); 134, $C_3F_5^+$ (11.5); 128, $C_3F_4O^+$ (1.5); 119, $C_2F_5^+$ (18.0); 109, $C_3F_3O^+$ (1.3); 100, $C_2F_4^+$ (24.0); 97, $C_2F_3O^+$ (1.4); 93, $C_3F_3^+$ (1.9); 81, $C_2F_3^+$ (1.9); 80, $C_2F_5NO^+$ (1.5); 69, CF_3^+ (75); 62, $C_2F_2^+$ (1.4); 50, CF_2^+ (7.9); 47, COF^+ (15.2); 31, CF^+ (28.5); 30, NO^+ (100) [58]. — 13) Molsuszeptibilität $\chi = -102 \times 10^{-6}$ cm^3/g. — 14) Extrapoliert aus lg p (Torr) = 7.690 − 1094/T (−80 bis −46 °C), ΔH_v = 5005, $\Delta H_v/T_s$ = 22.0. — 15) UV-Spektrum in [13] abgebildet.

16) Extrapoliert aus lg p (Torr) = 7.825 − 1303/T (−46 bis −23 °C), ΔH_v = 5960, $\Delta H_v/T_s$ = 22.6 [13]. — 17) Extrapoliert aus lg p (Torr) = 7.4865 − 1425/T (34 bis 37 °C), ΔH_v = 6930, $\Delta H_v/T_s$ = 22.4. — 18) Extrapoliert aus lg p (Torr) = 8.2515 − 1340/T (−23 bis −26 °C), ΔH_v = 5410, $\Delta H_v/T_s$ = 21.7.

Textfortsetzung von S. 181

zwischen den Ringen beträgt 71.2°, die N-Atome weichen um 0.133 bzw. 0.143 Å von den Ebenen des ihnen benachbarten Ringes ab [80].

Die aus massenspektrometrischen Daten ermittelte C-N-Dissoziationsenergie beträgt 62 ± 5 kcal/mol [106]. Hiervon abweichend ergeben kinetische Messungen des thermischen Zerfalls von C_6F_5NO 50.5 ± 1.0 kcal/mol [68].

Literatur s.S. 202

Fig. 3

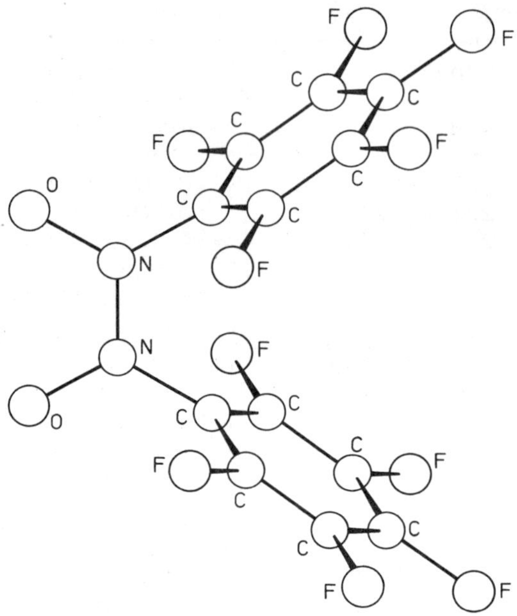

Struktur von $(C_6F_5NO)_2$.

Electrochemical Behavior

2.2.3.3 Elektrochemisches Verhalten

Polarographische Untersuchungen der Nitrosoalkane ergaben, daß die Verbindungen als Elektronenakzeptoren in verschiedenen Lösungsmitteln Oxidationsreaktionen unter Bildung von Charge-Transfer-Komplexen eingehen.

Die in verschiedenen Lösungsmitteln bestimmten Halbstufenpotentiale $E_{1/2}$ (in V) werden nachfolgend tabellarisch aufgeführt [81].

Verbindung	$(CH_3)_2NC(O)H$		C_2H_5OH	$CH_3C(O)OH$
	$-E'_{1/2}$	$-E'_{1/2}$	$-E_{1/2}$	$-E_{1/2}$
ClF_2CNO	0.16	0.51	0.47	0.32
Cl_2FCNO	0.12	0.43	0.53	0.34
$ONCF_2CF_2C(O)OH$	0.56	–	0.85	0.27
C_6F_5NO	0.82	–	0.80	0.21

Chemical Reactions

2.2.3.4 Chemisches Verhalten

Comment in English

2.2.3.4.1 Comment

Those reactions of the nitroso compounds that lead to title compounds (cyclic or linear perfluorohalogenoorgano nitrogen compounds) are not completely treated here but rather with the preparation of the compound formed. However, these preparative reactions can be found in the index also under the chemical reactions (CV) of the nitroso compounds. The index is in the last volume of this series.

Literatur s.S. 202

Vorbemerkung

Comment in German

Diejenigen Reaktionen der hier behandelten Nitroso-Verbindungen die zu Titelverbindungen führen (d.h. zu cyclischen oder linearen Perfluorhalogenorgano-Stickstoff-Verbindungen) werden im folgenden nicht vollständig aufgeführt; sie sind bei der Darstellung der jeweiligen Titelverbindung zu finden. Hinweise auf diese Stellen s. „Chemisches Verhalten" (CV) der Nitroso-Verbindungen im Register (s. letzter Band dieser Reihe über Stickstoff-Verbindungen).

2.2.3.4.2 Thermische Beständigkeit, Pyrolyse, Disproportionierung

Thermal Stability. Pyrolysis. Disproportionation

Bei Raumtemperatur sind die Perfluorhalogennitrosoorganyle im allgemeinen stabil. Eine Ausnahme ist $CF_3C(OH)ClCF_2NO$, das nur bis −60 °C beständig ist und beim Erwärmen auf +20 °C zerfällt, wobei die blaue Farbe verschwindet [48]. Nur mäßig stabil ist auch $ONCF_2CF_2CF_2C(O)F$, das unter N_2 bei −80 °C aufbewahrt wird [58]. Die anderen Verbindungen zersetzen sich erst beim Erhitzen, wobei für den Zerfall kein allgemeingültiges Schema angegeben werden kann.

Erhitzt man $CF_2{=}CFNO$ in einem Pyrexrohr auf 100 °C (150 h), so werden 87% zurückgewonnen; es entstehen COF_2 und SiF_4. Beim Erwärmen auf 100 °C (48 h), 110 °C (24 h) und anschließend 125 °C (48 h) zerfällt die Verbindung zu 89% unter Bildung von SiF_4, COF_2, CO_2 und $CF_2{=}CFCF{=}CF_2$ [17]. Bei 100 °C (6 h) und anschließend bei 150 °C (6 h) pyrolysiert C_2F_5NO in einem mit Hastelloy C ausgekleideten Reaktor zu 42% NOF, 19% $CF_3C(O)F$, wenig CF_3CF_2ONO, 90% $CF_3CF_2NO_2$ und 22% $CF_3CF_2N{=}CFCF_3$ [87].

$ClCF_2CFClNO$ zersetzt sich beim Destillieren unter Normaldruck [31]. Zwischen 120 bis 130 °C (4 h) zerfällt $ClCF_2CF_2NO$ in einem Autoklav zu 42% $ClCF_2CF_2N{=}CFCF_2Cl$ und $ClCF_2CF_2NO_2$ [32]. Bei 75 °C (einige Stunden) disproportioniert $ClCF_2CFClNO$ zu 36% $ClCF_2CFClNO_2$, 34% $ClCF_2CFCl_2$, 20% N_2, NO und einem nicht identifizierten Produkt, das bei 51 bis 53 °C/23 Torr siedet. Zur Kinetik der thermisch induzierten Disproportionierungsreaktion von α- und β-Chlor-Perfluornitrosoalkanen (bei 78 °C), die zur Bildung von Nitro- und Chlor-Verbindungen führt, und zum Reaktionsmechanismus s. [88].

In einem mit Hastelloy C ausgekleideten Autoklav zerfällt $(CF_3)_2CFNO$ bei 120 °C (13 h, Eigendruck) zu den gasförmigen Produkten NOF, $CF_3C(O)F$, CF_3NO_2, COF_2, $CF_3C(O)CF_3$ und den Flüssigkeiten $(CF_3)_2CFONO$ sowie $(CF_3)_2CFN{=}C(CF_3)_2$. Beim Erhitzen dissoziiert $(CF_3)_3CNO$ zu $(CF_3)_2CF{=}CF_2$ und NOF oder es disproportioniert vor allem in Gegenwart von Verunreinigungen [87].

In Anwesenheit von Aktivkohle wandelt sich n-C_3F_7NO bei 70 °C (5 d im Dunkeln) zu 27% $C_3F_7N(O)NC_3F_7$ und n-$C_3F_7NO_2$ um [13]. Die Pyrolyse von C_3F_7NO führt außer zu $(C_3F_7)_2NOC_3F_7$ (s. S. 94) zu 60% NO, 0.5% NO_2, 1% $C_2F_5C(O)F$, 7% $C_3F_7NO_2$, 2% n-C_6F_{14}, 1.5% $C_3F_7N{=}CF_2$, Spuren von CO_2, COF_2, N_2O, SiF_4 und nicht identifizierte Verbindungen [89].

Die in einem Cariusrohr bei 65 °C ($\approx$5 h) durchgeführte Pyrolyse von $CF_3CF(SO_2F)NO$ führt zu 60% NOF, 73% SO_2 und 40% $CF_3CF{=}CFCF_3$ identifiziert als $CF_3CFBrCFBrCF_3$ [34]. Bei 90 °C (62 h) zersetzt sich $CF_3CF(NO)CF_2NO_2$ in einem Autoklav zu 17% eines Gemisches aus N_2, NO, SiF_4 und $CF_3CF{=}CF_2$, 45% $CF_3C(O)CF_2NO_2$ sowie 35% $CF_3CF(NO_2)CF_2NO_2$ [70]. Anders verlief die Pyrolyse des $O_2NCF_2CF_2NO$ bei 90 °C (5 d). Es entstanden die flüchtigen Produkte N_2, CO_2, COF_2 und SiF_4, $O_2NCF_2CF_2NO_2$ sowie ein nicht näher charakterisierter Feststoff, der an Luft N_2O_4 entwickelt [72]. In Abwesenheit von O_2 entstehen beim Erhitzen von $O_2NCF_2CF_2NO$ auf 120 bis 125 °C (8 h) 27% $O_2NCF_2CF_2NO_2$ und 52% $O_2NCF_2CF_2N(O){=}NCF_2CF_2NO_2$ [90].

Chemical Reactions

Eine teilweise Zersetzung bei 60 °C (5 h) erfährt C_6F_5NO, das hierbei $C_6F_5N(O)=NC_6F_5$ liefert [64]. Die massenspektrometrische Untersuchung der Pyrolyse von C_6F_5NO bei sehr niedrigem Druck bei Temperaturen zwischen 698 und 943 K ergibt C_6F_5H und NO als Hauptprodukte und nur geringe Mengen Perfluorbiphenyl. Die gemessenen Werte für die Geschwindigkeitskonstante k (in s^{-1}) des monomolekularen Zerfalls

$$C_6F_5NO \xrightarrow{k} C_6F_5 + NO$$

werden durch lg k_∞ (700 K) = 15.3 − 48.0 (kcal/mol)/2.3 RT (Arrhenius-Parameter für den Hochdruckbereich, berechnet nach der Rice-Ramsperger-Kassel-Marcus-Theorie) wiedergegeben [68]. – 4-ON-$C_6F_4C(O)OH$ zerfällt bei 226 bis 227 °C unter Gasentwicklung [66].

Photolysis

2.2.3.4.3 Photolyse

Beim Bestrahlen von n-C_3F_7NO und n-C_3F_7J entsteht $(C_3F_7)_2NOC_3F_7$, 1% $C_3F_7NO_2$, 1% $C_2F_5C(O)F$, 1% C_6F_{14}, CO_2, COF_2, N_2O und SiF_4[89]. Bestrahlung von $CF_2=CFNO$ in einem Pyrexkolben unter vermindertem Druck liefert nach 78 h 3% $CF_2=CFNO$, CO_2, SiF_4, Stickoxide und $CF_2=CFCF=CF_2$ [17]. – Zur Photolyse in Gegenwart von Cl_2 s. S. 175. In der Gasphase wandelt sich $O_2NCF_2CF_2NO$ in einem Pyrexkolben unter dem Einfluß von Tageslicht innerhalb von 2 Monaten zu 35% $O_2NCF_2CF_2NO_2$ um. Bestrahlt man dagegen in einem Quarzgefäß analog mit einer Hanovia UV-Lampe (250 Watt), so entstehen nach 24 h 28% $O_2NCF_2CF_2NO_2$ [72]. Beim Bestrahlen von $O_2NCF_2CF_2NO$ in einer Quarzlampe (17 h, Abstand 5 cm) bilden sich 18% $O_2NCF_2CF_2NO_2$ und 21% $O_2NCF_2CF_2N(O)=NCF_2CF_3NO_2$ [90].

Hydrolysis

2.2.3.4.4 Hydrolyse

Eine 1%ige NaOH-Lösung hydrolysiert $CF_2=CFNO$ innerhalb von 3 Minuten, wobei 99% $(COOH)_2$, NH_4^+ und F^- entstehen. Eine gesättigte $Ba(OH)_2$-Lösung hydrolysiert es wesentlich langsamer [17]. $ONCF_2C(O)X$ (X=F, Cl) sind hydrolyseempfindlich [36]. Die alkalische Hydrolyse von $ClCF_2CF_2NO$ führt zu $ClCF_2C(O)OH$ [91]. Alkalische Hydrolyse von $CF_3CF(SO_2F)NO$ mit $Ba(OH)_2 \cdot 8\,H_2O$ führt unter Abspaltung von BaF_2 und $BaSO_4$ schließlich zu $CF_3C(OH)=NOH$, das in essigsaurem Medium mit $FeCl_3$ nachgewiesen wird. $CF_3CF(SO_2F)NO$ reagiert mit 2 mol NaOH und im Hydrolysat kann ein Mol F^- nachgewiesen werden [34]. Mit 10%igem NaOH hydrolysiert n-C_3F_7NO bei 20 °C (12 h, schütteln im Bombenrohr im Dunkeln) zu NO_2^-, F^-, CO_3^{--}, 44% $C_2F_5C(O)O^-$ und 28% $CF_3C(O)O^-$, die in der wäßrigen Phase nachgewiesen werden konnten. Acetat und Propionat sind als Ag-Salze isoliert worden [13]. Mit H_2O setzt sich $ONCF_2CF_2CF_2C(O)F$ zu einer blaugefärbten Lösung um, in der F^- nachgewiesen werden kann [58]. Die mit einer gesättigten $NaHCO_3$-Lösung durchgeführte Hydrolyse von $(CF_3)_2C(NO)C(O)F$ bei 5 °C führt zu $(CF_3)_2CHC(O)OH$ – Schmelzpunkt 50 bis 52 °C – und geringen Mengen $(CF_3)_2C=NOH$ [59].

Gegen H_2O ist $O_2NCF_2CF_2NO$ bei 20 °C (14 d) sehr stabil, denn nur 8% hydrolysieren zu NO_2^- und F^-. Ähnlich stabil ist es auch gegenüber 2normalem H_2SO_4. Exotherm reagiert es dagegen mit 2normalem NaOH innerhalb kurzer Zeit vollständig zu NO_2^- und F^-. Zur vollständigen Hydrolyse werden 6 Äquivalente NaOH benötigt [72]. Hydrolyse von $O_2NCF_2CF_2NO$ mit 10%igem NaOH bei 10 bis 35 °C führt zu einem Gas, das 7% O_2 enthält. In der Flüssigphase befinden sich 57.7% $CF_2(NO_2)C(O)OH$ und 15% $O_2NCF_2CF_2NO_2$ [90]. Beim Schütteln von $CF_3CF(NO)CF_2NO_2$ mit 2normalem NaOH bei 20 °C (1 h) erfolgt keine Reaktion. Durch Zufügen von 10normalem NaOH (24 h, Aufbewahren und anschließend 12 h Schütteln) wird die Verbindung entfärbt, ohne daß flüchtige Produkte sich bilden. In der wäßrigen Phase befindet sich CF_3COOH [70]. $(CF_3)_2C(NO)OC(O)CF_3$ hydrolysiert bei 20 °C (24 h) zu $CF_3C(O)OH$ und $(CF_3)_2C(OH)_2$ [62].

Chemical Reactions

2.2.3.4.5 Oxidation, Reduktion, Umsetzungen mit Halogenen und NH_2OH

Oxidation. Reduction. Reactions with Halogens and NH_2OH

Perfluorchlornitrosoalkane werden von Mn_2O_7 bzw. CrO_3 in Eisessig zu entsprechenden Nitroverbindungen oxidiert:

$$R_fNO \rightarrow R_fNO_2 \quad \begin{array}{l} R_f = CF_3,\ CF_2Cl,\ C_2F_5,\ C_3F_7\ [12] \\ R_f = ClCF_2CF_2,\ O_2NCF_2CF_2\ [25] \\ R_f = ClCF_2CFCl,\ O_2NCF_2CFCl,\ CF_3CFCF_2NO_2\ [31] \end{array}$$

Auch O_2 oxidiert R_fNO bei 70 °C (4 d) zu R_fNO_2 ($R_f = C_2F_5$, n-C_3F_7) [13]. Dagegen reagiert $CF_2{=}CFNO$ mit O_2 bei 74 °C (10 h) nur zu N_2O_4, CO_2, COF_2 und SiF_4. Erhitzt man $ClCF_2CFClNO$ mit O_2 auf 100 °C (18 h), so entsteht ein Gemisch aus COF_2, COFCl, 2% unumgesetztem $ClCF_2CFClNO$ und 36% $ClCF_2CFClNO_2$ [17]. Bei 50 °C (5 h) wird $CF_3CF(SO_2F)NO$ von N_2O_4 zu einem Gemisch (56%) aus $CF_3CF(SO_2F)ONO$ und $CF_3CF(SO_2F)NO_2$ oxidiert [34]. Die Oxidation von $(CF_3)_3CNO$ mit N_2O_4 bei 60 bis 70 °C (6 h) [92, 93] bzw. $NaNO_2$ in $(CH_3)_2NC(O)H$ bei 100 °C (1 h) [57] führt zu $(CF_3)_3CONO$. Gegen O_2 ist $O_2NCF_2CF_2NO$ bei einem Druck von 8 atm (12 h) beständig; bei 80 °C bilden sich analog 88% $O_2NCF_2CF_2NO_2$. Auch mit N_2O_4 reagiert $O_2NCF_2CF_2NO$ bei 20 °C (24 h) nicht, es werden 91% der Ausgangsverbindung zurückgewonnen. In der Flüssigphase bleiben nach 12 h noch 86% der Ausgangsverbindung unzersetzt. In beiden Umsetzungen werden zusätzlich nur Spuren von Zersetzungsprodukten beobachtet. Dagegen wird $O_2NCF_2CF_2NO$ von NO bei 20 °C (12 h) zu 53% $(CF_2NO_2)_2$ oxidiert. Zusätzlich beobachtet man N_2 und N_2O_4 [72].

Die Hydrierung von $(CF_3)_3CNO$ liefert $(CF_3)_3CNHOH$, das sich mit HJ zu $(CF_3)_3CNH_2$ reduzieren läßt [55]. Reduktion von O_2NCF_2CFXNO (X = F, Cl) mit HJ in Äther führt zu $O_2NCF_2CF{=}NOH$, das als Ätherat isoliert werden kann [75].

Die in Gegenwart von Cl_2 durchgeführte Bestrahlung von $CF_2{=}CFNO$ mit einer UV-Lampe (3 h) liefert bei einem 49%igem Umsatz 21% $CF_2{=}CFCl$ und 15% $ClCF_2CFCl_2$ [17]. $O_2NCF_2CF_2NO$ reagiert mit Cl_2 zu 81% $ClCF_2CF_2NO_2$ und 10% $(CF_2NO_2)_2$ [72]. $(CF_3)_2CClNO$ wird zu $(CF_3)_2CCl_2$ chloriert [46]. Halogenierungen von $(CF_3)_3CNO$ bzw. $(CF_3)_2CClNO$ bei 60 bis 70 °C im Bombenrohr führen zu $(CF_3)_3CX$ (X = Cl, Br, J) bzw. $(CF_3)_2CClX$ (X = Cl, Br). Analog setzt sich $O_2NCF_2CFClNO$ mit Cl_2 zu $O_2NCF_2CFCl_2$ um [45]. Bromierung von $CF_3CF(SO_2F)NO$ bei 50 °C (5 h) führt zu 32.5% $CF_3CFBrSO_2F$ [34].

Umsetzung von $O_2NCF_2CF_2NO$ mit NH_2OH in wäßriger alkalischer Lösung liefert $O_2NCF_2C(O)OH$ [86, 94]. In methanolischer Lösung dagegen erfolgt Umsetzung zu 26% $O_2NCF_2CF_2OCH_3$ (Siedepunkt 80 bis 82 °C, $n_D^{20} = 1.3210$, $D_4^{20} = 1.4640$ g/cm³) und 32% $O_2NCF_2C(O)OCH_3$ (Siedepunkt 52 bis 55 °C/100 Torr, $n_D^{20} = 1.3540$ bis 1.3579, $D_4^{20} = 1.3760$ bis 1.3810 g/cm³) [94].

Alcoholysis. Adduct Formation. Reaction with CH_3HgI, C_6H_5HgI, and CH_3ONa

2.2.3.4.6 Alkoholyse, Adduktbildung, Reaktion mit CH_3HgJ, C_6H_5HgJ und CH_3ONa

Die Alkoholyse von $(CF_3)_2C(NO)C(O)F$ mit C_2H_5OH bei −78 °C führt zu 51% $(CF_3)_2C(NO)C(O)OC_2H_5$, Siedepunkt 102 bis 105 °C/740 Torr; $n_D^{20} = 1.3260$; IR: 1765 (vs), 1750 (s), 1585 (s), 1545 (m), 1465 (m), 1445 (m), 1390 bis 990 (vs, br), 930 (w), 900 (w), 850 (m), 825 (m), 725 (s), 680 (m) [60]. Beim Erhitzen von $(CF_3)_3CNO$ mit

Literatur s.S. 202

C_2H_5OH auf 100 °C im Cariusrohr entstehen $(CF_3)_3CH$ und Oxidationsprodukte des Alkohols; vermutlich durch Zersetzung des intermediär auftretenden C_2H_5ONO [45].

Die beiden Säuren $ON(CF_2)_nC(O)OH$ bilden mit den Lösungsmitteln Äther, $CH_3C(O)OC_2H_5$, $CH_3C(O)CH_3$ und Dioxan bei 20 °C (0.5 h) gemäß:

$$m\ ON(CF_2)_nCOOH + x\,Solvens \rightarrow m\ ON(CF_2)_nC(O)OH\ x\,Solvens$$

folgende Addukte in 94 bis 97% Ausbeute (das letzte Addukt in 37% Ausbeute) [52] (Siedepunkt in °C/Torr, n_D^{20}, D_4^{20} in g/cm³):

3 $ON(CF_2)_2COOH \cdot C_2H_5OC_2H_5$, 60 °C/40 Torr, $n_D^{20}=1.3325$, $D_4^{20}=1.3403$
3 $ON(CF_2)_3 \cdot C_2H_5OC_2H_5$, 60 °C/25 Torr, $n_D^{20}=1.3242$, $D_4^{20}=1.5023$
3 $ON(CF_2)_2COOH \cdot 2\ CH_3C(O)OC_2H_5$, 63 °C/40 Torr, $n_D^{20}=1.3395$, $D_4^{20}=1.3416$
3 $ON(CF_3)_3COOH \cdot 2\ CH_3C(O)OC_2H_5$, 53 °C/7 Torr, $n_D^{20}=1.3450$, $D_4^{20}=1.4441$
2 $ON(CF_2)_2COOH \cdot CH_3C(O)CH_3$, 65 °C/40 Torr, $n_D^{20}=1.3387$, $D_4^{20}=1.3921$
2 $ON(CF_2)_3COOH \cdot CH_3C(O)CH_3$, 70 °C/25 Torr, $n_D^{20}=1.3273$, $D_4^{20}=1.5514$
4 $ON(CF_2)_4COOH \cdot$ 3 Dioxan, 84 °C/40 Torr, $n_D^{20}=1.3483$, $D_4^{20}=1.4388$
$ON(CF_2)_3COOH \cdot$ 3 Dioxan, 84 °C/25 Torr, $n_D^{20}=1.3483$, $D_4^{20}=1.5557$
$ON(CF_2)_2COOH \cdot 3\ C_6H_5C(O)Cl$, 64 °C/5 Torr, $n_D^{20}=1.496$, $D_4^{20}=1.3107$

Mit RMgJ reagiert $(CF_3)_3CNO$ bei −70 °C in Äther zu $(CF_3)_3CN(OH)R$. Für $R=CH_3$ beträgt der Siedepunkt 62 bis 64 °C/130 Torr, $n_D^{20}=1.3170$, $D_4^{20}=1.697$; für $R=C_6H_5$ erzielt man eine Ausbeute von 44.5%, Siedepunkt der Verbindung 45 bis 47 °C/3 Torr [95]. In CH_3OH gelöstes CH_3ONa setzt sich unter Rühren um mit C_6F_5NO bei 20 °C (1 h) zu 4-CH_3O-C_6F_4NO, Schmelzpunkt 59 bis 61 °C, ^{1}H-NMR (innerer Standard $Si(CH_3)_4$): $\delta(CH_3)=-4.31$ (Triplett) ppm, J=2.5 Hz [96].

Reactions with Amines

2.2.3.4.7 Reaktionen mit Aminen

Bei tiefen Temperaturen (−70 bis −100 °C) kondensieren in Äther oder Alkohol Perfluorhalogennitrosoalkane mit primären Aminen gemäß:

$$R_fNO + H_2NR \rightarrow R_fN{=}NR + H_2O$$

Die Kondensationsfähigkeit der Amine nimmt mit abnehmender Basizität ab. Nachfolgend werden R_f, R, Siedepunkt (Sdp.) in °C/Torr, n_D^{20} und D_{20}^{20} (g/cm³) aufgeführt [97, 98]:

R_f	R	Sdp./Torr	n_D^{20}	D_{20}^{20}
CF_2Cl	CH_3	44	–	1.871
$ClCF_2CF_2$	CH_3	62	1.3310	1.319
$ClCF_2CF_2$	C_6H_5	59/4	1.4700	1.356
$BrCF_2CF_2$	CH_3	31/100	1.3600	1.615
$O_2NCF_2CF_2$	CH_3	36/100	1.3850	1.416
$O_2NCF_2CF_2$	C_2H_5	51/100	1.3470	1.321
$O_2NCF_2CF_2$	C_6H_5	85/1	1.3825	1.331
$ClCF_2CFCl$	CH_3	53/200	–	1.461
$ClCF_2CFCl$	C_2H_5	59.5/100	–	1.333
$ClCF_2CFCl$	C_6H_5	75/1	1.5030	1.407
$BrCF_2CFCl$	CH_3	50/100	1.4035	1.713
O_2NCF_2CFCl	CH_3	45/35	1.3840	1.410
$O_2NCF_2CF(CF_3)$	C_6H_5	105/30	1.4490	1.473

Die Ausbeuten betragen zwischen 12 und 58% [98].

Literatur s.S. 202

Chemical Reactions

Analog kondensiert $ON(CF_2)_nCOOH$ mit primären Aminen in essigsaurer Lösung gemäß [99]:

$$RNH_2 + ON(CF_2)_nCOOH \rightarrow RN{=}N(CF_2)_nCOOH + H_2O$$

Nachfolgend werden R, n, Siedepunkt °C/Torr (Schmelzpunkt in °C) und Ausbeute angegeben: $R=C_6H_5$, n=2, 125/2 (38), 84.35%; $R=C_6H_5$, n=3, 129/1 (45.5), 83.45%; $R=4\text{-}O_2N\text{-}C_6H_4$, n=2, (119), 78.0%; $R=2\text{-}O_2N\text{-}C_6H_4$, n=2, (108), 76.45%; $R=3\text{-}O_2N\text{-}C_6H_4$, n=2, (201), 81%; $R=4\text{-}O_2N\text{-}C_6H_4$, n=3, (104), 69.87%; $R=2\text{-}O_2N\text{-}C_6H_4$, n=3, (87), 84.59%; $R=3\text{-}O_2N\text{-}C_6H_4$, n=3, (160), 82.34%. Eine zweifache Kondensation erfolgt mit $4,4'\text{-}H_2N\text{-}C_6H_4\text{-}C_6H_4\text{-}NH_2$ zu

$$4,4'\text{-}HOC(O)(CF_2)_nN{=}NC_6H_4\text{-}C_6H_4N{=}N(CF_2)_nC(O)OH$$

n=2, Schmelzpunkt 158 °C (Zersetzung), Ausbeute 81.04%; n=3, Schmelzpunkt 160 °C (Zersetzung), Ausbeute 73.6% [99].

Tropft man zu in Äther gelöstem CH_3NH_2 bei −70 °C $CF_3CF(SO_2F)NO$ zu und läßt auf 20 °C erwärmen, so bildet sich zunächst $CF_3CF(SO_2NHCH_3)N{=}NCH_3$, das beim Erwärmen N_2 abspaltet und in $CF_3CF(CH_3)SO_2NHCH_3$ (Siedepunkt 82 bis 85 °C/0.6 Torr) übergeht. Analog bildet sich mit $(CH_3)_2NNH_2$ das viskose $CF_3CF[N(CH_3)_2]SO_2NH\text{-}N(CH_3)_2$ (keine physikalischen Daten) [34].

Nitrosylierend wirkt $(CF_3)_3CNO$ gegenüber $C_6H_5N(CH_3)_2$ [45] gemäß:

$$(CF_3)_3CNO + HC_6H_4N(CH_3)_2 \rightarrow (CF_3)_3CH + 4\text{-}ON\text{-}C_6H_4N(CH_3)_2$$

Mit $C_6H_5NH_2$ entsteht ebenfalls $(CF_3)_3CH$ und Nitrosoanilin [45]. Mit $(CH_3)_2NH$ kondensiert C_6F_5NO in C_2H_5OH bei −20 °C (0.5 h) zu $4\text{-}(CH_3)_2N\text{-}C_6F_4NO$ [Schmelzpunkt 68 bis 70 °C, ^1H-NMR (innerer Standard $Si(CH_3)_4$): $\delta(CH_3) = -3.17$ (Triplett) ppm, J=3.1 Hz] und Teer. Bei 20 °C bilden sich 80% Teer. Unter analogen Bedingungen bildet sich mit CH_3NH_2 ein braunes Produkt, das sich beim Sublimieren im Vakuum zersetzt. Das ^1H-NMR-Spektrum des Rückstandes zeigte ein Triplett bei −3.30 ppm (J=2.7 Hz) und ein Dublett bei −3.18 ppm (J=1.5 Hz) im Verhältnis 3:2. Diese Signale werden dem CH_3NH-Rest zugeordnet. Zusätzlich werden nur teilweise aufgelöste Multipletts bei −3.25 ppm beobachtet [96].

2.2.3.4.8 Reaktionen mit Alkenen und Alkinen

Reactions of Perfluorohalogenonitrosoalkanes with Alkenes and Alkynes

Von Perfluorhalogennitrosoalkanen

Die Nitrosoalkane reagieren mit perhalogenierten Alkenen und Alkinen zu viergliedrigen Ringen gemäß (s. „Perfluorhalogenorgano-Verbindungen der Hauptgruppenelemente" Teil 5, S. 29).

$$R_fNO + {>}C{=}C{<} \longrightarrow \begin{matrix} R_f\text{—}N\text{—}O \\ | \quad\quad | \\ {>}C\text{—}C{<} \end{matrix} \qquad R_fNO + \text{—}C{\equiv}C\text{—} \longrightarrow \begin{matrix} R_f\text{—}N\text{—}O \\ | \quad\quad | \\ \text{—}C{=}C\text{—} \end{matrix}$$

Unter bestimmten Bedingungen kommt es zur Polymerbildung (s. S. 206) nach:

$$n\,R_fNO + n\,{>}C{=}C{<} \longrightarrow [\text{—}N(R_f)O\overset{|}{\underset{|}{C}}\text{—}\overset{|}{\underset{|}{C}}\text{—}]_n$$

$O_2NCF_2CF_2NO$, $CF_2{=}CF_2$ und NOCl setzen sich zu einem Gemisch aus $O_2NCF_2CF_2\text{-}N(ONO)CF_2CF_2Cl$ und $O_2NCF_2CF_2N(NO_2)CF_2CF_2Cl$ um [82]. In einem Bombenrohr reagiert $ClCF_2CFClNO$ mit $CF_2{=}CFCl$ bei 100 °C (5.5 h) zu 5% $ClCF_2CFClNO_2$ und zu

Reactions of Perfluorhalogenonitrosoalkanes with Alkenes and Alkynes

26% eines 1:1-Copolymers. Nach 2 h bei 120 °C entstehen 17% des entsprechenden 1,2-Oxazetidins und 11% Copolymer [17].

Mit Alkenen verlaufen die Kondensationen in Äther bei −10 °C (24 h) zu viergliedrigen Ringen, die anschließend hydrolysiert werden, ohne daß der Ring isoliert wird, gemäß [78]:

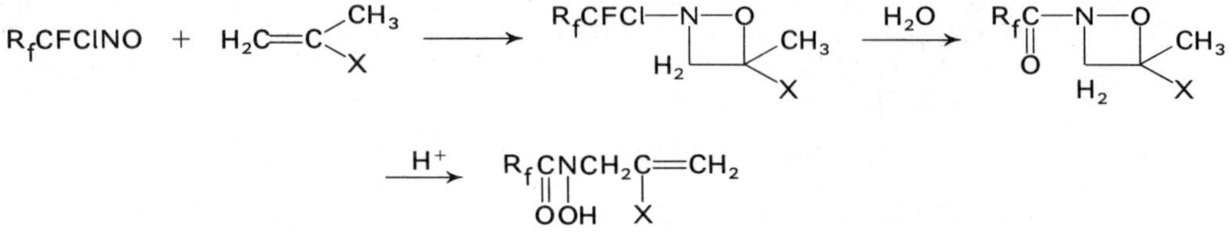

$$R_fCFClNO + H_2C{=}C(CH_3)X \longrightarrow R_fCFCl{-}N{-}O{-}C(CH_3)(X){-}CH_2 \text{ (Ring)} \xrightarrow{H_2O} R_fC(=O){-}N{-}O{-}C(CH_3)(X){-}CH_2 \text{ (Ring)}$$

$$\xrightarrow{H^+} R_fC(=O)N(OH)CH_2C(X){=}CH_2$$

Anschließend werden R_f, X, Ausbeute in %, Siedepunkt in °C/Torr (Schmelzpunkt in °C), n_D^{20}, D_4^{20} in g/cm³ angegeben. CF_3, CH_3, 57.8, 75/4, 1.4119, 1.2912; CF_3, H, 40.2, 94 bis 96/21, 1.4050, 1.3292; O_2NCF_2, CH_3, 42.3 (41 bis 42), –, – [78].

Reaktionen mit Dienen

Perhalogenierte Butadiene addieren Perfluorhalogennitrosoalkane zu 3,6-Dihydro-1,2-Oxazinen („Perfluorhalogenorgano-Verbindungen der Hauptgruppenelemente" Teil 6, S. 4) gemäß:

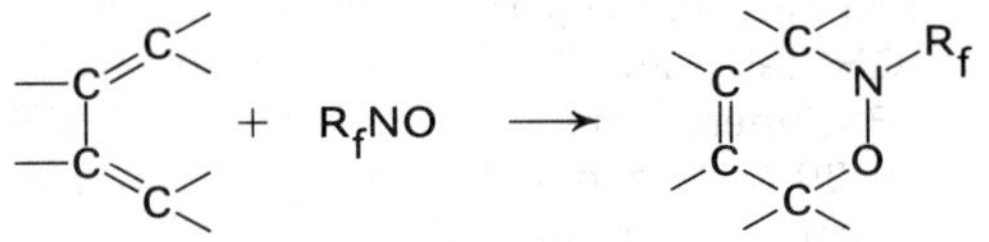

$$\text{C}{=}\text{C}{-}\text{C}{=}\text{C} + R_fNO \longrightarrow \text{3,6-Dihydro-1,2-oxazin (C–C=C–C–O–N}R_f\text{, Ring)}$$

oder es bilden sich Copolymere vermutlich nachfolgender Struktur:

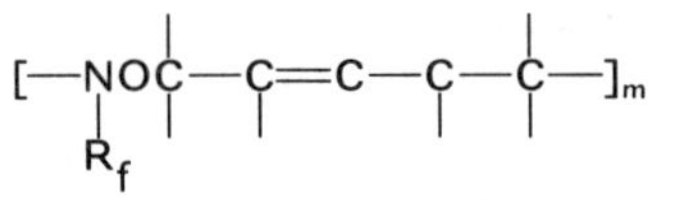

$$[{-}N(R_f)O\overset{|}{\underset{|}{C}}{-}\overset{|}{C}{=}C{-}\overset{|}{\underset{|}{C}}{-}\overset{|}{\underset{|}{C}}{-}]_m \qquad \text{(s. S. 206).}$$

Beim Zusammengeben von R_fNO und $CH_2{=}CH{-}CH{=}CH_2$ in einem evakuierten Reaktionskolben steigt die Temperatur von 20 °C auf 55 °C (3.5 h) und es bilden sich 1,2-Oxazine gemäß [100]:

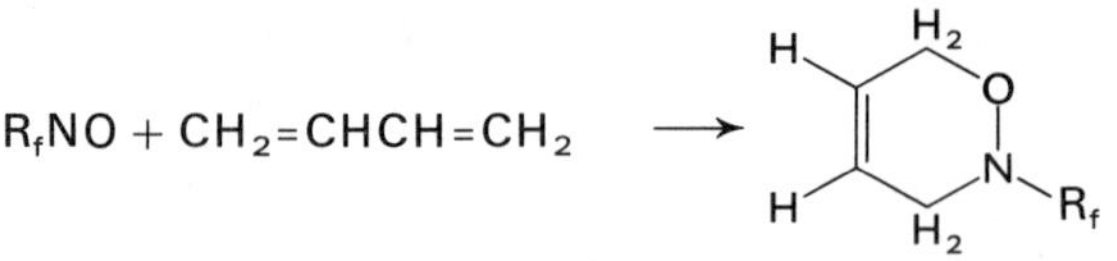

$$R_fNO + CH_2{=}CHCH{=}CH_2 \longrightarrow \text{HC}{=}\text{CH}{-}\text{CH}_2{-}\text{N}(R_f){-}\text{O}{-}\text{CH}_2 \text{ (Ring)}$$

$R_f{=}O_2NCF_2CF_2$: Siedepunkt 62 bis 65 °C/10 Torr; $n_D^{20}=1.4011$, $D_4^{20}=1.4530$ g/cm³, Ausbeute 100%.

$R_f{=}CF_3$: Siedepunkt 63.5 bis 64.0 °C/150 Torr; $n_D^{20}=1.3732$, $D_4^{20}=1.2780$ g/cm³, Ausbeute 70%.

Im Cariusrohr reagiert $O_2NCF_2CF_2NO$ mit $CH_2{=}CHCH{=}CH_2$ beim spontanen Aufwärmen von −70 auf +20 °C zu 60% des entsprechenden 1,2-Oxazins und zu einer viskosen, gelblich gefärbten Masse, die in Aceton, C_6H_6, $CHCl_3$ löslich, aber fast unlöslich in

Literatur s.S. 202

Chemical Reactions

Äther ist [100]. Für das Alkan R_fNO mit $R_f = CF_2Cl$ ist das entstehende Oxazin instabil und wird nach Hydrolyse als Ring mit $R_f = C(O)F$ charakterisiert, Siedepunkt 71 bis 72 °C/5 bis 6 Torr, $n_D^{20} = 1.4530$, $D_4^{20} = 1.2850$ g/cm³, Ausbeute 47% [101]. Im Bombenrohr reagieren $(CF_3)_3CNO$ und Butadien bei 20 °C (3 d) zu dem entsprechenden Oxazin mit $R_f = (CF_3)_3C$, Siedepunkt 81 °C/95 Torr, $n_D^{20} = 1.3590$, $D_4^{20} = 1.5822$ g/cm³, Ausbeute 32.5%. Isopren reagiert analog zum 5-Methylderivat: Siedepunkt 68 bis 69 °C/26 Torr, $n_D^{20} = 1.3678$, $D_4^{20} = 1.5132$ g/cm³, Ausbeute 28.2%. Mit 2,3-Dimethylbutadien bildet sich der 2,5-Dimethyl-substituierte Ring (Schmelzpunkt 110 bis 111 °C, Ausbeute 55.8%) [95].

In Äther setzen sich $CF_3CFClNO$ und Isopren bei −8 °C (3 h) zu 5-Methyloxazin um mit $R_f = CF_3CFCl$, Siedepunkt 55 °C/5 Torr, $n_D^{20} = 1.4195$, $D_4^{20} = 1.3832$ g/cm³, Ausbeute 47%. Mit $CH_2{=}CHCH{=}CH_2$ bildet sich analog das Oxazin mit $R_f = CF_3CFCl$, das instabil ist und in $R_f = CF_3C(O)$ übergeht: Siedepunkt 66 bis 67 °C/5 Torr, $n_D^{20} = 1.4232$, $D_4^{20} = 1.4092$ g/cm³, Ausbeute 61.5%. In 5-Stellung substituierte Verbindungen erhält man ähnlich mit substituierten Butadienen. Anschließend werden R_f, Dien, R_f', Ausbeute in %, Siedepunkt in °C/Torr, n_D^{20}, D_4^{20} in g/cm³ angegeben: $R_f = CF_3CFCl$, $ClCH{=}CHCH{=}CH_2$, $R_f' = CF_3C(O)$, 25.9%, 68/3, 1.4511, 1.5252; O_2NCF_2CFCl, $CH_3CH{=}CHCH{=}CH_2$, $O_2NCF_2C(O)$, 36%, 123 bis 127/3, 1.4580, 1.3762 [78].

Von C_6F_5NO sowie 4-Cl- und 4-Br-C_6F_4NO

Of C_6F_5NO and 4-Cl- and 4-Br-C_6F_4NO with Alkenes and Alkynes

In Gegenwart von $(C_2H_5O)_3P$ reagiert C_6F_5NO mit Olefinen zu Aziridinen, wobei intermediär das Nitren $C_6F_5\ddot{N}$ entsteht. Durch Umsetzung von C_6F_5NO mit $(C_2H_5O)_3P$, das in $(CH_3)_2C{=}C(CH_3)_2$ gelöst ist, bilden sich das Aziridin A (30.5%) sowie $C_6F_5N(O)NC_6F_5$ (14%), $C_6F_5N(OH)C(CH_3)_2C(CH_3){=}CH_2$ (5.5%). In CH_2Cl_2-Lösung wird trans-But-2-en zu $C_6F_5N(O)NC_6F_5$ (35.2%) und zum Aziridin B mit $R = CH_3$ (18%) und trans-Stilben zum Aziridin B mit $R = C_6H_5$ (26%) addiert. Analog liefern cis-But-2-en 26.8% $C_6F_5N(O)NC_6F_5$ und das Aziridin C mit $R = CH_3$ (17.3%) und Cyclohexen die Verbindung $RR = (\text{-}CH_2\text{-})_4$ (35%) [102, 103]. Zur Sauerstoffabspaltung wird C_6F_5NO sowie cis-Stilben in CH_2Cl_2 gelöst und tropfenweise zu einer Lösung von cis-Stilben und $(C_2H_5O)_3P$ in CH_2Cl_2 unter Rühren bei −45 °C hinzugefügt, wobei das cis-Diaziridin C mit $R = C_6H_5$ entsteht (0.6%). Es entstehen 0.6% cis-2,3-Diphenyl-1-pentafluorphenylaziridin. Analog bildet sich bei −40 °C mit Dimethylmaleat bzw. Methylacrylat bzw. $n\text{-}C_4H_9OCH{=}CH_2$, 48 bzw. 53.0 bzw. 10.4% $C_6F_5N(O)NC_6F_5$ [103]; physikalische Daten der Aziridine s. Tabelle 13 (S. 196).

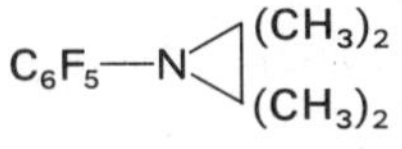

C_6F_5—N(C(CH₃)₂)₂   A

C_6F_5—N (R, H / H, R)   B

C_6F_5—N (R, H / R, H)   C

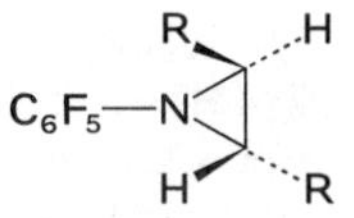

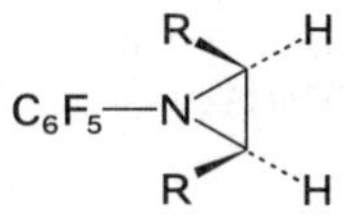

Chemical Reactions

Tabelle 13: Physikalische Daten von 1-Pentafluorphenylaziridinen C_6F_5N (Ring mit R^1, R^2, R^3, R^4)

Siedepunkt (Sdp.) in °C/Druck in Torr, Schmelzpunkt (Schmp.) in °C, chemische Verschiebung δ und Spin-Spin-Kopplungskonstante J in ^1H-NMR-Spektrum (in CCl_4, innerer Standard $Si(CH_3)_4$ s, d, tr, qu, m bedeuten Singulett, Dublett, Triplett, Quartett, Multiplett, br=breit), Massenspektrum MS (m/e, Bruchstück, Intensität in %).

Verbindung	Sdp./Torr (Schmp.) in °C	^1H-NMR (δ in ppm) IR-Banden (in cm^{-1}), MS
$R^1=R^2=R^3=R^4=CH_3$ [103]	(70 bis 72)	^1H-NMR: $\delta(CH_3)=-1.30$ (tr), J=1.7 Hz IR (KBr): 1498, 1440, 1377, 1201, 1172, 1035, 986, 790 MS: m/e=265, M^+ (7); 250 (9); 223 (7); 208 (48); 196 (6); 183 (100); 167 (7); 155 (21); 136 (26); 117 (21); 83 (24); 82 (26); 67 (40); 41 (22)
$R^1=R^4=CH_3$, $R^2=R^3=H$ [103]	70 bis 75/1.5	^1H-NMR: $\delta(CH)=-2.28$ (qu, br), J=5 Hz, $\delta(CH_3)=-1.30$ (d), J=5 Hz IR (Film): 2990, 1500, 1450, 1380, 1170, 1104, 1038, 987 MS: m/e=237, M^+ (34); 222 (22); 208 (25); 195 (100); 194 (90); 181 (27); 167 (60); 117 (59)
$R^1=R^2=CH_3$, $R^3=R^4=H$ [103]	(68 bis 70)	^1H-NMR: $\delta(CH)=-2.33$ (m), $\delta(CH_3)=-1.34$ (d), J=5 Hz IR (NaCl): 2990, 1503, 1460, 1307, 1172, 1078, 1026, 988 MS: m/e=237, M^+ (34); 222 (27); 208 (30); 195 (100); 194 (92); 167 (49); 117 (52)
$R^1=R^2=H$, $R^3R^4=-(CH_2)_4$ [103]	55 bis 60/0.5	^1H-NMR: $\delta(2H)=-2.96$ (m), $\delta(4H)=-2.50$ (d, br), $\delta(4H)=-1.9$ bis -2.1 (m) IR (Film): 1500, 1191, 1032, 1008, 978, 941, 814 MS: m/e=263, M^+ (16); 181 (64); 167 (70); 131 (62); 117 (69); 81 (100)
$R^1=R^2=H$, $R^3=R^4=C_6H_5$ [103]	(113 bis 115)	^1H-NMR: $\delta(10H)=-7.07$ (s), $\delta(2H)=-3.65$ (s, br) IR (KBr): 3020, 1490, 1450, 1390, 1045, 1000, 975, 760, 745, 690 MS: m/e=361, M^+ (5); 360 (5); 194 (13); 181 (39); 180 (100); 179 (92); 167 (63); 89 (37); 77 (34)

Literatur s.S. 202

Tabelle 13 [Fortsetzung]

Reactions of C_6F_5NO with Alkenes and Alkynes

Verbindung		Sdp./Torr (Schmp.) in °C	^{1}H-NMR (δ in ppm) IR-Banden (in cm^{-1}), MS
$R^1=R^4=H$, $R^2=R^3=C_6H_5$	[103]	(88 bis 89)	^{1}H-NMR: δ(10H) = −7.30 (s), δ(2H) = −3.85 (tr), J = 1.7 Hz IR (KBr): 1600, 1510, 1450, 1187, 1068, 1000, 812, 750, 697 MS: m/e = 361, M^+ (72); 360 (54); 270 (28); 257 (28); 194 (42); 178 (46); 167 (100); 152 (28); 117 (29); 77 (95)

Das aus C_6F_5NO und $(C_2H_5O)_3P$ in C_6H_6 bei 0 °C sich bildende Nitren $C_6F_5\dot{N}\cdot$ reagiert mit dem Lösungsmittel C_6H_6 zu dem Hauptprodukt $C_6F_5N(O)NC_6F_5$ und einem gelben Öl, das beim Stehenlassen $C_6F_5NHC_6H_5$ bildet bzw. mit Tetracyanoethylen die Verbindung D (2%, Schmelzpunkt 191 bis 195 °C, Zersetzung) liefert; das stärker nucleophile Toluol liefert ein instabileres gelbes Zwischenprodukt, und m-Xylol verhält sich bei −25 °C ähnlich [104]:

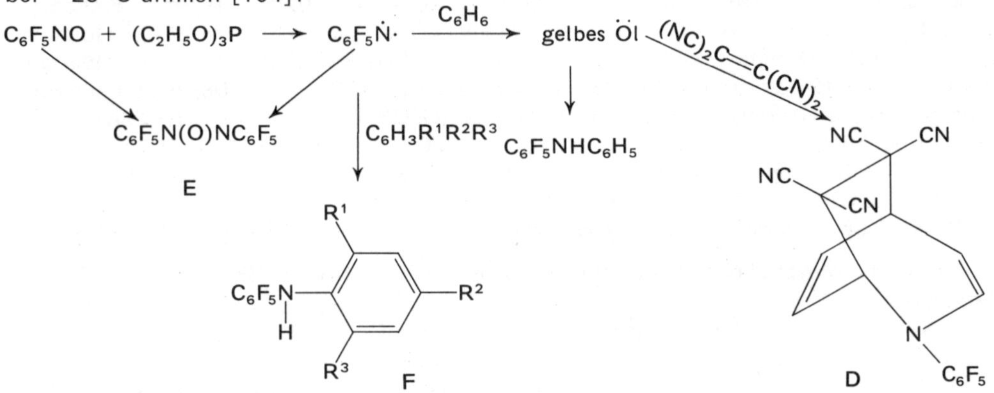

$C_6F_5NO + (C_2H_5O)_3P \longrightarrow C_6F_5\ddot{\dot{N}}\cdot \xrightarrow{C_6H_6}$ gelbes Öl $\xrightarrow{(NC)_2C=C(CN)_2}$ D

gelbes Öl ⟶ $C_6F_5NHC_6H_5$

C_6F_5NO, $C_6F_5\dot{N}\cdot$ ⟶ $C_6F_5N(O)NC_6F_5$ (E)

$C_6F_5\dot{N}\cdot \xrightarrow{C_6H_3R^1R^2R^3}$ F

Es entstehen:

In C_6H_6: Für $R^1=CH_3$, $R^2=R^3=H$ 32.8% E, 10.2% F ($R^1=CH_3$, $R^2=R^3=H$), 2.2% F ($R^1=R^3=H$, $R^2=CH_3$), 1.6% $C_6F_5NHCH_2C_6H_5$
Für $R^1=R^2=CH_3$, $R^3=H$ 24% E, 18.2% F ($R^1=R^2=CH_3$, $R^3=H$), 12.3% F ($R^1=R^3=CH_3$, $R^2=H$)
Für $R^1=R^2=R^3=CH_3$ (bei −25 °C) 18.5% E, 32% F ($R^1=R^2=R^3=CH_3$)

In $C_6H_5OCH_3$ fallen 5.3% E, 2.7% F ($R^1=OCH_3$, $R^2=R^3=H$), 4.3% F ($R^1=R^3=H$, $R^2=OCH_3$) und 15.9% 1-C_6F_5-2-Pyridon an (Siedepunkt 128 bis 130 °C/0.4 Torr, $\nu(C=O)=1700\ cm^{-1}$) [104]. In $C_6H_5N(CH_3)_2$ entstehen in Abwesenheit von Luftsauerstoff $C_6F_5N(O)NC_6F_5$ (1.1%), 2-C_6F_5NH-$C_6H_4N(CH_3)_2$ (9.4%), 4-C_6F_5NH-$C_6H_4N(CH_3)_2$ (4.6%) und 2,4-$(C_6F_5NH)_2$-$C_6H_3N(CH_3)_2$ (3.7%) [105].

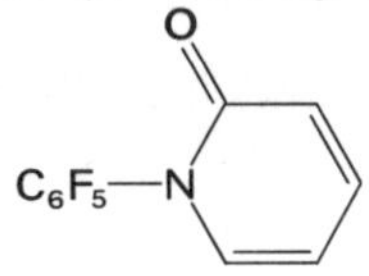

Mit Phenylradikalen setzt sich C_6F_5NO in CH_3CN zu 4.1% $C_6F_5N(O)C_6H_5$ (ESR-Spektrum s. Original), 4.3% $C_6F_5NHC_6H_5$ und zum Ring X (8.5%, Schmelzpunkt 78

Reactions of C_6F_5NO and 4-Cl- and 4-Br-C_6F_4NO with Alkenes and Alkynes

bis 80 °C) um. Das stärker nucleophile $CH_3O-C_6H_4$-Radikal reagiert mit C_6F_5NO zu 1.9% $C_6F_5NHC_6H_4OCH_3$, zum Ring Y (2.5%, IR: $\nu(C=O) = 1630\ cm^{-1}$, ^1H-NMR (innerer Standard $Si(OCH_3)_4$, in $CHCl_3$): $\delta(3H) = -3.3$ bis -2.9 (br), $\delta(CH_3) = -6.05$ (s) ppm) und zu 6.2% eines roten Öls der vermutlichen Struktur Z [105]:

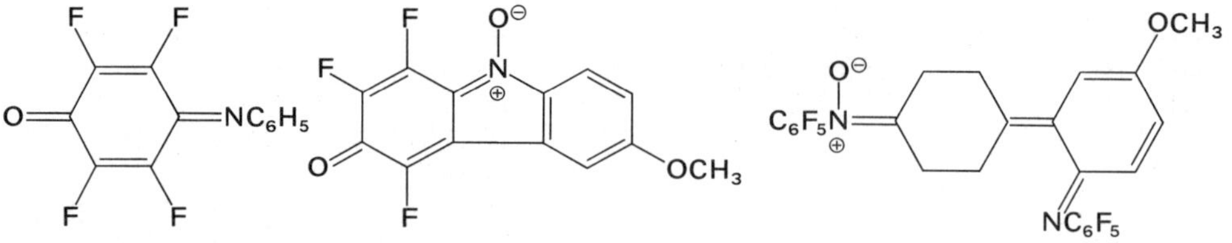

X Y Z

$(CH_3)_2C{=}C(CH_3)_2$ im Überschuß reagiert mit C_6F_5NO zu $C_6F_5N(OH)C(CH_3)_2$-$C(CH_3){=}CH_2$, 96%; Schmelzpunkt 78 bis 79 °C, IR (KBr): 3310 (br), 1636, 1490, 1372, 1362, 1150, 1140, 990, 962, 900 cm^{-1}; ^1H-NMR (Standard $(CH_3)_4Si$, in CCl_4): $\delta = -5.40$ (Singulett), $\delta(2H) = -5.00$ (Multiplett), $\delta(3H) = -1.93$ (Singulett), $\delta(6H) = -1.27$ (Triplett) ppm, J(H-H) = 1.7 Hz; Massenspektrum s. [103]. In CH_2Cl_2 gelöstes cis-2-Buten reagiert mit C_6F_5NO bei −20 °C (2 h) zu 60% $C_6F_5N(OH)CH(CH_3)CH{=}CH_2$, Schmelzpunkt 72 bis 73 °C; IR: 3295, 1643, 1500, 1370, 1328, 1070, 990, 946, 830 cm^{-1}; ^1H-NMR (in CCl_4): $\delta(OH) = -6.39$ (Singulett), $\delta(1H) = -5.54$ bis 6.13 (Quartett), $\delta(1H) = -5.20$ (Dublett von Dubletts), J = 4 Hz, $\delta(1H) = -3.75$ bis -4.22 (Quartett), $\delta(3H) = -1.28$ (Dublett) ppm, J = 7 Hz, Massenspektrum s. Original [103]. Unter analogen Bedingungen liefert trans-2-Buten nur 8.5% $C_6F_5NHCH(CH_3)CH{=}CH_2$, IR (Film): 3375, 3078, 1650, 1513, 1372, 1351, 1260, 1020, 989, 926 cm^{-1}; ^1H-NMR (in CCl_4): $\delta(1H) = -5.52$ bis -6.08 (Septett), $\delta(1H) = -5.22$ (Dublett von Dubletts), J = 8 und 2 Hz, $\delta(1H) = -5.00$ (Dublett), J = 4 Hz, $\delta(1H) = -4.23$ (Multiplett), $\delta(NH) = -3.40$ (Singulett), $\delta(3H) = -1.36$ (Dublett) ppm, J = 7 Hz, Massenspektrum s. Original [103].

Mit 1-(N-Morpholino)-1-cyclohexen setzt sich C_6F_5NO in CH_2Cl_2 bei 25 °C (1 h) [103] um zu:

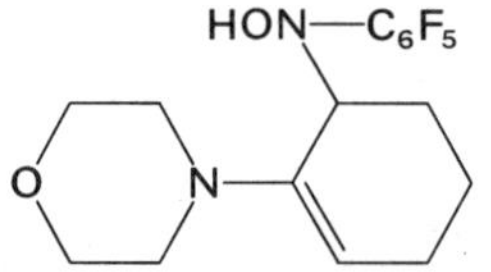

40%
Schmelzpunkt 95 bis 96 °C
IR (KBr): 3290, 1640, 1500, 990 cm^{-1}

Mit Cyclohexen bildet C_6F_5NO in CH_2Cl_2 bei 30 °C (1 h, N_2-Atmosphäre) 11.4% N-(3-Cyclohexenyl)-pentafluoranilin, Siedepunkt 70 bis 75 °C/0.1 Torr; IR (Film): 3390 cm^{-1}; ^1H-NMR (in CCl_4): $\delta(2H) = -5.82$ (Multiplett), $\delta(NH) = -4.14$ (Singulett), $\delta(1H) = -3.43$ (Multiplett), $\delta(2H) = -2.03$ (Multiplett), $\delta(4H) = -1.76$ ppm (Multiplett), Massenspektrum s. Original [103].

Beim Behandeln von 4-X-C_6F_4NO mit 1,3-Cyclohexadien, entstehen Bicyclooxazine gemäß [66]:

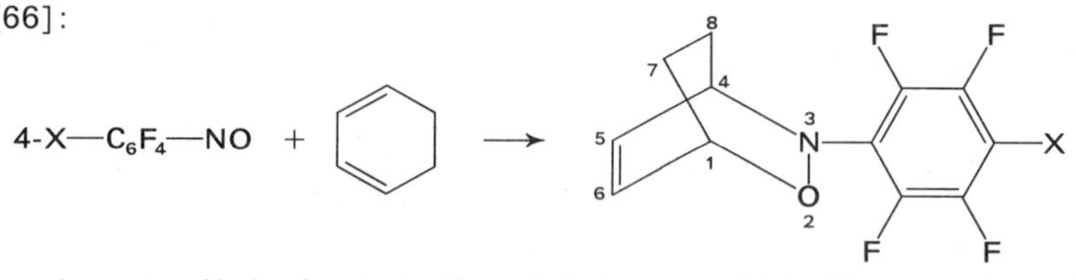

4-X—C_6F_4—NO + [1,3-Cyclohexadien] ⟶

Nachfolgend werden X, Ausbeute in % und Schmelzpunkt in °C angegeben: X = F, 90.5, 67.5 bis 69; Br, 92, 101 bis 103; C(O)OH, 86, 174 bis 176 (Zersetzung). ^1H-NMR (innerer Standard $Si(CH_3)_4$): Für X=F und Br δ(5,6-CH) = −6.62, δ(7,8-CH) = −4.75 (br) und −4.93 (br), δ(1,4-CH) = −2.37, −2.22, −1.57 und −1.40 ppm (A_2B_2-Multiplett und AB-Quartett) [66].

2.2.3.4.9 Reaktionen mit Phosphorverbindungen

Reactions with Phosphorus Compounds

Perfluorhalogennitrosoalkane setzen sich unter Rühren mit $(C_2H_5O)_3P$ in Äther um gemäß [107]:

$$RR'C(Cl)NO + (C_2H_5O)_3P \longrightarrow RR'C{=}NOP(O)(OC_2H_5)_2 + C_2H_5Cl$$

Anschließend werden R, R', Reaktionsbedingungen (Temperatur t, rühren bis zur Entfärbung), Siedepunkt in °C/Torr; n_D^{20}, D_4^{20} in g/cm³; IR-Banden in cm^{-1} und Ausbeute in % angegeben:

R' = CF_3, R = F, t = −60 °C, 57.5/3, 1.3700, 1.3239, –, 69.5%

R = CF_3, R' = Cl, t = −40 °C, 79 bis 80/4; 1.3988, 1.3600, ν(C=N) = 1620, 91.8%

R = O_2NCF_2, R' = F, t = −78 °C, 87 bis 89/3, 1.4005, ν(C=N) = 1695; $\nu(NO_2)$ = 1610 cm^{-1}, 37.1%; zusätzlich entsteht $(C_2H_5O)_2P(O)F$, Siedepunkt 45 bis 45.5 °C/3 Torr, n_D^{20} = 1.3730, D_4^{20} = 1.1612

R = CF_3, R' = CF_3, t = −78 °C, 73.5 bis 74.5/7; 1.3630, 1.3354, 80.9%; R = R' = F, t = −78 °C (beim Stehenlassen bis zur Entfärbung erfolgt Aufwärmung auf 20 °C), 64 bis 65/3, 1.3980, 1.2382, ν(C=N) = 1745 cm^{-1}

Anstelle von $(C_2H_5O)_3P$ kann auch $(C_2H_5O)_2P(O)H$ eingesetzt werden. Die Umsetzungen werden analog bei −20 bis +20 °C durchgeführt. Die Ausbeuten betragen 32 bis 86%. Beim Zutropfen von $CF_3CFClNO$ zu $(C_6H_5O)_3P$ bei −0 °C bildet sich das extrem hygroskopische $CF_3CF{=}NOP(O)(OC_6H_5)_2$ (^{35}Cl-Kernquadrupol-Resonanz bei 36.784 MHz) [107]. Leitet man $ClCF_2NO$ in eine ätherische Lösung von $(CH_3O)_2P(O)H$ ein, so bildet sich $F_2C{=}NOP(O)(OCH_3)_2$, 20% Ausbeute, Siedepunkt 63 °C/3 Torr, n_D^{20} = 1.3810, D_4^{20} = 1.3736 g/cm³. Beim Zutropfen eines Gemisches von $(C_2H_5)_3N$, H_2O und Äther zu $(C_2H_5O)_2P(O)H$ bei 0 °C und anschließendem Erwärmen auf 20 bis 25 °C (0.5 h) erhält man 42% $F_2C{=}NOP(O)(OC_2H_5)_2$, Siedepunkt 70 °C/5 Torr, n_D^{20} = 1.3845, D_4^{20} = 1.2701 g/cm³. Analog entstehen 49% $CF_2ClCF{=}NOP(O)(OC_2H_5)_2$ aus $CF_2ClCFClNO$ und $(C_2H_5O)_2P(O)H$; Siedepunkt 115 °C/5 Torr, n_D^{20} = 1.4000, D_4^{20} = 1.3705 g/cm³ [108]. In einer N_2-Atmosphäre reagiert $CFCl_2NO$ mit $(C_6H_5O)_3P$ (gelöst in Äther) bei 10 bis 15 °C zu $ClCF{=}NOPCl(OC_6H_5)_3$, IR: ν(C=N) = 1670, ν(P-Cl) = 550 cm^{-1}, ^{31}P-NMR (Standard 85%iges H_3PO_4): δ(P) = 16 ppm [112].

In CCl_4 gelöstes XCFClNO reagiert mit $(RO)_3P$ bzw. $(RO)_2PY$ bei −5 bis 0 °C (1 h) nach [109]:

$$(RO)_3P + XCFClNO \longrightarrow XCF{=}NOP(O)(OR)_2$$
$$(RO)_2PY + XCFClNO \longrightarrow XCF{=}NOP(O)(Y)OR$$

Literatur s.S. 202

Reactions with Phosphorus Compounds

Nachfolgend werden R, X (und Y), Siedepunkt (Sdp.) in °C/Torr, n_D^{20}, D_4^{20} (in g/cm³) und Ausbeute u (in %) angegeben [109]:

R	X	Y	Sdp.	n_D^{20}	D_4^{20}	u
CH_3	Cl	–	71/3	1.4145	1.3920	15
CH_3	CF_2NO_2	–	84/3	1.3963	1.5160	59
C_2H_5	Cl	–	89/3	1.4240	1.3090	61
CH_3	Cl	Cl	95/6	1.4390	1.5790	20
C_2H_5	Cl	Cl	77 bis 79/3	1.4369	1.4490	47
$(CH_3)_2CH$	Cl	Cl	64 bis 66/2	1.4300	1.3690	59
n-C_3H_7	Cl	Cl	100/10	1.4310	1.3480	25
CH_3	F	Cl	59/2	1.4030	1.5490	75
C_2H_5	F	Cl	65/2	1.4062	1.4050	50
$(CH_3)_2CH$	F	Cl	61/2	1.4079	1.3720	12
CH_3	CF_2NO_2	Cl	86/3	1.4045	1.6270	39
C_2H_5	CF_2NO_2	Cl	73/0	1.4110	1.5140	57
C_2H_5	Cl	Br	101/1	1.4564	1.6970	32
CH_3	Cl	F	70/2	1.3910	1.5070	40
C_2H_5	Cl	F	75/4	1.3940	1.4450	45
CH_3	F	F	58/20	1.3575	1.4240	75
C_2H_5	F	F	54/5	1.3600	1.3950	45
CH_3	CF_2NO_2	F	76/3	1.3781	1.6390	66
C_2H_5	CF_2NO_2	F	81/5	1.3742	1.5060	30

Phosphortrihalogenide reagieren zu $X_2P(O)ON{=}CFY$ (X=Cl, Br; Y=Cl, F, CF_2NO_2) (s. S. 100) [109].

Zutropfen von $(CF_3)_3CNO$ zu ätherischen Lösungen von $P(C_6H_5)_3$ bzw. $P(OC_2H_5)_3$ bei 20 °C führt zu $(CF_3)_3CN{=}P(C_6H_5)_3$ (74.8%, Schmelzpunkt 146 bis 147.5 °C) bzw. $(CF_3)_3CN{=}P(OC_2H_5)_3$ (68%, Siedepunkt 70 bis 71 °C/6.5 Torr, $n_D^{20}=1.3540$, $D_4^{20}=1.3582$ g/cm³) [110].

In CH_2Cl_2 reagiert $RSP(OC_2H_5)Cl$ bei −30 °C mit Perfluorchlornitrosoalkanen gemäß [111]:

$$RSP(OC_2H_5)Cl + XX'CClNO \rightarrow RSP(Cl)ON{=}CXX' + C_2H_5Cl$$

Anschließend werden R, X, X′, Siedepunkt in °C/Torr, n_D^{20}, D_4^{20} (in g/cm³) und Ausbeute aufgeführt: R=C_2H_5, X=F, X′=Cl, 99 bis 101/1, 1.4979, 1.4790, 67%; R=n-C_4H_9, X=F, X′=Cl, 107 bis 108/2, 1.4925, 1.3692, 63%; R=C_2H_5, X=F, X′=CF_2Cl, 57 bis 59/0.01, 1.4582, 1.5131, 57% [62]. Analog wird $(C_2H_5S)_2P(O)ON{=}CFCl$ erhalten (53%, Siedepunkt 108 °C/2 Torr, $n_D^{20}=1.5218$, $D_4^{20}=1.3070$ [111].

Einleiten von $CFCl_2NO$ in ätherische Lösungen von Dioxaphospholanen bei −50 bzw. −30 °C führt zu einer Reaktion nach [112]:

$$CFCl_2NO + F{-}P\langle O{-}CHR{-}CHR{-}O\rangle \longrightarrow FClC{=}NO{-}PF_2\langle O{-}CHR{-}CHR{-}O\rangle$$

Die Verbindung mit R=H ist bei −45 bis −10 °C spektroskopisch charakterisiert worden ([a] Standard: 85% H_3PO_4; [b] chemische Verschiebung auf F_2 bezogen). ^{19}F-NMR[b]: δ(P-F)=428 ppm, ^{31}P-NMR[a]: δ(P)=16.5 (d) ppm, J(P-F)=428 Hz; IR: ν(C=N)=

Tabelle 14: Umsetzungen von $CFCl_2NO$ mit Phospholanen nach:

$CFCl_2NO$ + X—P(—U—CHR—CHR'—Z—) ⟶ X—P(=U)(—ON=CFCl)(—ZCH_2CClRR')

Reaktionsbedingungen (Temperatur t in °C, Reaktionsdauer in h, Lösungsmittel), Siedepunkt (Sdp.) in °C/Druck in Torr, Ausbeute A in %, n_D^{20} und D_4^{20} in g/cm^3 (IR-Daten s. Original) [114, 115, 116].

X	U	Z	R	R'	t(τ)	A (%)	Sdp. in °C/Torr	D_4^{20}	n_D^{20}	Lit.
F	O	O	H	H	50 bis 60 (2 h)	38	61 bis 62/0.01	1.6116	1.4263	[114]
F	O	O	CH_3	H	50 bis 60 (2 h), CCl_4	42	70 bis 71/0.01	1.5153	1.4256	[114]
F	O	O	CH_3	CH_3	50 bis 60 (2 h), CCl_4	35	73 bis 74/0.01	1.4143	1.4250	[114]
Cl	O	NCH_3	H	H	10 bis 25 (0.5 h), C_6H_6	49	101 bis 103/0.1	1.4960	1.4770	[114]
Cl	O	NC_2H_5	H	CH_3	10 bis 25 (0.5 h), C_6H_6	67	116 bis 118/0.1	1.3935	1.4760	[114]
F	O	NC_2H_5	H	H	10 bis 25 (0.5 h), C_6H_6	14	85/0.1	1.4372	1.4500	[114]
Cl	S	NC_2H_5	H	H	10 bis 25 (0.5 h), Äther	74	105 bis 107/0.01	1.4380	1.5215	[114]
F	S	NC_2H_5	H	H	10 bis 25 (0.5 h), Äther	51	70 bis 71/0.01	1.4188	1.4900	[114]
$N(C_2H_5)_2$	O	O	H	H	10 bis 25, Äther	60	109	1.2942	1.4545	[115]
$N(C_2H_5)_2$	O	S	H	H	10 bis 25, Äther	83	–	1.3471	1.5012	[115]
Cl	O	O	H	H	0 bis 10, Äther	54	75/0.01	1.5980	1.4600	[116]
Cl	O	O	CH_3	CH_3	0 bis 10, Äther	84	85/0.3	1.4811	1.4552	[116]
OCH_3	O	O	H	H	0 bis 10, Äther	40	98/0.007	1.4520	1.4430	[116]
$C(CH_3)_3$	O	O	H	H	0 bis 10, Äther	40	108 bis 111/0.007	1.3182	1.4410	[116]
Cl	S	O	H	H	0 bis 10, Äther	84	101 bis 105/0.01	1.6760	1.5190	[116]

Literatur s.S. 202

Reactions with Phosphorus Compounds

1650 cm^{-1}. Für R=CH_3 sind Spektren bei −30 °C aufgenommen worden, ^{19}F-NMR[b]: δ(P-F)=429 (d) ppm, ^{31}P-NMR[a]: δ(P)=32 (d) ppm, J(P-F)=900 Hz [112]. Beim Einleiten von $CFCl_2NO$ in eine ätherische Lösung von Dioxaphospholene bilden sich folgende P-substituierte Verbindungen gemäß [113]:

CF_2ClNO + RO—P(O—CXX′—CYY′—O) ⟶ FClC=NO—P(=O)(O—CXX′—CYY′—O)

X	Y	X′	Y′	R	Ausbeute	Siedepunkt/Torr	n_D^{20}	D_4^{20}
CH_3	CH_3	H	H	CH_3	35%	115 °C/0.05	1.4378	1.4429
CH_3	H	H	H	CH_3	23%	115 bis 120 °C/0.5	1.4390	1.4668
CH_3	CH_3	CH_3	CH_3	CH_3	52%	113 bis 116 °C/0.02 (Schmelzpunkt 43 bis 45 °C)	–	–

Heteroatome (O, S, N) enthaltende Phospholane reagieren mit $CFCl_2NO$, das in einem N_2-Strom durchgeleitet wird (s. Tabelle 14, S. 201), gemäß [114, 115, 116]:

$CFCl_2NO$ + X—P(U—CHR—CHR′—Z) ⟶ X—P(=U)(ON=CFCl)(ZCH_2CClRR′)

Beim Einleiten von $CFCl_2NO$ in eine ätherische Lösung von 2-Chlor-4-oxo-1,3,2-oxathiaphospholen bei −10 bis 0 °C bilden sich 40% ClP(O)[$SCH_2C(O)Cl$]ON=CFCl, Siedepunkt 93 bis 95 °C/0.004 Torr, n_D^{20}=1.5220, D_4^{20}=1.6830 g/cm^3 [117].

Literatur:

[1] I.L. Knunyants, A.V. Fokin, V.S. Blagoveshchenskii, Yu. M. Kosyrev (Dokl. Akad. Nauk SSSR **146** [1962] 1088/91; Proc. Acad. Sci. USSR **146** [1962] 888/91; C.A. **58** [1963] 7840). – [2] A.V. Fokin, A.T. Uzun, Yu.M. Kosyrev (Zh. Obshch. Khim. **36** [1966] 540/3; J. Gen. Chem. USSR **36** [1966] 559/61; C.A. **65** [1966] 613). – [3] A.V. Fokin, A.T. Uzun, O.V. Dement'eva (Zh. Obshch. Khim. **37** [1967] 834/6; J. Gen. Chem. USSR **37** [1967] 784/6; C.A. **67** [1967] Nr. 90746). – [4] Thiokol Chemical Corp., M.M. Fein, J.E. Paustian (U.S.P. 3304335 [1965/67]; C.A. **66** [1967] Nr. 75663). – [5] Minnesota Mining and Manufacturing Corp., J.D. Park (U.S.P. 3162590 [1961/64]; C.A. **62** [1965] 9010).

[6] Minnesota Mining and Manufacturing Corp., C.W. Taylor (U.S.P. 3342874 [1961/67]; C.A. **68** [1968] Nr. 21546). – [7] R.N. Haszeldine (U.S.P. 3083237 [1960/63]; C.A. **60** [1964] 1588). – [8] B.W. Tattershall (J. Chem. Soc. D **1970** 1522). – [9] N.N. Yarovenko, S.P. Motornyi (Zh. Obshch. Khim. **30** [1960] 4066/9; J. Gen. Chem. USSR **30** [1960] 4029/31; C.A. **1961** 20928). – [10] V.A. Ginsburg, K.N. Smirnov, M.N. Vasil'eva (Zh. Obshch. Khim. **39** [1969] 1333/7; J. Gen. Chem. USSR **39** [1969] 1304/7; C.A. **71** [1969] Nr. 70014).

[11] I.V. Martynov, Yu.L. Kruglyak (Zh. Obshch. Khim. **35** [1965] 248/50; J. Gen. Chem. USSR **35** [1965] 250/2; C.A. **62** [1965] 14490). – [12] R.N. Haszeldine (J.

Chem. Soc. **1953** 2075/81). – [13] D.A. Barr, R.N. Haszeldine (J. Chem. Soc. **1956** 3416/28). – [14] Minnesota Mining and Manufacturing Corp., G.H. Crawford (U.S.P. 3213009 [1961/65]; C.A. **64** [1966] 6869). – [15] A.I. Titov (Dokl. Akad. Nauk SSSR **149** [1963] 330/3; Proc. Acad. Sci. USSR **149** [1963] 222/4; C.A. **59** [1963] 6215).

[16] I.L. Knunyants, E.G. Bykhovskaya, V.N. Frosin, Ya.M. Kisel (Dokl. Akad. Nauk SSSR **132** [1960] 123/6; Proc. Acad. Sci. USSR **132** [1960] 455/8; C.A. **1960** 20840/1). – [17] C.E. Griffin, R.N. Haszeldine (J. Chem. Soc **1960** 1398/406). – [18] C.E. Griffin, R.N. Haszeldine (Proc. Chem. Soc. **1959** 369/70). – [19] J. Heicklen (J. Phys. Chem. **70** [1966] 618/27). – [20] R.A. Bekker, B.L. Dyatkin, I.L. Knunyants (Izv. Akad. Nauk SSSR Ser. Khim. **1966** 194/5; Bull. Acad. Sci. USSR Div. Chem. Sci. **1966** 183; C.A. **64** [1966] 12542).

[21] I.L. Knunyants, L.S. German, I.N. Rozhkov (Izv. Akad. Nauk SSSR Ser. Khim. **1966** 2111/5; Bull. Acad. Sci. USSR Div. Chem. Sci. **1966** 2045/8; C.A. **66** [1967] Nr. 75601). – [22] B.L. Dyatkin, E.P. Mochalina, R.A. Bekker, S.R. Sterlin, I.L. Knunyants (Zh. Vses. Khim. Obshchestva **11** [1966] 598/9; C.A. **66** [1967] Nr. 94642). – [23] B.L. Dyatkin, E.P. Mochalina, R.A. Bekker, S.R. Sterlin, I.L. Knunyants (Tetrahedron **23** [1967] 4291/8). – [24] B.L. Dyatkin, A.A. Gevorkyan, I.L. Knunyants (Zh. Obshch. Khim. **36** [1966] 1326/30; J. Gen. Chem. USSR **36** [1966] 1340/3; C.A. **65** [1966] 16855). – [25] I.L. Knunyants, L.S. German, I.N. Rozhkov, B.L. Dyatkin (Izv. Akad. Nauk SSSR Ser. Khim. **1966** 250/3; Bull. Acad. Sci. USSR Div. Chem. Sci. **1966** 226/8; C.A. **64** [1964] 15724).

[26] P. Tarrant, D.E. O'Connor (J. Org. Chem. **29** [1964] 2012/3). – [27] A.I. Titov (Dokl. Akad. Nauk SSSR **149** [1963] 619/22; Proc. Acad. Sci. USSR **149** [1963] 271/4; C.A. **59** [1963] 7361). – [28] D.A. Barr, R.N. Haszeldine (J. Chem. Soc. **1960** 1151/5). – [29] J.D. Park, A.P. Stefani, J.R. Lacher (J. Org. Chem. **26** [1961] 3319/23). – [30] Minnesota Mining and Manufacturing Corp., J.D. Park, A.P. Stefani (U.S.P. 3072705 [1960/63]; C.A. **58** [1963] 10077).

[31] J.D. Park, A.P. Stefani, J.R. Lacher (J. Org. Chem. **26** [1961] 4017/21). – [32] V.A. Ginsburg, N.F. Privezentseva, V.A. Shpanskii, N.P. Rochionova, S.P. Dubov, A.M. Khokhlova, S.P. Makarov, A.Ya. Yakubovich (Zh. Obshch. Khim. **30** [1960] 2409/15; J. Gen. Chem. USSR **30** [1960] 2391/5; C.A. **1961** 10299). – [33] J.D. Park, A.P. Stefani, G.H. Crawford, J.R. Lacher (J. Org. Chem. **26** [1961] 3316/9). – [34] G.A. Sokol'skii, S.S. Dubov, A.N. Medvedev, L.I. Ragulin, F.N. Chelobov, Yu.M. Shalaginov, I.L. Knunyants (Izv. Akad. Nauk SSSR Ser. Khim. **1972** 129/38; Bull. Acad. Sci. USSR Div. Chem. Sci. **1972** 116/23; C.A. **77** [1972] Nr. 4812). – [35] L.V. Sankina, L.I. Kostikin, V.A. Ginsburg (Zh. Org. Khim. **10** [1974] 460/2; J. Org. Chem. [USSR] **10** [1974] 465/7; C.A. **80** [1974] Nr. 132756).

[36] Thiokol Chemical Corp., R.A. Falk (U.S.P. 3600438 [1968/71]; C.A. **71** [1969] Nr. 152739). – [37] J. Banus (Nature **171** [1953] 173/4). – [38] J. Banus (J. Chem. Soc. **1953** 3755/61). – [39] National Research Development Corp., R.N. Haszeldine, R.E. Banks, M. McCreath (B.P. 1014221 [1961/65]; C.A. **64** [1966] 8033). – [40] R.E. Banks, M.G. Barlow, R.N. Haszeldine, M.K. McCreath (J. Chem. Soc. C **1966** 1350/3).

[41] R.E. Banks, R.N. Haszeldine, M.K. McCreath (Proc. Chem. Soc. **1961** 64/5). – [42] B.L. Dyatkin, E.P. Mochalina, R.A. Bekker, I.L. Knunyants (Izv. Akad. Nauk SSSR Ser. Khim. **1966** 585; Bull. Acad. Sci. USSR Div. Chem. Sci. **1966** 564; C.A. **65** [1966] 5320). – [43] B.L. Dyatkin, E.P. Mochalina, I.L. Knunyants (Izv. Akad. Nauk SSSR Ser. Khim. **1965** 1715/6; Bull. Acad. Sci. USSR Div. Chem. Sci. **1965** 1688; C.A. **63** [1965] 17882). – [44] I.L. Knunyants, B.L. Dyatkin, L.S. German, I.N. Rozhkov,

W.A. Kamarov (Zh. Vses. Khim. Obshchestva **8** [1963] 709/10; C.A. **60** [1964] 9132). – [45] B.L. Dyatkin, A.A. Gevorkyan, I.L. Knunyants (Izv. Akad. Nauk SSSR Ser. Khim. **1965** 1873/5; Bull. Acad. Sci. USSR Div. Chem. Sci. **1965** 1833/5; C.A. **64** [1966] 1944).

[46] Yu.A. Cheburkov, N. Mukhamadaliev, I.L. Knunyants (Izv. Akad. Nauk SSSR Ser. Khim. **1966** 2119/22; Bull. Acad. Sci. USSR Div. Chem. Sci. **1966** 2053/5; C.A. **66** [1967] Nr. 75637). – [47] C.W. Taylor, T.J. Brice, R.L. Wear (J. Org. Chem. **27** [1962] 1064/6). – [48] R.A. Bekker, G.G. Melikyan, B.L. Dyatkin, I.L. Knunyants (Zh. Org. Khim. **11** [1975] 1604/7; J. Org. Chem. [USSR] **11** [1975] 1588/91; C.A. **83** [1975] Nr. 178185). – [49] N.P. Aktaev, K.P. Butin, G.A. Sokol'skii, I.L. Knunyants (Izv. Akad. Nauk SSSR Ser. Khim. **1974** 636/40; Bull. Acad. Sci. USSR Div. Chem. Sci. **1974** 600/3; C.A. **81** [1974] Nr. 63108). – [50] N.P. Aktaev, I.L. Knunyants, V.K. Purgin, G.A. Sokol'skii (UdSSR P. 467065 [1973/75]; C.A. **83** [1975] Nr. 27640).

[51] V.D. Isaev, L.Yu. Mal'kevitch, T.D. Truskanova, R.N. Sterlin, I.L. Knunyants (Zh. Vses. Khim. Obshchestva **20** [1975] 233/4; C.A. **83** [1975] Nr. 9068). – [52] L.V. Sankina, I.N. Belyaeva, P.O. Gitel', L.I. Kostikin, V.A. Ginsburg (Zh. Org. Khim. **8** [1972] 1357/62; J. Org. Chem. [USSR] **8** [1972] 1378/82; C.A. **77** [1972] Nr. 125875). – [53] Minnesota Mining and Manufacturing Corp., G.H. Crawford, D.E. Rice, D.R. Yavian (U.S.P. 3192260 [1962/64]; C.A. **63** [1965] 13084). – [54] Minnesota Mining and Manufacturing Corp., G.H. Crawford, D.E. Rice (U.S.P. 3321454 [1963/67]; C.A. **67** [1967] Nr. 33659). – [55] I.L. Knunyants, B.L. Dyatkin, E.P. Mochalina (Izv. Akad. Nauk SSSR Ser. Khim. **1965** 1091/3; Bull. Acad. Sci. USSR Div. Chem. Sci. **1965** 1056/8; C.A. **58** [1963] 1324).

[56] Yu.A. Cheburkov, I.L. Knunyants (Izv. Akad. Nauk SSSR Ser. Khim. **1967** 829/33; Bull. Acad. Sci. USSR Div. Chem. Sci. **1967** 797/800; C.A. **68** [1968] Nr. 38987). – [57] Yu.A. Cheburkov, I.L. Knunyants (Izv. Akad. Nauk SSSR Ser. Khim. **1967** 346/51; Bull. Acad. Sci. USSR Div. Chem. Sci. **1967** 328/31; C.A. **67** [1967] Nr. 21327). – [58] S. Andreades (J. Org. Chem. **27** [1962] 4157/62). – [59] N. Mukhamadaliev, Yu.A. Cheburkov, I.L. Knunyants (Izv. Akad. Nauk SSSR Ser. Khim. **1965** 1982/7; Bull. Acad. Sci. USSR Div. Chem. Sci. **1965** 1949/53; C.A. **64** [1966] 11077). – [60] Yu.A. Cheburkov, N. Mukhamadaliev, I.L. Knunyants (Dokl. Akad. Nauk SSSR **165** [1965] 127/9; Proc. Acad. Sci. USSR **165** [1965] 1085/7; C.A. **64** [1966] 3341).

[61] E.C. Stump, W.H. Oliver, C.D. Padgett (J. Org. Chem. **33** [1968] 2102/4). – [62] A.M. Krzhizhevskii, N.S. Mirzabekyants, Yu.A. Cheburkov, I.L. Knunyants (Izv. Akad. Nauk SSSR Ser. Khim. **1974** 2513/7; Bull. Acad. Sci. USSR Div. Chem. Sci. **1974** 2421/4; C.A. **82** [1975] Nr. 111513). – [63] G.M. Brooke, J. Burdon, J.C. Tatlow (Chem. Ind. [London] **1961** 832/3). – [64] J. Burdon, C.J. Morton, D.F. Thomas (J. Chem. Soc. **1965** 2621/7). – [65] J.M. Birchall, T. Clarke, R.N. Haszeldine (J. Chem. Soc. **1962** 4977/86).

[66] J.A. Castellano, J. Green, J.M. Kauffman (J. Org. Chem. **31** [1966] 821/4). – [67] Thiokol Chemical Corp., J.A. Castellano, J. Green (U.S.P. 3428672 [1965/69]; C.A. **70** [1969] Nr. 87269). – [68] K.Y. Choo, D.M. Golden, S.W. Benson (Intern. J. Chem. Kinetics **7** [1975] 713/24). – [69] Minnesota Mining and Manufacturing Corp. (B.P. 983486 [1959/65]; C.A. **62** [1965] 11932). – [70] E. Bayley, J.M. Birchall, R.N. Haszeldine (J. Chem. Soc. C **1966** 1232/6).

[71] J.M. Birchall, A.J. Bloom, R.N. Haszeldine, C.J. Willis (Proc. Chem. Soc. **1959** 367/8). – [72] J.M. Birchall, A.J. Bloom, R.N. Haszeldine, C.J. Willis (J. Chem. Soc. **1962** 3021/32). – [73] I.L. Knunyants, A.V. Fokin (Izv. Akad. Nauk SSSR Otd. Khim.

Nauk **1957** 1439/53; Bull. Acad. Sci. USSR Div. Chem. Sci. **1957** 1462/73; C.A. **59** [1963] 7124). – [74] A.V. Fokin, A.T. Uzun (Zh. Obshch. Khim. **36** [1966] 1798/801; J. Gen. Chem. USSR **36** [1966] 1790/3; C.A. **66** [1967] Nr. 54952). – [75] V.A. Ginsburg, N.F. Privezentseva, N.P. Rodionova, S.S. Dubov, S.P. Makarov, A.Ya. Yakubovich (Zh. Obshch. Khim. **30** [1960] 2406/9; J. Gen. Chem. USSR **30** [1960] 2388/90; C.A. **1961** 10301).

[76] L.V. Sankina, L.I. Kostikin, V.A. Ginsburg (Zh. Org. Khim. **8** [1972] 2614/5; J. Org. Chem. [USSR] **8** [1972] 2665; C.A. **79** [1973] Nr. 18013). – [77] V.A. Ginsburg, L.V. Abramova, A.D. Koval'chenko, A.A. Tumanov, M.F. Lebedeva (Zh. Obshch. Khim. **39** [1969] 218/9; J. Gen. Chem. USSR **39** [1969] 205/6; C.A. **71** [1969] Nr. 2797). – [78] I.L. Knunyants, B.L. Dyatkin, A.A. Gevorkyan (Izv. Akad. Nauk SSSR Ser. Khim. **1966** 1377/82; Bull. Acad. Sci. USSR Div. Chem. Sci. **1966** 1322/5; C.A. **66** [1967] Nr. 55444). – [79] V.A. Ginsburg, A.N. Medvedev, S.S. Dubov, M.F. Lebedeva (Zh. Obshch. Khim. **37** [1967] 601/11; J. Gen. Chem. USSR **37** [1967] 563/71; C.A. **67** [1967] Nr. 43233). – [80] C.K. Pront, A. Coda, R.A. Forder, B. Kammar (Cryst. Struct. Commun. **3** [1974] 39/42).

[81] V.A. Ginsburg, V.V. Smolyanitskaya, A.N. Medvedev, V.S. Faermark, A.P. Tomilov (Zh. Obshch. Khim. **41** [1971] 2284/9; J. Gen. Chem. USSR **41** [1971] 2309/13; C.A. **76** [1972] Nr. 98791). – [82] V.A. Ginsburg, L.L. Martynova, M.F. Lebedeva, B.I. Tetel'baum, A.N. Medvedev (Zh. Obshch. Khim. **37** [1967] 1077/83; J. Gen. Chem. USSR **37** [1967] 1020/5; C.A. **68** [1968] Nr. 48950). – [83] R. Fields, J. Lee, D.J. Mowthorpe (J. Chem. Soc. B **1968** 308/12). – [84] L.N. Pushkina, A.P. Stepanov, V.S. Zhukov, A.D. Naumov (Zh. Org. Khim. **8** [1972] 586/97; J. Org. Chem. [USSR] **8** [1972] 592/601; C.A. **77** [1972] Nr. 18817). – [85] B.I. Tetel'baum, S.S. Dubov, A.V. Fokin, A.A. Skladnev, V.A. Komarov (Zh. Vses. Khim. Obshchestva **8** [1963] 705/6; C.A. **60** [1964] 9124).

[86] A.V. Fokin, A.T. Uzun, A.I. Bol'shakova (UdSSR P. 168677 [1962/65]; C.A. **63** [1965] 1705). – [87] S. Andreades (J. Org. Chem. **27** [1962] 4163/70). – [88] D.E. O'Connor, P. Tarrant (J. Org. Chem. **29** [1964] 1793/6). – [89] R.E. Banks, M.G. Barlow, R.N. Haszeldine, M.K. McCreath (J. Chem. Soc. **1965** 7203/9). – [90] A.V. Fokin, Yu.M. Kosyrev, A.T. Uzun (Zh. Obshch. Khim. **36** [1966] 119/22; J. Gen. Chem. USSR **36** [1966] 124/6; C.A. **64** [1966] 14085).

[91] A.Ya. Yakubovich, V.A. Ginsburg, S.P. Makarov, V.A. Shpanskii, N.F. Privezentseva, L.L. Martynova, B.V. Kir'yan, A.L. Lemke (Dokl. Akad. Nauk SSSR **140** [1961] 1352/5; Proc. Acad. Sci. USSR **140** [1961] 1069/72; C.A. **56** [1962] 9937). – [92] I.L. Knunyants, B.L. Dyatkin (Izv. Akad. Nauk SSSR Ser. Khim. **1964** 923/5; Bull. Acad. Sci. USSR Div. Chem. Sci. **1964** 863/5; C.A. **61** [1964] 6453). – [93] S.R. Sterlin, B.L. Dyatkin, I.L. Knunyants (UdSSR P. 482432 [1974/75]; C.A. **83** [1975] Nr. 147119). – [94] A.V. Fokin, A.T. Uzun (Zh. Obshch. Khim. **36** [1966] 117/9; J. Gen. Chem. USSR **36** [1966] 121/3; C.A. **64** [1966] 14079). – [95] A.A. Gevorkyan, B.L. Dyatkin, I.L. Knunyants (Zh. Vses. Khim. Obshchestva **10** [1965] 707/8; C.A. **64** [1966] 9577).

[96] J. Burdon, D.F. Thomas (Tetrahedron **21** [1965] 2389/91). – [97] S.P. Makarov, A.Ya. Yakubovich, V.A. Ginsburg, A.S. Filatov, M.A. Énglin, N.F. Privezentseva, T.Ya. Nikoforova (Dokl. Akad. Nauk SSSR **141** [1961] 357/60; Proc. Acad. Sci. USSR **141** [1961] 1130/3; C.A. **56** [1962] 11425). – [98] V.A. Ginsburg, N.F. Privezentseva (Zh. Obshch. Khim. **38** [1968] 832/6; J. Gen. Chem. USSR **38** [1968] 794/8; C.A. **69** [1968] Nr. 58776). – [99] L.V. Sankina, L.I. Kostikin, V.A. Ginsburg (Zh. Org. Khim.

8 [1972] 1365/8; J. Org. Chem. [USSR] **8** [1972] 1386/8; C.A. **77** [1972] Nr. 139545). – [100] A.V. Fokin, A.T. Uzun, O.V. Dement'eva (Zh. Obshch. Khim. **37** [1967] 831/4; J. Gen. Chem. USSR **37** [1967] 781/3; C.A. **67** [1967] Nr. 90745).

[101] A.V. Fokin, A.T. Uzun (Zh. Obshch. Khim. **38** [1968] 836/9; J. Gen. Chem. USSR **38** [1968] 799/801; C.A. **69** [1968] Nr. 27351). – [102] R.A. Abramovitch, S.R. Challand (J. Chem. Soc. Chem. Commun. **1972** 1160/1). – [103] R.A. Abramovitch, S.R. Challand, Y. Yamada (J. Org. Chem. **40** [1975] 1541/7). – [104] R.A. Abramovitch, S.R. Challand, E.F.V. Scriven (J. Am. Chem. Soc. **94** [1972] 1374/6). – [105] R.A. Abramovitch, S.R. Challand (J. Heterocycl. Chem. **10** [1973] 683/5).

[106] P.J. Carmichael, B.G. Gowenlock, C.A.F. Johnson (J. Chem. Soc. Perkin Trans. II **1973** 1853/6). – [107] A.A. Gevorkyan, B.L. Dyatkin, I.L. Knunyants (Izv. Akad. Nauk SSSR Ser. Khim. **1965** 1599/606; Bull. Acad. Sci. USSR Div. Chem. Sci. **1965** 1563/9; C.A. **64** [1966] 1944). – [108] I.V. Martynov, N.F. Privezentseva, Yu.L. Kruglyak (Zh. Obshch. Khim. **39** [1969] 1730/2; J. Gen. Chem. USSR **39** [1969] 1694/6; C.A. **71** [1969] Nr. 123445). – [109] I.V. Martynov, Yu.L. Kruglyak, N.F. Priventzenseva (Zh. Obshch. Khim. **37** [1967] 1125/30; J. Gen. Chem. USSR **37** [1967] 1068/71; C.A. **67** [1967] Nr. 116497). – [110] E.P. Mochalina, B.L. Dyatkin, I.L. Knunyants (Izv. Akad. Nauk SSSR Ser. Khim. **1966** 2247/8; Bull. Acad. Sci. USSR Div. Chem. Sci. **1966** 2188; C.A. **66** [1967] Nr. 76089).

[111] I.V. Martynov, L.N. Shitov, E.A. Mordvintseva (Zh. Obshch. Khim. **40** [1970] 571/3; J. Gen. Chem. USSR **40** [1970] 540/2; C.A. **73** [1970] Nr. 14072). – [112] S.I. Malekin, V.I. Yakutin, M.A. Sokol'skii, Yu.L. Kruglyak, I.V. Martynov (Zh. Obshch. Khim. **42** [1972] 807/11; J. Gen. Chem. USSR **42** [1972] 799/802; C.A. **77** [1972] Nr. 100370). – [113] Y.L. Kruglyak, S.I. Malekin, Z.I. Khromova, I.V. Martynov (Zh. Obshch. Khim. **39** [1969] 1727/9; J. Gen. Chem. USSR **39** [1969] 1692/3; C.A. **71** [1969] Nr. 124345). – [114] Yu.L. Kruglyak, S.I. Mekhin, I.V. Martynov (Zh. Obshch. Khim. **42** [1972] 811/4; J. Gen. Chem. USSR **42** [1972] 803/5; C.A. **77** [1972] Nr. 113761). – [115] Yu.L. Kruglyak, S.I. Malekin, I.V. Martynov, O.G. Stukov (Zh. Obshch. Khim. **39** [1969] 1265/7; J. Gen. Chem. USSR **39** [1969] 1235/7; C.A. **71** [1969] Nr. 70545).

[116] I.V. Martynov, Yu.L. Kruglyak, G.A. Leibovskaya, Z.I. Khromova, O.G. Strukov (Zh. Obshch. Khim. **39** [1969] 996/9; J. Gen. Chem. USSR **39** [1969] 966/9; C.A. **71** [1969] Nr. 61297). – [117] Yu.L. Kruglyak, G.A. Leibovskaya, O.G. Strukov, I.V. Martynov (Zh. Obshch. Khim. **39** [1969] 999/1001; J. Gen. Chem. USSR **39** [1969] 970/1; C.A. **71** [1971] Nr. 70544). – [118] V.A. Ginsburg, L.L. Martynova, M.N. Vasil'eva (Zh. Obshch. Khim. **37** [1967] 1083/90; J. Gen. Chem. USSR **37** [1967] 1026/32).

Perfluorohalogenoorganonitroso-Olefin Copolymers

2.2.4 Perfluorhalogenorganonitroso-Olefin-Copolymere

Im folgenden bedeutet M Molekulargewicht.

Formation. Preparation

2.2.4.1 Bildung und Darstellung

CF_3NO/C_2F_4-Copolymere

Die Umsetzung von CF_3NO mit einer äquimolaren Menge $CF_2{=}CF_2$ bei −45 °C (1 h), anschließendes 24stündiges Erwärmen auf 20 °C und Aufbewahren bei 20 °C (5 d) liefert bei einem 92%igem Umsatz 28% Perfluor-(2-methyl-1,2-oxazetidin) und ein farbloses, viskoses, nicht flüchtiges Öl (64%), das aus CF_3NO- und C_2F_4-Einheiten entsprechend $N^+(CF_3)O{+}CF_2CF_2N(CF_3)O{+}_nCF_2CF_2^-$ aufgebaut ist, wobei der Kettenabbruch durch

Disproportionierung erfolgt [1, 2] (s. auch [15]). Erhitzt man das viskose Öl auf 40 °C (10 d) bzw. 80 °C (40 h) oder setzt man CF_3NO und CF_2=CF_2 bei −47 °C (4 d) um, so erhält man ein festes, gummiartiges Copolymer [3]. Im Molverhältnis 2:1 reagiert CF_3NO mit CF_2=CF_2 bei −16 °C (24 h) bei 9- bis 98%igem Umsatz (bezogen auf CF_2=CF_2) zum 1:1-Copolymer mit M = 80000 bis 100000. Analog verlaufen Umsetzungen bei −45 und −65 °C. In einer Lösung von K_2HPO_4 und $C_7F_{15}CO_2K$ polymerisiert ein Gemisch aus CF_3NO und CF_2=CF_2 bei 0 °C (8 h, schütteln) zu einem Copolymer mit M = 80000 bis 100000. Analog entsteht in Gegenwart von K_2HPO_4 $K_2S_2O_8$ und $C_7F_{15}CO_2NH_2$ bei 20 bis 23 °C (4 h) in H_2O ein 1:1-Copolymer mit M > 50000 [18]. Bei 0 °C (48 h) und einem Anfangsdruck von 140 p.s.i.g. entsteht das ölige 1:1-Copolymer, das als Schmiermittel oder als Elastomer zum Beziehen von Metallgegenständen verwendet werden kann [4], Polymerisation in $(C_4F_9)_3N$ als Lösungsmittel s. [5]. Bei der UV-Photolyse von CF_2=CF_2 und NO (36 h) fällt ein öliges Copolymer an, das bei der Destillation unter Normaldruck eine bei 80 bis 81 °C siedende Fraktion der Formel $C_4N_2O_3F_8$ (15% Ausbeute), eine bei 106 bis 109 °C siedende Fraktion der Formel $C_6N_2O_2F_{12}$ (9% Ausbeute) und ein nichtflüchtiges Öl liefert. Analoge Umsetzungen bei −20 °C (48 h) bzw. 90 °C (12 h) ergaben ein farbloses Öl, das bei 60 °C klebrig wurde und zu Fäden gezogen werden konnte, bzw. ein dünnes, bewegliches, gegen Säuren und Basen beständiges Öl [8]. UV-Bestrahlung eines Gemisches aus CF_3NO und C_2F_4 (λ = 253.7 nm, 6 h) führt zu einem Produkt, das zu 44.4% in einem perfluorierten cyclischen Äther löslich ist. Der Rückstand weist ein Molgewicht M > 200000 auf [18].

Zugemischte Verunreinigungen von CF_3J, CF_3NO_2, N_2O_4, NO, Luft oder Feuchtigkeit unter optimalen Bedingungen führen bevorzugt zu einem öligen statt zu einem elastomeren Copolymer. Unabhängig vom eingesetzten Mengenverhältnis der Reaktionspartner entsteht immer ein 1:1-Copolymer. Reaktionsgeschwindigkeit, Qualität und Ausbeute bleiben bei einem Molverhältnis x = 0.8:1 bis 1.5:1 unverändert. Für x = 1:5-, 1:10-, 5:1- oder 10:1- bildet sich nur ein öliges 1:1-Copolymer. Zwischen −65 und +100 °C entsteht immer nur ein bewegliches Öl. Bei 100 °C ist die Ausbeute an Perfluor-(2-methyl-1,2-oxazetidin) am höchsten. Steigert man bei −20 °C den Druck von 1 auf 20 atm, so erhöht man die Reaktionsgeschwindigkeit und die Qualität des Elastomers. Die Reaktionszeit schwankt zwischen 0.5 h (unter Druck) bis 7 d (tiefe Temperatur und Druck, verunreinigte Ausgangsprodukte). Demnach betragen die optimalen Bedingungen für reine Reaktanten und einem Molverhältnis von 1:1 im Dunkeln 0 °C, 24 h und 20 atm. Die Ausbeute des elastomeren 1:1-Copolymers mit M = 500000 bis 1500000 beträgt 95%. Die Umwandlung des Öls in ein Elastomer kann entweder durch Erhitzen auf 50 bis 150 °C (1 bis 7 d) im Vakuum oder durch Nachreaktion unter Zugabe von CF_3NO und CF_2=CF_2 unter Optimalbedingungen vollzogen werden. Das Molgewicht des so hergestellten Elastomers liegt immer unter 500000 [9].

CF_3NO/CF_2=CXY-Copolymere

mit

X	F	Cl	F	F	F	F	H	F
Y	Cl	Cl	H	CF_3	CF=CF_2	Br	H	CFClCF_2Cl

Die Umsetzung von CF_3NO mit CF_2=CFH (beide Produkte müssen nicht besonders rein sein) bei ≦0 °C führt zu $\left[N(CF_3)OCF_2CHF\right]_n$ und $\left[N(CF_3)OCHFCF_2\right]_n$. Die Umsetzung dieses Elastomers mit H_2O_2 oder Aminen ergibt eine Kettenverknüpfung an der C-H-Bindung [6]. Bei 20 °C (14 d, 8 atm) entsteht das 1:1-Copolymer in 50%, bei 70 °C (2 d, 5 bis 10 atm) in 8% Ausbeute [7]. Besonders gereinigtes CF_3NO und CF_2=CFH reagieren bei 20 °C (6 h, schütteln) zu einem 1:1-Copolymer mit M > 50000. Die analog

Literatur s.S. 214

Formation and Preparation

mit CF_2=CFCl bei −16 °C (2 h) durchgeführte Reaktion liefert ein 1:1-Copolymer M = 110000 bis 130000) [18], das auch bei −45 °C (1 h), Erwärmen auf 20 °C (24 h) und anschließendem sechstägigem Aufbewahren in 95% Ausbeute erhalten wird. Mit CF_2=CCl_2 reagiert CF_3NO im Einschlußrohr bei 20 °C (5 d) zu 97% $\{N(CF_3)OCF_2CCl_2\}_n$ (M ≈ 100000) [18]. In einem Autoklav setzt sich CF_3NO mit CF_3CF=CF_2 bei 100 °C (14 d, Anfangsdruck 25 bis 30 atm) zu einem farblosen, schweren Öl der Formel $\{N(CF_3)OCF_2CF(CF_3)\}_n$ [6, 9] um. Stöchiometrische Mengen von CF_3NO und CF_2=CFCF=CF_2 setzen sich bei 20 °C (12 h) zu 13% des 1:1-Copolymeren um [10]. Bei 80 °C (3 h) beträgt die Ausbeute 3%, bei −78 °C (1000 h) 54% [10, 17]. Physikalischen und chemischen Untersuchungen zufolge besteht das Copolymer vermutlich aus folgendem Gemisch:

$\{N(CF_3)OCF_2CF(CF{=}CF_2)\}_n$, $\{N(CF_3)OCF(CF{=}CF_2)CF_2\}_n$
und $\{N(CF_3)OCF_2CF{=}CFCF_2\}_n$

Das bei −78 °C hergestellte und in CCl_2FCF_2Cl gelöste Copolymer addiert bei UV-Bestrahlung Cl_2 und liefert folgende Chlorierungsprodukte (97%) [10]:

$\{N(CF_3)OCF_2CF(CFClCF_2Cl)\}_n$, $\{N(CF_3)OCF(CFClCF_2Cl)CF_2\}_n$
und $\{N(CF_3)OCF_2CFClCFClCF_2\}_n$

NMR- und IR-spektroskopische Untersuchungen haben ergeben, daß CF_2=CFCF=CF_2 mit CF_3NO zu einem 1:4- und 1:2-Copolymer (im Verhältnis 85:15) mit folgender Konstitution reagiert [11]:

$\{CF_2CF{=}CFCF_2N(CF_3)O)_n{-}CF_2CF(CF{=}CF_2)N(CF_3)O\}_m$

Es addiert CF_3OF bzw. NOCl zu:

$\{N(CF_3)OCF_2CF(OCF_3)CF_2CF_2\}_x{-}\{N(CF_3)OCF_2CF(CF_2CF_2OCF_3)\}_y$

bzw. zu:

$\{N(CF_3)OCF_2CF(NO)CFClCF_2\}_x{-}\{CF_2CF(CFNOCF_2Cl)\}_y$

Die Copolymerisation mit 1,1,2-Trifluorbutadien verläuft analog, das Copolymer addiert ebenfalls CF_3OF. Bei der Umsetzung von CF_3NO mit CF_2=CFBr erzielt man einen 90%igen Umsatz, wobei hauptsächlich das Copolymer $[N(CF_3)OCF_2CFBr]_n$ entsteht [11].

Im Molverhältnis 1:1 reagiert CF_3NO mit CF_2=CH_2 bei 20 °C (21 d) zu einem Gemisch, das bei 40 bis 50 °C HF abspaltet. Der wachsartige Rückstand besteht aus einem 1:1-Copolymer (M > 50000), dessen Ketten einen beträchtlichen Anteil von Doppelbindungen aufweisen [18].

Die Umsetzung von CF_3NO mit CF_2=$CFCFClCF_2Cl$ (Molverhältnis 1:1) liefert bei 100 °C (21 d) in einem Autoklav nur ein farbloses, viskoses öliges 1:1-Copolymer (55%, bezogen auf verbrauchtes CF_3NO), das sich analog bei 20 °C (10 Wochen) in 75% Ausbeute bildet [10].

R_fNO/C_2F_4- bzw. C_2F_3Cl-Copolymere

mit R_f = C_2F_5, $ClCF_2CF_2$, C_6F_5, $O_2NCF_2CF_2$, $ONCF_2CF_2$, CF_2=CF, C_3F_7, C_8F_{17}

Als viskoses, farbloses Öl fällt $\{N(C_2F_5)OCF_2CF_2\}_n$ bei der Umsetzung von C_2F_5NO mit CF_2=CF_2 bei 85 °C (20 h) in 10%, bei 20 °C in 65% Ausbeute an [12]. Bei 25 °C (4 h) entsteht ein gummiartiges Copolymer (M > 50000) [18]. Das Elastomer (27%) wird auch durch Reaktion von NOF mit CF_2=CF_2 bei −78 °C (10 h), −45 °C (12 h), 0 °C (3 h) und 20 °C (24 h) dargestellt [12]. Aus CF_2ClCF_2NO und CF_2=CF_2 erhält

Literatur s.S. 214

Formation and Preparation

man bei 100 °C (6 h) $[N(CF_2CF_2Cl)OCF_2CF_2]_n$ ebenfalls aus NOCl und überschüssigem $CF_2{=}CF_2$ bei 20 °C (3 Wochen, im Dunkeln) [12].

Mit C_6F_5NO reagiert $CF_2{=}CF_2$ zu $\text{-}[N(C_6F_5)OCF_2CF_2]\text{-}_n$ [11]. Das durch IR-Bestrahlung von NO und $CF_2{=}CF_2$ hergestellte und gereinigte $O_2NCF_2{=}CF_2NO$ reagiert mit $CF_2{=}CF_2$ bei −25 °C (8 h) zu $\text{-}[N(CF_2CF_2NO_2)OCF_2CF_2]\text{-}_n$ (M ≈ 100000). Dieses kann auch direkt durch UV-Bestrahlung eines C_2F_4-NO-Gemisches bei 20 °C (16 h) dargestellt werden. Die wachsartige Substanz (M ≈ 10000) siedet bei 70 bis 100 °C/5 Torr. $ONCF_2CF_2NO$ polymerisiert mit $CF_2{=}CF_2$ bei −25 °C (6 h) zu einem dreidimensional vernetzten Copolymer. Setzt man NO mit $CF_2{=}CF_2$ (Molverhältnis 2:1) bei 23 °C (16 h) um, so erhält man ein $ONCF_2CF_2NO$-C_2F_4-Copolymer [13]. Die Copolymerisierung von $CF_2{=}CFNO$ mit $CF_2{=}CF_2$ bei 0 bis 20 °C führt zu $\text{-}[N(CF{=}CF_2)OCF_2CF_2]\text{-}_n$ [14].

Ausführlich untersucht wurde die Darstellung des Copolymers aus C_3F_7NO und $CF_2{=}CF_2$. Während beide Partner im Einschlußrohr bei 80 °C (4 d, im Dunkeln) zum 1,2-Oxazetidin (63%) reagieren, entsteht das 1:1-Copolymer nur in geringer Ausbeute als viskoses Öl. Bei 20 °C (4 d, im Dunkeln) bilden sich 75% des Copolymers. Bei 70 °C (24 h) sinkt die Ausbeute auf 15%, Einzelheiten s. [16]. C_3F_7NO, gelöst in einem perfluorierten Äther, setzt sich mit $CF_2{=}CF_2$ bei 0 °C (20 h, 100 bis 120 p.s.i.) zu $\text{-}[N(C_3F_7)OCF_2CF_2]\text{-}_n$ (M = 70000 bis 90000) um [18]. Die Polymerisierung von $C_8F_{17}NO$ mit $CF_2{=}CF_2$ bei 20 °C (24 h) liefert ein 1:1-Produkt mit M ≈ 100000 [18]. Ein Gemisch aus $CF_2ClCFClNO$ und $CF_2{=}CFCl$ reagiert bei −16 °C (24 h) und 23 °C (7 d) zu einem gummiartigen Copolymer mit M > 50000 [18].

Die Polymerisierung von 4-X-C_6F_4NO mit $CF_2{=}CF_2$ (Molverhältnis 1:1) erfolgt bei −25 °C (24 h), wobei für X = F 50%, X = Br 42% und X = COOH 80% Umsetzung erfolgt. Die Umsetzungen werden auch in einem CH_2Cl_2-Aceton-Gemisch (Verhältnis 4:1) vorgenommen. Senkt man die Menge 4-X-C_6F_4NO auf 0.1 mol und setzt 0.9 mol CF_3NO hinzu, so liefert die Polymerisierung mit $CF_2{=}CF_2$ mit und ohne Lösungsmittel gummiartige Produkte. Der Umsatz beträgt für X = F 76%, X = Br 82% und X = COOH 80% [30, 31].

Copolymere von R_fNO und CH_2-Radikalen ($R_f = CF_3$, C_3F_7)

Leitet man CF_3NO bei −78 °C (0.5 h, Normaldruck) durch eine Lösung von CH_2N_2 in Äther, so erhält man ein durchsichtiges Wachs, das bei 80 °C/10^{-3} Torr sublimiert und eine viskose Flüssigkeit liefert. Die Ausbeute (bezogen auf CH_2N_2) beträgt 98%. Ein Produkt höheren Molgewichtes entsteht beim Einleiten von CF_3NO (15 l/h) in eine Lösung von CF_3NO in C_5F_{12} bei −96 °C (1 h). Führt man die Umsetzung von CF_3NO mit CH_2N_2 in Äther bei −96 °C (1 h) durch, so entsteht ein farbloses undurchsichtiges, pulvriges Copolymer, das bei 100 bis 110 °C schmilzt, in 99% Ausbeute. Analog reagiert C_3F_7NO mit CH_2N_2, gelöst in Äther, bei −78 °C (0.5 h) zu einem farblosen, undurchsichtigen viskosen Öl. Die Produkte haben die Zusammensetzung $\text{-}[N(R_f)OCH_2]\text{-}_n$ [42].

R_fNO-Olefin-Terpolymere

Durch Zugabe von perfluorierten ungesättigten Verbindungen lassen sich die CF_3NO-C_2F_4-Copolymere zusätzlich diversifizieren. Die in Gegenwart von Difluormaleinsäureanhydrid und $CF_3OCF{=}CF_2$ vorgenommene Polymerisation verläuft gemäß:

$$CF_3NO + \text{(Difluormaleinsäureanhydrid)} + CF_2{=}CF_2 \xrightarrow{\text{Katalysator}} \left[N(CF_3)OCF_2CF_2\text{–}CF\text{–}CF\text{(Anhydrid)} \right]_n$$

A

Formation and Preparation

bzw.

$$CF_3NO + \text{(Difluormaleinsäureanhydrid)} + CF_3OCF{=}CF_2 \xrightarrow{\text{Katalysator}} \left[-N(CF_3)OCF_2CF_2CF(OCF_3)CF_2-CF(-CO-O-CO-)CF- \right]_n$$

B

Durch Zugabe von bifunktionellen Verbindungen wie z.B. Perfluororganodiisocyanaten bzw. -diaminen lassen sich Vernetzungen der Ketten erzielen nach:

$$\left[\begin{array}{c} -N(CF_3)OCF_2CF_2CF(OCF_3)CF_2-CF-CF- \\ O{=}C-N-C{=}O \\ (CF_2)_x \\ O{=}C-N-C{=}O \\ -N(CF_3)OCF_2CF_2CF(OCF_3)CF_2-CF-CF- \end{array} \right]_n$$

C

Analog erfolgt die Kettenverknüpfung mit A. Anstelle von CF_3OCFCF_2 können auch $C_6F_5OCF{=}CF_2$, $C_6F_5C(O)CF{=}CF_2$, $C_2F_5OCF{=}CF_2$ und $CF_3C(O)CF{=}CF_2$ eingesetzt werden. Als Verzweigungsagentien dienen:

$OCNCF_2CF_2OCF_2CF_2NCO$ sowie $OCNCF(CF_3)OCF_2CF_2OCF(CF_3)NCO$,
$4\text{-}NH_2\text{-}C_6F_4OC_6F_4\text{-}NH_2\text{-}4'$ sowie $4\text{-}NH_2\text{-}C_6F_4C_6F_4\text{-}NH_2\text{-}4'$ ferner $1,4\text{-}(NH_2)_2C_6F_4$ und $4\text{-}NH_2\text{-}C_6H_4\text{-}CF_2CF_2OCF_2CF_2\text{-}C_6H_4\text{-}NH_2\text{-}4'$

Als Katalysator werden organische Peroxide wie z.B. $(CH_3)_3COOC(CH_3)_3$ eingesetzt. Eine Lösung von Difluormaleinsäureanhydrid, Lauroylperoxid, CF_3NO und $CF_2{=}CF_2$ in CH_2Cl_2 wird bei −20 °C (64 h), dann bei +50 °C (72 h) zu A polymerisiert. Das farblose, gummiartige Terpolymer wird mit $OCNCF_2CF_2OCF_2CF_2NCO$ bei 180 °C (4 h) zu C vernetzt. Die Vernetzung von A mit einem Diamin erfolgt in $CFCl_2CF_2Cl$ bei 20 °C (2 h, rühren). Anschließend wird das Lösungsmittel bei 24 °C im Vakuum abgezogen und der Rückstand bei 180 °C (3 h) getempert. Das vernetzte Terpolymer ist in $CFCl_2CF_2Cl$ unlöslich [19]. Als Kettenverzweiger können auch $4\text{-}ON\text{-}C_6F_4COOH$ bzw. $4\text{-}Br\text{-}C_6F_4NO$ eingesetzt werden. Hierzu setzt man $4\text{-}ON\text{-}C_6F_4COOH$, $CF_2{=}CF_2$ und CF_3NO bei −25 °C (24 h, schütteln) um und erhält 80.5% eines gummiartigen Terpolymers. Das Auftreten der IR-Bande bei 1530 cm^{-1} (Ringschwingung) beweist, daß der aromatische Ring in das Terpolymer eingebaut wurde. Durch Zugaben von SiO_2-Füllstoffen und $Cr(CF_3COO)_3$ erhält man einen hochelastischen Stoff. Das mit $4\text{-}Br\text{-}C_6F_4NO$ erhaltene Produkt wird durch Behandlung mit Metalloxiden bzw. -salzen vernetzt [20, 21].

Das aus CF_3NO, $CF_2{=}CF_2$ und $ONCF_2CF_2C(O)OH$ bei −30 °C (3 d) hergestellte in $CFCl_2CF_2Cl$ und Perfluorkohlenwasserstoffen lösliche Polymer der Formel

$$\left[-(N(CF_3)OCF_2CF_2)_{5 \le x \le 8} - N((CF_2)_2COOH)OCF_2CF_2- \right]_n$$

Literatur s.S. 214

läßt sich durch Zugabe einer gesättigten $Ba(OH)_2$-Lösung zu einem in $CFCl_2CF_2Cl$ unlöslichen, vernetzten Terpolymer umsetzen. Bei einem Molverhältnis von $ONCF_2CF_2C(O)OH$: CF_3NO: $CF_2=CF_2$ = 1.5:48.5:50 erhält man bei −65 °C (30 d) eine 91%ige Umsetzung. Anstelle von $CF_2=CF_2$ kann $CF_2=CFCl$ bei −25 °C (3 d) analog zu 85% umgesetzt werden. Neben $ONCF_2CF_2COOH$ wird auch $ONCF_2CF_2CF_2C(O)OH$ eingesetzt [22]. In Gegenwart von NO_2 verläuft die Polymerisierung von $CF_3NO/C_2F_4/ONCF_2CF_2CF_2COOH$ bei −5 °C (18 h) in CH_2Cl_2 zu:

$$O_2N\left[CF_2CF_2\underset{\displaystyle CF_3}{N}OCF_2CF_2\underset{\displaystyle \underset{\displaystyle COOH}{(CF_2)_3}}{N}O\right]_n CF_2CF_2NO_2,$$

Dieses läßt sich mit MgO zu einem elastischen Film vernetzen. Mit $ON(CF_2)_3C(O)OCH_3$ entsteht der analoge polymere Methylester, der mit 0.1 normalem HCl in CH_3COCH_3 (Erhitzen im Rückfluß 16 h) in die Carbonsäure umgewandelt werden kann. Anstelle von NO_2 kann auch Cl_2 als Endrest verwendet werden [23].

Ein gegenüber oxidativen Einflüssen beständigeres Nitrosopolymer erhält man aus CF_3NO, $CF_2=CF_2$ und $ONCF_2C(O)OCH_3$ in CH_2Cl_2 bei −25 °C (90 h, rühren) in 65% Ausbeute. Als Lösungsmittel dient ebenfalls Aceton. Anstelle von $ONCF_2C(O)OCH_3$ wird auch $ONCF_2C(O)OC_2H_5$ und $ONCF_2C(O)Cl$ verwendet [24]. Die aus CF_3NO, $CF_2=CF_2$ und $ON(CF_2)_nC(O)OCH_3$ (n=1, 3) bei −25 °C (90 h) mit und ohne NO_2 als Polymerisationsabbrecher hergestellten linearen Terpolymeren werden mit Metalloxiden (CaO), Metallsalzen [$Cr(CF_3COO)_3$, $Cr(CH_3COO)_3$] und Polyepoxyverbindungen (Dicyclopentadiendioxid, Vinylcyclohexendioxid usw.) zu Elastomeren vernetzt [25].

Bei −196 °C werden CF_3NO, $CF_2=CF_2$ und $ON(CF_2)_nC(O)OCH_3$ (n=2, 3) zusammenkondensiert und auf −30 bis −45 °C (24 bis 96 h) erwärmt. Hierbei bildet sich das entsprechende Terpolymer in 42 bis 80% Ausbeute. Als Additive sind außerdem $ONCFCl$-$C(O)OCH_3$ und die Olefine $CF_2=CFBr$, $CF_2=CFCF=CF_2$ sowie $CF_2=CFCH=CH_2$ verwendet worden [26]. Die Vernetzung eines CF_3NO-C_2F_4-Copolymer kann auch mittels Dinatriumresorcin, Dinatriumcatechol, Dinatriumtetrafluorhydrochinon, Dinatriumtetrachlorhydrochinon, Dinatriumhexafluorpentandiol, Dinatriumtetrafluorbutandiol, Dinatriumpyrocatechin und Trinatriumpyrogallol vorgenommen werden [27, 28]. Der Nitrosogrummi (aus CF_3NO und $CF_2=CF_2$) wird mit Aktivkohle auf 150 bis 250 °C (36 bis 48 h) erhitzt, bis die Gasentwicklung nachläßt. Die nachfolgende Verzweigung mit Hexamethylendiamincarbamat bei 150 °C (0.5 h) liefert ein Produkt mit guten Tieftemperatureigenschaften [29].

Zu einer wäßrigen Lösung von LiBr und $MgCO_3$ werden CF_3NO, $CF_2=CF_2$ und $CF_2=CFCF=CF_2$ (Molverhältnis 1:0.8:0.2) kondensiert und unter Rühren bei −20 °C (16 h) umgesetzt. Nach dem Aufwärmen auf 20 °C wird HCl verdünnt zur Zersetzung des $MgCO_3$ und Koagulation des Polymeren zugesetzt. Das in $CF_2ClCFCl_2$ gelöste Terpolymer wird durch saueres Waschen gereinigt. Eine 10%ige Lösung mit $CF_3N(O\cdot)CF_2CF_2$-$N(O\cdot)CF_3$ (Gewichtsverhältnis 10:1) versetzt und auf 75 °C (48 h) in einem Bombenrohr erwärmt. Das nach Entfernen des Lösungsmittels erhaltene zähe, elastische Gel ist in C_6H_6, Petroläther, Aceton bei 30 bis 40 °C unlöslich, quillt aber in heißem $CF_2ClCFCl_2$. Durch Variation der Mischungsverhältnisse und Verwendung von $(n\text{-}C_4F_9)_3N$ als Lösungsmittel werden unterschiedliche Gele erhalten. Die mechanische Behandlung zwischen Polytetrafluoräthylenlagen bei 125 bis 130 °C (0.5 h, 35.2 kg/cm^2) führt zu durchscheinenden Gummibahnen oder -matten. Anstelle des Diradikals wird auch ein Polymer mit

nachfolgender Struktureinheit $\left[-N\langle\begin{smallmatrix}F_2 & F_2\\ F_2 & F_2\end{smallmatrix}\rangle NO-\right]$

Literatur s.S. 214

zur Darstellung des Gels verwendet. Das aus CF_3NO und $CF_3N(O\cdot)CF_2CF_2N(O\cdot)CF_3$ bei 20 °C (3 d, im Dunkeln) hergestellte wenig flüchtige Copolymer wird als Vernetzungsmittel verwendet [32].

Zusätzliche Polymerisationen von R_fNO mit Olefinen und Vernetzungsreaktionen der Copolymere werden angegeben in [38, 46 bis 50].

Mechanism and Kinetics of R_fNO-Olefin Polymerization

Mechanismus und Kinetik der R_fNO-Olefin-Copolymerisation

Für den Copolymerisationsvorgang

$$nCF_3NO + nCF_2{=}CF_2 \rightarrow [N(CF_3)OCF_2CF_2]_n$$

nahmen Haszeldine, Barr [2] einen ionischen Mechanismus an, da die Polymerisation bei tiefen Temperaturen in der Flüssigphase abläuft [2]. Die Untersuchung der C_3F_7NO-$CF_2{=}CF_2$-Copolymerisierung zeigt jedoch, daß der Polymerisationsvorgang in der Gasphase nach einem freien Radikalmechanismus abläuft [16]. Crawford, Rice und Landrum [33] fanden, daß der Polymerisationsvorgang weder durch H_2O noch durch andere gebräuchliche ionische Polymerisationshemmer wie z.B. $(C_2H_5)_2O\cdot BF_3$, $TiCl_4$, CO_2 beeinflußt wird. Einen starken positiven Einfluß üben jedoch freie Radikale oder Radikalüberträger aus. Für nachfolgend aufgeführten radikalischen Mechanismus werden kinetische Daten angegeben und die Polymerisationsordnung diskutiert:

Startreaktionen:

$$CF_3NO \rightleftharpoons CF_3\dot{N}{-}O^{\cdot} \qquad CF_3\dot{N}O\cdot + CF_2{=}CF_2 \rightarrow \cdot N(CF_3)OCF_2CF_2^{\cdot}$$

Kettenfortpflanzung:

$$\cdot N(CF_3)O{-}CF_2CF_2\cdot + CF_3NO \rightarrow \cdot N(CF_3)OCF_2CF_2N(CF_3)O\cdot$$

$$\cdot N(CF_3)OCF_2CF_2N(CF_3)O\cdot + C_2F_4 \rightarrow \cdot N(CF_3)OCF_2CF_2{-}N(CF_3)OCF_2CF_2^{\cdot}$$

Kettenabbruch:

$$\sim CF_2CF_2\cdot + \sim CF_2CF_2\cdot \longrightarrow \text{Polymer}$$

$$\sim CF_2CF_2\cdot + \sim N(CF_3){-}O\cdot \longrightarrow \text{Polymer}$$

Eine Auslösung der Polymerisation durch Verunreinigungen oder durch homolytische Spaltung des CF_3NO wird ausgeschlossen [33]. Zusätzliche kinetische Untersuchungen in Lösungsmitteln wie $CFCl_2CF_2Cl$, n-C_6F_{14} im Temperaturbereich von −36 bis +80 °C und ESR-spektroskopische Untersuchungen haben den Radikalmechanismus bestätigt.

Für beide Lösungsmittel werden kinetische Daten und ESR-Spektren einschließlich Hyperfeinkopplungskonstanten des CF_3NO in 10 verschiedenen Lösungsmitteln aufgeführt [34]. Ausführliche ESR-spektroskopische Untersuchungen des Systems CF_3NO/CF_2CFR (R=F, Cl, Br) in Gegenwart von Cl_2, Br_2, J_2 oder SCl_2 als Initiatoren lassen ebenfalls auf einen Radikalmechanismus schließen [35]. – Die Rolle von Radikalanionen bei der Copolymerisation von CF_3NO/Olefin-Gemischen wird in [36, 37] diskutiert.

Physical Properties

2.2.4.2 Physikalische Eigenschaften

IR-Spektren: Das typische Spektrum eines $CF_3NO/CF_2{=}CF_2$-Polymers ist in [38] abgebildet. Zwei Banden bei 830 bzw. 745 cm^{-1} werden auf $\delta(-CF_2{=}CF_2-)$ bzw. auf $\delta(-CF_2-CF{=}$ oder $=CF-CF_2-)$ zurückgeführt [38].

Literatur s.S. 214

^{19}F-NMR-Spektrum: Auf Grund ^{19}F-NMR-spektroskopischer Untersuchungen hat das $CF_3NO-C_2F_4$-Polymer die Struktur $\mathrm{+\!N(CF_3)OCF_2CF_2\!+_n}$. Für vier verschiedene Polymere ergaben sich folgende chemische Verschiebungen δ(Standard CF_3COOH): $\delta(CF_3) = -11.3$ bis -11.5 ppm, $\delta(CF_2O) = 11.5$ bis 11.7 ppm und $\delta(CF_2N) = 24.0$ bis 24.8 ppm [38]. Ein durch Suspensionspolymerisation bei $-25\,°C$ hergestelltes Produkt zeigte in C_6F_6 (10 Gew.-% Polymer) nachfolgende chemische Verschiebungen: $\delta(CF_3) = -98.76$, $\delta(CF_2O) = -76.24$ und -73.31, $\delta(CF_2N) = -66.58$ und -64.01 ppm. Hauptbestandteil ist ein Polymer mit der Struktureinheit $\mathrm{+N(CF_3)OCF_2CF_2+}$. Die beiden zusätzlichen Signale werden hervorgerufen durch $\mathrm{+N(CF_3)OCF_2CF_2ON(CF_3)+}$ für $\delta(CF_2O)$ und $\mathrm{+ON(CF_3)CF_2CF_2N(CF_3)O+}$ für $\delta(CF_2N)$ [39].

Massenspektroskopische Untersuchungen bei verschiedenen Temperaturen haben für das $CF_3NO-CF_2CF_2$-Copolymer nachfolgende Struktur ergeben:

$$\mathrm{CF_2{=}CFN(CF_3)O\!+\!CF_2CF_2N(CF_3)O\!+_nCF_2CF_2N(CF_3)OF}$$

Liniendiagramme und Massenspektrum (m/e, Bruchstück sowie Intensität) werden angegeben. Ein Zerfallsmechanismus wird diskutiert [40]. Röntgenstrukturuntersuchungen haben ergeben, daß das Polymer nicht kristallin ist [38]. Die mit Hilfe der Photoelektronenspektroskopie vorgenommenen Untersuchungen am $CF_3NO/CF_2{=}CF_2$-Polymeren haben die ^{19}F-NMR-spektroskopisch ermittelten Konstitutionen bestätigt [41].

An den aus CF_3NO und $CF_2{=}CF_2$ hergestellten Copolymeren wurden Lichtstreuungsmessungen in $CF_2ClCFCl_2$ und Viskositätsmessungen in $CF_2ClCFCl_2$ und $(C_4F_9)_3N$ durchgeführt. Das Molgewicht dieser Copolymere lag im Bereich von 2×10^5 bis 2.6×10^6 [43].

Zusätzliche physikalische Untersuchungen werden in [38, 44, 45] angegeben.

2.2.4.3 Chemisches Verhalten

Chemical Reactions

R_fNO-Olefin-Copolymere sind, wie am Beispiel der $CF_3NO-C_2F_4$-Copolymeren gezeigt, im allgemeinen in gewöhnlichen organischen Lösungsmitteln [1], beispielsweise C_6H_6, $CH_3C_6H_5$, $CHCl_3$, CCl_4, und in H_2O unlöslich. Sie sind etwas löslich in C_2H_5OH [8], aber löslich in Perfluormethylcyclohexan [1, 3] und anderen Fluorkohlenwasserstoffen [6]. Copolymere aus CF_3NO, $CF_2{=}CF_2$ und $CF_2{=}CFCF{=}CF_2$, die zusätzlich durch $(CF_3)_2NO$ vernetzt sind, quellen in $CFCl_2CF_2Cl$ sowie $(C_4F_9)_3N$. Sie sind in C_6H_6, Petroläther (Siedebereich 30 bis 40 °C) und Aceton bei 40 °C unlöslich [32].

Die $CF_3NO-C_2F_4$-Copolymere sind chemisch außerordentlich beständig und werden von heißem konzentrierten H_2SO_4 sowie KOH nicht angegriffen [1, 2]. Sie sind auch gegen halogenhaltige Oxidationsmittel wie ClF_3 stabil [27, 28]. Die Stabilität des $CF_3NO-C_2F_4$- und des $CF_3NO-C_2F_4-ON(CF_2)_3C(O)OH$-Polymers gegenüber F_2 wird in [51] angegeben, und die gegenüber Raketenantriebsstoffen wie z.B. N_2H_4, N_2O_4, OF_2, ClO_3F-N_2F_4 in [52].

Thermische Beständigkeit, Pyrolyse und Photolyse

Thermal Stability. Pyrolysis and Photolysis

Erhitzt man $CF_3NO-CF_2{=}CF_2$-Copolymere längere Zeit auf 200 °C an Luft, so bleiben sie unverändert [3].

Bei 400 °C unter Luftausschluß pyrolysiert $\mathrm{+N(CF_3)OCF_2CF_2+_n}$ im Vakuum quantitativ zu $CF_3N{=}CF_2$ sowie COF_2 [1, 2] und bei 550 °C entstehen analog 98% $CF_3N{=}CF_2$ und 96% COF_2 [9]. Die Vakuumpyrolyse von $[N(CF_3)OCF_2CFCl]_n$ in einem Pyrexrohr bei 500 bis 550 °C liefert 88% $CF_3N{=}CFCl$, 90% COF_2, $<5\%$ $CF_3N{=}CF_2$ (bezogen auf

Literatur s.S. 214

zersetztes Polymer) und SiF_4 [9]. Die analog mit $\{N(CF_3)OCF_2CCl_2\}_n$ im Pt-Rohr bei 550 °C durchgeführte Pyrolyse führt zu 82% $CF_3N{=}CCl_2$, 8% $CF_3N{=}CF_2$, 79% COF_2, 6% $COCl_2$, 5% $CF_2{=}CCl_2$ und 3% CF_3NO. Nicht beobachtet wurde das Auftreten von $CF_3N{=}CFCl$. Bei 550 °C (20 min) zerfällt $\{N(CF_3)OCF_2CF(CF_3)\}_n$ zu 90% $CF_3N{=}CFCF_3$, 90% COF_2, 10% $CF_3C(O)F$ und 10% $CF_3N{=}CF_2$ [9]. Die im Quarzrohr bei 450 bis 500 °C/10^{-5} Torr durchgeführte Pyrolyse von $\{N(C_3F_7)OCF_2CF_2\}_n$ liefert bei 60%iger Umwandlung quantitativ $C_3F_7N{=}CF_2$ und COF_2 [16]. Die vollständig chlorierten CF_3NO-$CF_2{=}CFCF{=}CF_2$-Copolymere (s. S. 208) liefern bei der Pyrolyse (550 °C, Vakuum) 58% COF_2, 78% $CF_3N{=}CF_2$, 1% CF_3NCO, 14% $CF_2{=}CFCl$, 12% cis- und trans-$CFCl{=}CFCl$, 11% $CF_2ClCFClC(O)F$, 23% $CF_2ClCF{=}CFCl$, 6% $CF_3N{=}CFCFClCF_2Cl$ und 4% N_2. Zusätzlich entstehen geringe Mengen C_2F_6, $CF_2{=}CF_2$, CF_3Cl, CF_2Cl_2, SiF_4, C, nicht identifizierte Produkte und 13% Chlorpentafluorpropan, das nicht genau charakterisiert werden konnte. Zerfallsschema wird angegeben. Analog pyrolysiert das aus CF_3NO und $F_2C{=}CFCFClCF_2Cl$ hergestellte 1:1-Copolymer bei 480 °C im Vakuum zu 85% COF_2, 12% $CF_3N{=}CF_2$, 11% $CF_3N{=}CFCl$, 30% $CF_2{=}CFCl$, 59% $CF_3N{=}CFCFClCF_2Cl$, 5% CF_3Cl, C_2F_6, CF_2Cl_2, CF_3NCO, SiF_4 und Spuren nicht identifizierter Verbindungen [10].

Beim thermischen Abbau des CF_3NO-C_2F_4-Copolymers entsteht COF_2 und $CF_3N{=}CF_2$. UV-Licht zersetzt die Polymerkette ebenfalls zu COF_2 und $CF_3N{=}CF_2$ [53].

Literatur:

[1] D.A. Barr, R.N. Haszeldine (Nature **175** [1955] 991/2). – [2] D.A. Barr, R.N. Haszeldine (J. Chem. Soc. **1955** 1881/9). – [3] Imperial Chemical Industries, Ltd., J.B. Rose (B.P. 789254 [1956/58]; C.A. **1958** 9644; U.S.P. 3065214 [1955/62]; C.A. **1958** 9644). – [4] R.N. Haszeldine (U.S.P. 3083237 [1960/63]; C.A. **60** [1964] 1588). – [5] Minnesota Mining and Manufacturing Corp., G.H. Crawford (U.S.P. 3072592 [1960/63]; C.A. **58** [1963] 8119).

[6] D.A. Barr, R.N. Haszeldine, C.J. Willis (Proc. Chem. Soc. **1959** 230). – [7] National Research Developement Corp., R.N. Haszeldine, C.J. Willis (B.P. 843795 [1958/60]; C.A. **1961** 4027). – [8] R.N. Haszeldine (D.P. 1072247 [1956/59]; C.A. **1961** 16015). – [9] D.A. Barr, R.N. Haszeldine, C.J. Willis (J. Chem. Soc. **1961** 1351/62). – [10] R.E. Banks, M.G. Barlow, R.N. Haszeldine (J. Chem. Soc. **1965** 6149/63).

[11] P. Tarrant, E.C. Stump, C.D. Padgett (Polymer Prepr. Am. Chem. Soc. Div. Polymer Chem. **12** [1971] 391/5; C.A. **78** [1973] Nr. 31051). – [12] D.A. Barr, R.N. Haszeldine (J. Chem. Soc. **1960** 1151/5). – [13] Minnesota Mining and Manufacturing Corp. (B.P. 983486 [1960/65]; C.A. **62** [1965] 11932). – [14] C.E. Griffin, R.N. Haszeldine (Proc. Chem. Soc. **1959** 369/70). – [15] Minnesota Mining and Manufacturing Corp., G.H. Crawford, D.E. Rice, D.R. Yarian (U.S.P. 3192247 [1962/65]; C.A. **63** [1965] 13088).

[16] D.A. Barr, R.N. Haszeldine (J. Chem. Soc. **1956** 3416/28). – [17] R.E. Banks, R.N. Haszeldine (B.P. 1140525 [1965/69]; C.A. **70** [1969] Nr. 58780). – [18] Minnesota Mining and Manufacturing Corp., G.H. Crawford (U.S.P. 3213009 [1961/65]; C.A. **64** [1966] 6869). – [19] T.R.W. Inc., R.J. Jones (U.S.P. 3761453 [1972/73]; C.A. **80** [1974] Nr. 15682). – [20] Thiokol Chemical Corp., J.A. Castellano, J. Green (U.S.P. 348672 [1965/69]; C.A. **70** [1969] Nr. 87269).

[21] J. Green, J.A. Castellano (U.S.P. 3573267 [1968/71]; C.A. **75** [1971] Nr. 7121). – [22] Minnesota Mining and Manufacturing Co., G.H. Crawford, D.E. Rice (U.S.P. 3321454 [1963/67]; C.A. **67** [1967] Nr. 33659). – [23] Thiokol Chemical Corp., N. Mayes, R. Michaels (U.S.P. 3637814 [1968/72]; C.A. **76** [1972] Nr. 128459). –

[24] Thiokol Chemical Corp., N. Mayes, R. Michaels (U.S.P. 3660367 [1968/72]; C.A. **77** [1972] Nr. 35997). – [25] Thiokol Chemical Corp., N. Mayes, J.E. Green, R. Michaels (U.S.P. 3725374 [1970/73]; C.A. **79** [1973] Nr. 6521).

[26] Calgon Corp., W.H. Oliver, E.C. Stump (U.S.P. 3472822 [1966/69]; C.A. **71** [1969] Nr. 125714). – [27] Thiokol Chemical Corp., J. Green, N.B. Levine, R.C. Keller (U.S.P. 3282884 [1963/66]; C.A. **66** [1967] Nr. 19585). – [28] Thiokol Chemical Corp., J. Green, N.B. Levine, R.C. Keller (B.P. 1040352 [1965/66]; C.A. **66** [1967] Nr. 11670). – [29] Minister of Technology, London, J. Day, R. Sinnott, D.K. Thomas (B.P. 1153491 [1966/69]; C.A. **71** [1969] Nr. 40036). – [30] J. Green, N. Mayes, E. Cottrill (J. Macromol. Sci. Chem. **1** [1967] 1387/9).

[31] J. Green, N. Mayes, E. Cottrill (Am. Chem. Soc. Div. Polymer Chem. Preprints **7** [1966] 1084/5). – [32] United Kingdom Secretary of State for Defence, London, R.E. Banks, R.N. Haszeldine (Deut. Offenlegungsschrift 2304650 [1972/73]; C.A. **80** [1974] Nr. 28198). – [33] G.H. Crawford, D.E. Rice, B.F. Landrum (J. Polymer Sci. A **1** [1963] 565/76). – [34] J.D. Crabtree, R.N. Haszeldine, A.J. Parker, K. Ridings, R.F. Simmons, S. Smith (J. Chem. Soc. Perkin Trans. II **1972** 111/9). – [35] V.A. Ginsburg, A.N. Medvedev, P.O. Gitel', Z.N. Lagutino, L.L. Martynova, M.F. Lebedeva, S.S. Dubov (Zh. Org. Khim. **8** [1972] 500/12; J. Org. Chem. [USSR] **8** [1972] 504/14; C.A. **77** [1972] Nr. 18913).

[36] V.A. Ginsburg, A.N. Medvedev, L.L. Martynova, M.N. Vasil'eva, M.F. Lebedeva, S.S. Dubov, A.Ya. Yakubovich (Zh. Obshch. Khim. **35** [1965] 1924/8; J. Gen. Chem. USSR **35** [1965] 1917/21; C.A. **64** [1966] 6455). – [37] V.A. Ginsburg, S.S. Dubov, A.N. Medvedev, L.L. Martynova, B.I. Tetel'baum, M.N. Vasil'eva, A.Ya. Yakubovich (Dokl. Akad. Nauk SSSR **152** [1963] 1104/7; Dokl. Chem. Proc. Acad. Sci. USSR **148/153** [1963] 796/9; C.A. **60** [1964] 1570). – [38] M.C. Henry, C.B. Griffis, E.C. Stump (Fluorine Chem. Rev. **1** [1967] 1/75). – [39] D.D. Lawson, J.D. Ingham (J. Polymer Sci. Polymer Letters Ed. **6** [1968] 181/3). – [40] W.T. Flowers, R.N. Haszeldine, E. Henderson, A.K. Lee, R.D. Sedgwick (J. Polymer Sci. Polymer Chem. Ed. **10** [1972] 3489/96).

[41] D.T. Clark, D. Kilcast, W.J. Feast, W.K.R. Musgrave (J. Polymer Sci. Polymer Chem. Ed. **10** [1972] 1637/54). – [42] National Research Development Corp., R.N. Haszeldine, R.E. Banks, W.T. Flowers (B.P. 981347 [1960/65]; C.A. **62** [1965] 10636). – [43] G.A. Morneau, P.I. Roth, A.R. Shultz (J. Polymer Sci. **55** [1961] 609/19). – [44] G.A. Kleineberg, D.L. Geiger (Therm. Anal. Proc. 3rd Intern. Conf., Davos, Switz., 1971 [1972], Bd. 1, S. 325/36; C.A. **81** [1974] Nr. 73001). – [45] W. Selig (UCRL-7873 (Pt. II) [1965] 7/10; C.A. **68** [1968] Nr. 4573).

[46] Thiokol Chemical Corp., J. Green (NASA Accession Nr. N65-33416, Rept. Nr. AD-461044 [1964] 26 S.; C.A. **67** [1967] Nr. 22630). – [47] P.D. Schuman (NASA-CR-93172 [1966] 139 S. nach Sci. Tech. Aerospace Rept. **6** [1968] 957; C.A. **71** [1969] Nr. 92434). – [48] W.S. Durrell, E.C. Stump, G. Westmoreland, C.D. Padgett (J. Polymer Sci. A **3** [1965] 4065/74). – [49] R.E. Banks, R.N. Haszeldine, P. Mitra, T. Myerscough, S. Smith (J. Macromol. Sci. Chem. **8** [1974] 1325/43). – [50] C.B. Griffis (AD-625815 [1965] 20 S.; C.A. **67** [1967] Nr. 22649).

[51] S.M. Toy, W.D. English, W.E. Crane, M.S. Toy (J. Macromol. Sci. Chem. **3** [1969] 1355/66). – [52] J. Green, N.B. Levine, W. Sheehan (Rubber Chem. Technol. **39** [1966] 1222/32; C.A. **66** [1967] Nr. 11617). – [53] A.R. Shultz, N. Knoll, G.A. Morneau (J. Polymer Sci. **62** [1962] 211/31).

Umrechnungsfaktoren für physikalische Einheiten

Table of Conversion Factors

Kraft (force)	N	dyn	kg
1 N (Newton)	1	10^5	0.1019716
1 dyn	10^{-5}	1	1.019716×10^{-6}
1 kg	9.80665	9.80665×10^5	1

Druck (pressure)	Pa	bar	kg/m^2	at	atm	Torr	lb/in^2
1 Pa (Pascal) = 1 N/m^2	1	10^{-5}	1.019716×10^{-1}	1.019716×10^{-5}	0.986923×10^{-5}	0.750062×10^{-2}	145.038×10^{-6}
1 bar = 10^6 dyn/cm^2	10^5	1	10.19716×10^3	1.019716	0.986923	750.062	14.5038
1 kg/m^2 = 1 mm H_2O	9.80665	0.980665×10^{-4}	1	10^{-4}	0.967841×10^{-4}	0.735559×10^{-1}	1.42233×10^{-3}
1 at = 1 kg/cm^2	0.980665×10^5	0.980665	10^4	1	0.967841	735.559	14.2233
1 atm = 760 Torr	101 325	,1.01325	1.033227×10^4	1.033227	1	760	14.69595
1 Torr = 1 mm Hg	133.3224	1.333224×10^{-3}	13.59510	1.359510×10^{-3}	1.315789×10^{-3}	1	19.3368×10^{-3}
1 lb/in^2 = 1 psi	6.89476×10^3	68.9476×10^{-3}	703.070	70.3070×10^{-3}	68.0460×10^{-3}	51.7128	1

Energie (work, energy, heat)	J	kWh	kcal	Btu	MeV
1 J (Joule) = 1 Ws = 1 Nm = 10^7 erg	1	2.778×10^{-7}	2.388×10^{-4}	9.478×10^{-4}	6.242×10^{12}
1 kWh	3.6×10^{6}	1	859.845	3412.14	2.247×10^{19}
1 kcal	4186.8	1.163×10^{-3}	1	3.96832	2.614×10^{16}
1 Btu (British thermal unit)	1055.06	2.931×10^{-4}	0.251996	1	6.586×10^{15}
1 MeV	1.602×10^{-13}	4.45×10^{-20}	3.82×10^{-17}	1.518×10^{-15}	1

Leistung (power)	kW	PS	kg m/s	kcal/s
1 kW = 10^{10} erg/s	1	1.35962	101.9716	0.238846
1 PS	0.735499	1	75	0.1757
1 kg m/s	9.807×10^{-3}	0.0133333	1	2.342×10^{-3}
1 kcal/s	4.1868	5.692	426.939	1

nach: Kraftwerk Union Information. Technical and Economic Data on Power Engineering. Mülheim (Ruhr) 1978.

Literatur:

1) International Union of Pure and Applied Chemistry. Manual of Symbols and Terminology for Physicochemical Quantities and Units. Butterworth, London 1970.
2) The International System of Units (SI). National Bureau of Standards Specl. Publ. 330. 1972 Edition.
3) H. Ebert (Hrsg.), Physikalisches Taschenbuch. 5. Aufl. Vieweg, Wiesbaden 1976.
4) F. W. Küster, A. Thiel, K. Fischbeck, Logarithmische Rechentafeln. 101. Aufl., W. de Gruyter, Berlin 1972.
5) E. Padelt, H. Laporte, Einheiten und Größenarten der Naturwissenschaften. 3. Aufl. VEB Fachbuchverlag, Leipzig 1976.
6) H. J. Gray, A. Isaacs, A New Dictionary of Physics. 2. Aufl. Longman, London 1975, S. 587/98.
7) Balser, Kayser, Das internationale System der Einheiten. Umrechnungsfaktoren aller englischen und deutschen Maßeinheiten in das SI. Verlag Heisler, Stuttgart 1967.
8) J. F. Cordes, Das neue internationale Einheitensystem, Naturwissenschaften **59** [1972] 177/82.